JN247144

電気通信・放送サービスと法

齋藤雅弘
Masahiro Saito

弘文堂

はじめに

　情報通信・放送分野の産業の発展にはめざましいものがある。

　この分野の進展は科学技術の急速な進歩によるところが大きいが、総務省のまとめた「平成29年版 情報通信白書」（以下「白書」という）によれば、2015（平成27）年度の全産業の市場規模のうち情報通信産業は9.9%（95.7兆円）を占め、経済センサスに基づくわが国の産業分類中、最大の規模である（白書254頁）。

　このうち、電気通信事業の年間売上高は14兆342億円、同じく放送事業の年間売上高は3兆4,576億円にも達している（白書264頁）。電気通信事業の内訳をみると、音声伝送役務（音声通話）の売上高の割合は年々減少傾向にあり、2016（平成28）年度では29.2%となっているのに対し、データ伝送役務（データ通信）は54.8%と全体の半数以上まで増加し（白書268頁）、この傾向は今後も続くとみられる。放送事業の内訳は、放送事業外収入を含めた2015（平成27）年度の売上高は3兆9,152億円であるが、このうち地上系基幹放送事業者（民放）の売上が59.9%（2兆3,461億円）、衛星系放送事業者が9.7%（3,804億円）、ケーブルテレビ事業者が12.8%（5,003億円）、NHKが17.6%（6,879億円）となっている（白書271頁）。

　総務省の「ICT成長戦略会議」が、2013（平成25）年6月に「ICT成長戦略——ICTによる経済成長と国際社会への貢献」と題する報告書を発表し、政府もデータ利活用、放送・コンテンツを新たな成長戦略の対象分野と位置付けていることもあり、情報通信および放送分野の経済規模はさらに大きく発展していくことは確実とみられる。

　このような情報通信と放送の分野の進展と急激な変化に伴い、電気通信サービスや放送サービスの提供の在り方も大きく変化した。

　電気通信サービスは、歴史的には国営事業を出発点とし、その後、公営企業体による独占事業として進展したが、1980年代の世界規模での規制緩和・市場化の流れに沿い、わが国でも独占から市場化による競争へと政策転換が行われた。放送サービスも衛星放送の出現やケーブルテレビの普及、

はじめに　*i*

さらにはいわゆる「地デジ化」の進展に伴い、平行して衛星やケーブルによる有料放送も拡大したことにより、放送事業者間での競争も進んだ。その後は、電気通信および放送サービスとも他の産業分野と同様に、市場化をさらに進展させてきた。しかし、他方で、電気通信や放送の分野では、本来は市場化による規制緩和と車の両輪となるべき「消費者」の権利、利益の充実、確保が後回しにされてきたのが歴史的現実である。

電気通信の分野では、2003（平成15）年の電気通信事業法の改正により説明義務などの消費者保護的な規定が新たに導入されたものの、有効に機能しているとはいえないまま、その後、10年以上にもわたり、この分野における消費取引では適切な対応が取られなかった。

そのため、電気通信分野の市場化の進展は、市場のプレイヤーとして情報の質、量の面で大きな格差があり、交渉力の面でも劣位に置かれていた「消費者」が取引当事者となる場面では、様々な問題や紛争を生じさせた。特に、近年、携帯電話やスマートフォンなどの移動通信サービスの販売や光回線の販売等をめぐる消費者トラブルが急増し、社会的にもこの問題に対する対応が強く求められてきた。

また、放送分野では、インターネットなど情報通信技術の革新的な進展の結果、電気通信と放送の区別が曖昧となり、その融合が進んでいることを踏まえて、法制度の面でも2010（平成22）年の「放送法等の一部を改正する法律」（平成22年法律第65号）によって通信と放送の融合が一歩前進し、電気通信と放送分野における制度的な改革がなされた。そのため有料放送サービスの利用がさらに広がったことから、放送分野においても有料放送サービス提供事業者と消費者（受信者）との間では、放送サービスに関する取引をめぐる苦情・相談も目立つようになり、この分野の法的ルールをきちんと整理しておく必要性が高くなっていた。

こうした状況を背景にして、総務省も電気通信事業者や消費者団体、学識経験者などの構成員からなる研究会を立ち上げて検討、議論を重ね、その取りまとめに基づき、ようやく2015（平成27）年の通常国会に、消費者保護のための制度を充実させる内容を盛り込んだ電気通信事業法および放送法の改正案が上程され、同年5月に「電気通信事業法等の一部を改正する法律」（平成27年法律第26号）が可決、成立した。

この改正では、これまで利用者・受信者の属性を問題としないユーザー横断的な法律であった電気通信事業法および放送法の中に、ユーザーの属性の相違を踏まえた消費者保護のための行政規制が導入され、また、「初期解除制度」という新たな民事ルールも導入されるに至っている。この点は、電気通信や放送の分野における事業規制の枠組みそれ自体としても、また、行政規制一辺倒から民事ルールの導入へと舵を切ったという点においても、エポックメーキングな法改正であったといえる。

　電気通信と放送の分野は、これまでどちらかというと技術的課題を踏まえて、事業者に対する競争政策的な行政規制の枠組みが法制度の中心であったこともあり、利用者や受信者の立場からこの分野の法制度を解説した文献はあまりなかった。特に、消費者（利用者・受信者）と電気通信サービスや放送サービスの提供事業者間の民事上の法律関係については、なおさらそうであったといえる。

　本書は、ICT社会を支える電気通信サービスおよび放送サービスの分野における消費者の権利、利益の観点から、2015（平成27）年の電気通信事業法等の改正で導入された新たな消費者保護ルールを中心とし、電気通信と放送に関する法制度の概説をすることを目的としている。

　このような視点と目的でまとめているため、本書における電気通信事業法や放送法等に関する解説も、主に消費者の権利、利益の保護に関連する事項に焦点をあて、これらの事項についてできるだけ分かりやすく解説することに努めた。本書が、この分野における消費者問題の解決のみならず、消費者と電気通信事業者・放送事業者の双方の利益の増進の一助になれば幸いである。

　2017（平成29）年11月

齋藤　雅弘

目次 *contents*

はじめに *i*
目次 *iv*
凡例 *xiii*

▶第**1**章..........................
電気通信と放送 — *1*

第**1**節 電気通信と放送の歴史 — *1*

1 通信と放送のはじまり — *1*

2 電気通信事業（サービス）の歴史と法的規律 — *2*
（1）国営事業の開始 *2*
（2）公営化の時代 *3*
（3）民営化の時代 *4*
（4）競争の時代 *5*
（5）消費者保護ルールの導入 *5*

3 放送事業（サービス）の歴史と法的規律 — *8*
（1）放送事業の開始 *8*
（2）旧NHKの改組と民間放送事業の開始 *9*
（3）放送形態の多様化と有料化 *11*

第**2**節 電気通信・放送サービス競争枠組みの変化と消費者 — *13*

1 電気通信サービスの競争枠組みの変遷 — *13*

2 電気通信事業における規制緩和の進展と歪み — *14*

3 放送事業における競争枠組みの変遷 — *16*

4 有料放送サービスの拡大および通信と放送の融合に伴う
消費者問題化 — *17*

▶第**2**章..........................
電気通信・放送サービスの消費者問題 — *19*

第**1**節 電気通信・放送サービスの消費者問題の歴史 — *19*

1 電気通信サービスの消費者問題の歴史 — *19*

（1）「電話関連サービス」の苦情・相談の増加による消費者問題化　*19*
（2）ダイヤルＱ２問題　*20*
（3）携帯電話等の新しい電気通信サービスの出現による消費者問題　*25*
（4）「競争の時代」の到来による消費者問題の深化　*26*
（5）モバイル化・高速化の時代の消費者問題　*30*
（6）スマホとデータ通信の時代の消費者問題　*37*

2　放送サービスの消費者問題の歴史 —— *43*
（1）有料放送サービスの登場による放送サービスの消費者問題化　*43*
（2）地デジ化・通信と放送の融合に伴う消費者の苦情・相談の増加　*44*
（3）放送法の平成21年改正による説明義務等の導入　*50*

第2節　電気通信・放送サービスの消費者問題の現状と対応 —— *51*

1　消費者問題の現状 —— *51*
（1）消費生活相談の概要と傾向　*51*
（2）電気通信・放送サービスの消費者紛争の実例　*55*

2　電気通信・放送サービスの消費者問題の特徴 —— *72*
（1）取引対象の性質、特質からみた特徴　*72*
（2）契約・取引条件の複雑性、理解困難性　*76*
（3）販売方法（競争的寡占市場における営業政策）の問題性　*77*
（4）端末機器等の購入に係る消費者問題　*82*
（5）まとめ　*86*

3　電気通信サービスの消費者問題への総務省の対応 —— *87*
（1）「電気通信分野における消費者支援策に関する研究会」における検討　*87*
（2）特定電子メール法の制定　*89*
（3）情報通信審議会の最終答申（2002〔平成14〕年８月７日）　*90*
（4）「電気通信消費者支援連絡会」の立ち上げと「消費者行政課」の誕生　*92*
（5）事業法に消費者保護規定を導入する改正　*94*
（6）「モバイルビジネス研究会」の立ち上げ　*94*
（7）「電気通信サービス利用者懇談会」での議論　*98*
（8）「利用者視点を踏まえたICTサービスに係る諸問題に関する研究会」の立ち上げ　*102*
（9）内閣府消費者委員会の提言　*105*
（10）「ICTサービス安心・安全研究会」の立ち上げと法改正の提言　*106*
（11）「ICTサービス安心・安全研究会報告書」の内容　*109*
（12）平成27年電気通信事業法改正　*120*

4　放送サービスの消費者問題への総務省の対応 —— *121*
（1）放送サービスの苦情・相談　*121*
（2）「通信・放送の在り方に関する懇談会」での議論　*122*
（3）「通信・放送の総合的な法体系に関する検討委員会」での議論　*122*
（4）平成27年の放送法改正　*124*

目次　　*v*

**5 電気通信サービス・放送サービスの消費者問題への
事業者団体等の対応** —— *125*
- （1）電気通信事業者団体　*125*
- （2）電気通信事業者団体の自主的取組み　*129*

▶第3章
電気通信サービスと放送サービス取引 —— *133*

第1節 電気通信サービス —— *133*

1 電気通信役務 —— *133*
- （1）事業法の定義　*133*
- （2）電気通信役務の意義と特徴　*134*

2 電気通信事業・電気通信事業者 —— *140*
- （1）電気通信事業　*140*
- （2）電気通信事業者　*140*
- （3）届出電気通信事業者　*142*

3 電気通信役務（サービス）の種類 —— *142*
- （1）電気通信役務の種類　*142*
- （2）消費者保護に係る事業法の規定の適用がある電気通信役務（サービス）　*144*
- （3）MNO、MVNO および MVNE　*146*
- （4）消費者が利用する電気通信サービスの種類　*148*

第2節 放送サービス —— *148*

1 放送サービス —— *148*
- （1）放送法の定義　*148*
- （2）役務提供としての「放送」の意義と特徴　*151*

2 放送サービスの種類 —— *153*
- （1）受信者（消費者）からみた放送の種別　*153*
- （2）無線（電波）による放送　*153*
- （3）有線放送　*155*

3 放送事業・放送事業者 —— *155*
- （1）基幹放送・一般放送　*155*
- （2）基幹放送　*155*
- （3）一般放送　*156*
- （4）認定・登録・届出　*156*
- （5）特定地上基幹放送事業者　*157*

vi　目次

第**3**節　電気通信・放送サービスの販売方法 —— *158*

   1　販売方法 —— *158*
     （1）販売方法（取引類型）の種類　*158*
     （2）店舗販売　*159*
     （3）電話勧誘販売　*159*
     （4）通信販売　*159*
     （5）訪問販売　*159*

   2　販売主体の種別と販売構造 —— *160*
     （1）販売主体の種別と構造　*160*
     （2）キャリアの直営店と代理店および取次店　*160*
     （3）専売店と併売店　*162*

▶第4章 ……………………
電気通信事業に関わる法と消費者 —— *163*

第**1**節　電気通信事業法の概要 —— *163*

   1　事業法の構成 —— *163*

   2　事業法の趣旨・目的 —— *164*

   3　電気通信事業 —— *164*

   4　規制枠組み —— *165*
     （1）登録・届出制　*165*
     （2）基礎的電気通信役務、指定電気通信役務および特定電気通信役務　*165*

   5　電気通信事業者に対する事業規制の内容 —— *172*
     （1）検閲の禁止　*172*
     （2）通信の秘密の保護　*173*
     （3）利用の公平　*174*
     （4）基礎的電気通信役務の提供義務　*175*
     （5）利用者保護のための電気通信事業者の義務　*176*
     （6）民事効（初期解除制度と確認措置）　*177*

第**2**節　電気通信設備を規律する法令 —— *177*

   1　電気通信設備を規律する法令 —— *177*

   2　有線電気通信法 —— *177*
     （1）有線電気通信法の趣旨・目的　*177*
     （2）有線電気通信設備の設置者の義務等　*177*
     （3）通信の秘密の保護　*177*

目次　*vii*

（4）有線電気通信の妨害の禁止　*178*
（5）「ワン切り」の禁止　*178*

3　電波法 —— *178*
（1）無線局および無線従事者の免許制　*178*
（2）無線設備　*179*

第**3**節　事業法の消費者保護ルール —— *179*

1　消費者保護ルールの概要 —— *179*
（1）事業法の改正と消費者保護ルール　*179*
（2）事業法の平成27年改正による新たな消費者保護ルール　*179*

2　消費者保護のための事業法の行政ルール —— *181*
（1）説明義務　*181*
（2）書面交付義務　*212*
（3）電気通信事業者等の禁止行為　*236*
（4）媒介等業務受託者に対する指導等の措置　*242*
（5）苦情等の処理義務　*245*
（6）事業の休廃止に係る周知義務　*248*
（7）行政ルール違反の効果　*253*

3　消費者保護のための事業法の民事ルール —— *256*
（1）電気通信役務の提供と契約　*256*
（2）電気通信役務の提供契約の解除　*257*
（3）初期解除制度の導入根拠　*258*
（4）初期契約解除ルール（解除権）の要件　*261*
（5）確認措置解除　*274*

▶第*5*章 ....
放送法と消費者 —— *282*

第**1**節　放送法の概要 —— *282*

1　放送法の構成 —— *282*

2　放送法の趣旨・目的 —— *283*
（1）目的規定（放送法1条）　*283*
（2）受信者の利益保護　*284*

第**2**節　放送法の規律の枠組み —— *285*

1　放送法の対象 —— *285*

2　規律の枠組み —— *285*

（1）開業規制　*285*
（2）業務規制　*289*
（3）放送法の規定する放送役務提供契約に関する規定（民事的ルール）　*300*

第3節　放送法の消費者保護制度 —— *300*

1　はじめに —— *300*

2　消費者保護に関する行政上のルール —— *301*
（1）有料基幹放送契約款の届出・公表等の義務　*301*
（2）有料放送役務の提供義務　*302*
（3）有料放送業務の休廃止に関する周知義務　*303*
（4）説明義務（放送法150条）　*303*
（5）書面交付義務（放送法150条の2）　*321*
（6）禁止行為（放送法151条の2）　*332*
（7）苦情処理義務　*334*
（8）媒介等業務受託者に対する指導等の措置義務　*336*

3　民事ルール —— *338*
（1）放送法の民事ルール　*338*
（2）放送役務提供契約の初期契約解除　*340*
（3）NHKの受信契約および受信料　*348*

4　契約によらない有料放送の受信の禁止 —— *348*
（1）禁止の趣旨・目的　*348*
（2）禁止の対象　*349*
（3）本条違反の効果　*350*

5　NHKの受信契約と受信料 —— *350*
（1）NHKの受信料に関する放送法の規律の構造　*350*
（2）受信契約の締結義務　*352*
（3）NHKの受信契約の内容　*365*
（4）受信料請求権の消滅時効　*369*
（5）受信契約の未（非）締結者の受信料相当の不当利得・損害賠償金の
　　支払義務　*370*

▶第6章
電波法と消費者 —— *378*

第1節　電波法の概要 —— *378*

1　電波法の構成 —— *378*

2　電波法の趣旨・目的 —— *379*

3 電波法と消費者 —— *379*

第2節 電波の利用の基本原則 —— *379*

1 免許制 —— *379*

2 利用できる周波数の割り当て —— *380*

第3節 消費者の利用する無線機器と電波法 —— *381*

1 消費者の利用する無線機器 —— *381*

2 免許制の例外 —— *381*
（1）発射する電波が著しく微弱な無線局で総務省令で定めるもの　*381*
（2）CB（Citizen Band）無線　*381*
（3）携帯電話機やスマホなどの無線機器を利用する場合　*382*

▶ 第 *7* 章 ·······························
電気通信・放送サービスに適用される その他の法律と消費者—— *384*

第1節 はじめに —— *384*

1 関連する法律 —— *384*

2 法適用の考え方 —— *385*
（1）基本的考え方　*385*
（2）販売の方法または形態と法適用　*385*

第2節 電気通信サービス・放送サービスと景表法 —— *387*

1 景表法の規制対象 —— *387*

2 景表法の規制内容 —— *388*
（1）景品類に対する規制　*388*
（2）表示に対する規制　*388*
（3）景表法の規制　*393*
（4）差止め請求　*394*

第3節 電気通信サービス・放送サービスと特商法 —— *394*

1 特商法の規制概要と電気通信サービス・放送サービス —— *394*

2 訪問販売、通信販売および電話勧誘販売による電気通信と 放送サービスの取引 —— *395*

（1）訪問販売　*395*

（2）電話勧誘販売　*397*

（3）通信販売　*399*

（4）その他の取引類型　*400*

3　電気通信サービス・放送サービスの適用除外 —— *400*

（1）特商法の適用除外　*400*

（2）電気通信サービス・放送サービスの適用除外　*400*

4　電気通信サービス・放送サービスに必要な機器の取引と特商法 —— *403*

第4節　電気通信サービス・放送サービスと割賦販売法 —— *403*

1　電気通信サービス・放送サービス取引と販売信用 —— *403*

2　割販法の規制概要と電気通信サービス・放送サービス —— *406*

（1）割販法が規制対象とする販売信用の形態　*406*

（2）割賦販売　*406*

（3）信用購入あっせん　*408*

3　抗弁の対抗、契約解除・取消しと電気通信事業者の対応 —— *412*

第5節　携帯電話不正利用防止法 —— *413*

1　携帯電話不正利用防止法の趣旨・目的 —— *413*

2　携帯電話不正利用防止法の適用対象 —— *413*

3　携帯電話不正利用防止法の規制 —— *414*

（1）契約締結時の本人確認義務等　*414*

（2）本人確認記録の作成義務等　*414*

（3）譲渡時の本人確認義務等　*414*

（4）媒介業者等による本人確認等　*414*

（5）譲渡時の携帯音声通信事業者の承諾　*415*

（6）契約者確認　*415*

（7）貸与業者の貸与時の本人確認義務等　*415*

（8）携帯音声通信役務等の提供の拒否　*415*

（9）罰則　*416*

▶第8章
電気通信・放送サービスと民事法 —— *417*

第1節　はじめに —— *417*

第2節 電気通信・放送サービスの提供と契約 —— 417

1 電気通信・放送サービスの提供契約 —— 417
(1) 契約の種類・性質　417
(2) 契約約款による契約の締結　418

2 電気通信サービス提供契約の効力をめぐる問題 —— 420
(1) 契約約款の合理性と契約の効力　420
(2) 電気通信・放送サービスの契約約款に対する規制　426

3 未成年者による電気通信サービス契約の取消し —— 429
(1) 取消しの可否　429
(2) 提供を受けた電気通信サービス（通話料、パケット料）相当額の
　　返還義務　430

4 電気通信サービス・放送サービス契約の締結における
説明義務違反等 —— 432
(1) 電気通信事業者・放送事業者の説明義務　432
(2)「適合性の原則」違反　433

5 通信の質と電気通信サービス契約の債務不履行 —— 434
(1) 電気通信サービスにおける契約上の給付の性質と債務不履行　434
(2)「ベストエフォート」型の契約の問題点　435

6 電気通信サービス等の契約の解約 —— 438

第3節 電気通信・放送サービス契約と消費者契約法 —— 440

1 消費者契約法の適用 —— 440

2 不当勧誘がなされた場合の電気通信・放送サービス契約の
意思表示の取消し —— 440
(1) 消費者契約の締結について勧誘するに際し　440
(2) 不当勧誘による意思表示の取消しの要件　441
(3) 不当勧誘による意思表示の取消しの効果　448
(4) 電気通信・放送サービスの契約約款と消費者契約法の不当条項規制　450
(5) 電気通信サービスの提供における期間拘束付き自動更新契約
　　（いわゆる「2年縛り契約」）　453

おわりに　464
事項索引　466
判例索引　476

凡例

▶法令等

NTT法	日本電信電話株式会社法
割販法	割賦販売法
割販令	割販法施行令
携帯電話不正利用防止法 （不正利用防止法）	携帯音声通信事業者による契約者等の本人確認等及び 携帯音声通信役務の不正な利用の防止に関する法律
景表法	不当景品類及び不当表示防止法
事業法	電気通信事業法
事業法省令	電気通信事業法施行規則
事業法施行令	電気通信事業法施行令
消契法	消費者契約法
特定商取引法（特商法）	特定商取引に関する法律
特商則	特商法施行規則
特定電子メール法	特定電子メールの送信の適正化等に関する法律
放送法省令	放送法施行規則
営業自主基準・ガイドライン	電気通信事業者の営業活動に関する自主基準 及びガイドライン
広告自主基準・ガイドライン	電気通信サービスの広告表示に関する自主基 準及びガイドライン
事業法ガイドライン（事業法GL）	電気通信事業法の消費者保護ルールに関する ガイドライン
放送法ガイドライン（放送法GL）	有料放送分野の消費者保護ルールに関するガ イドライン

▶文献

鈴木ほか『概論』	鈴木秀美＝山田健太編『放送制度概論 新・放送法を読 みとく』（商事法務・2017年）
事業法逐条解説	多賀谷一照ほか編著『電気通信事業法逐条解説』（財団法 人電気通信振興会・2008年）
実務	藤田潔ほか監修・高嶋幹夫著『実務電気通信事業法』 （NTT出版・2015年）
詳解	電気通信関係法コンメンタール編集委員会編＝郵政省電 気通信管理官室監修『電気通信関係法詳解』（一二三書 房・1973年）
条解	後藤巻則＝齋藤雅弘＝池本誠司『条解消費者三法』（弘文 堂・2015年）

凡例 **xiii**

消費者契約法逐条解説	消費者庁消費者制度課編『消費者契約法逐条解説〔第2版補訂版〕』（商事法務・2015年）
特商法ハンドブック	齋藤雅弘＝池本誠司＝石戸谷豊『特定商取引法ハンドブック〔第5版〕』（日本評論社・2014年）
放送法逐条解説	金澤薫『放送法逐条解説〔改訂版〕』（情報通信振興会・2012年）
ジュリ	ジュリスト
東海	東海法学
名法	名古屋大学法政論集
法研	法学研究
法セミ	法学セミナー

▶判例集

最判解	最高裁判所判例解説
判時	判例時報
判タ	判例タイムズ
平成●年度重判	平成●年度重要判例解説
法協	法学協会雑誌
民主解	民事主要判例解説
リマークス	私法判例リマークス

xiv　凡例

▶ 第**1**章 ··

電気通信と放送

第**1**節　電気通信と放送の歴史

1　通信と放送のはじまり

　電気通信や放送は、電気と磁気の相互作用（電磁誘導作用）という物理現象を用いて情報を隔地者間で伝達する技術的方法である。

　人と人との間で情報をやりとりする方法には、古くから軍事目的等のために狼煙が用いられたり、19世紀末には「腕木式通信機」とよばれる機器を利用した通信も行われていた[*1]。また、情報を文書にして人や馬で伝達する方法としては、律令時代には既に「駅制」とよばれる方法が行われていたし、江戸時代には「飛脚」がこれを担っており、明治維新後の1871（明治4）年には、わが国でも「郵便制度」が始まっている。

　これに対し、電気通信は、1833年に電磁式電信機を用いてドイツのゲッチンゲン大学とゲッチンゲン天文台の間で行われた電信通信が、世界で最初のものといわれている。この実験で使われた方式に基づき、1837年にウィリアム・クックとチャールズ・ホイートストンがイギリスで5針式電信機の特許を取得し、この方式による電信線を敷設して、電信を初めて商業化した。

　その後、アメリカ合衆国で、サミュエル・モールスが電信に使用する「モールス符号」を考案し、共同研究者のアルフレッド・ヴェイルがこれを改良して、現在も利用されているモールス符号の原型が完成した。モールスは、1837年にモールス符号を用いた電信機による通信実験を成功させ、1840年に特許を取得し、さらに1844年には連邦政府の予算措置もあり、ワシントンとボルチモア間でモールス電信機による電信が開通した。

　さらに、有線電信に関しては、1865年に20ヶ国が署名して万国電信条約が

▶ ···
＊1 通信と放送の歴史については、東京都消費生活総合センター編の消費者教育読本（高度情報通信社会と消費生活編）「マルチメディア時代を生きる──電子情報とくらし」（1998年）122頁以下参照。

第1節 電気通信と放送の歴史　　*1*

締結され、有線電信について初めて国際的なルールが確立している。

　電話は、グラハム・ベルが発明したものといわれているが、トーマス・エジソンとの間で特許紛争が持ち上がり、ベルの発明した電話は1876年になり、ようやくアメリカ合衆国の特許として成立した。ベルの特許が成立した翌年には、ボストンで電話交換が開始され、その後、ヨーロッパでも1887年にはパリとブリュッセル間で電話の利用が可能となり、国際電話のサービスが始まっている。

　これに対し、放送の場合は、電波に音声情報を乗せて送受信する技術（変調および検波技術）が必要不可欠であったので、放送が開始されるには、無線による音声通信（無線電話）の技術の確立を待つ必要があった。無線通信については、19世紀の後半から複数の著名な科学者や技術者[2]による実験や研究等が積み重ねられた。その中でも1894年にイタリアのグリエルモ・マルコーニが行った電波による無線通信実験が成功したのをエポックとして、無線通信の実用化が進展した。

　その後、レジナルド・フェッセンデン（カナダ）が、1900年に世界で初めて無線（電波）に音声情報を乗せる実験を成功させたことから、無線による音声通信（無線電話）の実用化技術が進んだ。さらに、1906年には、フェッセンデンがラジオ放送の実験を成功させ、放送の開始に必要な技術が大きく進展した。

　このような経緯を経て、有線による電信や電話の業務の開始からかなり遅れて、1912年にアメリカ合衆国でラジオ放送の免許制度等を規定した無線法が成立し、放送を行うための制度的な手当てもなされた。そして、その後、ウェスチングハウス社が世界で最初の放送局を開局し、1920年から正式放送が開始された[3]。

2　電気通信事業（サービス）の歴史と法的規律

(1) 国営事業の開始

　わが国における電気通信は、電報、電話の順に役務（サービス）提供が開始

▶
*2 マーロン・ルーミス、トーマス・エジソン、ハインリヒ・ヘルツ、ニコラ・テスラなど著名な科学者等がこれにかかわっていた。
*3 東京都消費生活総合センター編・前掲注1）124頁以下およびhttp://www.geocities.jp/hiroyuki0620785/intercomp/wireless/radiohistory.htm参照。

された。

電報は、明治維新からほとんど間を置かず、1869（明治2）年には東京と横浜間で取扱いが開始されている[4]。これに対し、電話は、電報から21年遅れの1890（明治23）年になって、東京と横浜間で最初の通話サービスの提供が始まった。

この時代、電報、そして電話事業を運営していたのは逓信省であり[5]、電報、電話事業は1900（明治33）年に施行された「電信法」に基づき[6]、国が行う事業（国営事業）であった（あるいは、「逓信省」が事業主体であることから「官営事業」ともよべる）。

電報・電話事業を行う逓信省は、その後、太平洋戦争中の1943（昭和18）年に鉄道省と一体化され運輸通信省となり、1945（昭和20）年にその外局だった通信院が内閣直轄の逓信院へと改組された。さらに終戦後の1946（昭和21）年には逓信院が逓信省と改組されて復活した。

逓信省は、1949（昭和24）年に郵政省と電気通信省に分かれ、その後は電気通信省が電報・電話事業を担っていた。

（2）公営化の時代

電信・電話事業は、太平洋戦争の敗戦までは「国営の時代」あるいは「官営の時代」とよべるが、その後、1952（昭和27）年に日本電信電話公社法（昭和27年法律第250号）が制定されたことにより、電気通信省から日本電信電話公社（以下「電電公社」または「旧NTT」という）へ業務承継がなされ（国営事業から公営事業へ）、さらに電気通信の監督および電波管理行政は郵政省へ移管された。これにより電気通信事業は現業と管理行政とが分かれることとなった。

また、同じ年には国際電信電話株式会社法（昭和27年法律第301号）が制定され、さらに1953（昭和28）年には有線電気通信法（昭和28年法律第96号）および

▶ ....

[4] 法的根拠としては、当初「日本帝国電信条例」（明治7年太政官布告第98号）が制定され、その後、1894（明治27）年に「軍用電信法」（明治27年法律第5号）が制定されている。1900（明治33）年の「電信法」の制定までは軍用電信法に基づいて運用されていたと思われる（http://asaseno.aki.gs/houki/musendenshinhou.html）。

[5] 電信事業は、わが国への導入当初から政府専掌主義がとられ国営の独占事業とされていたが、電話についてはその重要性についての認識の低さから、当初は民営論が優勢であり、電話の導入後10年以上経過してようやく官営（逓信省の事業）となったとのことである（詳解〈上巻〉4、5頁）。

[6] 電信法は、有線による電信業務に関する規制法であり、その後、1953（昭和28）年の有線電気通信法の施行まで有線電気通信サービスの基本法であった。

第1節 電気通信と放送の歴史　　**3**

公衆電気通信法（昭和28年法律第97号）が制定された[*7]。

これらの法律により、国が担っていた国内電信電話業務は電電公社に移管され、国際電信電話業務は国際電信電話株式会社（以下「KDD」という）[*8]に移管された（公営の時代）。

なお、有線電気通信法は、電気通信役務（電気通信サービス）を担う設備のうち、有線電気通信設備の設置および使用を規律する法律であり、これらの設備が適正かつ合理的に運用・管理されるようにするための有線電気通信に関する施設・設備面での秩序の確立することによって、公共の福祉の増進に寄与することを目的とする法律であり（有線電気通信法1条）、現在も効力を有する。

また、公衆電気通信法は、国内電信電話業務を承継した電電公社（旧NTT）および国際電信電話業務を担うことになったKDDの提供する電気通信役務を「公衆電気通信役務」（同法2条3号）と規定し、その役務提供の在り方や料金等についての法的ルールを規定した法律であり、旧NTTとKDDが「迅速且つ確実な公衆電気通信役務を合理的な料金で、あまねく、且つ、公平に提供することを図ること」を目的としていた（同法1条）。

(3) 民営化の時代

その後、他の産業分野と同様に1980年代の世界的な規制緩和、市場化の流れを受けて、1984（昭和59）年に電電公社の分割民営化のため、日本電信電話株式会社法（昭和59年法律第85号：以下「NTT法」という）と電気通信事業法（昭和59年法律第86号：以下「事業法」という）が新たに制定された（翌年施行）。

これにより、わが国の電気通信事業が民営化され、旧NTTの電気通信事業はNTT法に基づき設立された日本電信電話株式会社（以下、1999〔平成11〕年に持株会社化された会社も含め「NTT」という）に承継され、また、1987（昭和62）年には第二電電、日本テレコム、日本高速通信が新たに電気通信事業に参入し、この取引分野の市場化と自由競争が始まった。

▶ ....

[*7] これらの法律の施行により、電信線電話線建設条例（明治23年法律第58号）、電信法（明治33年法律第59号）および電信電話料金法（昭和23年法律第105号）が廃止され（有線電気通信法及び公衆電気通信法施行法〔昭和28年法律第98号〕2条）、有線電気通信設備に関する法的規律は有線電気通信法により、電気通信役務の提供を受ける者との法律関係は公衆電気通信法によって規律されることと整理された。

[*8] 法人としては、国際電信電話株式会社法に基づく特殊会社（現在の「KDDI株式会社」の前身）である。

4 ▶第1章 電気通信と放送

事業法の施行により、公衆電気通信法は廃止され（事業法附則3条）、従来、公衆電気通信法のもとでは電気通信役務は「公衆」に向けて「合理的な料金で、あまねく、且つ、公平に提供する」ものであったのに対し、事業法は「電気通信事業の公共性にかんがみ、その運営を適正かつ合理的なものとするとともに、その公正な競争を促進することにより、電気通信役務の円滑な提供を確保するとともにその利用者の利益を保護し、もつて電気通信の健全な発達および国民の利便の確保を図り、公共の福祉を増進することを目的とする」法律と規定され（事業法1条）、事業法のもとでは、電気通信事業の「公共性」を前提とするものの、料金の合理性や公平性に法律が直接関与することはなく、公正な競争により電気通信役務が円滑に提供されることを確保する（法律は市場の公正を確保する）ことが事業法の目的とされた。これにより、電気通信役務の提供は、各電気通信事業者が契約自由の原則のもとで「利用者」に対して提供するべき性質の役務に変わったものといえる。

　事業法の施行後は、同法が電気通信事業の基本法となり、電気通信事業の「公営の時代」は終わり、「民営化の時代」が始まった。しかし、この時点での事業法は、電気通信事業について「第一種電気通信事業」と「第二種電気通信事業」の区分を前提とした許可制をとっており、2003（平成15）年に許可制が廃止されるまでは、電気通信事業に参入するには、電気通信事業の規模と内容に応じた種別に従い、郵政大臣（その後「総務大臣」）の「許可」が必要とされていたので、参入規制の壁は高かったといえる。

(4) 競争の時代

　その後、旧NTTの分割民営化がさらに進められ、NTTは1999（平成11）年の分割・再編により持株会社となり、電気通信事業は地域会社である東日本電信電話株式会社（以下「NTT東日本」という）と西日本電信電話株式会社（以下「NTT西日本」という）および長距離会社のNTTコミュニケーションズ株式会社（以下「NTTコム」という）に分割された（なお、NTT傘下の地域会社をまとめていうときは「NTT東西」という）。

　また、これに先だって1992（平成4）年には、前年に設立されていたエヌ・ティ・ティ移動通信網株式会社（現在の「株式会社NTTドコモ」：以下「ドコモ」という）が、NTTから移動通信事業（携帯電話、自動車電話、無線呼出、船舶電話および航空機公衆電話）の譲渡を受けて営業を開始している。

さらに、2003（平成15）年 7 月の電気通信事業法及び日本電信電話株式会社等に関する法律の一部を改正する法律（平成15年法律第125号）の制定により、翌年 4 月から電気通信事業に対する「許可制」が廃止されて「登録・届出制」となった。この改正法の施行により、電気通信事業は「競争の時代」に入ったということができる。

　なお、この電気通信事業法の改正に伴い、一部ではあるがいわゆる消費者保護ルール（事業休廃止の周知、提供条件の説明、苦情等の処理）も導入された。

　しかし、「競争の時代」の到来により、その後、電気通信分野の市場には、様々な事業者が参入したり、退出したり、あるいは合従連衡を繰り返すようになると同時に（【図表 1 】参照：平成25年当時）、巨大企業である電気通信事業者（メガキャリア）の提供する巨額の販売奨励金（インセンティブ）を背景にして、消費者に対する販売を担当する代理店・取次店等による熾烈な販売競争が繰り広げられるようになった。

　その結果、移動通信サービス（携帯電話、スマートフォン、無線ルーターなど）の販売や光回線サービス（FTTH）の販売等をめぐる消費者トラブルが急増して社会問題にもなり、この問題に対する対応が強く求められるようになった。

（5）消費者保護ルールの導入

　その後、2015（平成27）年の通常国会で、事業法と放送法を改正する「電気通信事業法等の一部を改正する法律」が可決、成立し、同年 5 月22日に公布（平成27年法律第26号）された。

　この改正では、光回線の卸売サービス等に関する制度整備、禁止行為規制の緩和、携帯電話網の接続ルールの充実および電気通信事業の登録の更新に関する制度の創設などの電気通信事業の公正な競争の促進の為の改正もなされたが、後述（第 2 章第 1 節 1 （4）（5））のとおりの電気通信サービスにおける消費者トラブルの増加を踏まえ、電気通信役務の利用者の利益の保護等を図るための法的対応に主要な目的があった。

　具体的には、①電気通信役務の契約締結時の書面の交付と初期契約解除制度の導入、②これら役務提供の勧誘時の不実告知、重要事項の不告知および拒絶の意思表示がなされた場合の勧誘継続等の禁止、③代理店等に対する電気通信事業者の指導等の措置など、電気通信サービスの利用者の利益にかか

【図表1】 電気通信事業者の変遷

出典）総務省

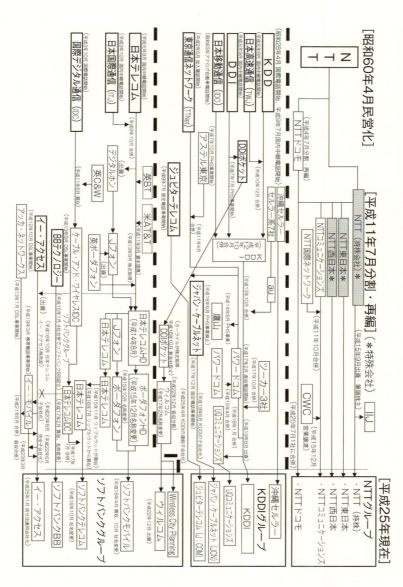

わる重要な改正がされた。
　この改正により、一定期間内ならばクーリング・オフと同様に理由を必要
とじない契約解除権（初期契約解除権）が規定されたが、従前は行政規制しか

第1節　電気通信と放送の歴史　　7

規定されていなかった電気通信事業の分野に、初めて民事ルールを導入した点で、**はじめに**で述べたとおり、エポックメーキングな改正といえる[*9]。

なお、この改正では、有料放送受信者の保護のために、事業法と横並びで、放送法においても有料放送事業者に対して上記の①から③と同様の行政規制の強化および初期契約解除権の導入がなされている。

3　放送事業（サービス）の歴史と法的規律

（1）放送事業の開始

わが国における「放送」は、現在の日本放送協会（NHK）の前身である社団法人東京放送局が、1925（大正14）年3月22日にラジオの仮放送（本放送は同年7月12日）を開始したのが始まりである。

ラジオ放送が開始された当時は、そもそも「放送」というものを規律する法制度は存在しておらず、放送はラジオの仮放送の開始より10年ほど遡った1915（大正4）年に制定された無線電信法（大正4年法律第26号）に基づく「無線電話」の一種との扱いであった。

無線電信法は、無線（電波）を利用した無線電信および無線電話に関する規制法であり、現行法でいえば電波法に相当する法律であったとみることができる。同法1条は「無線電信及無線電話ハ政府之ヲ管掌ス」と定め、無線による通信は国家が管理するとの原則のもとに、「航行ノ安全ニ備フル目的ヲ以テ船舶ニ施設スルモノ」（船舶無線）や「無線電信又ハ無線電話ニ關スル實験ニ専用スル目的ヲ以テ施設スルモノ」（専ら実験のためのもの）、その他「主務大臣ニ於テ特ニ施設ノ必要アリト認メタルモノ」など、一定の要件を満たすものに限り「主務大臣ノ許可ヲ受ケ之ヲ私設スルコトヲ得」として、無線通信を私用するには「主務大臣ノ許可」を必要（許可制）とした（同法2条）。なお、無線電信法の制定以前は、1900（明治33）年に制定された有線通信に関する法律である電信法を「無線」による通信に準用する方法で対応していた[*10]。

無線電信法の制定当時は、アメリカ合衆国でもラジオ放送の免許制度等を

▶………
＊9 わが国の電気通信サービスが旧NTTの分割民営化による自由化・市場化を進めてきた30年間における制度、サービスおよび市場の変遷の概要については、総務省『平成27年版電気通信白書』（2015年）2〜62頁（第1章「通信自由化とICT産業の発展」）（http://www.soumu.go.jp/johotsusintokei/whitepaper/ja/h27/pdf/27honpen.pdf）参照。
＊10 「無線電信」については1900（明治33）年制定の通信省令第77号で、「無線電話」については1914（大正3）年制定の通信省令第13号によりに電信法を準用することとされた。

8　▶第1章 電気通信と放送

規定した無線法が制定されたばかりであり、日本では「放送」という概念自体が普及していなかったといえる。そのため、無線電信法には「放送」という文言も、放送を前提にした規定もなく、ラジオ放送の開始に際しては、主務大臣の許可を受けて放送局の施設が認められたが、その許可においては「放送用」という文言が含まれてはいるものの「放送用私設無線電話」として開設が許可されたもので、前述のとおり、無線電信法上は「無線電話」の扱いであった。

　また、ラジオ放送を聴くための受信機も、無線電信法の規定する「無線電話ノ機器其ノ装置」に該当し、一般の国民が受信機を設置してラジオ放送を聞くには、逓信大臣の許可（聴取無線電話施設許可）が必要であった（無線電信法2条、3条）。

　このような法制度を前提にして、「放送」を業務ないし事業として行うことが認められた訳であるが、実際に放送を行う業務主体としては、1924（大正13）年に前述の社団法人東京放送局が、1925（大正14）年に社団法人名古屋放送局および同大阪放送局がそれぞれ設立され*11、同年7月12日に社団法人東京放送局の中波（ラジオ）放送の本放送が開始された。

　これら3つの社団法人は、その後、1926（大正15）年8月に解散し、新たに社団法人日本放送協会（以下「旧NHK」という）が設立され、解散した3法人の放送局の人員、設備および業務を旧NHKが引き継ぎ*12、放送事業（ラジオ放送）を開始した。

(2) 旧NHKの改組と民間放送事業の開始

　放送事業は、無線通信としても、放送それ自体としても軍事的に極めて重要な戦争遂行の手段や設備であったので、太平洋戦争の敗戦まで無線電信法などに基づき厳しい国家管理のもとに置かれていた。そのため、太平洋戦争の敗戦までは、事実上、旧NHK以外の民間放送事業者の存在は認められていなかった。

　敗戦後の1950（昭和25）年6月1日に、それまでの無線電信法に代わり、「電波三法」と総称された電波法（昭和25年法律第131号）、電波監理委員会設置法

---

*11 いずれも民法に基づく公益法人（社団法人）として通信省の許可を得て設立された。
*12 実質的には3つの社団法人の合併であるが、民法の法人規定には社団法人（公益法人）の合併の規定はなかったので、旧法人が解散し、新たに主務大臣の許可を受けて新設された社団法人が旧法人の事業を承継するという方法がとられた。

第1節 電気通信と放送の歴史　　**9**

（昭和25年法律第133号）および放送法（昭和25年法律第132号）が施行され（これに伴い無線電信法は廃止）、新たに施行された放送法により、日本放送協会（NHK）の特殊法人化（公共企業体へ）と民間による放送事業（民間放送事業者）が認められた。

放送三法の制定により、「放送」は無線通信を用いることを前提として、電波法に基づき放送局の免許を受けた者（＝放送事業者）の行う業務を放送法が規律するという構造の規制原則が確立し、この規制の枠組みは通信と放送の融合を目指した2010（平成22）年の放送法の改正まで概ね維持された。

そのため、有線の放送については当時の放送法の「放送」の定義に含まれず、同法の規制から外れてしまうため、ケーブルテレビジョン放送（CATV）、有線ラジオ放送（有線放送・有線放送電話）および他人が保有する電気通信設備を使用して放送を行う電気通信役務利用放送については、その後、それぞれ有線放送の事業形態ごとに次のとおりの単行の業法を制定して対応していた。

① 有線ラジオ放送業務の運用の規正に関する法律（昭和26年法律第135号）
② 有線放送電話に関する法律（昭和32年法律第152号）
③ 有線テレビジョン放送法（昭和47年法律第114号）
④ 電気通信役務利用放送法（平成13年法律第85号）

しかし、これらの法律は、後述する放送法等の一部を改正する法律（平成22年法律第65号）の施行（2011〔平成23〕年6月30日）により、いずれも電気通信事業法と放送法に統合され廃止され、すべて放送法2条1号の「放送」に含まれることになった。

他方、この間、1959（昭和34）年の放送法改正では放送番組審議会の設置義務づけ、1988（昭和63）年改正ではNHKと民放の二元的放送秩序の維持と放送行政の法治国家原則の徹底がなされ、また、放送の規律の緩和などもなされた。さらに1989（平成元）年には、衛星放送サービスの進展を踏まえて、番組制作・編成と放送局の管理・運営を分ける「受委託放送」[13]が制度化され

▶ *13 従前は、放送事業者は放送番組の編集と放送局の管理・運営を一体的に行う事業者とされていたのに対し、衛星放送業務の実態に合わせて、放送番組の制作・編集のみを行い、自ら放送局の管理・運営は行わない主体である「委託放送事業者」と、放送局の管理・運営を行い委託放送事業者から委託を受けて、委託放送事業者の制作・編集した番組をそのまま放送する主体である「受託放送事業者」に整理、分化させて、法制度上もそれぞれ別々に取り扱うことが可能となるようにしたものである。

た。

（3）放送形態の多様化と有料化

　昭和25年に制定された放送法（昭和25年法律第132号：以下「旧放送法」という）では、「放送」の定義は「公衆によって直接受信されることを目的とする無線通信の送信をいう」と規定され（旧放送法2条1号）、既述のとおり、放送は「無線」が前提にされていた。そのため放送を事業として営む者は「電波法の規定により放送局の免許を受けた者」でなければならなかった（旧放送法4条1項括弧書き）。

　しかし、テレビ放送が開始されて間もない頃から、難視聴地域の解消のために共同受信設備を設置して受信した信号をケーブルで配信するサービスが一部の地域で始まっており、また、その後、1963（昭和38）年には地域独自の番組を編成して放送するケーブルテレビ放送のサービスも始まった。また、1980年代に入ると都市部を中心にして、地上波テレビの再放送に加え、多チャンネルの番組を放送するケーブルテレビ（CATV）が普及するようになった。これらのケーブルテレビのサービスは、独自の番組（コンテンツ）を放送するものであったし、各戸に放送を配信できる仕組みであったことから、当初からその多くが有料サービスとして提供が開始された。

　さらに、1988（昭和63）年に打ち上げ予定であった放送衛星「BS-3」で使用できる3つのチャンネルのうち、NHKに割り当てられる2つのチャンネル以外に1チャンネルが民間放送事業者に割り当てられることとなったのを契機として、経済界の主導で日本衛星放送株式会社（現在の株式会社WOWOW）が設立され、1991（平成3）年4月から有料衛星放送サービスが開始された。

　その後、1992（平成4）年2月には、通信衛星（CS衛星）を使ったアナログCS放送も開始され、有料の衛星放送サービスのチャンネル数も増えていった。

　また、1996（平成8）年には、現在のスカパーJSAT株式会社が「パーフェクTV！」との名称で、多数のコンテンツ編成事業者のコンテンツを集めて多チャンネル編成としたCSデジタル放送を開始し、その後、本格的な多チャンネルの有料衛星放送サービスが進展することとなった[14]。

＊14　2005年頃までの有料放送市場の分析についてはみずほ銀行産業調査部編「コンテンツ産業の育成と有料放送市場——映像コンテンツ産業の発展に資する流通市場を構築するために」みずほ産業

このような放送の形態の多様化と有料化の進展に伴い、放送法制の面でも、既述のとおり、1989（平成元）年6月には「受委託放送」の制度化がなされたり、1994（平成6）年3月には「有料放送比率規制の廃止」、2002（平成14）年1月には「電気通信役務利用放送法（平成13年法律第85号）」の施行、2009（平成21）年2月には衛星放送事業について「特別衛星放送」と「一般衛星放送」の区別を制度化するなどの規制緩和等が進んだ[15]。

　また、これらの変化と合わせて、電気通信や放送のキャリア[16]である電気通信や情報処理に関する技術の革新的な進歩の結果、「通信」と「放送」の区別が曖昧となり、その融合が進んでいることを踏まえて、法制度面における通信と放送の融合を目指して2010（平成22）年11月26日に成立した前述の改正放送法（同年12月3日公布：平成22年法律第65号）により、通信と放送の融合、連携の具体化のため通信と放送制度の整理、合理化を図る制度的な改革がなされた（【図表2】参照）。

　この改革により、旧放送法では「放送」の定義には含まれなかった「有線」による放送も「放送」に区分されることとなり、また、他者が設置した電気通信設備を利用してコンテンツを配信するサービスも、利用するキャリアの種類ではなく配信行為に着目して「放送」に含めることとした。これにより、①有線ラジオ放送業務の運用の規正に関する法律、②有線放送電話に関する法律、③有線テレビジョン放送法および④電気通信役務利用放送法はいずれも廃止され、それぞれの役務の内容に応じて事業法と放送法のいずれかで規律されることになったことは前述のとおりである。

調査 Vol. 15-No. 1（2005年）（http://www.mizuhobank.co.jp/corporate/bizinfo/industry/sangyou/pdf/1015_04.pdf）参照。

[15] わが国の衛星放送の現状については、総務省の「衛星放送の現状（平成29年度第1四半期版）」（2017年4月1日）（http://www.soumu.go.jp/main_sosiki/joho_tsusin/eisei/eisei.pdf）13頁参照。

[16] 英語の「carrier」のことであり、物や人を運ぶことあるいは運ぶ人やものを意味する。ここでいう「キャリア」は、電波や導線・光ファイバー中を流れる電流や光の物理的変化など、信号や情報をそれに乗せて伝送するための物理現象そのものや、このような物理現象を利用して信号等を伝送する手段を意味する。なお、このような信号伝送の役務提供を行う者であることから電気通信事業者も「キャリア」とよばれる。余談だが、経歴や職歴、職業などを意味する「career」も日本語では同じく「キャリア」と表記するが英語の「carrier」とはスペルも発音も異なる。

【図表２】　放送法等の一部を改正する法律（平成22年法律第65号）の概要

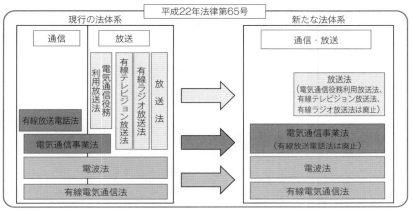

出典）総務省

第2節　電気通信・放送サービス競争枠組みの変化と消費者
1　電気通信サービスの競争枠組みの変遷

　旧NTTの分割民営化まで、電気通信事業は一貫して国営もしくは公営の事業であった。そのため電気通信サービスの提供主体は１者（１社）しかなく、市場における競争はあり得なかった。

　また、利用者との間の電気サービス提供に係る法的根拠は「加入電話加入契約」という私法上の契約の形式をとっていたものの（旧公衆電気通信法27条）[*17]、電電公社やKDDには契約承諾義務が規定され（同法30条）、契約の中心をなす料金に関しては「料金法定主義」が採用されていた（同法68条）。

　契約当事者の契約締結の自由が制限され、本来、合意に基づき契約で決定される給付の対価（言い換えれば契約の中心条項）の内容が法定され、この点でも契約自由の原則が制限されていることからすれば、契約という名は付いているが、電気通信サービスの提供に係る法律関係は契約自由を前提とする私法上のものというより[*18]、国が通信役務の提供条件を法令や行政行為によって一方的に決定し、国民はその条件を承諾するかしないかの選択しかで

---

*17　詳解＜下巻＞112頁以下。
*18　詳解＜下巻＞では「私法上の契約である」と断定されているが（同書112頁）、契約の中心条項ともいうべき料金について「料金法定主義」がとられているし、電気通信事業者には契約の応諾義務があることからすれば、「私法上の」契約とは言い難いのではないだろうか。

きないものであった点で、行政上の法律関係の性質がかなり強かったといえる。卑近な言い方をすれば、電気通信サービスは「お上」によって提供されるものであったのである。

このような制度枠組みを土台にして、事業法が制定され、さらにその後の改正を経て電気通信事業への参入や電気通信サービスの提供条件等の規制の撤廃、緩和が進んだものである。その枠組みの変遷は【図表3】のとおりである。

以上のように、元は「お上」が国民に向けて提供する1社独占事業から、順次かつ段階的に少しずつ民間事業者の参入をしやすくすることで市場化を図るという電気通信事業の「市場化」の特質から、重要なユーザー（お客さん）であるはずの消費者が、法制度上も市場の重要な構成員であるとの発想や認識が、なかなか醸成されてこなかったといわざるを得ない。

2 電気通信事業における規制緩和の進展と歪み

NTT法による旧NTTの分割民営化と、その後のNTT法および電気通信事業法等の改正によるNTTの分割や、電気通信事業の市場化の推進のために必要な参入規制の緩和、撤廃や料金・約款規制の緩和による競争枠組みの変遷から分かるとおり、外資規制の緩和や料金・約款規制の緩和、電気通信事業の許可性から登録・届出制への緩和、さらには電気通信回線設備を保有する大手電気通信事業者（NTT東西）に対する接続の義務化による他社の参入の容易化などは、電気通信事業法の制定後の間もない時期から漸次進められた。

その結果、事業者の参入が容易になり、また、料金についても特定の役務を除き料金規制の「デタリフ化」[19]やその他の約款規制の緩和・撤廃により、事業者が自由に事業展開をしたり、契約条件を決定できる状況になった[20]。

参入規制の緩和や撤廃、契約自由を貫徹し、自由な事業活動を広く承認するように競争の枠組みを変化させることは、畢竟、悪質事業者の参入も許容

▶ ···

[19] 「タリフ（tariff）」とは、公共料金の料金表などを意味し、通常、約款の認可制などで法的な規制が加えられているものを指す。電気通信事業の「デタリフ（de-tariff）化」は、事業法に規定されていた契約約款の作成・公表義務や役務提供義務を撤廃し、相対取引を可能としたり、料金の認可制などを撤廃、緩和する措置・政策を意味する。

[20] 事業法制定による旧NTTの分割民営化後の電気通信制度の改革の初期段階における経緯と内容については、国民生活センター相談部編「電話関連サービス相談処理ガイド」（1999年3月）第2章のⅠ．およびⅡ．参照。

14 ▶ 第1章 電気通信と放送

【 図表 3 】 電気通信事業法の競争の枠組みの変遷

出典）総務省資料に加筆

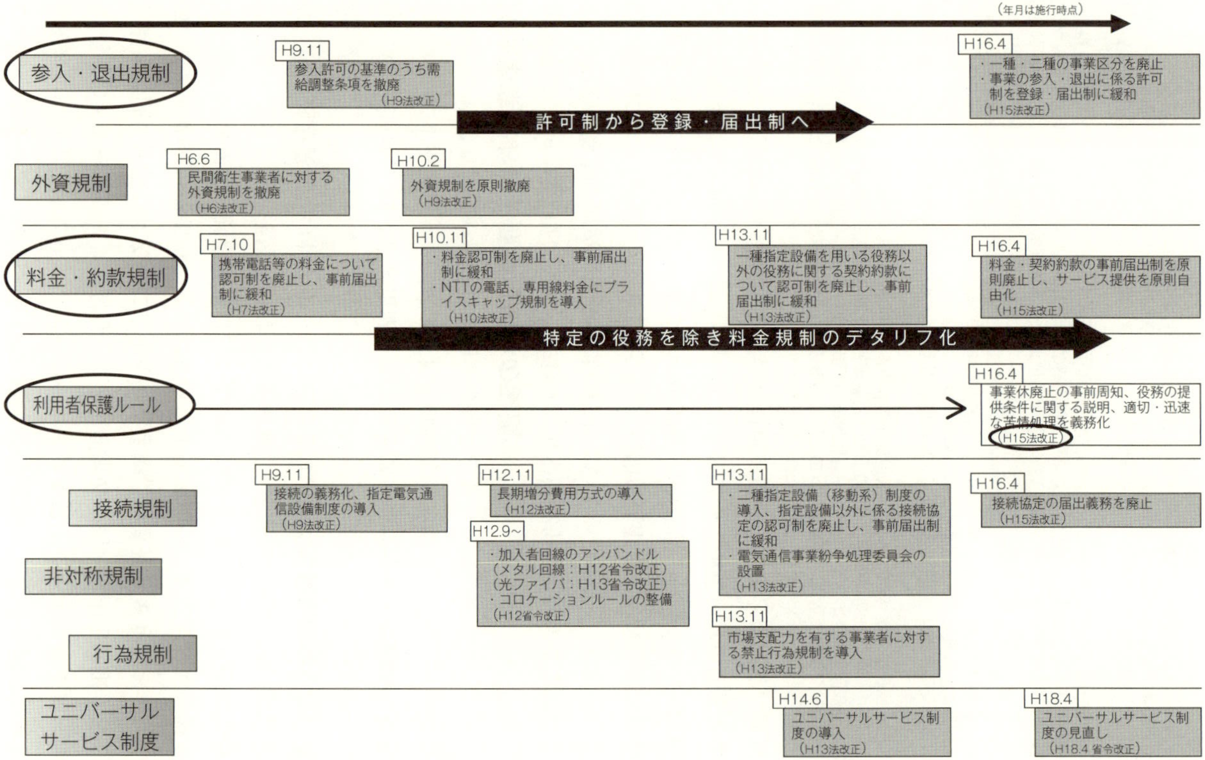

（年月は施行時点）
参入・退出規制
H9.11
参入許可の基準のうち需給調整条項を撤廃
（H9法改正）
許可制から登録・届出制へ
H16.4
・一種・二種の事業区分を廃止
・事業の参入・退出に係る許可制を登録・届出制に緩和
（H15法改正）
外資規制
H6.6
民間衛生事業者に対する外資規制を撤廃
（H6法改正）
H10.2
外資規制を原則撤廃
（H9法改正）
料金・約款規制
H7.10
携帯電話等の料金について認可制を廃止し、事前届出制に緩和
（H7法改正）
H10.11
・料金認可制を廃止し、事前届出制に緩和
・NTTの電話、専用線料金にプライスキャップ規制を導入
（H10法改正）
H13.11
一種指定設備を用いる役務以外の役務に関する契約約款について認可制を廃止し、事前届出制に緩和
（H13法改正）
H16.4
料金・契約約款の事前届出制を原則廃止し、サービス提供を原則自由化
（H15法改正）
特定の役務を除き料金規制のデタリフ化
利用者保護ルール
H16.4
事業休廃止の事前周知、役務の提供条件に関する説明、適切・迅速な苦情処理を義務化
（H15法改正）
接続規制
H9.11
接続の義務化、指定電気通信設備制度の導入
（H9法改正）
H12.11
長期増分費用方式の導入
（H12法改正）
H13.11
・二種指定設備（移動系）制度の導入、指定設備以外に係る接続協定の認可制を廃止し、事前届出制に緩和
・電気通信事業紛争処理委員会の設置
（H13法改正）
H16.4
接続協定の届出義務を廃止
（H15法改正）
非対称規制
H12.9~
・加入者回線のアンバンドル
（メタル回線：H12省令改正）
（光ファイバ：H13省令改正）
・コロケーションルールの整備
（H12省令改正）
行為規制
H13.11
市場支配力を有する事業者に対する禁止行為規制を導入
（H13法改正）
ユニバーサルサービス制度
H14.6
ユニバーサルサービス制度の導入
（H13法改正）
H18.4
ユニバーサルサービス制度の見直し
（H18.4 省令改正）

することにつながる*21。また、そうではない事業者間でも競争を激化させ、虚偽、誇大な広告を用いたり*22、オーバートークや説明不足等による顧客獲得*23、過度のインセンティブを付与したり、顧客の解約の自由を制限することで、顧客の囲い込み等する等によるやり過ぎや、行き過ぎをもたらす*24。

　他方、これらの競争枠組みの変化に伴うマイナス面への対応として必要不可欠である利用者保護の制度整備は、ようやく2003（平成15）年改正法の施行によって導入されたが、その内容は「説明義務」「休廃止の場合の周知義務」および「苦情処理義務」のわずか３つにとどまり、極めて限定的なものに過ぎなかった。

　そのため、その後、特に携帯電話やスマートフォンサービスの勧誘や契約、光ファイバーによる通信サービス（以下「光回線」または「FTTH」という）の勧誘や契約をめぐる苦情や相談も増加する結果となった*25。

3　放送事業における競争枠組みの変遷

　放送事業については、既に述べたとおり、太平洋戦争に敗戦するまでは、事実上、NHKを除き民間放送事業者は存在していなかった。

　また、戦後になり「放送三法」が制定され、民間放送事業者が放送事業に参入できるようになった後も、NHK以外の民間放送事業者の収益モデルは、放送によって流す宣伝・広告（コマーシャル）収入によって事業運営を図るものであったので、民間放送を視聴する者から対価を徴収することはなく、放送

---

*21 「直収電話」回線の交換機等の設備費用を匿名組合契約で広く消費者から集めて破綻し、代表者の詐欺罪が確定した「平成電電」の事件、「IP電話」の中継局サーバーの設置による運用利益を分配するとして広く出資者を募集して破綻した「近未来通信」事件（http://www.soumu.go.jp/main_sosiki/joho_tsusin/policyreports/chousa/shohi/pdf/070410_2_14-3.pdf）などの被害事例がその例といえよう。

*22 電気通信事業者が移動通信サービスに係る通信速度について景品表示法違反があったとして、消費者庁から措置命令を受けた例（「イー・アクセス株式会社に対する景品表示法に基づく措置命令について」http://www.caa.go.jp/representation/pdf/121116premiums_1.pdf、「KDDI株式会社に対する景品表示法に基づく措置命令について」http://www.caa.go.jp/representation/pdf/130521premiums.pdf）がある。

*23 遠隔操作によるプロバイダー変更等に係る不適切な勧誘方法等をとっていた事業者に対し、総務省は電気通信事業法26条に規定する提供条件の説明義務および同法27条に違反するおそれを理由に行政指導を行っている（http://www.soumu.go.jp/menu_news/s-news/01kiban08_02000157.html）。

*24 電気通信事業者が採用している「期間拘束付き自動更新契約」（いわゆる「２年縛り契約」）については、総務省総合通信基盤局消費者行政課の「ICTサービス安心・安全研究会」の利用者視点からのサービス検証タスクフォースがまとめた『「期間拘束・自動更新契約」に係る論点とその解決に向けた方向性』（http://www.soumu.go.jp/main_content/000368928.pdf）において、その問題点が厳しく指摘されている。

*25 総務省総合通信基盤局消費者行政課「ICTサービス安心・安全研究会報告書」（2014年12月）の参考資料５から10（http://www.soumu.go.jp/main_content/000326524.pdf）。

サービスの提供事業ないし放送役務の提供という取引としては、いわゆる消費者トラブルは発生しないスキームであった。そもそもラジオ、テレビなどの受信装置を持ちさえすれば、当然に放送サービスの利用ができたという意味では、「契約」による放送サービスが提供されているという実態もなく、また、放送サービスの提供が「（無償の）取引」であるとの観念もなかったともいえる。

他方、NHK については、戦前の枠組みが継承され、NHK の放送を受信できる受信設備（テレビ受信機）を設置した者に NHK との受信契約の締結義務を課し（放送法64条1項）、これを梃子にして、NHK は視聴者との間ですべからく受信契約を締結させることで放送サービスの対価を徴収するスキームを採用した。

その法律関係や受信料負担の制度の適正や合理性は措くとして、NHK の放送サービスについては、国民の一般的認識としては「公共料金」との認識であり、受信料の支払義務をめぐる問題は、公共料金としての金額の合理性や相当性の問題は別にして、消費者問題となることは少なかったといえる。

4 有料放送サービスの拡大および通信と放送の融合に伴う消費者問題化

しかし、前述のとおり、放送形態の多様化に伴い、ケーブルテレビや衛星放送など有料が原則の放送サービスが出現し、また、その後の放送法の改正等もあって有料放送サービスが拡大した。

特に、インターネット利用の拡大と、通信と放送の融合を目指した2010（平成22）年の放送法改正により、放送における無線と有線の区別がなくなったことを背景にして、通信と放送の両方のインフラ設備である無線による通信役務や有線の ADSL サービスや光回線サービスの販売の拡大などとともに、有料放送サービスの提供を受ける消費者が急速に拡大した。

このような変化を背景にして、放送サービスにおいても新規契約の獲得や顧客の囲い込みのための競争が激しくなった。特に、通信と放送の融合により、「公衆によって直接受信されることを目的とする電気通信の送信」は、有線によるか無線によるかは問わずに「放送」と整理されたことから、電気通信サービスの勧誘と同じ機会に勧誘したり、あるいはこれらサービスの抱き合わせ販売やセット販売が行われることが多くなったことなどもあり、放送

サービスの取引においても過当な競争や不当な勧誘等が目立つようになった。

　この間、放送法の2010（平成22）年改正では、事業法と横並びで有料放送事業者に対する説明義務が規定されたが、それにもかかわらず、従前では想定されなかった勧誘や契約をめぐる苦情や相談が、放送サービスにおいても増加した*26。

　これらの実情を背景にして、前述の事業法と放送法の2015（平成27）年改正がなされたことは、前述したとおりである。

＊26　総務省総合通信基盤局消費者行政課・前掲注25）の参考資料５。

▶第2章
電気通信・放送サービスの消費者問題

第1節 電気通信・放送サービスの消費者問題の歴史
1 電気通信サービスの消費者問題の歴史
(1)「電話関連サービス」の苦情・相談の増加による消費者問題化

　電気通信サービスが国営事業や公営事業であった当時には、電気通信（ほとんどが電話サービス）に関して消費生活センターの窓口に寄せられる苦情・相談はあまりなかった。

　放送サービスについても、NHK以外の有料放送サービスが広く利用されるようになるまでは、同じような状況であったといえる。

　しかし、旧NTTの分割民営化による電気通信事業の市場化の進展に伴い、時代が昭和から平成に変わった1990（平成2）年頃から、電話会社が提供する電話サービスを利用する「ダイヤルQ2」や「ツーショットダイヤル」を含む「電話関連サービス」に関する相談が増え始めた。

　独立行政法人国民生活センター（以下「国セン」という）が運営する「全国消費生活情報ネットワーク・システム」（Practical Living Information Online Network System：同システムの通称に倣い、以下「PIO-NET」という）の情報によれば、全国の消費生活センターの窓口に寄せられた、国内・国際電話、PHS等に係る「電話サービス」に関する相談と、ダイヤルQ2やツーショットダイヤル等の電話を使った情報提供サービスである「電話情報サービス」に関する相談を合わせた「電話関連サービス」という項目に分類される相談が、1990（平成2）年には2千件に達するようになった[1]。

　「電話関連サービス」の相談はその後も増加傾向が続き、特に「電話情報サービス」については、1996（平成8）年から急激に苦情・相談が増加し、

---

[1] 国民生活センター相談部編・前掲第1章注20）4頁参照。

第1節 電気通信・放送サービスの消費者問題の歴史　*19*

1999（平成11年）には1万件を超え、2002（平成14）年には11万件あまりにまで激増した。一方、「国際電話」に関する相談も1999（平成11）年には3千件近くとなり、2002（平成14）年には3万3千件を超えるまでに急増している。この相談は、ほとんどが国際電話の通話を利用した情報提供（通称「国際ダイヤルQ2」）に関する相談であった。

「電話情報サービス」は、サービスの内容としては電話による通話サービスそれ自体よりも通話によって提供される情報に主眼があり、その意味では電気通信サービス自体の相談というよりも、情報の提供という役務取引についての相談とも見られる。しかし、ダイヤルQ2がそうであったように、役務取引である情報提供の対価（情報料）が、電話料金と合わせて電話会社からその電話の加入電話契約者（以下「回線契約者」という）に請求されていたことに加え、法律的にも電気通信サービスそれ自体と電気通信サービスを手段・道具として提供されるサービス取引との間の区別が、あまり明確に意識されずにサービスが提供・利用されていたことから、「電話情報サービス」も電気通信サービスに関する苦情・相談であったと評価して差し支えないであろう。

この当時の相談事例では、利用をした覚えのないダイヤルQ2の情報料やツーショットダイヤルの利用料金の請求をめぐる相談のほかに、インターネット接続が当時はほとんどダイヤルアップ接続であったため、インターネット接続のためにコンピュータが電話をかけるアクセスポイントを国際電話の番号にかかるようにプログラムされたソフトウエアをダウンロードさせて、インターネット接続に国際電話を利用させる悪質業者が急増し、高額な国際電話料金の請求に係る相談などが目立っていた。

（2）ダイヤルQ2問題

時代が平成に移った1990（平成2）年頃から大きな問題となった電気通信サービスとして、前述した「ダイヤルQ2」がある[2]。

ダイヤルQ2は、NTTが、1989（平成元）年から提供を開始した電話による情報提供サービスである。利用者が電話端末から「0990」で始まる所定の番号をダイヤルすると、NTTと提携する情報（番組）提供事業者（Informa-

---

▶···

[2] NTTはこのサービスの名称は「ダイヤルキュー」としたが、呼び名としては「ダイヤルキューツー」の方が一般的であった。なお、ダイヤルQ2は、2011（平成23）年12月15日で新規の受付を終了し、2014（平成26）年2月28日をもってサービス提供を終了している。

20 ▶第2章 電気通信・放送サービスの消費者問題

tion Provider：以下、この章では「IP」とする）が提供する番組につながり、NTTの電話回線を通じて提供される番組の情報を聞くことができるというものであった。

　この仕組みでは、ダイヤルＱ２の情報提供を受けるための通話料金は、NTTの電話サービス契約約款に基づき通話に利用された電話端末に接続されている回線契約者が負担することになる。これに対し、IPの提供する情報については、電話サービス契約約款とは別に実際の情報サービス利用者とIPとの間の役務提供契約に基づき提供されることになるので、IPの情報料は実際のサービス利用者が契約上の支払義務者ということになる。しかし、前記のとおり、電話サービス契約約款に基づき、IPの情報料についてもNTTが取立代行を行い、電話料金と一緒にその回線契約者からまとめて徴収したうえで、一定の手数料を差し引いてIPに支払う仕組みとなっていた[3]。

　ダイヤルＱ２は、当初は一般的な情報提供目的の利用が目論まれていたが、程なく猥褻な会話や音声を聞くことのできる「アダルト番組」や不特定の相手との会話を楽しむことのできる「ツーショットダイヤル」や「テレフォンクラブ」と同様の利用ができる番組が急増した。これは、NTTが構築したダイヤルＱ２サービスにおける情報料などのサービス利用の対価の徴収の仕組み（取立代行により電話料金と一緒に回収する）の簡便さと代金回収の確実性に目を付け、利用者の好奇心を煽り、興味をそそる低俗な番組を次々提供するIPが急増したことによる。

　その結果、親など保護者の目が届かない状態で、中高生等の未成年者がアダルト番組を利用したり、売買春の手段としてツーショット番組が利用されることも多く、ダイヤルＱ２サービスが少年非行のツールとなるなど、大きな社会問題にもなった。

　未成年者に限らず成人の利用でも、好奇心や興味に負けて長時間にわたりダイヤルＱ２を利用したことにより、利用者が数十万円から数百万円という

▶
＊3 NTTが行っていたダイヤルＱ２事業の法的枠組みについては、長谷川彰「ダイヤルＱ２の契約とは」法セミ450号（1992年）31頁、松本恒雄「ダイヤルＱ２──何が問題か」同26頁、同「ダイヤルＱ２と電話サービス契約約款」法セミ464号（1993年）86頁、新美育文「家族または第三者のダイヤルＱ２利用と加入電話契約者の責任（下）」NBL566号（1995年）50頁など参照。また、ダイヤルＱ２やツーショットダイヤル等の電話等通信回線を通じて提供される情報、レンタルビデオ等の延滞料などに関する「債権取立代行」については、国センが特別調査を行い、2001（平成13）年12月には調査報告書をまとめている（http://www.kokusen.go.jp/pdf/n-20011205_1.pdf）。

第1節 電気通信・放送サービスの消費者問題の歴史　*21*

高額な IP の情報料の請求を受けるケースが続発した。さらに、上記のとおり、NTT が IP の情報料については取立代行を行っていたことから、例えば回線契約者である親の了解を得ずに子どもが利用したり、友人や知人によって自宅の電話を無断で使われ、回線契約者ではない者がダイヤル Q 2 の番組を利用した場合などは、回線契約者自身は利用した覚えがないにもかかわらず、回線契約者に高額な請求がなされ、苦情や相談が急増した*4。

　また、長時間利用や頻回利用により、ダイヤル Q 2 のサービスの利用に必要な電話料金も高額となることが多く、自らはこのサービスを利用していないにもかかわらず、子どもやその友人、あるいは回線タッピングなどにより無断で電話回線を利用されて電話料金の請求を受けた回線契約者からの苦情相談が急増した。そのため回線契約者と NTT との間で電話料金の支払義務をめぐって紛争となり*5、最高裁まで争われる事態となった。

　最高裁は、回線契約者が使用したのではない場合には、IP に対する情報提供料の支払義務は否定したが、回線契約者以外の者が当該加入電話から行った通話に係る通話料については、回線契約者が支払義務を負うことを定める NTT 電話サービス契約約款の規定（当時の約款118条 1 項）は、「大規模な組織機構を前提として一般大衆に電気通信役務を提供する公共的な事業においては、その業務の運営上やむを得ない措置であって、通話料徴収費用を最小限に抑え、低廉かつ合理的な料金で電気通信役務の提供を可能にするという点からは、一般利用者にも益するものということができる」とし、回線契約者は、特段の事情のない限りこの約款の文言上は、NTT に対してダイヤル Q 2 のサービスの利用に必要な電話料金の支払義務を負うと判示した。

　しかし、他方で最高裁は「加入電話契約は、いわゆる普通契約約款によって契約内容が規律されるものとはいえ、電気通信役務の提供とこれに対する

---

*4 国センの「消費生活年報1991」では「ダイヤル Q 2 に関する相談」が特記記事として記載されている（50頁）。「消費生活年報」で取り上げられた電気通信サービスに関する消費者相談は、ダイヤル Q 2 のサービスが最初であり、いかにこの問題の苦情や相談が急増し、社会問題となっていたかが窺われる。

*5 NTT との通話料の支払義務に関しては、判例も学説も否定説と肯定説に分かれていた。否定説には、前掲注 3 ）の長谷川、松本論文のほか、近藤充代「加入電話契約者に無断で加入電話から利用された有料情報サービス（ダイヤル Q 2 ）の情報料及びそれに伴う通話料の支払義務に関する二つの判決」判時1482号（1994年）198頁（判例評論422号36頁）、河上正二「ダイヤル Q 2 の利用料金請求に関する三つの判決」ジュリ1036号（1993年）101頁、千森秀郎「ダイヤル Q 2 に関する約款の拘束力」法セミ450号（1992年）36頁などがあり、肯定説には前掲注 3 ）の新美論文、山田卓生「ダイヤル Q 2 の利用料金の支払義務をめぐって」判タ870号（1995年） 4 頁などがある。

通話料等の支払という対価関係を中核とした民法上の双務契約であるから、契約一般の法理に服することに変わりはなく、その契約上の権利および義務の内容については、信義誠実の原則に照らして考察すべきである」とし、問題となる「契約のよって立つ事実関係が変化し、そのために契約当事者の当初の予想と著しく異なる結果を招来することになるときは、その程度に応じて、契約当事者の権利及び義務の内容、範囲にいかなる影響を及ぼすかについて、慎重に検討する必要があるといわなければならない」と述べて、ダイヤルＱ２の利用のための通話料については、その金額の５割を超える部分につきNTTが回線契約者に支払いを請求することは信義則ないし衡平の観念に照らして許されないと判示した（最判平13・3・27民集55巻2号434頁）[6]。

　NTTの提供していたダイヤルＱ２では、IPの情報料は取立代行によりNTTから電話の回線契約者に一括して請求されていたが、契約関係としては電話サービスとIPの情報提供は別々の契約関係なので、回線契約者自身がサービスを利用していなければ、上記の最判平13・3・27の判示したとおり、回線契約者にはIPの情報料の支払義務がないのが原則である[7]。そのため、NTTはその後、回線契約者が異議を申し出れば、IPの情報料については個別にIPとの間で解決するように求めたうえ、取立代行の対象から外し、電話料金と一緒に請求（口座引落）はしない取扱いをするようになったが、この措置においてNTTは、情報料の支払義務を争う回線契約者の住所、氏名等の個人情報をIPに提供する取扱いを行うようになった。

▶ ....

[6] この最判に関する判例評釈には、大澤彩「ダイヤルＱ２利用に係る通話料の請求と信義則」消費者法判例百選（2010年）228頁、豊澤佳弘「加入電話契約者の承諾なしにその未成年の子が利用したいわゆるダイヤルＱ２事業における有料情報サービスに係る通話料のうちその金額の５割を超える部分につき第１種電気通信事業者が加入電話契約者に対してその支払を請求することが信義則ないし衡平の観念に照らして許されないとされた事例」最判解民事篇平成13年度㊤（2004年）297頁、小島彩「最高裁判所民事判例研究（民集55巻2号）11　加入電話契約者の承諾なしにその未成年の子が利用したダイヤルＱ２サービスに係る通話料のうちその金額の五割を超える部分につきNTTが加入電話契約者に対して支払を請求することが信義則ないし衡平の観念に照らして許されないとされた事例」法協119巻9号（2002年）1874頁、伊藤進「加入契約者以外の者によるダイヤルＱ２利用と加入者の通話料支払い義務」リマークス25号（2002年）6頁、新美育文「未成年の子が親に無断で利用したダイヤルＱ２の通話料」平成13年度重判（2002年）61頁、川井健「債務不履行における義務違反の債権者による履行請求の制限――ダイヤルＱ２最高裁判決を機縁として」NBL732号（2002年）6頁などがある。

[7] 前掲注３）の長谷川、松本および新美論文および前掲注５）の近藤および河上論文、室田則之「大阪地裁平成5年3月22日第8民事部判決に関する判例解説（民法1［総則①］）」平成5年度民主解（判タ852号）（1994年）18頁など参照。なお、新美・前掲注３）は、電話の回線契約者がIPの情報提供を受けることを承諾していた場合は、加入電話の契約者の承諾をもって、契約者と第三者との間でNTTないしIPを受益者とする他人のためにする債務引受契約ないし保証契約が締結されたとみるのが適切とする。

第１節　電気通信・放送サービスの消費者問題の歴史　　**23**

このような取扱いがなされるようになったことから、回線契約者は、結局、IPから情報料の支払いを直接請求されたり、あるいは債権管理と回収を目的とする組合の業務執行事業者などから、かなり強引な情報料の請求や取立を受ける回線契約者も多く、苦情や紛争の解決にはならなかったといえる[*8]。

これに対し、前述した「国際ダイヤルＱ２」とよばれる仕組みで提供されるサービスの場合は、利用者は単に国際電話の番号に電話をかけてアダルト番組を聴いたり、ツーショットダイヤルでお互いに通話したり、インターネットのダイヤルアップ接続の場合は国際電話で通話をしているが、これらのサービス提供をするIPは利用者に対価の請求は行っておらず、そのため、その通話や情報通信サービスを提供をするIPとサービス利用者との間には、有償の契約関係を観念することが難しい仕組みとなっていた。

IPは、外国の国際電話会社との間で提携し（契約を結び）、日本国内の消費者がその国の電話番号に電話をかけたことにより相手国の国際電話会社が受け取る国際電話料金から料金の割り戻し（キックバック）を受け、それを事実上、IPの情報提供やサービス提供の対価として収受していた[*9]。

そのため、IPの情報料等は国際電話の料金の中に溶け込んでしまっており、おまけにそれは、契約上（国際電話サービス契約約款上）は、日本の国際電話会社と利用者間の国際電話の通話・通信料金として性質をもつので、利用者はKDDなどの国際電話会社から国際電話の通話・通信料金として、事実上これに含まれるIPの情報料やサービスの対価の請求を受けることとなり、トラブルとなった。

利用者が支払う料金が、国際電話の通話や通信料金であるとすると、前掲最判平13・3・27の判示した電話サービス契約約款の規定の効力からすれば、契約者の電話回線が使用されて国際電話がかけられた以上、その使用の態様がどうであれ、原則として回線契約者が料金を支払う義務があるとする契約約款の効力がそのまま認められることになる。そのため、利用者が誤認したり、欺罔されて「国際ダイヤルＱ２」のサービスを利用した場合であっても、回線契約者に国際電話の通話・通信料金の支払義務があるという不当な結果

▶

*8 この当時は、サービサー法（平成10年法律第126号）は制定されておらず、このような債権取立行為は弁護士法に違反する疑いがあった。
*9 このような仕組みを自分で構築するのは大変なので、当時は、業者向けに「国際ダイヤルQ2」を行うためのビジネスパッケージすら販売されていた。

を招来させることになり、消費者紛争の解決としても対応が難しい問題で
あった。

（3）携帯電話等の新しい電気通信サービスの出現による消費者問題

　旧NTTの分割民営化および電気通信サービスの市場化が開始されてから
5年ほど後から急増した消費者問題の多くが、以上のようなダイヤルQ2や
国際ダイヤルQ2、そしてツーショットダイヤルの利用に伴う情報料や通話
料の請求をめぐるものであったが、他方で、この頃から携帯電話・PHSサー
ビスなどの移動体通信サービスに関する未成年取引や販売代理店・取次店と
の解約をめぐる相談も目立ち始めた。

　移動通信サービスに関する相談の増加は、携帯電話サービスやPHSサー
ビスを提供する電気通信事業者（キャリア）が多数参入するようになり、事業
者間の競争が激しくなったことや、また、このような競争を通じて、通信サー
ビス利用者の急増と利用拡大および利用者層の低年齢化（未成年者の利用の増
加）等が進んだことが背景にある。

　移動通信サービスは、1985（昭和60）年、当時のNTTにより端末機器（名
称は「ショルダーフォン」）のレンタルが始まり、これにより通信サービスが開
始されたのが最初である。

　その後、1987（昭和62）年に「携帯電話」との名称で移動通信サービスが売
り出され、1991（平成3）年には、NTTが「第2世代（2G）」携帯といわれ
る「MOVA」のサービスを開始した。同じ年にはドコモの前身（商号変更前）
のエヌ・ティ・ティ・移動通信企画株式会社が設立され、翌年には携帯電話事
業はドコモに承継された。また、1994（平成6）年にはドコモによって携帯電
話端末の買取制度が始められた。

　1997（平成9）年には現在のソフトバンク株式会社（以下「ソフトバンク」と
いう）の前身である「J-PHONE」が設立され、同じ年にはドコモが携帯電話
のメールサービスを開始した。さらに、2000（平成12）年には第二電電（DDI）、
ケイディディ（KDD）および日本移動通信（IDO）の3社が合併し、現在の
KDDI株式会社（当時の商号は「株式会社ディーディーアイ」）が発足し、「au」
とのサービスマークによる携帯電話サービスが開始された。

　また、この時期には、1997（平成9）年から新たに「ナンバーディスプレ
イ」のサービスの提供が始まり、また、国内公専公サービスや国際公専公サー

ビスが解禁されたり*10、インターネット利用の増加に伴う ISDN サービスの契約件数の増加も顕著となった*11。

これらのサービスは、消費者に馴染みのない新たな通信サービスであったことも背景となり、消費者からの苦情や相談が増えたと考えられる。

このような状況のなかで、郵政省は1997（平成 9 ）年7月に電気通信局電気通信事業部業務課に「電気通信利用環境整備室」を設置して、電気通信サービスについて消費者からの苦情・相談を受け付けるようになった*12。

(4)「競争の時代」の到来による消費者問題の深化

ア　電気通信事業の市場化と競争の進展に起因する歪み

事業法の施行以降、時代が21世紀に変わる2001（平成13）年頃までの間の電気通信サービスに関する消費者問題に係る苦情・相談の内容や態様をみると、その多くは、規制が緩和され電気通信事業の市場化が進み始めたとはいえ、まだ、本格的な「競争の時代」が到来する前の時期に発生したものであり、また、電気通信サービスの提供の形態としては、有線のアナログ回線で提供されるサービスに関するものであった。その意味では、歴史的には限られた時期に発生した問題と評価できる。

しかし、これらの問題の背景には、既にこの当時から行われており、また、後に大きな問題となる「販売奨励金」を背景にした期間拘束付の契約の解約をめぐるトラブルなど、電気通信事業の市場化と競争の進展に起因する歪みが苦情・相談の増加につながっていたり、あるいはダイヤル Q 2 の情報料のように、電気通信サービスの利用料金の徴求と一体化して、電気通信サービスをツールとして利用する他のサービスの利用料等の決済をめぐる仕組みや制度の問題点が反映されているといえる。

現在でも、移動通信サービスの料金とサービス利用のために必要な端末の

▶..

*10 企業（新規参入する電話会社など）が有する（利用している）専用回線の両端に NTT の公衆回線網（市内電話回線網）を接続して通信可能にする方式のことである。従前は、NTT などの保護のためにこのような方式による回線接続は禁止されていたが、音声通話の公専公接続は1996（平成 8 ）年10月に国内通話が、1997（平成 9 ）年12月に国際通話で解禁された。

*11 ISDN は「サービス総合ディジタル網（Integrated Services Digital Network）」の略称であり、従来の電話線のなかをアナログ信号ではなく、ディジタル信号を伝送する通信回線である。NTT 東西が2025年までに公衆回線網（PSTN）の IP 化を予定しており、これに伴い、2020年後半には ISDN サービス「INS ネット」のディジタル通信モードを終了する予定としている。

*12 http://www.soumu.go.jp/johotsusintokei/whitepaper/ja/h11/press/japanese/denki/0514j1.htm

代金の支払いが、複合された契約関係によって、事実上、一体化された状況で回収が図られている点では、この当時から共通の背景や問題が存在し、その問題点が適切に解消されているとは言い難い状況にある[*13]。

イ　インターネットの普及に伴う電気通信サービスの苦情・相談の増加

　わが国でも、2001（平成13）年頃から、インターネットの利用が爆発的に普及し始めた。総務省の統計資料では1997（平成9）年末のインターネットの個人普及率が人口比9.2%でしかなかったが、2001（平成13）年末には44.0%になり、そして2005（平成17）年末には66.8%（利用人口は8,529万人）にも増加した[*14]。

　このようなインターネット利用の爆発的な普及に伴って、インターネットに関連した消費者相談も急増し、インターネットを利用するための電気通信サービスに係る苦情・相談も増加した。

　前述した、インターネットへのダイヤルアップ接続のための電話番号が、国際電話の番号のアクセスポイントにかかるようにパソコンの設定が書き換えられてしまい、高額な国際電話料金の請求を受けたという苦情や相談がその代表例である。

　これ以外にもプロバイダーに関しては「（回線がつながりにくいなど）不具合が多い」「近くのアクセスポイントが営業停止してしまった」「倒産した」などの相談も目立つようになり、また、2001（平成13）年頃からは、一般家庭におけるインターネット接続のブロードバンド化が進み、ダイヤルアップ接続より高速のADSLや光ファイバーの回線に切り替える消費者が増えたことにより、これらの契約や解約をめぐる相談も増加してきた[*15]。

　例えば、インターネットへの高速な常時接続を安価で提供できるとの表示に誘引されて、ADSL回線を使ったプロバイダーに申込みをしたが、通信できないため解約手続をしたにもかかわらず、解約したプロバイダーがADSL

[*13] 国セン「消費生活年報1997」でも、販売奨励金の授受を背景にした回線契約の期間拘束等については、移動通信サービス会社の姿勢に問題があると批判されているし、取立代行についても取引当事者の確認の不十分さなどが指摘されている。特に販売奨励金の問題はその後20年近く経過するも、根本的な解決がされているとは言い難い。

[*14] 総務省の平成13年「通信利用動向調査」の結果（http://www.soumu.go.jp/johotsusintokei/statistics/data/020521_1.pdf）および平成17年「通信利用動向調査」の結果（http://www.soumu.go.jp/johotsusintokei/statistics/data/060519_1.pdf）参照。

[*15] 国セン「消費生活年報2003」14頁。

第1節 電気通信・放送サービスの消費者問題の歴史　*27*

回線を開放していない（「回線握り」とよばれる行為をやめない）ので、他社との契約がしたくてもできないという苦情や、駅前や繁華街の路上などで、「無料キャンペーン中」などといわれて ADSL の契約を勧誘され、ADSL のモデムを受け取ったが使えない（あるいは使わない）ため返却したものの、その後、そのプロバイダーから料金の請求を受けたり、取立代行業者から請求を受けたとする苦情・相談なども目立った[16]。

　このような状況に対し、当時の郵政省は「電気通信審議会」（当時）に対し「IT 革命を推進するための電気通信事業における競争政策の在り方について」との諮問を行い、2002（平成14）年 8 月に消費者支援強化のための方策を盛り込んだ総務省（2001〔平成13〕年 1 月 5 日まで郵政省）の「情報通信審議会」の最終答申がまとめられた。

　また、これに並行して2002（平成14）年 1 月には、総務省が「電気通信分野における消費者支援に関する研究会」を立ち上げて、消費者支援策の検討を始めている。これら最終答申および研究会での議論の内容については、後述する。

ウ　事業法の平成15年改正による説明義務等の法定

　携帯電話の登場や2003（平成15）年からは IP 電話が登場したことなどもあって、電話会社間の競争がさらに激化した。

　さらに、インターネットの急速な普及や ADSL や光回線など、新たな電気通信サービスの提供開始などを背景にして、提供されるサービスの内容も料金体系も複雑で、技術的、専門的知識がないと理解が困難であったり、サービスプランの種類も多数のものが存在し、サービスの種類、内容に応じて、あるいはそれらを組み合わせた多岐にわたるプランが発売された等により、消費者がサービス内容や料金等の取引条件を正確かつ十分に情報を提供されたうえで、サービス提供契約の締結に至っているとは思われない状況もみられるようになった。

　そのため、総務省は、前述した電気通信事業を許可制から登録・届出制に変更する2003（平成15）年 7 月の法改正において、利用者保護のために、新た

---

[16] これらの相談については、国センのウェブページで相談事例として紹介されている（http://www.kokusen.go.jp/jirei/data/200207_1.html、http://www.kokusen.go.jp/jirei/data/200407_1.html）。

に電気通信事業者に対し説明義務、苦情処理義務および休廃止の周知義務を
課す法改正を行い、翌年4月からこれらの義務づけが導入された。

しかし、説明義務の内容や説明の方法等に関する規制はかなり不十分で
あったし、また、その後、本格的な「競争の時代」への突入とともに消費生活
センターへの苦情、相談が増加し、電気通信サービスの消費者保護のために
は、ほとんど説明義務1本しかないといえる規制枠組みや規制内容の限界が
明らかとなった。

エ 「電気通信消費者支援連絡会」の立ち上げ

電気通信サービスにおける消費者問題への対応の重要性が意識されるよう
になったことから、総務省は、事業法の平成15年改正に先立ち、2003（平成
15）年1月に「電気通信消費者支援連絡会」（以下「消費者支援連絡会」という）
との名称の意見交換のための会合を立ち上げ、同年1月24日に第1回会合が
開かれた*17。

後に少し詳しく述べるが、消費者支援連絡会の開催要綱によると同連絡会
は、ICTの急速な技術革新や規制改革による競争の進展等により多様な電気
通信サービスが国民各層に広く普及・浸透する一方で、サービスの内容が高
度化・複雑化している状況のなかで、消費者が安心して電気通信サービスを
利用できるようにすることにより、消費者の利益を確保するとともに、電気
通信事業に対する信頼を確保することが求められているとの認識のもとに、
電気通信サービスにおける消費者支援の在り方について、継続的な意見交換
を行うことを目的として立ち上げられたものである。

消費者支援連絡会は、大学の研究者、弁護士、国セン、消費者団体、地方自
治体（消費者行政担当）、電気通信事業にかかわる各種の業界団体から選ばれ
た構成員が参加し、総務省からは消費者行政に関係する担当課（官）が参加
して、電気通信サービスにおける消費者相談の実情などを踏まえた消費者問
題の把握と、これに対する事業者の取組み等を踏まえた意見交換が重ねられた。

消費者支援連絡会がきっかけとなって、全国の地方自治体の消費生活相談
の窓口や消費者団体の相談窓口に寄せられた苦情や相談については、一般利

＊17 第1回から第4回までの連絡会の公表資料は既に掲載期間が終了しており閲覧ができないが、
第5回会合以降については http://www.soumu.go.jp/main_sosiki/joho_tsusin/policy
reports/chousa/shohi/index.html を参照されたい。

第1節 電気通信・放送サービスの消費者問題の歴史　　**29**

用者と同じ連絡先とは別の受付窓口（いわゆる「ホットライン」）を設けて、従前よりは苦情・相談への迅速で柔軟な対応による問題解決が可能となる仕組みなどが生まれた。

（5）モバイル化・高速化の時代の消費者問題

ア　移動通信サービスの回線契約の急増

　インターネットの利用の急激な増加と並行して、有線通信のサービスでは、前述した ADSL の急速な普及に伴い通信の高速化が進んだが、同時に電気通信サービスのモバイル化（移動通信化）と移動通信サービスの高速化も進展した。

　移動通信サービスの高速化については、ドコモが2001（平成13）年に「W-CDMA」方式による「第3世代（3G）」携帯電話である「FOMA」のサービスを開始し、2002（平成14）年には、KDDI（au）も「cdmaOne」方式を発展させた「第3世代（3G）」携帯である「CDMA2000」のサービス提供を開始した。同じ年には J-PHONE（現在のソフトバンク）も、「W-CDMA」方式の「第3世代（3G）」携帯（その後「SoftBank 3G」）のサービス提供を開始している。

　また、これら高速通信が可能な通信サービスの導入までの間も、携帯電話会社（キャリア）は、1997（平成9）年には携帯電話によるメールの送受信および携帯電話によるインターネット接続サービス（i-mode、EZweb、Yahoo！ケータイ）の提供、1999（平成11）年にはカメラ付携帯を発売したり、また、2004（平成16）年には決済機能のある「おさいふケータイ」を発売したり、2005（平成17）年にはワンセグチューナーを搭載した携帯電話機を発売するなど、各社が競って次々と高機能の携帯電話機を発売した。

　携帯キャリア各社は、このような新機能付きの携帯電話機やデザインも新しくした新機種の携帯電話機を短期間で次々に発表し、機能や機種の差別化により、契約者を獲得する熾烈な競争を繰り広げた。これに伴い、2001（平成13）年にサービス提供が開始された3G携帯電話の回線契約数は、その後、急速に増加し、2008（平成20）年末には9,963万回線と1億回線に迫るまでになった[18]。

＊18　総務省「平成21年版情報通信白書」145頁。

イ　移動通信サービスの消費生活相談の増加

　この頃における消費生活相談の動向をみると、2002（平成14）年度（2003年5月末まで）の携帯電話やPHS等の「移動電話サービス」の相談が、初めて、PIO-NETの相談件数の上位40位までに入り[19]、その後、毎年、相談件数が増加し、2007（平成19）年度（2008年5月末までの集計分）には1万件を超える相談が寄せられる事態となった[20]。また、上記のような、携帯キャリアの積極的な事業展開を背景にして、その後も「移動電話サービス」に関する消費者からの苦情・相談は年々増加した。

　例えば、東京都消費生活総合センター（以下「都セン」という）が2006（平成18）年11月に受け付けた「移動電話サービス」の相談では「携帯電話の新規サービス内容や料金プラン変更に関して、販売店の説明不足や消費者側が十分に理解していなかったことなどが要因と思われるトラブルが多く寄せられた」り[21]、同じく都センが2007（平成19）年7月に受け付けた相談では、「携帯電話の料金プラン等の内容に関連したトラブルや、予想を超える高額な利用料金の請求があったがどうしたらよいか」という相談が寄せられている[22]。

　特に、2006（平成18）年頃からは、携帯電話サービスにおけるパケット通信の料金をめぐる苦情・相談が顕著となってきている。例えば、国センが2007（平成19）年4月5日に発表したレポート「携帯電話のパケット通信関連相談を巡るトラブル」では、「パケット通信に関する相談が増えている。なかでも携帯電話事業者がパケット定額制を設けているにもかかわらず、パケット料金が高額で納得できないといった相談が多く寄せられている」と指摘されているし[23]、また、国センの『消費生活年報2008』（9頁）では「パケット料金定額契約を結んだ。携帯電話をUSBケーブルでパソコンに繋ぎ、利用したところ、約100万円の請求を受けた。この使い方が定額制の対象外とは知らされなかった」などの相談事例も紹介されている[24]。

---

[19] 国セン「消費生活年報2003」43頁。
[20] 国セン「消費生活年報2008」39頁。
[21] http://www.shouhiseikatu.metro.tokyo.jp/sodan/tokei/documents/uketsuke_1811.pdf
[22] http://www.shouhiseikatu.metro.tokyo.jp/sodan/tokei/documents/uketsuke_1907.pdf
[23] http://www.kokusen.go.jp/pdf/n-20070405_2.pdf
[24] 同様の相談は、都センにも寄せられているし（「平成19（2007）年度東京都消費生活総合センター消費生活相談概要」（http://www.shouhiseikatu.metro.tokyo.jp/sodan/tokei/h19_sodan_g.

ウ　移動通信サービスの苦情・相談の増加の原因

　これらの相談が増えた原因には、2000年代に入り、前述のとおり、携帯電話が広く利用されるようになり、また、通信の高速化に伴い、利用の形態も通話だけでなく携帯端末を利用したインターネット接続によるパケット通信を行う利用者が急増したことを背景にして、携帯キャリア間の競争が一層激化し、顧客の獲得や囲い込みのために、様々な料金プランが導入され、利用者（消費者）にとっては、非常に複雑で分かりにくく、理解しづらい（むしろ理解できない）料金プランが登場したことが挙げられる。

　これらの料金プランでは、例えば通話やパケット通信の料金が定額制のプランであっても、そのプランが適用されて料金が定額であるための条件が決められており、その条件が複雑であるだけでなく、電気通信に関する技術的な知識や習熟がなければ容易に理解できないものも少なくなかった。そのため、定額制の契約をしているにもかかわらず、高額の料金を請求されたり、利用者が意識しないパケット通信や海外ローミングサービスの利用による高額な請求など、料金や契約条件をめぐる苦情、相談が増えたといえる。

　いずれにしても、携帯電話サービスの契約において、契約条件が複雑でかなり高度で技術的な知識も必要であるのに、説明が十分になされていなかったり、代理店や取次店が販売奨励金の獲得のために不実の説明をしたり、重要事項の説明を省いて契約を急いだり、割引やキャッシュバックなどについて誇大な説明などをしたことが苦情・相談が増えた背景であると考えられる。つまり「売り方」に大きな問題があったといえる。

エ　販売奨励金と「０円携帯」

　特に、この当時、携帯電話サービスの販売において大きな問題となったのが、「０円携帯」とよばれる販売方法である。

　当時は、移動通信キャリアそれぞれが、自社の携帯電話サービスに特化した携帯電話機を家電メーカーに開発、製造させ、キャリアとの間で携帯電話サービスの回線契約を締結した利用者に対し、キャリア各社がメーカーに製造させた携帯電話機を販売する形態をとっていた。そのため、従前契約してたキャリアを変更したり、新たに携帯電話サービスの契約を締結した場合、

▶ ・・・
　　html））、総務省の電気通信消費者相談センターにも寄せられている（例えば、平成22年度の相談については、http://www.soumu.go.jp/main_content/000123650.pdf）。

32　▶第2章 電気通信・放送サービスの消費者問題

他のキャリアから購入した携帯電話機は、使用ができなかった[*25]。

このような販売形態を前提にすると、新規顧客や乗換顧客を一旦囲い込めば、顧客（消費者）が他のキャリアへ転出するのは容易ではなく、ある程度長期にわたり契約を継続してもらえることとなるため、キャリア各社による顧客獲得競争が激化したものである。

また、逆にSIMロックがかけられている状況下において、新たな顧客を獲得したり、乗換顧客を獲得するためには、顧客が当該キャリアで利用できる端末を新規に購入してもらう必要があったが、その際、携帯電話機の価格も数万円と高価であったこともあり、顧客を囲い込むためには携帯電話機の購入にかかる負担を可能な限り、低く抑えることによって、より多くの顧客を獲得しようとした。そして、従前から販売促進のために用いられていた巨額の販売奨励金が、携帯電話サービス契約の締結に当たる代理店や取次店が獲得した回線契約数に応じて「報酬（インセンティブ）」として支払われたり、あるいは、新規顧客や乗換顧客が支払うべき携帯電話機の対価をこれら販売奨励金から賄うことで、顧客が携帯電話の対価の支払分に全部充当し、それこそ「０円」で携帯電話機を手にすることができるとして、顧客の獲得にしのぎを削った。

他方、キャリア間の競争に勝ち抜き、新規顧客や乗換顧客を獲得するために、機能やデザイン等を頻繁に変更、更新することで目先の新しさが追及された結果、当時は、およそ３ヶ月に１度くらいのペースで各キャリアが新しい機種の携帯電話機を発売していた。そのため、短期間で乗換えを繰り返せば、ほとんど負担なしに次々に新規の機種の携帯電話機に変更できるのが当然であるかのようになってしまっていた。

また、大手キャリアの提供する販売奨励金は、携帯電話端末の購入代金の補助に充てられただけでなく、顧客を誘引するための基本料金や通話料等についての各種の割引の原資にも利用され、その結果、大幅な割引を強調して利用者を囲い込む過当な販売競争の時代が始まったといえる。

[*25] いわゆる「SIMロック」がかけられていたためであるが、契約者回線情報が書き込まれたICチップである「加入者識別モジュール」（Subscriber Identity Module：SIM）にある特定のキャリアしか利用できないようにするデータを書き込んでおくだけに限らず、携帯電話機本体もある特定のキャリアの通信しか対応できないような技術的仕様のものもあり、このような意味で他のキャリアでは利用ができなかった。

特に、2006（平成18）年11月からは「ナンバーポータビリティ」制度が導入され、携帯電話の番号を変更しなくても、契約する携帯電話会社を変えることができるようになったことから、さらに一層、キャリア間で乗換えによる顧客の争奪戦が激しくなった。

　しかし、これらの携帯端末代金や料金の割引の原資は、結局のところ、携帯電話サービスの回線契約者が負担する基本料金や通話料金・通信料金によって賄われている。巨額の販売奨励金を捻出するために、携帯電話サービスの基本料金や通話料金等を高額のまま維持している実態があり、公正な競争が行われているとはいえないとの批判や、1つのキャリアと長く契約を継続している顧客を優遇せず、このような顧客の負担する料金をもって、乗換えや機種変更を繰り返す顧客が大きな便益を享受することの不公平さに大きな批判が集まった。

　また、通信料金や割引等についても、利用者の負担が実際に「0円」となったり、あるいは大幅な料金割引を受けられるためには、種々の契約上の条件を満たす必要があるにもかかわらず、例えば「通話0円、メール0円」「端末全機種0円」などとする新聞広告を出したり、あるいはテレビで外国の著名な女優が携帯電話で通話している映像に「￥0」という文字を表示したコマーシャルを流したりなど、利用者の負担が携帯端末の代金も通話料金も「0円」であるかのような表示や広告が氾濫した。

　そのため、大手キャリアが公正取引委員会から景品表示法に基づき警告や注意を受けたり[*26]、消費者や消費者団体からも非難を受け、改善を求められる事態となった[*27]。

オ　総務省の「モバイルビジネス研究会」と分離型料金プランの採用

　このような状況に対し、総務省は2007（平成19）年に省内に「モバイルビジネス研究会」を立ち上げ、モバイルビジネスの販売方法の在り方等について

[*26] 2008（平成16）年12月12日、ソフトバンクモバイルに対し、利用者のすべての場合において、通話料金およびメール料金が無料となるかのように表示していたが、実際に無料となるのは、同社の携帯電話役務の利用者間のみの通話およびメールに限定されていたなどを理由として、景表法に基づき「警告」をされており、また、ドコモおよびauも同様に通信料金の表示に景表法違反の疑いがあるとして「注意」を受けている（http://www.jftc.go.jp/cprc/reports/index.files/cr-0308.pdf)。

[*27] 例えば、消費者機構日本（消費者契約法の適格消費者団体）から、2007（平成19）年9月7日付で、ソフトバンクモバイルの販売店の表示が、景表法に違反するとの報告を公正取引委員会に対してなされた（http://www.coj.gr.jp/zesei/pdf/topic_080702_01_01.pdf)。

検討を開始した。

　この研究会での議論とその結論は後述するが、同研究会では、端末価格と通信料金を一体化させた従前のモデルから端末価格と通信料金を分離させた新たな販売モデル（分離型）へ転換すること、分離型の採用を推進させるために、キャリアの提供する販売奨励金に関する会計処理の原則を整理し、さらにSIMロックの解除を推進することおよびMVNO（Mobile Virtual Network Operator）[28]の参入促進を行うことなどの意見がまとめられた[29]。

　これを受けて、総務省は2008（平成20）年度からキャリアの電気通信事業会計において端末販売奨励金と通信販売奨励金を分離して扱う（分計する）こととし、端末販売奨励金は「付帯事業」の営業費用とし、電気通信事業損益の営業費用には該当しないものとして、営業損益以外への計上を求める「電気通信事業における販売奨励金の会計上の取扱いに関する運用ガイドライン」を策定した[30]。

　このガイドラインが次年度から採用されるのを踏まえて、総務省は、2007（平成19）年9月に各キャリアに対し、端末価格と通信料金を利用者からみて明確に区分される料金プラン（分離型料金プラン）を導入するよう行政指導を行い、これを受けて携帯キャリア各社は、端末費用の一部を通信料金で回収する従前の料金プランを改定して、端末料金と通信料金を完全に分離した新たな料金プランを発表した。

カ　分離型料金プラン採用後の消費者からの苦情・相談

　キャリア各社のこのような対応により、従前、基本料金などに含めて回収していた端末代金については、通信料金とは区別して利用者に支払ってもらう制度となったことから、基本料金に含めて回収していた端末購入のための

---

*28 MVNOとは、①MNOの提供する移動通信サービスを利用して、またはMNOと接続して、移動通信サービスを提供する電気通信事業者であって、②当該移動通信サービスに係る無線局を自ら開設しておらず、かつ、運用をしていない者と定義されており、またMNOとは、電気通信役務としての移動通信サービスを提供する電気通信事業を営む者であって、当該移動通信サービスに係る無線局を自ら開設（開設された無線局に係る免許人等の地位の承継を含む）または運用している者と定義されている（総務省総合通信基盤局「MVNOに係る電気通信事業法及び電波法の適用関係に関するガイドライン［平成28年3月最終改定］」（2016年）（http://www.soumu.go.jp/main_content/000405635.pdf）。

*29 モバイルビジネス研究会「モバイルビジネス研究会報告書」（2007年9月18日）（http://www.soumu.go.jp/main_sosiki/joho_tsusin/policyreports/chousa/mobile/pdf/070918_si10_1.pdf）。

*30 http://www.soumu.go.jp/main_sosiki/hunso/data/pdf/111102_10.pdf

補助等に相当するコストがなくなり、端末の購入を必要としない利用者にとっては基本料金が引き下げられた。

しかし、その代わり、従前、基本料金等から回収されていた端末代金は、別途、購入した利用者が全額の支払いを要することになり、一括で支払いができない利用者の場合には分割払制度が用意された。

携帯キャリアが携帯電話端末の売主となる場合には、いわゆる「自社割賦」による販売方法をとり、割賦代金を毎月分割で支払うことにしたり、あるいは携帯端末を代理店や取次店等が販売する場合には、利用者がこれら事業者に支払う端末代金を携帯キャリアが立替払いし、携帯キャリアが個別信用購入あっせん業者として通信サービスの契約をした利用者からクレジット代金として分割払いをしてもらう仕組みになった。

このように、端末代金の支払いに関する法律関係と、その端末を利用して受ける携帯電話サービスの利用料金に関する法律関係が明確に分離されたことから、通信サービスの契約を中途解約しても端末代金の割賦代金やクレジット代金の支払義務が残ることとなった。特に携帯電話サービスの販売の現場における誇大な割引の表示や勧誘、説明不足等によって、従前の一体型の料金プランと新たに導入された分離型プランとの区別が利用者にはつきづらく、携帯電話サービス契約の解約をしたにもかかわらず、端末代金の支払いを請求されるケースが頻発し、苦情やトラブルとなった。例えば、国センの報道発表では、携帯電話のクレジット販売について「0円携帯で電話機代は差引き毎月390円といわれ、解約したら電話機代を毎月2,670円払い続けるか、一括して64,000円の残クレジットの支払が必要と言われた」との相談が紹介されている[31]。

これらの事情を踏まえて、総務省は2008（平成20）年4月4日から省内に「電気通信サービス利用者懇談会」を設置し、①契約締結前の利用者に対する情報提供、②契約時の説明義務等、③契約締結後の対応、④苦情処理・相談体制、⑤紛争処理機能、⑥事業者の市場退出に係る利用者利益の確保・向上などの在り方について検討を行い、2009（平成21）年2月10日に提言がまとめら

---

[31] 国セン「『電気通信サービスの契約締結のあり方』について——事業者の説明不足に起因する消費者トラブル」（2007年9月11日）（http://www.soumu.go.jp/main_sosiki/joho_tsusin/policyreports/chousa/shohi/pdf/070911_2_ka1.pdf）。

れた*32。電気通信サービス利用者懇談会での議論については、後に詳しく述べる。

キ　スマートフォンの販売開始と事実上の「０円」販売の再登場

このような通信料金と端末代金の分離型プランの導入によって、販売奨励金を原資にした割引競争やおまけの付与（キャッシュバック）競争が沈静化すると期待された。

しかしながら、次の（**６**）で述べるとおり、2008（平成20）年頃からスマートフォン（以下「スマホ」という）の販売が開始され、それにより端末の販売価格が携帯電話より高騰した。そのため、その後、分離型プランの導入からそれほど日を置かず、各キャリアが、再び端末の割賦販売やクレジット代金および毎月の通信料金から割賦金やクレジット代金相当分を割り引くサービスや利用者へのキャッシュバックを行うようになり、利用者がスマホなどの端末を購入する際の実質的負担額を下回る状況が出現した。「０円携帯」ならぬ「０円スマホ」として「０円」販売が再登場する事態となった。

（6）スマホとデータ通信の時代の消費者問題

ア　スマホの登場と爆発的普及

2008（平成20）年になると、ドコモがカナダのリサーチ・イン・モーション社の開発した「BlackBerry（ブラックベリー）」を個人向けにも発売し、また、同年７月にはソフトバンクモバイル（現「ソフトバンク」）が、日本でも３G携帯電話対応のアップル社の「iPhone 3G」の発売を開始した。

さらに翌2009（平成21）年７月にドコモがグーグル社の「Android」をOSとして搭載したスマホを発売し、その後、携帯キャリアが次々と新しいスマホを発売するに至り、日本でも本格的なスマホ時代が到来した。

スマホは、従来の携帯電話よりはるかに高性能な端末機器であり、特に携帯電話ではできなかった「アプリ」とよばれるアプリケーションソフトウエアをダウンロードして、インストールすることで、様々な機能をもたせることができる端末であったことから、爆発的に普及した。2010（平成22）年度のわが国のスマホの世帯保有率は9.7％であったが、わずか３年後の2013（平成

＊32　http://www.soumu.go.jp/main_sosiki/joho_tsusin/policyreports/chousa/riyosha-con/index.html

25）年には62.6％と激増した*33。

このようななかで、後に詳しく述べるが、総務省は「利用者視点を踏まえたICTサービスに係る諸問題に関する研究会」を2009（平成21）年4月9日からスタートさせ、2011（平成23）年12月21日には研究会の提言が取りまとめられた*34。さらに、この提言を踏まえてスマホに特化した問題を議論するため「スマートフォン時代における安心・安全な利用環境の在り方に関するWG」がスタートし、同WGの議論を経て上記の諸問題研究会の提言として「スマートフォン安心安全強化戦略」が2013（平成25）年9月4日にまとめられた*35。

しかしながら、この間、携帯電話からスマホへの乗換えやスマホを購入する新規顧客の獲得競争が激化し、携帯電話端末より高価であったスマホを売り込むために、一旦は沈静化に向かった販売奨励金を原資にした、スマホの販売代金の割引やキャッシュバックなどの過当な販売競争が再燃することとなった。そのため、2014（平成26）年3月頃には、乗換え等の仕方によっては、新たに携帯キャリアを乗り換えるとスマホの代金の負担が必要ないだけでなく、契約に伴って10万円近いキャッシュバックがもらえるとして、乗換えや新規契約を勧誘する代理店や取次店が現れるなど、異常ともいえる状況が出現した*36。

また、スマホは高機能な端末機器であり、様々な付加的な機能やサービス追加できるものであり、これらの付加的なサービスを追加すると代理店や取次店に入る奨励金も増える実態があったことから、販売の現場では十分な説明や消費者の理解を得ることなく、これらの付加的な機能、サービス提供ための付随契約を締結させ、後から付加的なサービスの料金や解約をめぐってトラブルとなるケースが続発した。

---

*33 総務省「平成27年版情報通信白書」369頁。
*34 http://www.soumu.go.jp/menu_sosiki/kenkyu/11454.html
*35 http://www.soumu.go.jp/menu_news/s-news/01kiban08_02000122.html
*36 総務省の「ICTサービス安心・安全研究会」「消費者保護ルールの見直し・充実に関するWG（第2回）」における北俊一（株式会社野村総合研究所）構成員の報告「主要検討項目について」資料3（http://www.soumu.go.jp/main_content/000281987.pdf）参照。なお、メガキャリア各社の2013年の有価証券報告書やIR情報に基づき、販売奨励金などに充てられたと思われる金額を推計するとドコモが9,400億円、auが2,770億円そしてソフトバンクは3,545億円に上り、メガキャリア3社を合計すると年間1兆5,715億円にも上る。このように巨額な資金が、販売代理店や取次店に対する販売奨励金や新規・乗換顧客への割引やキャッシュバックのために使われている実態があった。

さらに、携帯キャリア各社は、端末（スマホ）の割引販売やキャッシュバック、契約継続中のポイント付与による端末代金との相殺や基本料金の割引等による顧客の囲い込みを図り、囲い込んだ顧客の流出を防ぐために、移動通信サービス契約について定期契約（主に2年間）を利用者との間で締結し、契約期間満了前に中途解約をした場合には、基本料金の水準からするとかなり高額な違約金の支払いを必要とする契約プランに基づき、顧客の獲得競争を繰り広げた。

　このプランでは、契約期間の満了の前後でキャリアが定める一定の期間内に解約の意思表示をしないと、自動的に同じ契約条件で契約が更新される約定（期間拘束付き自動更新契約：いわゆる「2年縛り契約」）となっており、この違約金の発生なくして解約の意思表示が可能とされた期間が1ヶ月程度と短いものであったり、この違約金なしの解約ができる期間について、利用者への説明が不十分だったり、あるいは期間到来時期について予め通知や連絡がされることもなかったので、違約金なしの解約期間を知らずに徒過してしまう利用者も多く、この点でも苦情や相談が増加した。

　携帯キャリアが採用していた期間拘束付き自動更新契約では、期間満了前の解約時の違約金の問題もさることながら、期間拘束契約と端末料金の割引や通信サービス契約の継続を条件とするポイント付与などの補助とが組み合わされていたので、期間途中での解約の場合に、契約継続を前提にするこれら補助がなくなり、端末料金の残額の支払いを求められたりなど、利用者が思わぬ負担を強いられて、苦情につながるケースも非常に多く発生した。

イ　光回線の普及と卸売

　わが国の光回線（FTTH）の回線契約数は、2002（平成14）年末には21万件であったが、7年後の2009（平成21）年末には1,442万件と急増し、CATV、(A)DSLおよびFWA（Fixed Wireless Access：固定系無線アクセス）を含めたブロードバンド（高速回線）契約の半数近くを占めるまでに普及した[37]。

　これに伴い、光回線の接続契約に関する消費生活相談が目立ってきた。PIO-NETの2009（平成21）年6月から翌年5月末まで（2009年度）の集計では、この年から新たに分類項目となった「インターネット接続回線」をめぐる相

▶ ....
[37] 総務省・前掲注18) 123頁。その後もFTTHの契約数は増加し、2015年度末では2,787万件とブロードバンド契約の3分の2を超えている（「平成28年版情報通信白書」）313頁。

第1節　電気通信・放送サービスの消費者問題の歴史　*39*

談が9,848件に上ったが、その多くが、例えば電話勧誘により「利用料金が安くなるので、ADSLから光回線に切り替えないか」など光回線に関するものであった。光回線の契約に関する相談では、販売の形態では「電話勧誘販売」と「通信販売」が顕著で、特に電話勧誘による光回線の契約勧誘をめぐる苦情や相談が増えたことが分かる[38]。

　この傾向はその後も続き、2010（平成22）年度も、増加が目立った相談として「インターネット回線接続」が挙げられ（相談件数13,925件）、2011（平成23）年度も「利用料金が安くなる」「固定電話が使えなくなる」などと言って、インターネットや電話の回線を光回線に切り替えるよう勧める電話勧誘に関する苦情相談が増加し、この年度には「インターネット回線接続」に関する相談が16,773件となった。

　さらに、2012（平成24）年度になると、光回線の契約に関する相談に加え、プロバイダーの料金が安くなるなどと言って、遠隔操作でプロバイダー契約を切り替えてしまう相談が見られるようになり、この影響で「インターネット回線接続」に関する相談件数も19,522件に増え、翌2013（平成25）年には34,272件と前年の倍近くまで増加した。

　他方、NTTが2014（平成26）年5月、NTT東西において2014年度第3四半期以降に光回線の卸売サービスを提供すると発表したことを受けて、総務省の情報通信審議会は、2014（平成26）年12月18日に取りまとめた「2020年代に向けた情報通政策の在り方——世界最高レベルの情報通信基盤の更なる普及・発展に向けて」と題する答申のなかで、光回線サービス卸により、様々な分野の事業者との連携による多様なサービスの創出が見込まれ、わが国の経済成長や利用者の利便性の向上にも資する取組みと評価したうえで、NTT東西が設備ベースでわが国の光回線の約78％を保有し、市場支配力を有している現状にあることから、公正競争の確保の観点から、総務省が料金その他の提供条件の適正性・公平性が十分に確保されるとともに、一定の透明性が確保される仕組みを検討することが適当との意見を示した。また、同時に、競争環境に影響を与え得る要素として、光回線（FTTH）と移動通信のセット割引について、過度のキャッシュバック等により料金の適正性が実質的に損

----

[38] 国セン「消費生活年報2010」17、21、38、39頁など。

なわれ、競争が歪められるおそれがあること等に留意し、総務省において適切な措置を検討することが適当との意見も述べられた。

この答申の趣旨に合わせて、総務省は、光回線の卸売サービスに係る電気通信事業者や代理店の行為に関し、事業法の適用関係を明確にするため、2015（平成27）年2月27日に「NTT東西のFTTHアクセスサービス等の卸電気通信役務に係る電気通信事業法の適用に関するガイドライン」を策定し*39、このなかで光回線の卸売を活用したサービスにおいて想定される具体例を列挙し、事業法上問題となる提供条件に関する説明の不実施（事業法26条違反）や、苦情等の処理の不実施（同27条違反）について、事業者が遵守すべきルールを明確にした。

しかし、実際に光回線の卸売が始まってみると、電気通信審議会の前記の答申でも言及されているようなセット割引やキャッシュバック等による過当な競争が起き、その後、NTT東西から光回線サービスの卸売を受けた事業者（光コラボレーション事業者）が提供する光回線サービスに関する苦情や相談が、全国の消費生活センターに寄せられるようになり、光回線の卸売が開始されてからの1年間に、9,420件の相談が寄せられる事態となっている*40。

ウ　モバイルデータ通信（無線ルーター）の普及と苦情・相談の増加

スマホの普及と軌を一にして、携帯電話会社（携帯キャリア）が提供する通信回線を音声通話ではなくデータ通信（パケット通信）のために利用してインターネットの利用を行う「モバイルデータ通信」のサービスも急増した。

「モバイルデータ通信」は、携帯電話機やスマホなどの通話機能の付いている端末でも可能であるが、通常、通話機能のない「モバイルルーター」とよばれるインターネット接続専用の携帯端末を利用してデータ通信を行うサービスを指す。

通話機能がないため「携帯音声通信事業者による契約者等の本人確認等及び携帯音声通信役務の不正な利用の防止に関する法律」（平成17年法律第31号：以下「携帯電話不正利用防止法」という）の適用がなく、また、タッチパネルで

▶·······················

*39 総務省「NTT東西のFTTHアクセスサービス等の卸電気通信役務に係る電気通信事業法の適用に関するガイドライン」（2015年2月27日）（http://www.soumu.go.jp/menu_news/s-news/01kiban02_02000148.html）。

*40 国セン「光回線サービスの卸売に関する勧誘トラブルにご注意！」（2016年2月12日）（http://www.kokusen.go.jp/pdf/n-20160212_2.pdf）参照。

第1節 電気通信・放送サービスの消費者問題の歴史　*41*

操作ができ、携帯して持ち運びが容易なコンピュータであるタブレット端末の普及により、タブレット端末用のインターネット接続ツールとして、モバイルデータ通信のサービスが拡大した。

これに伴い、モバイルデータ通信サービスをめぐる苦情・相談も増加した。国センのPIO-NETのデータによれば、2009（平成21）年度はモバイルデータ通信に関する消費生活相談の件数が1,631件、翌年が1,897件だったが、2011（平成23）年度になると3,246件と急増し、2012（平成24）年には4,152件と2010年と比較すると倍増している[*41]。

このようなモバイルデータ通信の相談の急増を踏まえて、2013（平成25）年3月6日に都センが、最近は、Wi-Fiルーターによる無線回線も広く利用されており、利用者確保の競争が激しくなっているとして「訪問販売や電話勧誘販売で、契約したものの『実際は説明されたような通信サービスや料金ではなかった』『高額な解約料を請求された』といった相談が多く寄せられている」との注意喚起の情報を公表した[*42]。また、国センも2013（平成25）年4月4日に消費者に向けて、苦情・相談の内容を紹介したうえでモバイルデータ通信の相談が増加しており、今後の利用者の増加も見込まれることを踏まえて、注意喚起のための情報提供を行った[*43]。

国センの報道発表によれば、モバイルデータ通信では、光回線やADSL回線からモバイルデータ通信への乗換勧誘や、スマホやタブレット端末等の多種多様な商品やサービスとのセット販売に関する苦情・相談が多く寄せられていることが紹介されている。

苦情や相談の原因については、モバイルデータ通信の勧誘においてセット販売や通信エリアに関する虚偽の説明や説明不足があったり、契約後に回線がつながりにくいことが判明して解約をしようとしても契約期間の拘束があり、中途解約には解約料がかかること等、モバイルデータ通信の契約内容や

▸ ....

[*41] 都センの相談統計でも同様の傾向が明らかである（http://www.metro.tokyo.jp/INET/OSHIRASE/2013/02/20n24b00.htm）。

[*42] 東京くらしWEB（http://www.shouhiseikatu.metro.tokyo.jp/sodan/kinkyu/130306.html）。

[*43] 国セン「モバイルデータ通信の相談が増加——『よく分からないけどお得だから』はトラブルのもと！」（平成25年4月9日）（http://www.kokusen.go.jp/pdf/n-20130404_2.pdf）。なお、国センは「国民生活」2013年6月号20頁でも「電話による不十分な説明でモバイルデータ通信を契約させる業者」と題する記事を掲載し、情報提供と注意喚起を行っている（http://www.kokusen.go.jp/wko/pdf/wko-201306_08.pdf）。

仕組みを十分理解しないまま、セット販売の商品やサービスの値引きに惑わされて、結局、不要な契約や望まない契約を締結してしまい、苦情やトラブルになることが指摘されている。

また、通信エリアに関しては、契約前に、自宅がサービス提供エリア内であることを確認して契約したのにもかかわらず、自宅の一部の場所でしか通信できず、購入時に「サービス提供エリア内であっても、電波の届かないところでは利用できない」旨が記載されている重要事項説明同意書に同意のサインをしたが納得がいかないとの相談も紹介されており、いわゆる「ベストエフォート型」のサービス提供をめぐる事業者の対応と消費者の認識の間のギャップなどが浮き彫りとなっている。

エ 「ICT サービス安心・安全研究会」と法改正

このような電気通信サービスの消費者問題の実情を考えると、事業者の自主的な対応では消費者トラブルの予防と救済には限界があることがようやく認識されるようになり、総務省は、2014（平成26）年2月24日、利用者保護の法的ルールを含めた検討を行うために「ICT サービス安心・安全研究会」を立ち上げ、さらに同研究会内に「消費者保護ルールの見直し・充実に関するWG」を設置して集中的に議論し、2014（平成26）年12月4日に「ICT サービス安心・安全研究会報告書」が取りまとめられた[44]。そして、この報告書の趣旨、内容を踏まえて、2015（平成27）年の通常国会に、消費者保護ルールを充実される事業法および放送法の改正案が上程され、その後、可決・成立したものである。

2 放送サービスの消費者問題の歴史

（1）有料放送サービスの登場による放送サービスの消費者問題化

放送サービスの場合は、第1章で述べたとおり、NHK の受信料をめぐる問題を除き、放送サービスが消費者問題であることは、有料放送サービスの開始と普及により初めて認識されるようになったといえる。

1980年代に入ると都市部を中心にして、地上波テレビの再放送や多チャンネルの番組放送を行うケーブルテレビ放送（CATV）が普及し、また、1991（平成3）年4月から民間の衛星放送のチャンネルが民間の放送会社に開放さ

---

[44] http://www.soumu.go.jp/main_sosiki/kenkyu/ict_anshin/index.html

れ、その後、通信衛星（CS衛星）を使用したCS放送も開始されて、衛星放送（BS・CS）のチャンネル数も増えた。

こうして有料放送サービスが多チャンネル化することにより、ケーブルテレビ事業者や衛星放送事業者間に限らず、ケーブルテレビ事業者と衛星放送事業者間の放送サービスの提供についての競争が始まったといえる。

このような放送をめぐる状況の変化に対応して、1998（平成10）年頃から衛星放送やケーブルテレビのサービスをめぐる消費生活相談が増え始めた。

特に、2001（平成13）年に成立した電気通信役務利用放送法が、翌2002（平成14）年1月から施行されたことにより、電気通信役務利用放送（公衆によって直接受信されることを目的とする電気通信の送信であって、その全部または一部を電気通信事業を営む者が提供する電気通信役務を利用して行うもの：同法2条）については規制緩和が進み、有線テレビジョン放送法の適用対象から外れて電気通信役務利用放送の業務が登録制となったことから、新規事業者の参入が容易になり、さらに競争が加速された。

（2）地デジ化・通信と放送の融合に伴う消費者の苦情・相談の増加
ア　放送サービスに関する相談

放送サービスに関する消費者からの相談は、1998（平成10）年頃までは、全国でも年間で1,000件程度であり、それほど目立ってはいなかった。

そのため、放送サービスに係る消費生活相談の件数や内容をまとめた相談統計はほとんどなかったが、総務省が1998（平成10）年から10年間の相談件数を国センのPIO-NETの相談データに基づき2008（平成20）年に集計した結果によると「放送に係る消費生活相談件数」は【図表4】のとおりであり、放送サービス全体の相談件数は、1998（平成10）年頃から次第に増加していっている[45]。

放送サービスのうち衛星放送に関する相談は、1999（平成11）年から翌年にかけて急増した。その後、2000（平成12）年から減少し、2008（平成20）年までは毎年500件弱で推移したが、テレビ放送一般（このなかにはNHKの放送も含まれる）およびケーブルテレビに関する相談は、かなりの割合で相談が増

▶
[45] 総務省の情報通信審議会の情報通信政策部会「通信・放送の総合的な法体系に関する検討委員会」の第15回会議における配付資料（資料6）「利用者向けの情報提供の促進」（2009年4月21日）（http://www.soumu.go.jp/main_content/000019123.pdf）。

【図表4】 放送に係る消費生活相談件数

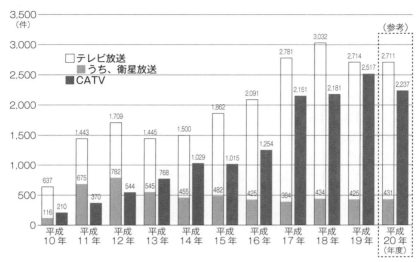

出典）国民生活センターの情報（PIO-NET）より作成。平成20年度については、平成21年4月10日までの登録分。
注1）衛星放送については、「テレビ放送」に関する相談のうち、「商品・役務名」に「CS」「BS」「衛星」等の文字列を含む件数。
注2）文字列が含まれているもののみが対象であるなど、必ずしも各項目に関連するすべての相談を網羅しているとは限らず、また、関連の無い相談が含まれている場合もある。

加していっている。

イ 地デジ化による相談の急増

　電波法が2001（平成13）年に改正され、当時、地上波のテレビ放送に利用されていた周波数帯（90MHz〜222MHz）の電波をアナログテレビ放送に使用できる期限を10年とし、これを踏まえて作成された「放送用周波数使用計画（チャンネルプラン）」などで、その帯域の電波の使用期限（地上テレビ放送をアナログ放送からデジタル放送へ完全に移行させる期限）が2011（平成23）年7月24日と規定された。そのため、この期限までにはアナログの地上テレビ放送が停止されることとなり、10年をかけて漸次、地上波のテレビ放送はデジタル化（いわゆる「地デジ化」）が進められることとなった。その後、2003（平成15）年12月からは、NHK東京、大阪および名古屋の各放送局および民放16局がテレビの地上デジタル放送（以下「地デジ」という）を開始し、2006（平成18）年12月には、43県の県庁所在地とその近接市町村でも地デジ放送が開始

第1節 電気通信・放送サービスの消費者問題の歴史　*45*

された。

　このような状況を背景にして、アナログ放送からデジタル放送への切替えを口実にしたセールストーク等により、アンテナ設備工事などの施設工事のみならず、ケーブルテレビ放送や衛星放送サービスへ切替えや乗換え等の勧誘が次第に多くなった。特にNHKが三大都市圏で地デジ放送を開始し、また、民放16局もそれぞれ地デジ放送を開始した2006（平成18）年頃から相談件数が急に増加し、衛星放送を含むテレビ放送とケーブルテレビ放送に関する相談件数が2008（平成20）年度（2008年4月10日まで集計分）には、5,000件近くまで増えた。この傾向はさらに続き、国センのPIO-NETの情報では、「放送サービス」に関する相談が2008（平成20）年には商品・役務別の相談件数の順位で41位と初めて50位以内に入り、2009（平成21）年には15位と急増し*46、その後、2011（平成23）年7月24日の地デジ化の完了まで相談件数の増加傾向が続いた。

　相談内容としては、「地上デジタルテレビ放送になったら今のテレビは見られなくなる」「アンテナ工事費用が高額になる」などと勧誘されてケーブルテレビの加入契約をしたケースや、「2011年になると工事が混むし高額になる」と言われて地デジのアンテナ工事の契約をしたという相談など、地デジ化の事情や契約内容もよく分からぬままに契約をしてしまいトラブルとなるケースが目立った*47。また、70歳以上の高齢者からの相談が多く、50歳以上の相談者が全体の72.6％を占めており、高齢者がトラブルや被害に遭う特徴が見られた。

　これに対し、総務省、消費者庁および国センは、2010（平成22）年7月に共同して「地上デジタル放送に関する悪質商法対策マニュアル」とのマニュアルを作成して、消費者トラブルの予防のための注意喚起と対応方法を公表した*48。しかし、これも消費者トラブルの減少にはつながらず、結局、2011（平成23）年7月24日の地デジ化の完了により、消費者トラブルの発生の前提となる状況がなくなったことにより、収束した。

---

*46 国セン「消費生活年報2010」21頁（http://www.kokusen.go.jp/pdf_dl/nenpou/2010_nen-pou.pdf）。
*47 国セン「ケーブルテレビに関する相談が増加『テレビが見られなくなる』のトークに惑わされないで！」（2007年12月26日）参照（http://www.kokusen.go.jp/pdf/n-20071226_4.pdf）。
*48 http://www.kokusen.go.jp/pdf/n-20100730_1.pdf

ウ　電気通信役務利用放送サービス等の相談の増加

　2011（平成23）年7月24日をもって地デジ化が完了し、それに伴い地上波テレビ放送の地デジ化に関連する相談が減少したことにより、放送サービスをめぐる消費者からの苦情・相談は、2012（平成24）年は一旦減少したものの、その後は、【図表5】のとおり再び増加に転じ、2014（平成26）年度には地デジ化の完了直前の相談件数を超えるまでになっている[*49]。

【図表5】　放送サービスの相談件数

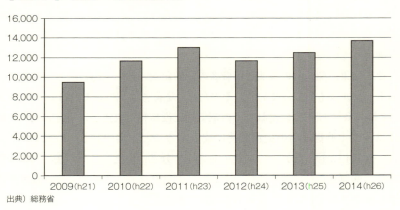

出典）総務省

　これは、ケーブルテレビと光回線によるインターネット接続やIP電話とのセットで、地デジの再放送サービスやビデオ・オン・デマンド、専用チャンネル放送のサービス契約を訪問勧誘や電話勧誘によって販売する事業者（ほとんどが通信キャリアや有線や衛星による有料放送事業者の代理店や取次店）が増え、これらの放送サービス等に関する相談が増したことが背景となっている[*50]。その意味では、最近の放送サービスに関する消費生活相談にも、国の施策として推進されている通信と放送の融合の影響が及んでいると考えられる。

　有線テレビ放送の普及率は、2009（平成21）年3月末には44％まで達した

[*49] 国セン「消費生活年報2015」24～25頁。
[*50] 都センの消費生活相談の受付状況と傾向における「テーマ別分析」（「『放送・サービス』の消費生活相談の概要」（2014年3月）（https://www.shouhiseikatu.metro.tokyo.jp/sodan/tokei/documents/theme_2703.pdf））参照。

第1節　電気通信・放送サービスの消費者問題の歴史　　47

が[*51]、その過程では、一部の有線テレビ放送事業者やその代理店などにより、加入金の免除や視聴料の割引を顧客獲得ツールとして、不当な勧誘によって契約顧客数を増やしていた事例が見られた。

特に、株式会社USENが提供するCSデジタル放送（SOUND PLANET）[*52]においては、同社の代理店が、契約約款上は加入者がすべからく支払いを要する加入金を、「キャンペーン」と称して常態的に免除して契約し、加入時に加入金を免除した契約者が加入後23ヶ月以内に解約する場合に、契約約款上は一律3,000円の解除料の支払いで済むにもかかわらず、31,500円の「違約金」を払わせたり、あるいは契約約款上は6,300円の支払いを要する視聴料をキャンペーンと称して、恒常的に5,775円に割り引くことを強調して契約を獲得していた。

その結果、契約時の説明と消費者の認識が食い違い、消費者と解約をめぐるトラブル等も目立っていた。そのため、総務省は、2007（平成19）年12月21日、株式会社USENに対し当時の電気通信役務利用放送法に規定する契約約款に基づく放送役務の提供義務に違反することを理由として行政指導（警告）を出すに至ったが[*53]、同社の対応が十分とはいえず、その後、消費者契約法に基づく適格消費者団体である特定非営利活動法人消費者支援機構関西から質問や要望が同社や総務省に提出された[*54]。

また、ビデオ・オン・デマンドやインターネット回線を利用した映像配信サービス（電気通信役務利用放送）についても、2005（平成17）年頃から消費者の苦情・相談が出始め、PIO-NETの集計では、2009（平成21）年度には千件を超える相談が全国の消費生活センターに寄せられた。

相談の内容としては、当初の2ヶ月から4ヶ月程度は「お試し期間」で「無料」だと説明されてお試しのつもりで契約したり、また、割引やキャッシュバックがもらえる等のメリットを強調する勧誘により契約に至ったところ、「説明と違い消費者の費用負担が高額だった」「専用端末がレンタルと思って

▶ ……

[*51] 情報通信行政・郵政行政審議会 有線放送部会「ケーブルテレビの現状について」第3回配付資料3-2（2010年3月26日）（http://www.soumu.go.jp/main_content/000061967.pdf）。
[*52] スカパーJSATの通信衛星を利用した衛星一般放送サービスと、NTT東西の光通信網「フレッツ・光」を利用した有線一般放送サービスの2種類の放送サービスを含む。
[*53] http://warp.da.ndl.go.jp/info：ndljp/pid/3193596/www.soumu.go.jp/menu_news/s-news/2007/071221_6.html
[*54] http://www.kc-s.or.jp/detail.php?n_id=10000228

いたら買い取りの契約になっていた」「有料になることについて事前の連絡がないため専用端末を接続しなければ料金は発生しないと思っていたら、料金を引き落とされていた」「有料になることについて事前の連絡がないため意図せず料金が発生してしまう」「事業者の電話がつながらず解約できないまま翌月の利用料が発生しそうで不安」というものであり、「無料」や「お試し」であることを強調したセールストークがなされるため、消費者が有償の契約を締結したという認識がないかあるいは希薄なケースが多い。

　また、事業者の用意した契約条項では任意のクーリング・オフ制度が規定されているが、「お試し」の期間よりもはるかに短い期間しかクーリング・オフはできないので、消費者が有料のサービスとなることに気が付いた時点では、クーリング・オフの期間が徒過してしまい、クーリング・オフは画餅であったり、また、クーリング・オフの通知をしたくても、問合せ窓口に電話をかけても問合せ先が混雑しており、電話がつながらずサポートや解約の申し出もできない状態となっており、苦情やトラブルとなるケースが多くみられた。

エ　NHK の受信契約をめぐる相談

　NHK の放送サービスは、当初から有料放送サービスであり、受信料は受信契約に基づいて支払義務が発生することとされている。

　しかし、受信契約については、放送法64条1項本文により「放送の受信を目的としない受信設備又はラジオ放送若しくは多重放送に限り受信することのできる受信設備のみを設置した者」を除き、NHK の放送を受信することのできる受信設備を設置した者は、NHK との間でその放送の受信契約の締結をしなければならないとして、契約締結義務を定めている。

　そのため、通常は受信設備を設置した者の側から NHK に対し、契約の申込みがなされ、NHK との間で受信契約が締結される場合が多いが、必ずしもそうはならないケースが多くなり、受信設備を設置しても受信契約を締結しない者が増えてきた。

　また、他方ではインターネットの普及によりインターネット上でのニュースや動画の配信サービスを利用する消費者が増え、テレビの視聴自体をしない消費者が多くなってきている現実がある。このような消費者は、そもそもテレビが受信できる設備機器を持っていなかったり、技術的には受信可能な

機器を持っていても、受信契約の締結義務があると NHK が主張する機器に該当していることを認識していなかったり[*55]、あるいは保有している受信設備（テレビ等）でテレビの視聴をしていないことから、NHK との受信契約締結の必要性も感じない消費者が増えている実態もある。

　このような実態がありながら、NHK が受信契約の締結業務を行わせる嘱託社員（契約社員）等を導入して、個別訪問等により受信契約を締結していない受信設備の設置者に受信契約を迫るケースも多いし、また、説明不足や消費者に知識が不足しているにもかかわらず、その適正な認識や判断が形成されることなく、受信契約の締結をさせることも少なくないため、苦情や相談につながっているといえる。一例を挙げると、一人暮らしをしている大学生の自宅を訪問した NHK の勧誘員から「受信契約をしなければならない」と言われて断りきれずに受信契約をしたが、その後、自分で調べたところ、家族割引を受けられることが分かったが、勧誘員からはそのような説明は一切なかったので、一旦、締結した受信契約を取り消して新たに家族割引の申込みをすることはできるだろうかなどという相談が消費生活センターの窓口に寄せられている[*56]。

（3）放送法の平成21年改正による説明義務等の導入

　このような放送サービスにおける消費者からの苦情・相談の増加に対し、消費者トラブルの防止のために総務省は、通信・放送の総合的な法体系の在り方についての総務大臣からの諮問について検討していた、情報通信審議会の情報通信政策部会「通信・放送の総合的な法体系に関する検討委員会」での議論を踏まえて[*57]、2009（平成21）年 8 月10日にまとめられた同審議会の答申「通信・放送の総合的な法体系の在り方＜平成20年諮問第14号＞」に基づき[*58]、2010（平成22）年に放送法を改正（平成22年法律第65号）し、事業法と同じく有料放送事業者に対する説明義務（放送法150条）、苦情処理義務（放

[*55] 「ワンセグ」が受信できるチューナー付きの携帯電話機やカーナビなどがその例である。なお、ワンセグが受信できる携帯電話機を保有していたとしても NHK との受信契約の締結義務はないと判示した裁判例にさいたま地判平28・ 8 ・26判時2309号48頁がある。
[*56] 東京都消費生活総合センター「『放送・通信サービス』の消費生活相談の概要」（2015年 3 月） 7 頁「7 相談事例」事例 1 （https://www.shouhiseikatu.metro.tokyo.jp/sodan/tokei/documents/theme_2703.pdf）を参照。
[*57] 総務省・前掲注45）参照。
[*58] http://www.soumu.go.jp/main_content/000034553.pdf

送法151条）および事業の休廃止に係る事前の周知義務（放送法149条）を規定した。

しかし、その後、放送サービスにおいても勧誘や契約をめぐる苦情や相談が増加したため、前述のとおり事業法と放送法の2015（平成27）年改正がなされるに至ったものである。

第2節　電気通信・放送サービスの消費者問題の現状と対応
1　消費者問題の現状
（1）消費生活相談の概要と傾向
ア　苦情・相談の増加

これまで**第1節**で述べてきたような電気通信サービスや放送サービスの競争枠組みの変化を背景に、2014（平成26）年頃には消費生活センター等への苦情・相談が増加し、消費者の権利利益の保護の観点から消費者問題として看過できない状況に至っていた。

総務省がまとめたデータでは、2013（平成25）年度には、全消費生活相談件数（924,998件）のうち通信サービスの苦情・相談が46,409件（比率では22.1％）を占め、コンテンツ取引等を除いた電気通信サービス自体の相談が46,409件（全体の5％）となっていた。また、放送サービス等に関する相談も全消費生活相談件数中1.5％、件数では13,900件弱を占める状況となった（**【図表6】**）[59]。

特に、電気通信サービスのうち携帯電話サービス、モバイルデータ通信および光回線サービスの相談は、2011（平成23）年以降、苦情・相談の増加が顕著だったり、なかなか苦情・相談の件数が減少せず高止まりの傾向がみられた[60]。

これらの事実が、2015（平成27）年に事業法と放送法の改正により、電気通信サービスと放送サービスにおける消費者保護を目的とする規定が追加されたことの立法根拠（立法事実）である。

次に、事業法および放送法の2015（平成27）年改正の根拠となったこれらサービスにおける消費者問題の特徴と傾向をみていきたい。

---

[59] 総務省総合通信基盤局消費者行政課「ICTサービス安心・安全研究会報告書（案）」（2014年12月）参考資料5（http://www.soumu.go.jp/main_content/000326535.pdf）。
[60] 総務省総合通信基盤局消費者行政課・前掲注59）参考資料6。

【図表6】 全苦情・相談件数および電気通信サービスに係る苦情・相談件数（平成25年度）

○ PIO-NET[※1]に登録された2013年度（平成25年度）の全苦情・相談件数は924,998件。
○ うち、電気通信サービス[※2]に係る苦情・相談件数は46,409件で全体の5.0％。

[※1] 全国消費生活情報ネットワーク・システム。国民生活センターと全国の消費生活センター等をネットワークで結び、消費者から消費生活センターに寄せられる消費生活に関する苦情相談情報（消費生活相談情報）の収集を行っているシステム。
[※2] 「電報・固定電話」と「移動通信サービス」と「インターネット通信サービス」を合わせたもの。

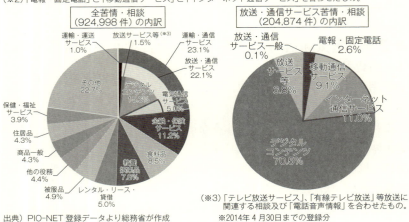

[※3] 「テレビ放送サービス」、「有線テレビ放送」等放送に関連する相談及び「電話音声情報」を合わせたもの。

出典）PIO-NET登録データより総務省が作成
※2014年4月30日までの登録分

イ　携帯電話サービスの苦情・相談の特徴と傾向

① 販売形態

　電気通信サービスの種類ごとに販売形態や苦情・相談の内容をみると、携帯電話サービスの場合、販売形態は全体の81％とその大部分が店舗販売であり、次に通信販売が6.8％、訪問販売が1.4％、そして電話勧誘販売が0.5％となっている。

　携帯電話サービスの場合、店舗販売が大部分を占めているのは、携帯電話サービスには携帯電話不正利用防止法が適用されるので、契約者の本人確認の必要上、店舗販売以外では取り扱うことが難しいことが背景にある。

② 相談内容

　苦情・相談の内容を概観すると、相談項目のキーワードに基づき相談件数の多い順に並べると「契約解除希望」「契約解除料」「通信エリア」「無料」「広告誤表示」「返品＆返金」「回線抱き合わせ」「支払い不能」「障がい者」「他人への名義貸し」「キャッシュバック」「不要なオプション」「報道発表を受けた

解約等」「契約しばり」「故障（自然)」となっている。

ここから、携帯電話サービスでは、ⓐ解除・解約とそれに伴う違約金に関するもの、ⓑ通信エリア等サービスの質についてのもの、ⓒ誤認を生む広告や表示についてのもの、ⓓ必要のないオプション契約や抱き合わせ販売に関するもの、そして、ⓔ契約内容や契約条件をめぐる苦情・相談が多いことが理解できる。

③　携帯電話サービスに特徴的な苦情・相談

携帯電話サービスでは、「契約解除希望」と「契約解除料」についての相談が際立っており、3位の「通信エリア」の相談のそれぞれ2倍近かったり、1.5倍以上の相談件数となっている[61]。

この点から携帯電話サービスの場合には、いわゆる2年縛りの契約に係る苦情・相談が顕著であり、携帯キャリア各社がテレビやインターネット、新聞・雑誌等で大々的に行っている宣伝・広告により消費者が誘引されて、携帯電話サービスの契約をしたところ、広告などで謳われていたような質の通信サービスの提供が受けられなかったり、広告や販売現場での勧誘時の説明と実際のサービス提供の内容や契約条件などに齟齬があると感じ、解約を申し出ると高額な違約金等の負担を求められる等により、苦情や相談につながっている実態が読み取れる。

ウ　モバイルデータ通信の苦情・相談の特徴と傾向

①　販売形態

モバイルデータ通信サービスの販売形態では、店舗購入が最も多く47.2%を占め、続いて通信販売が21.1%、電話勧誘販売が11.9%であり、訪問販売が11.1%となっている。

モバイルデータ通信サービスでは、端末機器（無線ルーター等）の購入が必要であるため、販売形態としては店舗販売が最も多くなっていると考えられる。

②　相談内容

モバイルデータ通信サービスで、相談の多い項目をキーワードごとに順に並べると「契約解除希望」「契約解除料」「契約しばり」「安さ強調」「誤認誘

---

[61] 総務省総合通信基盤局消費者行政課・前掲注59) 参考資料7。

第2節 電気通信・放送サービスの消費者問題の現状と対応　*53*

導」「無料」「通信エリア」「通信速度（速度規制を除く）」「電話による勧誘」「訪問販売」「確認不足」「通信障害（メール・通話障害）」「連絡不通」「口頭契約」「勝手に契約」「不要なオプション」「速度規制回線」「抱き合わせ」「故障」「キャッシュバック」の順となっている。

　ここでも、携帯電話サービスと同様に解除・解約の相談が最も多く、また、次にいわゆる2年縛りの苦情や通信エリア・速度など通信サービスの質に関する苦情・相談が多くなっている。特に、「契約解除希望」と「契約解除料」の相談が非常に多く、3位の相談項目の「契約しばり」のそれぞれ3倍近くや2倍程度にも上る[62]。

③　モバイルデータ通信サービスに特徴的な相談

　苦情・相談の項目でみると、「安さ強調」「誤認誘導」「無料」「通信エリア」「通信速度（速度規制を除く）」「抱き合わせ」「不要なオプション」などの相談が上位に挙げられていることを考慮すると、家電量販店を含め携帯キャリアの代理店や取次店の店頭で、「お得です」等と通信料金や端末購入代金の割引による契約を勧められたり、他の商品や役務との抱き合わせ販売を勧められるなどして契約に至っていることが窺われる。

　また、販売の際に優良有利性を強調した勧誘や誤認を生みかねない説明などが行われた結果、サービスの質が期待するようなものでなかったり、割引や端末料金の負担の条件等に消費者の認識と実際との間に齟齬があり、これらの事情から消費者が解約を求めると違約金の請求を受けて苦情・相談となっていることが理解できる内容である。

エ　光回線サービスの苦情・相談の特徴と傾向

①　販売形態

　光回線サービスの販売形態は、電話勧誘販売が48.1％と最も多く、次に訪問販売が25 8％、店舗購入が10.5％、通信販売が6.5％となっている。

　苦情・相談の半数近くが電話勧誘販売によるものであることは、次の相談内容とも対比すると、電話により不意打ち的な勧誘によって強引に契約を迫るものがかなり多い実態があると理解できる。

▶ ....

[62] 総務省総合通信基盤局消費者行政課・前掲注59）参考資料8。

54　　▶第2章 電気通信・放送サービスの消費者問題

② 相談内容

　光回線サービスの苦情・相談の内容を項目別に多い順に並べると「契約解除希望」「電話による勧誘」「契約解除料」「安さ強調」「誤認誘導」「連絡不通」「ISP 関連」「口頭契約」「訪問販売」「勝手に契約」「無料」「キャッシュバック」「ISP 乗り換え」「確認不足」「契約しばり」「回線抱き合わせ」「高齢者」となっており、ここでもやはり「契約解除希望」が際立って多く、2位の「電話による勧誘」、3位の「契約解除料」および4位の「安さ強調」という項目の2倍から3倍近い相談件数となっている。

③ 光回線サービスに特徴的な相談

　光回線サービスの相談では「電話による勧誘」が苦情・相談の内容の2位に入っており、ここから電話による迷惑勧誘がなされている実態が読み取れるし、3位に「契約解除料」が入っていることからすると、電話勧誘により光回線の契約を勧誘し、安さを強調したり、誤認を与えるような勧誘で契約をさせ、解約を申し出ると高額の解約料が必要と言われ苦情・相談となる実態が理解できる。

　この点からも、光回線サービスでは取引形態および問題のある勧誘のため、消費者の契約意思が不完全で消費者の認識と締結された契約の内容や取引条件に齟齬が生じ、それが苦情や相談につながっているといえる。

(2) 電気通信・放送サービスの消費者紛争の実例

ア　消費生活相談の内容

　事業法と放送法の2015（平成27）年改正前の電気通信サービスと放送サービスの消費者からの苦情・相談の全体的な特徴と傾向は、以上（1）のとおりであったが、次には消費者紛争の具体的な内容を国センおよび都センの発表した相談事例に基づき、その特徴を整理する。

　消費生活相談の窓口に寄せられている相談については、既に紹介した国センの PIO-NET が全国の消費生活センターに寄せられる相談情報を収集、整理しているが、これ以外に東京都において都センに寄せられる相談情報の収集、整理を行っている*63。

　国センおよび東京都（都セン）では、これらのデータベースに登録されてい

▶••

＊63「東京都消費生活相談情報オンラインシステム（MECONIS）」とよばれるデータベースである。

第2節 電気通信・放送サービスの消費者問題の現状と対応　　**55**

る相談情報に基づき、消費者へ広く情報提供や啓発が必要と判断する相談事例やトラブル事例をしばしばマスコミ等に公表し、国民（都民）に情報提供と注意喚起をしているが、この数年来、電気通信サービスや放送サービスに関連する発表が目立っており、国センの発表も都センの発表もその数が増えている。

国センや都センの報道発表において取り上げられた電気通信サービスと放送サービスの相談事例は、以下の**イ**および**ウ**のとおりである。

イ　国セン発表に見る電気通信・放送サービスの苦情・相談の内容

国センが2010（平成22）年以降に発表したものに限ってみても、電気通信サービス等に関連した国センの発表には次のようなものがある。

① 「ネット回線とテレビをつないで視聴する映像配信サービスに係る消費者トラブル──電話勧誘で『無料』と言われ契約したものの実は有料サービスであった」（2010〔平成22〕年6月9日公表）[64]

この報道発表では、PIO-NET による集計によると、ネット回線とテレビをつないで視聴する有料映像配信サービスの電話勧誘販売によるトラブルの相談件数が、2009（平成21）年は前年の3倍（件数では1,004件）にまで急増しているとして、有料放送サービス（電気通信役務利用放送）の電話勧誘販売のトラブルの具体的な相談事例が紹介されている。

相談内容としては、2005（平成17）年から2009（平成21）年までの5年間の同種相談1,829件のうち、勧誘時に「無料」や「お試し」と勧誘されて契約した苦情が7割を占めていると指摘されている。

具体的な相談内容については、ⓐ1年間契約して頂ければ1万3,000円をキャッシュバックする、月額利用料の一部が無料になり、月々800円強で利用できる。他に費用負担はないと説明されたが、専用端末を分割払いで購入した契約になっていたことが分かった、ⓑ映像配信サービスを勧める電話が何度もかかってきて「2ヵ月無料」と言われ、無料ならばと思い了承したが、その際、専用端末が必要だが、端末はレンタルできるといわれていたにもかかわらず、後日に届いた書面をみたところ、専用端末が買取りの契約になっていると分かった、ⓒ電話で映像配信サービスを勧められた。「とりあえず

▶ ···

[64] http://www.kokusen.go.jp/news/data/n-20100609_2.html

56　▶第2章 電気通信・放送サービスの消費者問題

１ヵ月無料なので使ってみてほしい」「１ヵ月経ったら必ず電話をするので
そのときに決めてくれたらよい」と言われたので、お試しのつもりで視聴し
た。１ヵ月経ったが、電話がなかったので契約にはなっていないと思い、専
用端末は取り外した。最近になり、電話料金と一緒に視聴料が引き落とされ
ていることに気づいた、ⓓ電話で映像配信サービスの勧誘を受けた。２ヵ月
間は無料で、その後自動的に有料契約になると言われた。光回線とテレビを
つなぐ専用端末が届いたのでつないで、数回見たが、自分には不要と思った。
事業者のいうとおりに無料期間内に解約しようと思い何度も電話をかけるが
混み合っていてつながらない。サービス開始日がいつからなのか分からず、
このままだと料金が発生してしまうのではないかと不安だ。早く解約手続を
したい、などという相談が紹介されている。

　ここで紹介されている相談事例からは、有料放送サービス（電気通信役務利
用放送）を電話勧誘によって販売することの問題点がよく理解できる。国セ
ンの上記の発表中でも指摘されているが、電話の説明だけでサービス内容や
サービスの提供条件を理解したり、得失を比較検討することが難しいことや、
「無料」「お試し」を強調した勧誘や「キャッシュバック」を受けられるなど
金銭や経済的な便益を受けられると勧誘されることで、本来は有料であるに
もかかわらず消費者が無料と誤解し、トラブルとなっている実態があること
が分かる。

　また、消費者が解約のために電話をかけても電話がつながらないとの苦情
が多いことが紹介されているが、これも一旦契約した顧客にキャンセルさせ
ないように囲い込む手口として、販売業者がこのような対応としているもの
と考えられ、販売業者の営業方法の問題性がトラブルを増加させていると考
えられる。

② 「地上デジタル放送に便乗した悪質商法にあわないために」（2010〔平成22〕年
　　７月30日公表）＊65

　国センは、地デジ化の期限が残り１年となった時点で、次のような相談事
例を紹介して、消費者の苦情・相談が増えていると注意を呼び掛けた。

　国センが紹介する事例には、ⓐ自宅にやってきた訪問販売業者から「総務

＊65 http://www.kokusen.go.jp/news/data/n-20100730_1.html

省から派遣されてやってきた。アナログ放送が10年間延長できる工事を3,000円でする」と勧誘されたというもの、⑥業者が高齢の母の自宅を訪問し、「地デジ普及のために3,000円が必要。後日集金にくる」と説明された。その際、業者は連絡先の電話番号に総務省のコールセンターの番号を提示していたとの相談、ⓒ地デジ関係者を名乗る者が訪問し、「地デジの工事は9万円かかるが今なら5万円でできる」と言われ、現金で支払った。しかし、その後何の連絡もないという苦情、ⓓケーブルテレビ関係の業者がやってきて「近くに大きなマンションが建つので電波が届かなくなり、来年から地デジが見られなくなる。来週近所でまとめて工事をするので今日中にケーブルテレビの加入契約をしてほしい」とケーブルテレビの契約を迫られた、などという相談があることが紹介されている。

　地デジ化に便乗して、消費者の知識や認識不足に付け込んで、不要ないし不急の工事の契約をさせたり、地デジの視聴のための通信や放送サービスの契約を結ばせるトラブルが多発したことが理解できる。

③　「急増するスマートフォンのトラブル」（2011〔平成23〕年12月1日公表）＊66

　この発表では、スマホの急速な普及が進む一方、スマホの特性についての消費者の認識や習熟度が十分に上がっていない状況で、従来の携帯電話と同じ感覚で消費者が利用することでトラブルが生じ、スマホに関する2011（平成23）年度の相談件数は、前年同時期の3倍以上に達していることが指摘されている。

　相談内容も、ⓐスマホについては「故障頻発」の相談が多いが、何が原因の不具合なのか解明することが困難でなかなか問題が解決されない、ⓑスマホの場合は、SIMフリー端末以外は通信サービスの契約と端末の売買契約が一体化しているため、端末の不具合が原因で通信サービスの契約を解約したくても、いわゆる2年縛りの契約のため中途解約すると解約料が発生することが多く、トラブルを複雑にしていること、ⓒ消費者がスマホを使用して通信していることを意識していない間も、スマホはアプリの更新等のためパケット通信を行っていることがあり、メールやインターネットをあまり利用していないのに、パケット料金が二段階定額制の上限額になってしまうという苦

＊66 http://www.kokusen.go.jp/news/data/n-20111201_2.html

58　▶第2章 電気通信・放送サービスの消費者問題

情・相談、ⓓスマホでは、パケット通信量が携帯電話会社の定める一定の量に達すると通信制限がかかり、通信速度が遅くなるなどして動画が見られないなどの相談が紹介されている。

　ここでも、期間拘束付き自動更新契約（２年縛り契約）の問題点が消費者トラブルの原因となっていることや、端末機器のもつ高度な機能について消費者の知識や理解度、習熟度が低く、認識や理解が不十分であることからくる誤認や誤解がトラブルの原因となっていることが理解できる。また、この誤認や誤解を解消するために必要不可欠な携帯キャリアや代理店、取次店の説明の不十分さなども背景となっているといえよう。

④　「モバイルデータ通信の相談が増加──『よく分からないけどお得だから』はトラブルのもと！」(2013〔平成25〕年４月４日公表)*67

　この発表では、スマホについての苦情・相談と同様にモバイルデータ通信に関するトラブルの相談が増加していることが指摘されている。

　国センが挙げる相談事例としては、ⓐモバイルデータ通信サービスの電話勧誘販売の事例では、「自宅に電話があり『無線LANにしないか。現在の利用料金より2,000円安くなる』と説明された。契約している光回線と関係のある事業者だと思い申し込み、クレジットカード番号、携帯電話番号など伝え、モバイルデータ通信の契約をした。家族に話すと、契約している会社と今回勧誘された契約は関係がないこと、現在のプロバイダーを解約しなくてはならないことなど問題が多いので、解約のため電話をしたがなかなか繋がらず解約できない」との相談、ⓑ訪問販売の事例では、「１人暮らしのアパートに『電波の確認に来た』と訪問があったので、管理会社から依頼を受けた事業者だと思い家の中に入れた。事業者が『最近アクセスポイントが近くにできたので、有線は使えなくなる。モバイルデータ通信にすると料金も安くなる』と言うので、申し込むことにしたが、後で契約書をよく読むと『管理組合とは関係ない』と書かれていた。今までどおり有線が使えるのであれば、モバイルデータ通信の契約は必要がない。解約したいと思い、その日の夜に事業者に連絡したが『クーリング・オフはできない。解約すると違約金約４万円かかる』と言われた」との相談、ⓒ携帯電話ショップでの販売（店舗販

---

*67 http://www.kokusen.go.jp/news/data/n-20130404_2.html

売）の事例では、店舗で「『家に無線LANがあるか』と聞かれた。『分からない』と答えると、モバイルデータ通信の契約を勧められた。『これがなければ外で使用できないし、インターネットもつながらない。またこれがあれば使えるアプリも豊富になる』等と言われたので無線LANルーターと通信契約を契約した。しかし、家には無線LANがあり、スマートフォンだけでインターネットにつなぐことができたので、店に解約したいと連絡したところ、『解約料9,000円が必要。ルーターも買い取りになるため、今後400円を25カ月払わなければいけない』と言われた」との相談、ⓓ家電量販店における販売（店舗販売）の事例では、「売り場で係の人に声をかけられ、無線LANルーターを契約したらノートパソコンを65,000円値引くというセット契約を勧められた。欲しかったパソコンは約16万円で65,000円値引かれるとお得に感じたので契約した。しかし、後から書面を確認したらルーター代金の約36,000円を自分が支払うことが分かった。通信料とルーター代金の負担は値引き分より高額になるので、それであれば契約しなかった」という相談、そして、ⓔ大規模催事会場での販売の事例（店舗類似の場所での販売）では、「呼び止められて話を聞いたら、モバイルデータ通信を使えば今使っているスマートフォンの通信料が今より安くなると説明を受けた。自分と妻用に2台契約した。サービスとしてタブレット端末やノートパソコン、ゲーム機の中から選べると言われ、タブレット端末2台とノートパソコンを選んだ。先日改めて契約書を見たら、タブレット端末とノートパソコンは分割払いで購入したことになっているようだ」という相談が紹介されている。

　また、虚偽説明がなされた事例として、ⓕモバイルデータ通信を職場で使いたかったので、契約前に事業者のホームページで職場がつながるエリアか確認し、さらに事業者に電話で、住所を伝え確認すると「電波が弱いかもしれないがつながる」と言われたので申し込んだ。しかし使用してみるとつながらなかった。その後、事業者に電話したところ、1週間電波状況を調べてつながらないことが分かった。解約したいと申し出たが解約料26,000円かかると言われたとの相談、ⓖ繁華街の店で、モバイルデータ通信を契約する際、近々引っ越し予定があると話したところ、担当者から「引っ越し先でもLTEが使える。LTEは速くて確実」などの説明があったので契約した。実際には引っ越し予定地ではLTEのサービスがまだ始まっていないことが分かった。

カスタマーセンターに相談したが、３Ｇ回線なら現状でもつながり、３月には LTE のサービスも始まると説明された。しかし、契約時の話と違うので解約したい。タブレットと無線 LAN ルーターは無料でもらったが、２年間の縛りのある契約なので、普通に解約すると解約料が必要になる。解約料を払わずに解約したいとの相談、⒣昨年モバイルデータ通信の契約をしたが通信速度がせいぜい200kbps くらいとかなり遅い。基本ソフト（OS）のアップデートも途中でできなくなってしまう状態である。ホームページには受信速度7Mbps などと書かれているが誇大広告ではないか。通信事業者に問い合わせると「ベストエフォートなので」と言われた。改善されないのであれば解約したいと事業者に申し出ると、２年契約なので途中解約の場合は解約金が３万円くらいかかると言われたとの相談などが紹介されている。

　これらの相談事例から、光回線や ADSL 回線からモバイルデータ通信への乗換えを勧める勧誘が多く行われていること、その際、モバイルデータ通信サービスがスマホやタブレット端末等様々な商品やサービスとセットで販売されている実態があり、そこではモバイルデータ通信の契約内容や仕組みを十分理解しないまま、セット販売されている商品やサービスの値引きに誘引されて契約したが「よく考えたら必要ないので解約したい」という相談につながっていること、あるいは、消費者が考えている場所や利用方法では通信がつながりにくいので解約を考えても、２年縛り契約のため解約料を請求される場合があり、「値引き」に惹かれて、契約内容や通信の仕組みについての認識、理解が不十分のまま契約に至り、２年縛り契約の問題点もあってトラブルとなっている例が多いことが理解できる。

⑤　「速報！"遠隔操作"によるプロバイダ勧誘トラブルにご注意！」（2013〔平成 25〕年６月13日公表）＊68

　この国センの発表では、プロバイダーとの契約に際し、事業者からの電話勧誘を受け「よく理解せず言われるままにパソコンを操作し、事業者に自分のパソコンを"遠隔操作"してもらったところ、承諾していないプロバイダ等の契約に申し込まれてしまった」等というトラブルの相談が複数寄せられるようになったと紹介されている。

▶ ....
＊68 http://www.kokusen.go.jp/news/data/n-20130613_1.html

このトラブル事例の具体的な相談内容としては、ⓐプロバイダーを乗り換えれば安くなると電話で勧誘され、契約することにした。プロバイダーの乗り換え作業は遠隔操作で行うと言われた。約束の日に先日の事業者から電話があり、指示されるままに、パソコンを立ち上げた後、指示されたホームページを見て何かの数字を教えたことは覚えているが、それ以外、自分は何もしていない。数日後、見知らぬプロバイダー事業者から届いた圧着はがきを確認したところ、以前より高い月額利用料となっており、頼んでいない映像配信サービスやリモートサービス等も契約したことになっていた。解約したいとの相談、ⓑプロバイダー契約の電話勧誘があった。祖父母がいたが、パソコンのことは分からないので、高校生である相談者が電話に出たところ「この地域で回線がつながった。遠隔操作で登録できる。今よりも月額料が数百円安くなる」等と説明された。大手通信会社を名乗ったので大丈夫だと思った。事業者に年齢を聞かれたので高校生であることを伝えた。その後、事業者の指示通りに、パソコンを操作して待っていると、事業者が遠隔操作したようで、すぐに登録が完了した。後日、届いた資料を見ると、以前より約2,000円も高くなるコースになっていた。解約しようと思い、プロバイダー事業者のホームページを見たら解約料がかかると書いてあったが、そんな話は聞いていない。納得できないという相談、ⓒ知らない会社（B社）から電話があり、「現在利用しているA社のプロバイダサービスがなくなるので、移行手続きをする必要がある」と言われた。相手が、自分の住所、名前、現在使っているプロバイダーを知っていたので、信用してしまった。次の日、B社から再度電話があり、言われたとおりにパソコンを操作し、遠隔操作ができるサイトに接続し、表示されたID等を伝えると事業者がパソコンを操作できるようになった。利用している通信会社のIDを聞かれ、伝えたところ、遠隔操作で接続設定が終了した。料金がこれまでより高くなってしまったので、後日、A社に確認すると、プロバイダーサービスは終了しないと言われた。契約の変更はしたくないとの相談が紹介されている。

　これらの相談を踏まえると、プロバイダーサービスの新規や乗換えを勧誘する事業者が、積極的に虚偽を告げたり、消費者の不馴れや知識不足に乗じて消費者にプロバイダーの乗換え等の契約をさせたり、パソコンを遠隔操作して消費者の認識していない契約の申込みをしてしまい、トラブルとなって

いる例が多いことが理解できる。

⑥ 「速報！！『ネット回線勧誘トラブル110番』の実施結果報告（2013〔平成25〕
年7月1日公表）＊69

　この発表では、近年、全国の消費生活センターにインターネット回線、モバイルデータ通信、スマホ、携帯電話等の電気通信サービスを「よく分からないまま契約してしまった」等という相談が増加している実態を踏まえて、国センが実施した「ネット回線勧誘トラブル110番」の結果が紹介されている。

　この110番に寄せられた相談事例のなかにも、ⓐ電話会社を名乗る女性から自宅に電話があり、「これからは光回線に移行する、光回線のほうが速い、今後は今の固定回線が使えなくなる」等と言われて申し込んでしまった。よく考えるとインターネットを使う予定もないので、契約する必要はないと思った。契約をやめたいとの相談、ⓑ販売業者から電話があり、利用しているプロバイダーのプラン名を言われたので、契約している会社からの電話だと思った。「プランを変更すれば安くなる」と言われたので、指示通りパソコンを開け、何度かクリックをした後、電話をしてきた会社に遠隔操作で設定してもらった。後日、知らない会社から圧着ハガキと封書が届き、1万円弱を請求された。まさか知らない会社と契約したとは思っていなかった。電話で話しただけで契約内容についての書面も届いていない。通帳を調べたら、以前のプロバイダー契約も継続となっており、2社から引き落とされている。納得できないとの相談、ⓒスマートフォンを購入する際に、これまでよりも通信速度が速くなるというLTEサービスがすぐに全国に拡大していくと期待して契約したが、いまだに勤務先ではつながらないことが多い。事業者に対応エリアを問い合わせたが、拡大中と言うのみだった。解約したいが機種代金を2年にわたり分割で払っているので返済が終わるまでは我慢して使うしかない。LTEが満足に使えないのであれば、3Gだけを対象とする安い料金プランを追加してほしいとの相談、ⓓ現在利用しているモバイルデータ通信のサービスが終了するという電話がかかってきた。相手が自分の個人情報を知っていたので、現在、契約している会社からの連絡だと思った。「定額のプランに切り替えないか」と言われ、ネットをたくさん使う場合は、今の

▶ ....
＊69 http://www.kokusen.go.jp/news/data/n-20130701_1.html

料金より安いと思い、モバイルデータ通信の契約をした。後日、届いた請求書には、定額と言われた料金以上の金額が記載されていた。ホームページで確認すると、申し込んでいないオプションが勝手につけられていた。納得できないとの相談事例が紹介されている。

⑦ 「よく分からないまま契約していませんか？　インターネット、携帯電話等の電気通信サービスに関する勧誘トラブルにご注意！」（2014〔平成26〕年3月6日公表）＊70

　この発表は、上記の⑥の「ネット回線勧誘トラブル110番」の結果、および、その後に全国の消費生活センターを対象に行ったアンケート結果を踏まえて、光回線やインターネットのプロバイダー契約および携帯電話等の電気通信サービスの販売方法にかかる問題点を整理し、国センが消費者に注意喚起することと合わせて、行政に対して制度的な対応を要望したものである。

　PIO-NET の相談情報では、光回線やプロバイダー契約等に係る「インターネット接続回線」、「固定電話サービス」、「携帯電話・スマートフォン」、「モバイルデータ通信」との分類項目の相談件数が年々増加しており、特に、2012（平成24）年度は4万8,668件もの相談が寄せられ、2013（平成25）年度も2014（平成26）年2月15日までに登録された相談件数が3万9,973件に達している実態があることが指摘されている。

　そして、このような実態を踏まえて2013（平成25）年6月14日、15日に実施した110番における相談では、光回線・ADSL の相談が最も多く、次がプロバイダー契約、携帯電話（スマホ含む）端末・携帯電話サービスそしてモバイルデータ通信の順であり、また、全体の40％以上で光回線とプロバイダー契約を同時に契約するように、複数契約を締結している事例であったと紹介されている。

　また、購入形態では、光回線・ADSL やプロバイダー契約が多いことを反映して、電話勧誘販売と訪問販売が全体の70％を超えており、消費者の PC を遠隔操作してプロバイダーを乗り換えさせてしまう事例もみられたと紹介されている。

　具体的な相談内容では、ⓐ電話勧誘販売・訪問販売の事例では、「夜遅く電

▶
＊70 http://www.kokusen.go.jp/news/data/n-20140306_1.html

64 ▶第2章 電気通信・放送サービスの消費者問題

話で勧誘され回線契約を申し込んだが、説明のなかったプロバイダーも契約したことになっていた」「今後は今の固定電話は使えなくなると言われて光回線を契約してしまった」「勧誘電話をかけてきた事業者に遠隔操作でプロバイダーの設定をしてもらったが、頼んでいないオプションサービスも契約したことになっていた」「訪問してきた事業者に光回線契約を申し込んだら、知らない間に映像配信サービスも契約したことになっていた」「勧誘が繰り返されて迷惑だ」というように、迷惑勧誘や知らない間に複数契約をさせられているという苦情が目立っているし、ⓑ店舗購入の事例では「パソコンを買いに家電量販店に行ったところ、パソコンを安く買えると光回線を勧誘され契約したが、後日、覚えのないオプションも契約していることが分かった」「広告どおりの通信状態ではなかったので解約を申し出たが、解約料等を請求された」など複数契約や抱き合わせの契約をめぐるトラブルや、通信の質に関する表示との齟齬に起因する相談、いわゆる「ベストエフォート型」サービスであることを前提にした苦情が目立つ。また、ⓒその他としては、「キャッシュバックするという広告を見て光回線等を申し込んだが広告どおりの金額がキャッシュバックされない」という相談があり、キャッシュバック等の販売奨励金の問題が背景にある苦情がみられた。

　このような110番やアンケート結果に表れた相談事例を踏まえ、行政に対する制度的対応が要望されているが、そこでは問題点として次の指摘がなされている。

　すなわち、この時点の事業法では、電気通信サービスの契約締結等に当たり、提供条件の説明義務が課され（事業法26条）、契約時に重要事項を記した書面の交付義務もある一方、書面交付以外の説明等も可能であり、実際には消費者の手元に契約内容を記した書面が交付されていない場合があることや、迷惑勧誘の禁止、クーリング・オフ等の特定商取引法と同様の消費者保護規定がないなど法律上の対応が不十分であることがまず指摘されている。また、電気通信サービスに係る事業者団体が「電気通信事業者の営業活動に関する自主基準」の策定等の自主的な取組みを行い、事業者によっては契約から一定期間内の無償解約に応じているが、それにもかかわらず全国の消費生活センターに寄せられる勧誘等に関する相談は増加していると指摘されており、この点から事業者団体による自主的対応では、消費者紛争への対応には限界

があったことが理解できる。

⑧ 「なくしてからでは遅い！携帯電話の紛失・盗難に備えて──『不正利用されて高額請求』、『データの流出が心配』等の相談が増加！」(2014〔平成26〕年7月14日公表) [71]

この発表では、移動通信サービスの利用の拡大を背景に、通信端末の紛失や盗難によって、「なくした携帯電話が不正に利用され、高額請求を受けた」という相談や「紛失・盗難時に受けられると思っていた補償サービスが受けられなかった」という相談、さらに「携帯電話に入っているデータの流出が不安だ」等の相談もみられることが指摘されている。

⑨ 「高齢者でトラブル多発！IP電話に関する相談が増加しています」(2015〔平成27〕年8月27日公表) [72]

2014（平成26）年末頃にはIP電話が急速に普及し、固定電話利用者の約6割がIP電話となっていたが、このような現状を背景に、この発表ではIP電話に関する苦情・相談が急増していることが指摘されている。

苦情・相談の特徴をみると、まず、相談者の属性については、特に年齢が70歳以上の消費者からの相談が42.4%、60歳代が22.4%と全体の3分の2を占めており、取引形態では電話勧誘販売が54.6%、訪問販売が28.3%と全体の8割以上を占めており、不意打ち性の高い販売方法により、高齢者が勧誘され契約に至ったことにより苦情やトラブルとなっていることが顕著となっている実態があることが理解できる。

相談内容では、高齢者を中心に「料金が安くなると言われIP電話を契約したが安くならなかった」「電話勧誘を受けて資料送付を依頼しただけなのに契約したことになっていた」「訪問販売でIP電話等を契約した後、高齢者対象の行政サービスである"緊急通報"が利用できないことが分かった」「IP電話を契約した後、家族に反対されたのでクーリング・オフしたい」「高齢で独り暮らしの母宅の電話が急につながらなくなり困惑した」等という相談が増えていることが指摘されている。

相談内容からみても、高齢者が不意打ち性の高い取引形態により、知識や経験の不足に乗じて契約意思が不完全なまま、IP電話サービスの契約を締結

▸

[71] http://www.kokusen.go.jp/news/data/n-20140714_1.html
[72] http://www.kokusen.go.jp/news/data/n-20150827_1.html

されている実態があることが理解できる。

⑩ 「光回線サービスの卸売に関する勧誘トラブルにご注意！」(2016〔平成28〕年2月12日公表)＊73

　この発表においては、2015（平成27）年2月から、光コラボレーション事業者がNTT東西から卸売を受けて消費者に対し光回線サービスを販売することが解禁されたが、光回線サービスの卸売販売の開始からわずか1年で、全国の消費生活相談窓口に9,420件もの苦情・相談が寄せられている事実が指摘されている。

　光回線サービスの卸売に関する相談の内容としては、ⓐ大手電話会社を名乗った勧誘で、てっきり新プランへの変更だとばかり思っていた、ⓑ光回線サービス以外の既契約のサービスが解約になることの説明がなかった、ⓒ料金や速度が勧誘時の内容と異なるので解約を申し出たら、高額な費用を請求された、ⓓ携帯電話と同時に光回線を契約したが、説明が誤っていた、ⓔ誤った説明で固定電話の番号が引き継げなかった。セットで契約した携帯電話は中途解約扱いとなり、解約金を請求されたなどの事例が紹介されており、光回線の卸売を前提に、光回線サービスの販売競争の激化に伴い、説明不足や誤解を与えるような販売方法がとられている実態が理解できる。

ウ　都センの公表する電気通信・放送サービスの苦情・相談の内容

　次に、都センに寄せられた消費者からの相談に基づき、東京都が都民に向けて情報提供や注意喚起をした電気通信サービスや放送サービスに関する発表には、2011（平成23）年以降のものに限っても次のものがある。

① 「スマートフォンは便利な反面、利用にあたっては充分な注意が必要です。特徴をよく理解したうえで購入を決め賢く利用しましょう！」(2011〔平成23〕年8月8日公表)＊74

　この発表では、都センに寄せられた相談事例として、「アプリを利用していないのに、高額な通信料がかかる」「スマートフォンのアプリを利用していないにもかかわらず、自動更新により高額なパケット料がかかり不満」「使ってないのに料金が掛かる」「海外に行ったら高額請求された」という相談があることが紹介されている。

＊73 http://www.kokusen.go.jp/news/data/n-20160212_2.html
＊74 http://www.shouhiseikatu.metro.tokyo.jp/sodan/kinkyu/advice110808.html

第2節 電気通信・放送サービスの消費者問題の現状と対応　*67*

ここから、消費者がスマホなど移動通信サービスの性質や内容、サービス利用のための端末機器の特質や性能等に関する知識や経験、習熟度の不足から、消費者が予期せぬ通信料金の課金をされ、苦情や相談につながっている実態があることが理解できる。

② 「モバイルデータ通信の訪問販売や電話勧誘によるトラブルが急増中！──契約する際は、必要なサービスかどうか、よくご検討を！」（2013〔平成25〕年3月6日公表）*75

　この発表では、相談事例として、ⓐ訪問販売により「無線でインターネットが利用できる。光回線と同じくらいの速度で通信料金が安くなる」との説明を受け、Wi-Fi ルーターの契約をした。しかし、現在、光回線の契約をしており、速度や安定性は無線に比べて光回線の方がよいことが後で分かった。解約したいと連絡したが、解約料として4万円位必要と言われた。払いたくない（30歳代・男性）というものや、ⓑ訪問販売で、機器代金無料、毎月約4千円のモバイルデータ通信の契約をした。機器は送られてきたようだが留守だったため、まだ受け取っていない。後になって、やはりこの契約は必要ないと考え直し、契約から9日目に事業者に解約を申し出た。その後事業者から電話があり、「5万円の解約料を払え」と催促を受けた。機器も受け取っていないし、サービスも受けていないのに納得がいかない（20歳代・女性）という事例が紹介されている。

　さらに、訪問販売や電話勧誘販売などでモバイルデータ通信サービスの契約をしたが、「実際は説明されたような通信サービスや料金ではなかった」「高額な解約料を請求された」といった相談が多く寄せられているとの注意喚起がされているが、ここでも不意打ち性の高い販売方法により、知識や理解が十分でなく、また、サービス利用における習熟度が十分ではない消費者に対し、メリットを強調した勧誘により期間拘束の付いた契約を締結させることが消費者紛争につながっていることが理解できる。

③ 「海外でスマホを使ったら、○十万円請求された！！」（2014〔平成26〕年5月1日公表）*76

　この発表では、スマホは消費者が自分でネットにアクセスしなくても、デー

＊75 http://www.shouhiseikatu.metro.tokyo.jp/sodan/kinkyu/130306.html
＊76 http://www.shouhiseikatu.metro.tokyo.jp/trouble/trouble29-kaigaisma-140501.html

タ通信が行われるので、スマホを海外で使用すると高額な通信料を請求されることがあること、パケット定額制の契約をしていてもそのまま海外で使用した場合、高額な通信料を請求されることがあるので、海外でパケット定額制を利用するには海外パケット定額制の契約をする必要がある場合があることを紹介し、そのようなことにならないための方法が解説されている。

この指摘からも、消費者がスマホの通信の仕組みや技術的な側面についての知識や理解が十分でなく、また、サービス利用における習熟度が十分ではないことから、予期せぬ高額課金等がなされ、苦情・相談の背景や原因となっていることが理解できる。

④ 「知らない間にインターネット回線契約が成立！？——光回線契約に関して「強引な勧誘を受けた」との相談が増加しています」（2015〔平成27〕年1月14日公表）*77

この発表では、光回線契約に関して「強引な勧誘を受けた」との相談が増加していると指摘し、東京都に寄せられた具体的な相談事例として、ⓐ複数の光回線事業者の商品を比較検討しようと思い、ある事業者に利用料金等について問い合わせた。その際、名前と住所を告げたところ、その事業者から「契約内容のご案内」という封書が届き、利用開始日や支払方法が記載された書面が同封されていた。問い合わせただけで、契約した覚えは全くない。どうすればよいかという相談や、ⓑ事業者から「インターネットの環境整備が整ったことに伴い接続スピードが速くなり、月額料金も安くなる。しかし、インターネットに接続するための機器を交換する必要があるので工事日程を決めて欲しい」と電話があった。現在利用しているインターネット接続回線を変更するつもりはないことを告げても、「現在の回線契約の解約料や機器交換費用も負担する」などと強引に回線事業者変更を勧めてきた。プロバイダの取次店とだけ名乗るのみで、事業者名や所在地を聞いても答えず不審であるとの相談が紹介されている。

この都センの発表からも、前述した国センの⑤の相談事例と同様に、消費者の不慣れや知識不足に乗じてパソコンを遠隔操作し、消費者の認識していない契約処理をしてしまい、トラブルとなっている例が多いことが分かる。

----

*77 http://www.shouhiseikatu.metro.tokyo.jp/sodan/kinkyu/150114.html

⑤ 「SIM ロック解除の注意点——解除しても他社 SIM が使えない場合も」
（2015〔平成27〕年11月2日公表）*78

　この発表では、2015（平成27）年5月1日から SIM ロック解除が義務化さ
れたことにより、高額なスマホを新たに購入しなくても好きなキャリアに乗
り換えることが可能になったが、これを快適に使用するためには注意が必要
として、ⓐSIM ロック解除に対応していない端末があること、ⓑ店頭、電話
での SIM ロック解除の手続は有料になること、ⓒSIM ロック解除をしても、
端末の機種によっては乗り換え先のキャリアで利用できない場合があること、
ⓓ通信速度が遅くなったり、使用できるエリアが限られたりすることがある
ことなどの情報提供がされている。

　この発表が指摘する事項からしても、電気通信サービスでは通信自体やそ
の利用のための端末機器に関する技術や利用方法に関する知識、理解や習熟
が必要であり、これらの不足が思わぬトラブルにつながることが多いことが
理解できる。

⑥ 「『最新のスマートフォンには大容量の SD カードが必要』って本当？——
販売店に勧められて高額な SD カードを購入した、という相談が増加中」（2015
〔平成27〕年11月11日公表）*79

　この都センの発表では、販売店で「最新のスマートフォンには大容量の
SD カードが必要」と勧められて高額な SD カードを購入した、という相談が
増加していることを指摘したうえで、具体的な相談事例として、ⓐ70歳代の
母が携帯電話からスマートフォンに機種変更した。その際、販売店で「スマー
トフォンで写真を撮りますか」と聞かれたので「撮る」と答えたところ、SD
カードがあった方がよいと言われ、2万円もする64GB の SD カードを勧め
られて、よくわからないまま契約してしまったという。販売店は「本体の値
引き分で支払える」と説明したようだが、家電量販店で販売されている同等
の SD カードと比較すると高額である。このような販売方法は納得できない
（契約当事者70歳代女性）。ⓑ妻が携帯電話からスマートフォンに機種変更した。
その際、販売店で「スマートフォン契約者のうち5人に4人は USB メモリ
を使用している」などと勧められ、128GB の USB メモリを3万円で購入し、

* 78　https://www.shouhiseikatu.metro.tokyo.jp/trouble/trouble47-unlocksim-151102.html
* 79　https://www.shouhiseikatu.metro.tokyo.jp/sodan/kinkyu/151111.html

スマートフォンの代金と一緒に分割払いとした、という。妻はスマートフォンの初心者で、販売店が言うことなら間違いがないのだろう、と思ったようだ。購入したスマートフォンには、もともと32GBの記録容量があり、販売店は必要のないものを勧めたのではないか。解約して返品したい（契約当事者40歳代女性）。という相談が紹介されている。

　ここで紹介されている相談事例をみても、電気通信サービスでは通信や端末機器に関する技術や利用方法に関する知識、理解や習熟が必要であり、これらの不足に乗じて、消費者の利用目的に適合しない商品を購入させられたりする例が目立ち、適合性の原則からみて問題のある勧誘や取引がなされている実態があり、これがトラブルにつながっていることが理解できる。

⑦　「クレジットカードの請求書に見知らぬサービスの利用料金が！！──インターネット光回線のオプション契約に関する相談が増えています」(2016〔平成28〕年3月23日公表)＊80

　この発表では、インターネット光回線のオプション契約に関し、消費者としては契約したつもりがないと考えていたが、利用料金の請求書が届いて初めて契約したこととなっていたとの相談が増えているという事例が紹介されている。

　具体的な相談事例としては、大手通信会社のインターネット光回線の勧誘チラシを見て、電話をかけたところ、契約申込先は、通信会社の代理店であった。代理店を通じて光回線とプロバイダーの契約をして、クレジットカード決済で利用料金を支払うこととした。その後しばらくしてから、クレジットカードの請求明細書に、見知らぬサービス名で、月額約数千円の請求があることに気づいた。クレジットカード会社に確認したところ、請求に関する連絡先は光回線を申し込んだ代理店であった。代理店に確認すると「通信会社とは別会社のインターネットのオプションサービス料金である。契約内容については郵便で送付している」との回答であった。そうしたサービスを契約したつもりはなく、契約内容について記載された書類を受け取った記憶もない。支払わなければならないかとの相談が紹介されている。

　この相談からも、電気通信サービスの種類や内容、性質についての理解が

▶……………………………………………………………………………………………………
＊80 https://www.shouhiseikatu.metro.tokyo.jp/sodan/kinkyu/160323.html

第2節 電気通信・放送サービスの消費者問題の現状と対応　71

消費者には簡単ではないことを前提にして、これらのサービスを電話勧誘で販売する場合には、サービス内容や契約条件に関する説明や情報提供が十分に行われていないことがトラブルにつながっていることが理解できる。

2 電気通信・放送サービスの消費者問題の特徴

（1）取引対象の性質、特質からみた特徴

　以上のような、電気通信サービスや放送サービスに関する消費生活相談の内容と傾向からみると、電気通信・放送サービスの消費者問題では、次のとおりの特徴を指摘することができる。

ア　高度に技術的かつ専門的なサービスの提供を目的とする取引であること

①　相応の知識、経験や習熟（リテラシー）が必要とされるサービス取引

　電気通信サービスや放送サービスは、社会全体としても、また個々の消費者にとっても生活のインフラであるが、提供されるサービスは最先端の科学技術に依拠している。そのため、提供されるサービスはかなり高度の専門的な知識を前提にしないと理解自体が困難であるものを含む。特に電気通信サービスでは、この点が顕著である。日常的な利用だけを前提にすれば、そのような知識の必要性を意識することは少ないとしても、技術的知識を踏まえた相応の習熟度が要求される場面がしばしば起き得る。

　サービスの性質や仕組み、利用の仕方を含め、技術面などについての相応の知識、経験や習熟（リテラシー）がないと、適切で合理的なサービスの選択や契約条件の選択、決定ができない場合も少なくない。

　電気通信サービスや放送サービスでは、「よく分からないまま」に抱き合わせ販売や消費者が不要な付加サービスの契約をさせられたり、不要な機能や過大な機能等が付いた端末機器や付属品の購入をさせられてしまう実態があるのは、このような特徴ゆえである。

　この特徴は、サービス提供契約の締結の場面においても問題となることはもちろんであるが、その後のサービス利用の場面でも問題となる。音声通話や電子メールの送受信、スマホ等の携帯端末によるインターネット接続など、単純に日常的なサービスの利用をする場合には、それほど高度で専門的な知識や習熟までは必要ないとしても、例えば、パケット定額制が外れる場合の使用条件などは、サービスの利用における技術的な知識や技術的な相違の理解を前提にした習熟が必要であり、これらに習熟していないと予期せぬ高額

課金をされたり、利用目的に適合した正しい利用ができない場合がある。この点も、消費生活相談に寄せられた実例の示すところである。

② ベストエフォート型サービス取引

電気通信サービスは、固定電話サービスなど一部のものを除き、その多くが「ベストエフォート型」のサービスとされており、技術的な制約や通信環境に係る前提条件の相違によって通信の質が変わり、通信エリアにしても通信速度にしても、通信の質を保証して常時その保証する質を満たす通信サービスを提供できるとは限らないものである。そのため、契約締結過程における説明が不十分であったり、消費者の理解や認識の醸成が不十分であると、苦情やトラブルにつながりやすい特徴がある。

また、電気通信サービスの多くが、ベストエフォート型サービスであるにもかかわらず、電気通信サービス取引の顧客誘引手段としての宣伝・広告では、電気通信サービスがベストエフォート型のサービスであって通信の確実性や通信の質には限定や限界があることが、正しく、また、正確かつ理解しやすいように表示されることはあまり期待できない。特に電気通信サービス市場の競争の歪みも手伝って、有利性の強調が先に立ち、なおさら、この点が消費者に伝わりにくい現状がある。

③ 情報提供の内容、方法に配慮が必要な取引

電気通信サービスや放送サービスが、相応の知識、経験や習熟（リテラシー）が必要であるサービス取引であることから、情報提供や説明の場面においても、単に消費者に情報を伝えればよいというものではなく、消費者にサービスの内容、性質や提供条件、仕組み等について正しく認識してもらい、十分な理解を得る必要がある。

これが不十分であると、消費者が後から思わぬ課金を請求されたり、契約条件や解約をめぐって苦情や紛争となりやすい。

このような特徴から、電気通信サービスや放送サービスの取引では、消費者の認識や理解を完全なものにするための方法として、丁寧で分かりやすい説明が必要不可欠であるだけでなく、後から消費者の認識や理解の正しさを確認、検証できるための書面等の交付が非常に重要である。

第2節 電気通信・放送サービスの消費者問題の現状と対応　　*73*

イ　通信端末機器や放送視聴のための設備・機器が必要不可欠なサービスであること

① 端末機器等が必要不可欠

　電気通信サービスや放送サービスでは、取引の対象となるものは「電気通信」や「放送」という役務提供（サービス）であるが、これらの役務提供を受けるには、サービス提供を受ける消費者において、携帯電話機やスマホ、無線ルーター等の端末機器やテレビ受信機、チューナー、アンテナ等の受信機、受信設備などの機器・設備を用意することが必要不可欠である。

　また、歴史的には、通信キャリアが提供する通信サービスに利用できる通信端末は、キャリア自身が家電メーカーに開発させたものを通信サービスの契約者にセットで販売することで、電気通信サービスの取引を行ってきたことにより、なおさら、通信サービスとサービスを受ける為に必要な端末機器の取引は一体のものとして行われていた点が特徴的である。

　さらに、通信キャリアは自社の契約者を囲い込むために、そもそもその通信キャリアの通信サービスしか使用できない携帯電話機を開発し、販売したり、通信端末自体にロックをかけたり、通信回線のデータが記録されたSIMにもロックをかけて、他社の回線ではその端末が使用できないような措置をとっていたことから、なおさら、通信サービスとその利用のための端末機器とが一体となって取引されるという特徴がある[81]。

　この特徴は、前述したとおり、総務省の指導によってSIMロック解除が実現した後もなかなか完全な解除まで至っていない現状があることなどに影響を及ぼしている。

　このようにサービスとその利用のための機器との取引上の結び付きが強い特徴があるため、電気通信サービスや放送サービスでは、サービス取引に係る契約だけでなく、これら端末機器等の売買契約等が一緒に締結されることが多く、複数の契約の相互関係や複数の契約を前提した契約処理をめぐる問題が生じやすい。

---

[81] 通信ネットワーク、プラットフォームサービスおよびコンテンツ・アプリケーションの提供という階層（レイヤー）で産業構造を捉える考え方からすると、わが国の携帯電話会社は、従前、すべてのレイヤーを通信キャリアが1社で担う形態のビジネスモデルであり、このようなモデルは「垂直統合型」とよばれている。特に携帯電話サービスでは「垂直統合型」がビジネスモデルの基本となっていたことから、端末販売と通信サービスやその上のレイヤーのサービスとが一体的に取り扱われる点に特徴がある。

74　▶第2章 電気通信・放送サービスの消費者問題

② サービス提供と端末機器の仕様や機能・性能の結び付きが強い

サービスの販売上の営業政策として、サービスと端末機器等の取引が結び付いているという特徴があることは指摘したが、電気通信サービスや放送サービスの提供では、サービス提供それ自体とそれを利用するための機器・設備とが、技術的側面でも密接に結び付いており、そのことにより契約締結過程においても様々な消費者問題が生じさせやすいという特徴がある。

通信でも放送でも、サービスの提供に利用される技術的仕様によって通信や視聴が可能な機器の種類だけでなく、技術的な性能および仕様が異なり、これが適合しない機器では通信も視聴もできない。

携帯電話やスマホの SIM ロックが典型であるが、通信サービスではサービスの提供と端末機器が結び付いており、あるキャリアの販売する通信端末では他社の通信サービスには利用できないものもあるので、販売時点での説明不足や消費者の理解や認識の不足により、キャリアの乗換え時に新たな端末の購入が必要となるなど、予期せぬ損失を被ることがある。この点からも消費者からの苦情や相談につながりやすい。

さらに、サービス提供の内容と質が端末機器の機能や性能に依拠していることも、大きな特徴である。端末機器の機能や性能によって提供を受けるサービスの質や内容が異なったり、消費者が期待するサービス内容や質に適合せず、トラブルとなることも少なくない。例えば、通信方式が高度化すると古い端末機器ではそれに対応できず通信自体ができなくなったり、逆に技術的に高度な性能の端末機器でも、それに対応する通信キャリアの通信設備の技術的水準が追い付いていないと、通信エリアや通信速度に影響を及ぼす。

また、スマホは常に OS を管理するサーバーと通信を行っているし、アプリによっては位置情報等の機能させるためのデータを常に送受信するものが多く、これらの通信の設定を解除したり制限していない限り、消費者が意識していないにもかかわらずデータ通信を行うことで課金されたり、定額制の上限を超えたりすることもある[82]。

▶ **82** 利用者が認識しない自動的な通信により、iPhone に適用される二段階パケット定額プランの下限額を超えるパケット通信料が発生するにもかかわらず、広告表示が不適正であるため、利用者に誤認を与え、利用者の利益を不当に害するおそれがあるとして、総務省が2011（平成23）年 5 月10日にソフトバンクモバイル株式会社に対し指導をした例がある（http://www.soumu.go.jp/menu_news/s-news/01kiban08_01000029.html）。

第 2 節 電気通信・放送サービスの消費者問題の現状と対応　　**75**

③ 販売奨励金による端末機器等の購入費用の補助と顧客の囲い込みが常態である

サービス提供を受けるには通信端末や視聴のための機器・設備を購入する必要があるが、これらの端末機器等の価格は数万円から10万円を超えることもある。消費者が自らその代金を全部、一時に負担して端末機器等を購入し、サービス提供を受ける必要があるとすると、電気通信サービスや放送サービスの契約をするのに躊躇する消費者も多い。

そのため電気通信サービスや放送サービスでは、販売奨励金等を原資に通信キャリアや放送事業者等が端末機器等の購入費用を補助することで、顧客の端末機器等の購入の負担を減らし、サービス提供を受ける消費者が契約をしやすくして、顧客を獲得する営業方法（営業政策）が常態となっている。

そして、これらの営業政策を契約面から支えるために、一旦、獲得した顧客を囲い込み、他社への流失をさせないための法的スキームとして、いわゆる2年縛りの契約が常態化している実態がある。

いわゆる「2年縛り契約」とよばれる期間拘束付き自動更新契約では、契約を中途で解約する場合、契約で定める2年あるいは契約で定める年限ごとの一定期間内に解約を申し出ない限り、高額な違約金、解約金の負担が必要とされる。また、端末機器等の購入について通信キャリアの補助により割り引かれた価格で購入したり、あるいは割賦販売や個別信用購入あっせんにより端末機器等の代金の支払いについて与信を与えられて購入した消費者の場合には、通信サービス契約を中途解約すると、通信キャリアの補助分や割賦販売代金やクレジット代金の残金の精算を一時に求める契約条件とされることが常態化しており、この点からも解約や端末代金の精算をめぐる問題などが起きやすいサービス取引である。

(2) 契約・取引条件の複雑性、理解困難性
ア サービスの対価の取引条件が複雑であること

電気通信サービスでは、通信料金のプランが複雑で理解しづらい実態がある。単に基本料金、通話・通信料金のプランが複数あるだけではなく、通信の速度や単位期間あたりの通信量に応じた料金プランが定められていたり、また、通信料金の割引やキャッシュバックとよばれる経済的利益の還元や付与についても複雑な条件が決められている。

76　▶第2章 電気通信・放送サービスの消費者問題

そのため、取引条件（契約条件）を正しく、正確に理解するのが困難で、事前の説明が十分になされていなかったり、契約書面など取引条件を後から確認できるものが交付されていないと、取引条件をめぐるトラブルが起きやすい特徴がある。

イ　契約プランや定額制等の例外要件の内容や該当性が理解しづらいこと

　これらの契約プランの具体的内容や、契約条件ごとの該当要件や例外要件は、通信キャリアの定める通信サービスの契約約款を見ても簡単には理解できない。

　また、前述したように、料金定額制は電気通信サービスの契約約款上では例外とされているので、例外に該当する条件を満たさない限り、非常に高額な単位パケットあたりの従量課金で料金が請求され、思わぬ高額な請求を受けることで苦情や相談につながっている実態がある。

　例えば、パケット定額制が外れる場合の使用条件については、多くは端末機器の利用の方法や回線への接続方法等によって条件が決められているが、この内容も習熟度が高く知識のある消費者でないと理解できない場合が多く、消費者が意識していないにもかかわらず、定額制が外れ従量制の課金を前提に、高額課金の請求を受ける事態になるなど、この点でも苦情・相談につながりやすい特徴がある。

　携帯やスマホを持って外国旅行をした際、訪問国の携帯電話会社の回線ネットワークに接続して、定額制の条件を外れた状態で端末機器がパケット通信を行い、後日、高額の通信料金の請求を受けるというトラブルもしばしば見受けられるが[83]、これもこのような特質から生じる消費者トラブルといえる。

（3）販売方法（競争的寡占市場における営業政策）の問題性

ア　販売形態（取引類型）によっては問題が生じやすいこと

　音声通話可能な携帯電話サービスでは、携帯電話不正利用防止法の規制を受けるので店舗販売がほとんどであり、不意打ち性の高い訪問販売や隔地者間取引である電話勧誘販売や通信販売によって販売されることは少ない。

---

[83] 例えば、リオデジャネイロオリンピックに出場した体操の日本代表選手が、現地入りした後に日本から持参したスマホで「ポケモンGO」のアプリをダウンロードし利用したところ、現地ではパケット定額制が未対応であり、定額制プランから外れていたことを知らずに使い続け、50万円もの課金の請求を受けたことがニュースになった（日本経済新聞2016年8月2日付朝刊：http://www.nikkei.com/article/DGXLASDG02H13_S6A800C1000000/）。

これに対し、それ以外の電気通信サービスや放送サービスの販売においては、不意打ち性の高い訪問販売や電話勧誘販売が多く行われており、また、通信販売の比率も高い。特に、光回線の販売や電気通信役務利用放送に該当する有料放送サービスでは、電話勧誘販売による迷惑勧誘や不意打ち勧誘が目立ち、訪問販売による勧誘も苦情・相談が多いという実態がある。

電気通信サービスや放送サービスについての前記の（1）および（2）のような特徴を踏まえると、電話での説明や情報提供では消費者に十分な認識と理解を得ることは困難な場合が少なくなく、トラブルにつながりやすいという特徴があるし、電話勧誘販売や訪問販売など不意打ち性が高い販売方法では、なおさら、消費者の正しくかつ十分な認識や理解が醸成されることが期待できない場合が多いといえる。

通信販売でも、インターネットを利用した取引（電子商取引）によるものがほとんどであり、電子商取引について指摘される消費者の操作の過誤や誤認がしやすいという特徴が、ここでも当てはまり、電気通信サービスや放送サービスについて、契約判断の前提となる情報の提供、その認識および理解、判断の適正が十分に担保されるためには、それ相応の対応が必要といえる。

このような販売方法がとられる背景には、電気通信サービスの市場や有料放送サービスの市場が、少数の大手事業者により事実上の寡占的状態となっており、そのような状態の中で競争が繰り広げられることから、サービスの質と価格という通常の競争市場における競争手段とは異質の手段によってかえって過当な競争が展開されていることが挙げられる。

イ　抱き合わせ販売（セット販売）が常態化していること

販売形態（取引類型）とは別の観点から、電気通信サービスおよび放送サービスで多用されている販売方法として、抱き合わせ販売（セット販売）が指摘できる。

電気通信サービスでも放送サービスでも、消費者との間でこれらのサービス取引を行う場合、抱き合わせ販売の苦情・相談が非常に多いことは前述した。

電気通信サービスや放送サービスでセット販売が多いことの背景にも、大手キャリアなどによる巨額の販売奨励金を用いた営業政策がある。

電気通信サービスや放送サービスの契約者を獲得するための競争手段が、

価格と通信や放送の質ではなく、販売現場の事業者（代理店、取次店など）が販売により獲得した契約の数や端末の台数を基準に販売奨励金を支給する営業政策を採用するなどしているため、売り方は問わず、販売数量を競う歪な競争が行われている現実がある。

そして、中心となる電気通信サービスや放送サービスに付加してセットとして販売する商品やサービスについても販売奨励金が付いていることもあり、販売の現場においてこれらの獲得を目指し、消費者にとっては不要だったり、過大な付加サービスや付加商品を十分な説明や消費者の理解を得ることなく販売している実態があることも、前述した消費生活相談の相談内容や相談傾向から理解できることである。

抱き合わせ販売の典型的な場面としては、㋐無線 WAN・LAN（モバイル Wi-Fi ルーター）と他の商品（PC・家電製品等）とをセットにした販売、㋑光回線サービス（FTTH）の契約と IP 電話、プロバイダーサービスやビデオ・オン・デマンドの動画配信サービス、多チャンネル映像配信サービスなど複数のサービスの抱き合わせ販売における特典を強調した販売（セットにした方が安くなる等）などが目立つ。

これら抱き合わせ販売で顧客誘引のツールとして利用される特典の原資は、その大部分が大手キャリアや民間放送サービス提供会社の提供する販売奨励金によって賄われている実態がある。

既述した消費生活相談の相談内容からも理解できるとおり、抱き合わせ販売では、電気通信サービスや放送サービスという中心となるサービスやこれに関連する機器等の商品をセットにして販売することが行われている実態があるが、中心となるサービスの提供に付随したり、付加して提供されるサービス（オプションサービス：留守電・転送、位置情報利用、ナビ等）を抱き合わせて販売することもよく行われている。

また、抱き合わせ販売では、複数の取引が同時に行われ、サービスを提供したり商品を販売する事業者も複数のことが多く、また、契約も種類や性質の異なる複数の契約が締結されるので、ⓐ全体の解約が難しいこと、ⓑ解約に伴い、消費者が思わぬ違約金（一定の期間は解約制限があり、期間満了前の解約では違約金が発生するなど）や工事費などの実費の請求を受けること、ⓒ複数契約が併存するので、解約の相手方が特定できない（窓口が１つでない）こ

と等から消費者トラブルになりやすい特徴や実態がある。

ウ　卸売という販売方法がトラブルを生じさせやすいこと

　販売方法に関する特徴的な問題として指摘できることは、2015（平成27）年2月1日から開始されたNTT東西の光回線サービス（FTTH）の「卸売」が挙げられる。

　卸売が開始されてわずか1年で苦情・相談が大幅に増加していることは、前述した国センの報道発表でも明らかとなっているが、このサービスの消費者への「卸売」という販売方法が消費者の苦情・相談につながっているといえる。

　卸売の解禁により、従前は電気通信事業とは関係のない業種の営業を行っていた事業者が多数参入し、過当な競争が繰り広げられていることが消費者からの苦情・相談の大きな原因となっているといえる。

　また、光回線の卸売の場合、従前、NTT東西が自ら提供してきた回線サービスから、サービス販売業者がNTT東西から「卸売」を受けた回線サービスに乗換えさせる営業が展開されたことから、消費者にとっては同じサービスに見えても、法的には契約当事者も契約内容も変更となるが、このような実態が理解しづらい特徴があり、この点からも苦情や相談の原因となりやすいものとなっている。

　このように、消費者にとっては「卸売」というもの自体が、設備や提供されるサービスの面では同じサービスの卸売を受けた他業者が、法的には新たなサービス提供主体に交替するという仕組みが理解しづらいことに加え、NTT東西が、回線工事等を伴う光サービスの乗換えと異なり、「転用」という簡易な手続によりサービス乗換えが可能となる方法を認めたことから、消費者にとってはサービス提供の法的主体がNTT東西から他の事業者に変更されている実態が分かりにくく、これが消費者紛争の原因となっている側面もある。

　そのため、通信サービス自体の説明もさることながら、「転用」についての説明不足があったり、不実告知等による乗換勧誘が行われやすい現実があり、乗換えにより、ⓐ現在契約中のプロバイダーとの契約解除が必要なことがある（解除料が発生する）こと、ⓑ契約者のメールアドレスが変更となること、ⓒたとえば、安くなると言われて契約したのに安くならないからといって元のプロバイダーに契約を戻すことは簡単ではなく、元のプロバイダーとの契

約をしても、従前に使用していたアドレスや電話番号が使えなくなることができなかったり、元に戻すための費用（契約解除料・工事費）が必要となること等について、消費者がほとんど理解しないまま卸売業者と光回線の契約をして苦情・相談につながっている実情がある。

エ　表示・広告が適正であることが取引において必要不可欠であること

　前述したが、電気通信サービスでは、サービスの内容、種類およびサービスの質の理解の面から相応の知識や習熟が求められる取引であるので、顧客誘引の手段として利用される宣伝・広告では、正確で理解しやすい表示が必要不可欠である。

　ところが、現実にはキャリアにより、新規顧客や乗換顧客の獲得のために熾烈な競争が繰り広げられている現実があることから、表示の正確性に問題があったり、サービスの優良性や取引の有利性が強調された表示が多く、消費者に誤解や誤認を与えやすい表示が行われやすい背景がある。

　実際にも、不当な表示による顧客誘引により、景品表示法に違反するとして措置命令を受けたり、行政指導を受けたキャリアもあることは既に指摘した。

オ　割引、キャッシュバックが常態化していること

　以上のような電気通信サービスや放送サービスの取引における特徴的な問題点を生じさせている最大の要因は、前述のとおり、大手キャリアや放送事業者が提供する「販売奨励金（インセンティブ）」である。

　過当競争を勝ち抜くために、例えば大手携帯キャリア３社で年間２兆円近くの販売奨励金が用いられているが、その原資は結局のところ、キャリア各社と契約している顧客が毎月支払う基本料金や通話・通信料金から捻出されている。これらの原資により、新規契約や乗換契約の締結の場面の販売奨励金が賄われているし、こうして獲得した顧客の囲い込みのための様々なキャッシュバックや割引の原資に利用されているので、顧客全体としてみれば不公正な実態がある。この点は、後の**（4）**の**ア**でも述べる。

カ　契約条件が公正とはいえないこと

　電気通信サービスでは、サービス提供の契約上の条件が複雑で、理解しづらいものとなっている現実があることは、既に指摘した。

　そのうえ、上記の過当競争を前提にした、販売奨励金による顧客の獲得、

囲い込みを法律面から支えるために、期間拘束付き自動更新契約（いわゆる「2年縛り契約」）が常態化し、中途の解約等に伴う契約条件が、不公正なものとなっているといわざるを得ない。

また、これらの契約条件は、サービス契約約款に規定があり、さらにこれを前提にする各種の細則に具体的な条件が記載されているので、一般の消費者がこれらの規定を目にすること自体が難しいことがほとんどである。

さらに、これらの契約条件は分かりづらく複雑でもあるので、そもそも正確で分かりやすい説明や情報提供自体が難しいし、消費者に十分に理解してもらうことはなおさら困難である。

ここからも、消費者が締結した契約上の取引条件と消費者が主観的に認識、理解している契約条件との間に乖離が生じ易く、この点からも消費者紛争が起きやすい事情がある。

（4）端末機器等の購入に係る消費者問題

ア　通信端末本体の対価をめぐる問題

電気通信サービスでは、通信端末がないとサービス提供が受けられないが、特に移動通信サービスの通信端末は技術的にも非常に高度な電子機器であって、対価の金額も高い。そのため、電気通信事業者はサービス利用者の拡大のために通信端末機器の購入費用の負担を可能な限り低く抑え、回線サービス契約を増やすために、かなり早い段階から通信端末機器の購入代金を補助するために販売奨励金を代理店、取次店に提供し、販売業者において消費者が購入する端末機器の購入代金をこれら販売奨励金で賄うことで、電気通信サービス契約の契約者数を増やす営業政策がとられていたことは、電気通信サービスとその消費者問題の歴史等（**第1節1（5）**）において述べたとおりである。

特に、「分離型料金プラン」が実施される以前は、「0円携帯」に象徴されるように、回線契約者には端末機器の購入費用の負担なく、通信サービスの提供を受けることを可能とする販売方法が常態化していた。

ところが、販売奨励金をもって、新規契約者や乗換え契約者あるいは頻繁に端末機器を買い換える者など一部の顧客のみ優遇する結果となる営業方法は、実質的に販売奨励金の原資を負担する他の大多数の契約者との間で大きな不平等をもたらし、取引方法としても公正さに疑問があることから、多大

な批判を浴びた。

その結果、既述のとおり、総務省が「分離型料金プラン」を導入するよう事業者を指導し、同プランが採用された後は、電気通信サービスの提供を受ける契約者は、端末の購入代金の負担が必要となった。

しかし、他方でかなり高額な端末購入代金を消費者が一度に負担することは、一般消費者にとっては困難な場合が少なくなく、そのままでは回線契約者の獲得も容易ではないと考えられたことから、各携帯キャリアにおいて、端末機器の購入代金を自社割賦の方法で割賦販売し、ほとんどが2年間の分割払いの方法による端末機器の購入代金の負担を繰り延べる方法による営業方法に転換した。

また、その後、携帯電話やスマホなどの端末機器の売買契約は、消費者が代理店や取次店との間で消費者が締結し、その売買契約上の代金の支払いについては、携帯キャリアが割賦販売法上の個別信用購入あっせん業者となって、消費者に代わって立替払いし、消費者は自分が契約した携帯キャリアに対し、クレジット代金としてほとんどが2年の分割払いをするという方法がとられた。

そのため、電気通信サービスの契約を中途解約すると、電気通信サービス契約が解約できたとしても、そのサービス提供を受けるために購入した端末機器の売買契約やその代金の支払いのための個別クレジット契約が同時に解消されることはないので、端末機器の売買代金についての割賦金やクレジット代金の支払義務のみが残ることになった。

特に、当初、携帯キャリアが取り扱っていた携帯端末機器は、SIMロックがかけられていたので、通信サービス契約を解約して他のキャリアに乗り換えても、元のキャリア（もしくはキャリアの代理店、取次店）から購入した携帯端末は、他の通信キャリアの通信には使用できなかったので、使えない通信端末のために代金だけ支払いを続けなければならなくなり、なおさら、この点の説明不足や消費者の理解、認識の不足から苦情や相談の原因となった。

また、スマホの登場により「実質0円」でスマホが販売されるようになったが、「実質0円」とする仕組みの分かりづらさや「実質0円」という利益を受けるための契約条件の複雑さや分かりづらさもあり、一層、消費者の苦情や相談を増加させた。

第2節 電気通信・放送サービスの消費者問題の現状と対応　　**83**

携帯キャリアは、「実質0円」を実現させるために、電気通信サービス契約について期間拘束付き自動更新契約を締結した顧客については、契約時における基本料金を大幅に割り引いたり、あるいは毎月の利用を継続している限り、月々、ポイントの付与等の事実上のキャッシュバックとなる形態の報償を与え、これと割賦代金やクレジット代金とを相殺することで、端末機器の購入代金の負担を大幅に軽減したり、実質上は「0円」とするような方法をとっていた。

　しかし、このような契約者に対する利益提供制度は、上記のとおり、自動更新を前提にする2年の期間拘束付き契約を締結する顧客を前提にして適用されたし、また、一旦、いわゆる2年縛りの契約を締結しても、その後、中途でこの契約を解除した場合には、契約上の違約金の支払いだけにとどまらず、契約の解約に伴い、これらのポイント付与等のメリットも消滅することとされており、そのため、中途解約をすると違約金以外に端末機器の購入代金の未払い分も一括して支払いを請求される事態となった。

　他方、販売の現場では、端末機器の購入代金の負担が不要であるとか、大幅な割引を受けられる等の広告や宣伝が繰り返され、また、販売に際してもこの点が強調された勧誘が多用されたので、消費者が契約条件を正しく、正確に認識、理解したうえで契約したとはいえない場合も多く、消費者の認識と結果の乖離から苦情や相談につながっていた現実がみられた。

　以上のとおり、特に移動体通信サービスの取引では、端末機器の販売とその代金の支払いをめぐり、販売奨励金制度を前提にした特異な営業政策がとられていたことが、苦情、相談の増加の背景であったし、それを増加させた要因となっていた。

イ　端末機器の修理・交換と保証

①　瑕疵担保責任を問題とすることの困難さ

　電気通信サービスを利用するための端末機器に不具合が発生したり、故障した場合は、その原因が端末機器やその中の部品の瑕疵によることが立証されれば、消費者は端末機器の売主である通信キャリアや代理店、取次店に対する民法570条、566条の瑕疵担保責任を追及（改正民法では562条の追完請求、563条の代金減額請求などが）できる。

　しかし、これら通信端末は、非常に精密な電子機器であり、故障、不具合が

生じた場合でも、その原因を探求し、特定することは消費者には不可能である。そのため、通信端末の故障や不具合が生じても、民法の瑕疵担保責任を追及することは事実上、不可能といわざるを得ない[84]。

そのため、電気通信サービスの端末機器については、メーカーの保証書に基づき修理、交換を求めるか、あるいは、通信キャリアが契約に基づき用意している、付加サービスとしての保証や交換契約に基づき修理や交換を求めることしか、消費者は事実上選択の余地がない。

② 有償保証と保証対象

通信キャリアが用意している保証は、有料の付加サービスの場合がほとんどであるし、また、この付加サービスの内容や条件は、通信キャリアによって異なっている。

さらに、付加サービスとして修理・交換が利用できるための故障・不具合の要件がかなり厳しく規定されていたり、故障・不具合があっても修理・交換してもらえる場合の例外が多いなど、消費者が付加サービスをそのとおり履行してもらえるとは限らない場合が少なくなく、この点でも消費者紛争の原因となりやすい。

例えば、携帯電話機の故障の場合、通信キャリアの保証契約の規定では「水濡れ」による故障は無料保証の対象とはならず、有償の保証として取り扱われるが、携帯電話機の故障に関する相談事例では、実際に消費者が携帯電話機を水中に落とした等により水濡れさせたような場合ではなく、夏場にポケットに入れた状態で持ち運んでいたところ、汗の湿気等で水濡れと同じ状態となり故障となった相談もあり、これらの場合に果たして保証契約の対象外とするのが適切なのか問題が多いところである。

しかし、いずれにしても電気通信サービスの端末機器は、極めて高度な電

----

[84] 例えば、国センの紛争解決委員会による仲介手続の事案でも、スマホのタッチパネルのガラスの破損についてですら国センの商品テストの結果では「出荷時には既にタッチパネル端部のガラスに欠けている部分があったと考えられ、前面側から何らかの圧力を受ける等タッチパネルに応力が加わることで、ガラス端部の欠けを起点として亀裂が生じたものと考えられた」という見解が示されても、携帯電話会社側は「利用時に異物が隙間から入る可能性および欠けたガラス片が隙間から落ちる可能性があるところ、国民生活センターによる商品テスト結果は隙間がないことを前提としている。これらの事情を総合的に勘案して、利用時に欠けが生じたものと判断」いるとして、有償の修理しか認めない対応をとる例もあり（「【事例9】スマートフォンの破損に関する紛争」（2016年）（http://www.kokusen.go.jp/pdf/n-20160901_2.pdf#page=24）を参照）、スマホの瑕疵の認定や立証がいかに困難であるかが、よく理解できる。

第2節 電気通信・放送サービスの消費者問題の現状と対応　　**85**

子機器であることから、故障や不具合の場合の責任原因や責任分界が明確とはならない場合が多く、結果的に消費者が有償の修理・交換を余儀なくされる等の問題が生じやすい特徴がある。

また、スマホの場合には、スマホのメーカーではない第三者が作成したアプリをダウンロードして使用することが当り前となっているが、この場合、ダウンロードしたアプリに問題があり、スマホに不具合が出たり、故障してしまった場合の修理や交換の責任の有無や主体についても、一体、誰がどのような責任を負うのかを明確にすることが困難である。

そのため、ここでも消費者が事実上負担を余儀なくされる場合が多いという実態がみられる。

(5) まとめ

電気通信サービスと放送サービスの消費者問題の特徴を述べてきたが、この点のまとめとして、次の2点を指摘しておく。

第1点は、これらのサービス提供は、社会や生活のインフラであると同時に、科学技術に依拠している部分が大きいので消費者が上手く使いこなすのは、簡単ではないサービスであることである。

消費者の生活や社会のツールとして広く、かつ、頻繁かつ日常的に利用されているにもかかわらず、消費者が認識し、理解しているものはサービスの本質のほんの一部に過ぎず、海に浮かぶ氷山と同じように直接目に見えない部分の技術や仕組み（システム）、ルールによって組み立てられたり、支えられたり、運営されているものが多く、この点と消費者が直接認識、理解できる部分とのギャップや乖離が様々なトラブルとなって現れているといえる。

第2点は、電気通信サービスも放送サービスも、産業市場としては「寡占的競争市場」という言葉に象徴されるように、閉鎖的であって市場参加者（キャリアや放送事業者）による市場内での自己修正や調整機能が働きにくい市場であるということである。

この点も、例えば、通信サービスの販売においては、大手キャリアがこぞって巨額の販売奨励金を背景に、過当な販売競争を繰り広げており（代理店や取次店に行わせている）、これについては様々な問題点が指摘され、批判がされているにもかかわらず、全くといってよいほど改善がされていないことに象徴的に現れている。

このような市場構造と市場参加者の振る舞いのために、市場のユーザー全体でみると不平等で不公正といえる営業政策が常態化し、また、個々の営業の現場では、無理な勧誘や不当な勧誘によって顧客を奪い合う現実があり、さらに、一旦、囲い込んだ顧客は期間拘束付き自動更新契約や解約時の高額な違約金、解約料の負担約定など契約条項としての合理性や公正さにかなり問題のある契約条項を消費者が事実上、強制される実態を生み出している＊85。

　これらの2つの側面が絡み合い、認識や理解が難しいサービス取引でありながら、市場の歪みを反映した過当な競争のもとで、説明不足、不当表示、過当な利益提供による契約締結への誘導、不当条項の押し付け等が行われ、その改善が事業者に期待しづらい市場の特質を相まって、過去、30年以上にわたり、提供されるサービスの種類の変化や進歩に応じて形を変えながらも消費者問題として発生させ続け、その解決を難しくしている実態があるというべきであろう。

3　電気通信サービスの消費者問題への総務省の対応

(1)「電気通信分野における消費者支援策に関する研究会」における検討

　これまで述べてきたとおり、電気通信サービスをめぐる消費者問題は、NTTの分割民営化から間もない時期から生じていたが、郵政省は、1997（平成9）年7月から当時の電気通信局電気通信事業部業務課に「電気通信利用環境整備室」を設置し＊86、電気通信サービスに関する利用者からの苦情・相談等の受付を開始した。同環境整備室の相談受付窓口は、その後、1999（平成11）年には「電気通信消費者相談センター」とよばれるようになっている。

　郵政省（その後、2001〔平成13〕年1月5日に総務省となった）には、電気通信事業や放送事業に係る消費者行政を専ら所管する担当課もなく、これらの消費者問題に対する行政対応は政策的には劣位に置かれていたといわざるを得ない。

　しかし、電気通信サービスや放送サービスの市場化と競争の進展に伴う歪みを背景にして様々な消費者問題が生起し、それが深刻化するにつれて政策課題としての重要性が認識されるようになり、総務省においても電気通信

＊85　この点は、モバイルビジネス研究会・前掲注29）でも指摘されている（同報告書13頁など）。
＊86　http://www.soumu.go.jp/johotsusintokei/whitepaper/ja/h11/press/japanese/denki/0514j1.htm

サービスや放送サービスを所管する官庁として消費者問題への対処が求められるようになった。

　そして、総務省も、電気通信分野の市場化と競争の促進により低廉で多様なサービス提供がされるようになってきた反面、消費者がそのメリットを享受するには、多様化・高度化する電気通信サービスについて十分な情報を消費者が入手し、ニーズに適合した合理的な選択ができる環境整備が重要だとの認識に立ち、2002（平成14）年1月から、このような意味で消費者の自立と合理的選択を支援するための施策の検討のために、省内に「電気通信分野における消費者支援策に関する研究会」（以下「消費者支援策研究会」という）を設置して議論を開始した。

　この研究会は「電気通信分野における消費者対応組織の在り方、消費者を支援するための情報提供の体制整備、専門知識を有する人材の育成等の消費者支援策について総合的に検討を行う」ことが目的とされ、そのための検討事項として、①消費者の自立と合理的選択を支援する環境整備の必要性、②電気通信分野の消費者問題の現状、③他分野、諸外国の取組み状況および、④取り得る施策について議論を重ね、同年5月31日に同研究会の「報告書」がまとめられた[87]。

　この「報告書」では、電気通信サービスの普及が著しい状況にあることから、総務省や国セン、電気通信事業者等に寄せられる電気通信分野の苦情・相談件数が急増している現状がある一方、消費者対応体制等では事業者のなかには適切な体制を整備していないケースもあり、社会的に大きなトラブルとなっている場合があること、電気通信事業者団体でも紛争処理の仕組みは整備されていないこと、一部団体では代理店の営業活動等について個別ガイドラインを策定しているところがあるものの、自治体の消費生活センター等の相談窓口に電気通信分野の事案が持ち込まれ、対応が難しくなっており、相談窓口の相談員が電気通信に関する専門知識を十分に習得していない等の現状があることが指摘されている。

　そして、電気通信分野における消費者相談に係る人材の育成の取組みが不

▶

[87] この「報告書」は http://warp.da.ndl.go.jp/info：ndljp/pid/235321/www.soumu.go.jp/s-news/2002/pdf/020531_2_01.pdf を、報告書の概要は http://warp.da.ndl.go.jp/info：ndljp/pid/235321/www.soumu.go.jp/s-news/2002/020531_2.html を参照。

88　▶第2章 電気通信・放送サービスの消費者問題

十分であること、事業者から消費者に提供される情報はより分かりやすい情報提供の推進が求められ、提供される情報の内容についても有利性のみの強調ではなく、契約に当たって留意するべき点や契約の条件等のリスク情報の明瞭な表示による消費者の理解を得ることが重要と指摘されている。他方、電気通信サービスを利用した不適正な営業活動等の電気通信の不正利用に関する問題も顕在化しているが、電気通信事業者による対応策にも限界があること、消費者の被害救済が急務であるが、消費者対応ルールについても事業者によってばらつきが大きく、消費者から適切な選択が困難な状況にあるし、電気通信の不適切利用については社会的ルールとしての制度整備が求められるとの指摘がなされた。

　また、消費者支援強化のための具体的な取組みとしては、①消費者支援を行うための人材育成の推進では、既存の消費者相談の仕組みを利用した人材育成の推進、研修・資格制度創設の検討が提言され、②消費者向け情報提供の推進では、社会的に影響の大きいサービスについては、消費者に提供すべき情報項目、提供の方法、契約に当たり確認すべき事項等を明確化し、業界団体等において指針化するなど電気通信事業者による情報提供の推進が求められること、③消費者相談窓口等の消費者対応体制の充実においては、JIS規格[88]に則った苦情処理システムの確立や、総務省における消費者対応体制の充実、総務省の主催による関係機関間の定期的・継続的な連絡会の設置や横断的な苦情・相談窓口の設置、より進んだ ADR 機能導入の検討などが提言された。

　さらに、④消費者対応ルールの確立の推進が必要であり、各電気通信事業者が消費者対応に関する自主行動基準の策定を推進するなど電気通信事業者による消費者対応ルール策定の推進が必要との提言がまとめられた。しかし、消費者支援策研究会の提言も、消費者支援の在り方の検討にとどまり、具体的で実効性の高い提案とはいえないものにとどまったといわざるを得ない。

（2）特定電子メール法の制定

　消費者支援策研究会の報告書でも指摘された電気通信サービスの不適正利用の点については、当時、不適正利用の多くを占める迷惑メールに関し、電

▶ ･･
[88] 「品質マネジメント—顧客満足—組織における苦情対応のための指針」（JIS Q10002）。この規格の内容については、例えば http://kikakurui.com/q/Q10002-2015-01.html 参照。

気通信分野のみならず、広告、表示の適正や取引の適正の観点からも規制が求められる等、多方面から対策を求める意見が強く出されていた*89。

このような実情もあり、2002（平成14）年4月、迷惑メールに対するオプト・アウト規制を中心とした「特定電子メールの送信の適正化等に関する法律」が通常国会（第154回）に上程され、同年4月11日に可決成立し、同月17日公布された（平成14年法律第26号：以下「特定電子メール法」という）*90。

特定電子メール法は、内閣提出法案ではなく議員立法の方法がとられたので、消費者支援策研究会の報告書の指摘や、次に述べる情報通信審議会での議論を踏まえた対応策を総務省が直接担当して法案として具体化したとはいえないが、同研究会の報告書や情報通信審議会の議論に現れた考え方を踏まえて議員立法という形式をとって立法化されたものといえよう。

(3) 情報通信審議会の最終答申（2002〔平成14〕年8月7日）

ところで、郵政省（当時）は電気通信事業を21世紀におけるIT革命を推進する原動力となる基幹産業と位置付けており、電気通信事業の公正な競争環境の整備等を目的として「電気通信審議会」（現在の「情報通信審議会」）に対し、2000（平成12）年7月、郵政大臣から「IT革命を推進するための電気通信事業における競争政策の在り方について」との諮問がなされた。

その後、同年12月に同諮問に対する同審議会の第1次答申が出され、総務省はこれを受けて翌年の通常国会（第151回）に、①市場支配力を有する電気通信事業者の反競争的行為の防止、除去を目的とした非対称規制の整備、②専ら電気通信事業者の電気通信事業の用に供する電気通信役務（卸電気通信役務）の制度整備、③電気通信設備の接続等に関する紛争等の円滑かつ迅速な処理を図るための電気通信事業紛争処理委員会の設置、④ユニバーサルサービス（基礎的電気通信役務）の提供の確保に係る制度の整備等を主な内容とする「電気通信事業法等の一部を改正する法律案」を上程し、同法案は

▶ ....
*89 経済産業省では、2001（平成13）年10月には省内に「消費者取引研究会」を設置し、同年12月には電子メールによる商業広告に対するオプト・アウト規制の導入するべきとの検討結果がまとめられている。この点については、経済産業省商務情報政策局消費経済部消費経済政策課編『平成14年版 特定商取引に関する法律の解説』（財団法人経済産業調査会・2002年）38頁以下参照。
*90 迷惑メール規制に関しては、第154回国会において同時に特定商取引法の改正もなされ「特定商取引に関する法律の一部を改正する法律」が特定電子メール法の翌日（4月12日）に可決成立し、同月19日に公布（平成14年法律第28号）されている。特定商取引法に迷惑メール規制が導入された経緯については、経済産業省商務情報政策局消費経済部消費経済政策課編・前掲注89）および条解217頁以下参照。

90 ▶ 第2章 電気通信・放送サービスの消費者問題

2001（平成13）年6月に可決し公布（平成13年法律第62号）された。

　電気通信分野の競争促進については、このように審議会の第1次答申の内容を実現する方向で事業法改正が図られたが、他方で、第1次答申には盛り込まれなかった問題についても、2002〔平成14〕年2月に出された第2次答申において、①通信主権（国の安全を損なう外国投資の排除など）の問題、②急激な競争市場の変化に対応したネットワークの一層のオープン化、③行き過ぎた競争から派生する消費者支援政策などの新たな課題、④ユニバーサルサービス基金の具体的制度設計などの在り方に関する提言がなされた。しかし、この提言は、主要な論点が競争政策上のものであったので、消費者支援策については引き続き議論がなされた。

　そして、同年8月7日にまとめられた情報通信審議会の「最終答申」には、次のような内容の消費者支援のための政策に関する提言が盛り込まれた。

　すなわち、最終答申は電気通信サービスの多様化・複雑化が進展し、契約内容の理解に技術的・専門的知識が必要であるという電気通信サービスの特質から、消費者が自己の選択と判断によって契約することが困難となっている実情があり、消費者と電気通信事業者との間のトラブルが多発しているとの現状認識のもとに、①電気通信の不適正利用に対応するルール整備、②消費者と電気通信事業者の情報の非対称性の解消、③消費者トラブルを迅速に救済するためのセーフティネットの構築が課題であるとの指摘がなされた。そして、消費者支援強化のための具体的方策として、ⓐ「迷惑通信」等の電気通信の不適切利用問題に対応する新たな法律を制定するなど、ネット社会に対応したルールを迅速に整備するとともに適切に運用すること、ⓑ消費者向け情報提供の推進、制度（説明義務等）、情報提供ルールの整備、ⓒ消費者に適切なアドバイスを行う人材を育成する仕組みの構築として、総務省、電気通信事業者、国セン、消費者団体等による定期的・継続的な連絡会を設け、関係機関間の連携を強化することや、ⓓ総務省の消費者対応関連組織の拡充および苦情処理要領の発表などを実施することが提言された[91]。

　消費者支援策研究会の報告書や情報通信審議会の前記の最終報告の結論を

---

*91 この情報通信審議会最終答申の内容については「平成15年版情報通信白書」（2003年）（http://warp.da.ndl.go.jp/info：ndljp/pid/997626/www.soumu.go.jp/johotsusintokei/whitepaper/ja/h15/html/F3701200.html）参照。

踏まえて、総務省は、次に述べる「電気通信消費者支援連絡会」を立ち上げ、2003（平成15）年6月から省内に「消費者行政課」を新設したことは、電気通信サービスにおける消費者問題への対応としてはかなり意義のあることといえる。

　しかしながら、情報通信審議会の最終報告の提言内容は、同報告書が現状認識として述べている実態を踏まえた電気通信サービスにおける消費者問題への対応としては、対応の姿勢の面でも、その内容および実効性の面でもかなり不十分なものであったといわざるを得ない。

(4)「電気通信消費者支援連絡会」の立ち上げと「消費者行政課」の誕生
ア　電気通信消費者支援連絡会

　消費者支援策研究会の提言や情報通信審議会の最終答申を踏まえ、電気通信サービス分野における消費者の利益確保と電気通信事業者に対する信頼確保のために、消費者支援の在り方について継続的な意見交換を行うことを目的として、前述したとおり（第1節1（4）エ）、総務省は、学識経験者、電気通信サービスに関する事業者団体、消費者団体、地方公共団体の消費者行政部門の担当者等を構成員とする電気通信消費者支援連絡会（以下「消費者支援連絡会」という）を、2003（平成15）年1月に立ち上げた。

　この連絡会では、①電気通信事業分野における主な消費者問題の状況、②制度整備等の行政による対応策、③電気通信事業者による対応策、④関係機関・団体の連携の在り方などが議論されることとなった[92]。

　消費者支援連絡会は、2003（平成15）年1月24日の第1回会合の後、2012（平成24）年3月29日の第22回会合まで合計22回の会議が開かれ、電気通信トラブルに対する取組みの現状、人材育成・情報提供の在り方、電気通信事業者団体が制定した電気通信サービスの広告表示に関する自主基準とその後の改訂、電気通信事業における個人情報保護ガイドライン、迷惑メールへの対応の在り方、フィッシング対策、消費生活相談員向け電気通信サービス講習会、インターネット上の違法・有害情報対策、携帯電話の国際ローミングサービスのトラブルおよびその対応、青少年保護のためのフィルタリングサービス、携帯電話の番号ポータビリティ制度、電気通信事業におけるユニバーサ

---

[92] この連絡会の目的については立ち上げ当初の「開催要綱」ではないが、http://www.soumu.go.jp/main_sosiki/joho_tsusin/policyreports/chousa/shohi/pdf/071102_2_16-8.pdf を参照。

ルサービス制度、携帯電話事業者が行う広告表示に係る措置、モバイルビジネス活性化プラン、電気通信サービス利用者懇談会など幅広い論点について議論が行われた[*93]。

消費者支援連絡会における意見交換を通じ、例えば、前述のとおり（第1節1（4）エ）、電気通信事業者の苦情・相談窓口の整備や電気通信事業者と消費生活センターとの連携が進み、消費生活センターからの問合せ等に直接応じる電話回線（いわゆる「ホットライン」）の設置と運用などが実現し、従前より消費者相談における苦情・相談の処理の風通しがよくなるなどの成果も上がった。

消費者支援連絡会は、現状（2016〔平成28〕年末時点）では第22回以降の開催がされていないが、2008（平成20）年には、主に総務省の出先機関である総合電気通信局が置かれている地区を中心に、当該地区において電気通信事業者、電気通信事業者団体、消費者団体、地方公共団体の消費者行政担当者や消費生活相談員等の参加を得て「電気通信サービス利用者懇談会」が継続して開かれるようになり、同懇談会で関係者の意見交換や議論がなされるようになっている。

しかしながら、消費者支援連絡会自体は、電気通信サービスにおける消費者保護政策の立案や提言に直接結び付く議論の場というよりも、この分野における消費者問題に関する認識を共通にするプラットフォームとしての機能と、消費者問題の解決のために、行政も含めた各種の利害関係者間の意思疎通を円滑にすることが目的であったといえよう。

そのため、苦情・相談の増加を踏まえた抜本的な消費者の権利利益の保護のための制度改革は、別の議論の場や枠組みによらざるを得なかったといえる。

イ　消費者行政課の誕生

2003（平成15）年当時、総務省には正面から電気通信サービスに係る消費者行政を所管する課は存在しておらず、2003（平成15）年6月までは、総務省総合通信基盤局電気通信事業部料金サービス課の中に置かれていた「電気通信利用環境整備室」が消費者行政も取り扱っていた。

───────────────────────

[*93] http://www.soumu.go.jp/main_sosiki/joho_tsusin/policyreports/chousa/riyosha-con/pdf/090204_2_si2-4.pdf

しかし、同年 6 月から同整備室を「消費者行政課」と格上げする改組を行い、以後、電気通信サービスに関する消費者行政は消費者行政課が所管するようになった。この組織改編により、国レベルにおいて初めて電気通信サービスについての「消費者行政」というものが明確に意識されるようになったといえよう。

(5) 事業法に消費者保護規定を導入する改正

情報通信審議会の最終答申（2002〔平成14〕年 8 月 7 日）では、説明義務等を含めた情報提供ルールを整備し、消費者向け情報提供の推進をすべきことが求められていたが、これらの消費者保護施策の推進のために、電気通信事業者等の説明義務（事業法26条）や休廃止における周知義務（事業法18条）および苦情処理義務（事業法27条）を新たに規定した「電気通信事業法及び日本電信電話株式会社等に関する法律の一部を改正する法律案」が、2003（平成15）年の通常国会（第156回）に上程され、同年 7 月17日には同改正法が可決成立し、同月24日公布された（平成15年法律第125号）。

この改正により説明義務等が導入されたことで、事業法に初めて消費者取引を念頭に置いた規定が設けられたことは、エポックメーキングなことである。

(6)「モバイルビジネス研究会」の立ち上げ

2003（平成15）年の事業法改正により、説明義務等が導入された後も、携帯、そしてスマホ等の苦情・相談が増加していったことは、前述したとおりである。

また、同年 6 月から、総務省に電気通信サービスに係る消費者行政を扱う担当課が誕生したものの、電気通信事業が産業分野として成長するための競争促進が政策課題として優先され、その後の消費者問題への対応は鈍く、苦情・相談の急増の割には実効性のある対策はとられてこなかったと評価せざるを得ない。

特に、携帯電話などの移動通信サービスにおいては、これまで指摘してきたとおりの競争市場の歪みがさらに目立つようになり、社会的にも電気通信事業者の営業活動の在り方に対する批判の声が高くなった。

このようななかで、前述したとおり（**第 1 節 1（5）オ**）、総務省は、モバイルビジネス市場のさらなる活性化を通じて利用者利益の向上等を図る観点か

ら、2007（平成19）年に「モバイルビジネス研究会」を立ち上げて議論を行い、同年6月には、ビジネスモデルとそれを踏まえた市場分析の結果を踏まえた提言を、「モバイルビジネス研究会報告書」としてまとめた[94]。

　また、この提言を踏まえ、総務省の「新競争促進プログラム2010」（平成18年9月）の一部を構成する施策として、2007（平成19）年9月には「モバイルビジネス活性化プラン」が発表された[95]。

　モバイルビジネス研究会の報告書では、①モバイルビジネス市場の現状について、通信サービスの高度化・多様化等が進展しているが、ビジネスモデルとしては各通信事業者の垂直統合型モデル間の競争が主流となっていること、②ビジネス市場の特徴としては、(a)市場は成長期から成熟期に入っているが、引き続き寡占的な市場が形成され、有効競争が実現しているとはいえないこと、(b)料金プランが複雑化していること、(c)端末・サービス一体型の事業展開が主流となっていること、(d)高機能の端末によるハイエンド型中心の市場が形成されていること、(e)コンテンツ市場等には高い潜在成長力があること等が指摘され、③ビジネス活性化に向けた基本的視点としては、固定通信市場では事業法の独占規制によりボトルネック設備を用いた通信サービスの競争が進展しているが、モバイルビジネスでは垂直統合型ビジネスモデルが主流なので、これ以外の多様な選択を促すオープン型モバイルビジネス環境の実現が市場の発展を促し、低廉で多様なモバイルサービスが提供されることで利用者利益の確保・向上が期待される等の提言がまとめられた。

　そして、これを踏まえた具体的施策等については、第1に、モバイルビジネスにおける販売モデルの在り方を検証し、第2に、MVNOの新規参入の促進策の検討を行い、第3に、モバイルビジネスの市場環境整備の方策の検討結果がまとめられた。

　まず、第1の販売モデルの在り方については、①1994（平成6）年に携帯端末の売り切り制が導入されて以降、現状では完全売り切り制ではなく通信事業者による事業者売り切り制が端末販売の主流となっており、製造メーカーから納入された携帯端末を、通信事業者が販売代理店や取次店を通じて販売

---

[94] http://www.soumu.go.jp/main_sosiki/joho_tsusin/policyreports/chousa/mobile/pdf/070626_si8_1.pdf
[95] http://www8.cao.go.jp/kisei-kaikaku/minutes/wg/2007/1010/item_071010_02.pdf

第2節 電気通信・放送サービスの消費者問題の現状と対応　　**95**

しているが、その際に販売奨励金を支払うことにより、端末を無料もしくは低価格で販売し、当該販売奨励金を契約締結後の通信料金で回収する仕組みがとられていること、②他方、第3世代携帯電話では通信規格の標準化により、SIMカードの差し替えにより異なる端末での通信が可能とすることが目指されたが、実際には通信事業者によりSIMロックがかけられ、標準化の目指した結果は実現されていないこと、③販売奨励金相当額を加入者から回収するためには、一定期間、通信料金を通じて当該コストを回収することが必要であり、SIMロックを解除してしまうと、販売奨励金相当額の回収ができなくなるので、販売奨励金を前提として販売方法とSIMロックとは密接に関連していると指摘された。

　そして、販売奨励金については、①高性能機種（ハイエンド端末）を低価格で使うことができ、より高機能の端末の需要を顕在化させて端末市場の拡大に貢献したこと、②端末機能と結び付けた新たなサービスを組み込んだ付加価値の高い端末の利用が拡大し、サービスの多様化が進展したこと等のメリットもある反面、マイナス面としては、③端末コストの一部が通信料金から回収されていることが、利用者に認知されているとは必ずしもいえないこと、④端末を頻繁に買い換える利用者とそうではない利用者間においてコスト負担の公平性が担保されているとはいえず、この点は料金体系の透明性の不足と密接に関連していること、⑤販売奨励金の回収分の通信料金収入に占める割合が高く、事業コストを押し上げていること、⑥利用者のニーズのレベルに応じた端末の多様性が確保されていないこと、⑦販売奨励金が電気通信事業収支の費用計上され、同収入上で原価に参入されて他の接続事業者等から徴収する仕組みとなっており、非通信サービスの競争対応費用の一部を他の事業者から徴収するもので公正競争確保の観点から問題があること等が指摘された。

　そのうえで、同研究会の報告書では、販売奨励金とSIMロックの在り方の見直しについて検討し、販売奨励金を直接規制することは外国では一部実施されている国があるが、事業法のもとで販売奨励金を一義的に廃止するという法的措置を講じることは妥当ではないとの前提に立ち、端末料金と通信料金の区分の明確化を図り、両者を分離して利用者に負担を求める料金プラン（分離プラン）の導入を行政指導などを契機に同時期に実施することを検討す

96　　▶第2章 電気通信・放送サービスの消費者問題

べきとの提言となった。

　また、分離プランの導入を実施した場合、端末コストの回収を終了した後にも当該コストを徴収することは適当ではないので、契約期間が長期にわたり利用者をロックインすることで競争阻害的なものとならないように留意したうえで、利用期間付契約を導入することにより、契約期間中に端末価格の回収が終了するような料金プランの設計を行うことで利用者の不公平感を縮小することが可能と提案している。

　さらに、端末価格の一部を補填するために端末機器に応じて通信料金を一部割り引く仕組みについても、併せて見直しが必要とし、割引の方法として特定の端末を購入した時点や通信料金の支払期間および支払額に応じてポイントを付与して、これを端末買換え時の支払いに用いることを慫慂するのは分離プランの趣旨を没却するので採用すべきではないとの意見が述べられている。

　SIMロックの問題についても、分離プランの導入・拡大とSIMフリー端末の市場投入により、ベンダー直販を含む多様な販売ルートによる端末提供が実現し、端末市場の活性化につながって利用者の選択の幅が拡大する反面、他方では、第3世代の携帯電話を前提にすると端末間の互換性に制約があるので、制限のないSIMロック解除は事業者間の競争を歪めるとの指摘もなされている。

　そのため研究会報告書では、SIMロックは原則として解除するのが望ましいとしつつ、3G携帯より端末の互換性の高い3.9G携帯や4G携帯のSIMロック解除についても、法的に担保することについては2010（平成22）年の時点で最終結論を得ることが適当として結論を先送りした。

　次に、第2のMVNOの新規参入の促進策の検討では、MVNOに電気通信役務の卸を提供するMNOの卸電気通信役務に関する標準プランの策定等による情報公開、MVNO事業ガイドラインの再見直し等による事業者間交渉の円滑化、総務省によるMNOとMVNO間の協議状況のモニタリング、端末プラットフォームの共通化の促進、新規周波数割当て時におけるMVNOへの配慮等を通じて、MVNOの参入促進を図ることが提言された。

　そして、第3のモバイルビジネスの市場環境整備のための方策としては、モバイルアクセスの多様化・高速化の推進、プラットフォーム機能の連携強

化、端末プラットフォームの共通化の促進やモバイル分野における新規事業創出に向けた取組みというモバイル通信における技術的な側面等での環境整備に加え、報告書の最後において消費者保護策の強化として、①料金プランの比較サイトなどが存在しているものの、これらによる料金プランの比較検討や選択が消費者には極めて困難であることを踏まえ、行政が関与した料金比較手法に係る認定制度の導入の検討、②販売代理店等の販売員が消費者に対して正しい情報を提供し、そのニーズに適合した携帯端末や通信サービスについてのコンサルティングに応じることができる環境の整備が極めて重要であり、そのために販売に関する資格認定制度等を設けることにより販売代理店等の販売員の資質向上等を図ることが考えられること、③モバイルビジネスに関する苦情等を体系的に整理し、これを広く消費者に情報提供する観点で行政と関係機関が連携したシステムの構築やADRのさらなる整備が適当であるとの提言がまとめられた。

以上の検討の内容と結論から分かるとおり、モバイルビジネス研究会は、この時点におけるモバイルビジネスの現状分析を踏まえた問題点についての検討と提言を行っているが、主眼はモバイルビジネス市場の環境整備とビジネスとしての促進にあった。

この研究会の目的と性質上、当然のことではあるが、モバイル通信の利用者である消費者の利益保護については付随的な論点であり、消費者問題については価格およびサービス内容についての情報提供と苦情処理の仕組みの整備のみが提言されているに過ぎず、これまで指摘してきたようなモバイル通信(移動通信サービス)における消費者紛争の予防と救済のために有効で抜本的な対応が示されてはいない。

そのため、同研究会の意見、提言を踏まえて、販売奨励金の運用の適正化を目的としてガイドラインを策定して分離プランの採用が実行されたり、SIMロック解除に向けた施策がとられたものの、消費者とのトラブルを減少させることにはつながらなかったことは、その後の経緯が示すとおりである。

(7)「電気通信サービス利用者懇談会」での議論

モバイルビジネス研究会では、電気通信サービスの利用者である消費者の利益保護については付随的な論点にとどまり、販売奨励金問題とMVNOの新規参入促進などの競争促進に関する議論が中心であった。

そのため、増加している電気通信サービスをめぐる消費者から苦情・相談への対応に係る実行性のある議論はほとんどなされなかった。

電気通信サービスでは、ブロードバンド化やIP化が進展し、インターネットをはじめとする各種通信サービスが日常生活等に必要不可欠なインフラとなるとともに、サービスが多様化し、料金の低廉化も進んだものの、反面で馴染みのない新規サービスの登場や料金体系の複雑化により、消費者が自分のニーズに合ったサービスを的確に選択するのが難しく、また、電気通信サービス取引に関するトラブル等を解決するルールの整備は十分とはいえない状況となっていた。

これらの状況を踏まえ、利用者（消費者）利益の一層の確保のために「多角的な観点から利用者利便の確保・向上のための施策展開の在り方について検討を行うことを目的として」、総務省は、新たに省内に「電気通信サービス利用者懇談会」（以下「利用者懇談会」という）を立ち上げ、2008（平成20）年4月4日を第1回として意見交換と議論を始めた。

利用者懇談会は、第1回会合の後、広く検討課題（アジェンダ）に関する意見を募集し、その後、第8回（2009〔平成21〕年2月4日）まで議論を重ね、その間、2008（平成20）年12月5日には議論の結果を「電気通信サービス利用者懇談会報告書（案）」としてまとめ、パブリックコメントを経て2009（平成21）年2月10日に利用者懇談会の最終報告である「電気通信サービス利用者懇談会報告書」が承認され、公表された[96]。

利用者懇談会の報告書では、概ね次のような内容の提言がなされている。

まず、①契約締結前の利用者向け情報提供の在り方として、電気通信4団体（第2節5（1）ア）で構成する「電気通信サービス向上推進協議会」において、電気通信サービスの提供における「広告表示に関する自主基準及びガイドライン」を見直し、再発防止のための体制の在り方等を検討、決定、実施していくこと、電気通信事業者は、利用者の視点を取り入れつつ、分かりやすい料金体系の策定に努めること、②契約締結時の説明義務等の在り方については、電気通信事業者および契約代理店は、重要事項を一枚から数枚程度にまとめた書面を作成して交付するなど、利用者にとって分かりやすい説明

---

[96] http://www.soumu.go.jp/menu_news/s-news/090210_3.html

を心掛けること、総務省は、契約解除の手続等を契約締結時の説明事項に追加するために事業法施行規則の改正を検討し、また、帯域制御を契約締結時の説明事項に追加するため「消費者保護ガイドライン」の改正を検討すること、および、「適合性の原則」（利用者の特性に応じた勧誘）を推奨すべく、消費者保護ガイドラインの改正を検討することが提言されている。さらに、③契約締結後の対応の在り方について、電気通信事業者は、複数契約の解除について、利用者への注意喚起を行い、電気通信事業者団体は、典型事案の例示と電気通信事業者への周知等を行うよう努めること、電気通信事業者は、契約の解除等に関し、現在適切な対応が行われている事案に係る判断基準や条件等を明確化するよう努め、総務省は、必要に応じて契約解除等の民事効規定の電気通信事業法への創設を検討すること、そして、携帯音声通信事業者は、携帯音声通信サービスの利用動向等を踏まえ、利用者からの問合せ等に適切に対応できるよう、関連する情報の取扱いにつき、具体的に検討し、適切な措置を講じることが提言され、④苦情処理・相談体制の在り方について、電気通信事業者は、苦情・相談体制の整備状況や運営状況を明確化するよう努め、電気通信サービスに係る業界団体は、苦情・相談窓口の設置を検討すること、総務省は、各地方において、行政、消費生活センター、電気通信事業者等の関係者による定期的な情報・意見交換の場を設置すること、総務省は、現在の相談窓口について、相談の二次窓口としての役割や、消費生活センター等への情報提供等の役割の強化を検討すること、および、総務省は多数の主体が関係する場合の利用者保護について、次世代 IP ネットワーク推進フォーラムの検討の進展を見守り、フォローアップすること、さらに業界団体は、責任分担モデルに基づいた対応の在り方を検討することが提言されている。

　次に、⑤紛争処理機能の在り方についても、業界団体等は、裁判外紛争処理（ADR）の必要性に応じて、自主的な ADR 設置を検討し、消費生活センターや国民生活センターは、電気通信サービスに関して ADR 機能を活かすよう努めることが提言され、総務省は、電気通信事業紛争処理委員会の紛争処理機能の強化と条件整備を検討するとともに、電気通信事業者の設備を用いて一般の利用者にサービスを提供する者からの相談窓口の充実を図るべく検討することを求める提言となっている。

　最後に、⑥電気通信事業者の市場退出に係る利用者利益の確保・向上の在

り方について、総務省は、事業の休廃止に係る利用者への事前周知義務の注意喚起等を検討すること、債権保全措置の運用の検証と債権保全措置ガイドラインの見直しを含めた検討を行うことが求められ、⑦その他として、電気通信事業者等および関係省庁は、利用者への啓発活動の質的・面的拡大の方策を検討することなどが提言された。

利用者懇談会での議論の結論は、この提言からも分かるとおり、広告等の情報提供や説明義務の在り方も、「適合性の原則」の位置付けと同原則違反の効果も苦情処理の体制もその運用の在り方も、説明事項について省令改正を検討するとするだけで、電気通信事業者および業界団体の自主的な取組みがベースであり、基本的にはガイドラインの改定など関係者の自主的な対応に期待するものにとどまっている。

さらに紛争解決のための ADR などの整備についても、既に存在している ADR の機能活用が第一とされ、迅速で実行性の高い紛争解決制度の新たな立ち上げや従前の ADR の改革には踏み込んでいない。

電気通信サービス取引における民事効についても、指摘はあるものの「検討する」にとどまっている。

要は、利用者懇談会の議論とその結論は、まずは電気通信事業者の自主的対応に任せることとし、説明義務や書面交付義務などの契約締結過程における行為規制や法的ルールの創設は見送られることとなった。この対応には「この程度で様子を見ましょう」というメッセージが読み取れ、法規制の整備、導入については、電気通信事業者は当然のことであるが、総務省もかなり消極的なスタンスをとり続けたものであり、その意味では、利用者懇談会の提言は、かなり不十分で中途半端なものにとどまったと評価できる。

その後、電気通信4団体で構成する電気通信サービス向上推進協議会では、利用者懇談会の提言を踏まえて、後述するような取組みが行われたが、その後も、電気通信サービスをめぐる消費者からの苦情・相談やトラブルは増加を続けたり、高止まりのまま減少しない状態が続くこととなった。

そのため、消費生活相談の現場からは、苦情・相談やトラブルを減少させるためには、法的な規制を含め、さらに実行性の高い対応が必要との意見が、その後、多数寄せられるようになった。

(8)「利用者視点を踏まえた ICT サービスに係る諸問題に関する研究会」の立ち上げ

　他方、この間、移動体通信サービスは携帯電話からスマホへと急激にシフトし、通信サービスに係る消費者の苦情・相談もスマホに関するものが急速に増加した。

　そのため、スマホの利用拡大とそれに伴う諸問題（通信の秘密、個人情報保護、知的財産保護等）に関し、新たな課題が生じたり深刻化していたことから、利用者視点を踏まえて関係者間で速やかに具体的な対応策を検討して実施するとともに、通信の秘密等との関係についても必要に応じて整理することを目的とし、総務省は、2009（平成21）年4月、省内に「利用者視点を踏まえたICTサービスに係る諸問題に関する研究会」（以下「諸問題研」という）を立ち上げ、議論を始めた[97]。

　諸問題研の第1回は、利用者懇談会の報告書が公表された2ヶ月後の2009（平成21）年4月9日に開催され、その後、2013（平成25）年9月4日の第19回会議まで議論が継続された。

　諸問題研では、スマホの利用拡大とそれに伴う諸問題の検討のために、①スマートフォン時代における安心・安全な利用環境の在り方に関するワーキンググループ（以下、ワーキンググループは「WG」と略記する）、②青少年インターネットWG、③プロバイダー責任制限法検証WG、④電気通信サービス利用者WG、⑤迷惑メールへの対応の在り方に関する検討WG、⑥スマホを経由した利用者情報の取扱いに関するWGの6つのワーキンググループを設け、各WGの議論を並行させながら全体的課題についての議論を行った。

　特に、2009（平成21）年2月にまとめられた前述の「利用者懇談会」の提言が公表された後も、電気通信サービスをめぐる環境が更に多様化・複雑化し、電気通信サービスの利用者環境が変化しているため、利用者の視点に立った施策展開が必要との認識から、2010（平成22）年9月に電気通信サービス利用者WGが設置され[98]、電気通信サービスにおける利用者保護については、主に同WGで議論がなされた。

▶

＊97　前掲注34）参照。
＊98　http://www.soumu.go.jp/menu_sosiki/kenkyu/riyoushawg01.html

これらの議論の成果として、第12回の諸問題研（2011〔平成23〕年12月20日）では「電気通信サービス利用者の利益の確保・向上に関する提言」が取りまとめられ、同提言は2011（平成23）年12月21日に公表された*99。

　諸問題研の提言では、まず、前提として2010（平成22）年度には、電気通信サービスに関する相談がPIO-NETによる相談総数の3.4%を占めていること、固定電話、移動体通信サービスに係る相談は減少しているが、インターネット通信サービスの相談の割合は増加しているとの認識のもとに、①契約締結前の利用者向け情報提供の在り方として、(a)広告表示については、一定の効果が出てきているが、更なる取組みの強化が求められ、事業者団体において、広告表示自主基準の見直し、用語集の継続的見直しが必要である、(b)勧誘については、依然として多数の相談が寄せられる状況にあり、業界を挙げた取組強化が求められる。強化の内容としては勧誘に関する自主基準を新たに作成することや、代理店における不適正な勧誘などの行為についても、電気通信事業者自らの責任であることを自覚し、十分な対応を実施することを求めている。②契約締結時の説明の在り方では、(a)重要事項説明では、契約に当たり、消費者がサービスの利用条件や不利益事実等を十分理解できるよう取り組むことや、電気通信事業法の消費者保護ルールに関するガイドラインを踏まえ、省令で定められている説明事項の表示方法として、消費者にとって分かりやすく1枚から数枚にまとめたモデル例を作成・公表（特に携帯電話サービスおよび光回線サービス等）すること、「セット販売」について業界団体が契約対象となる電気通信サービスについて消費者が理解しやすい図解などの資料を作成することや、電気通信事業者も当該資料を活用し契約を締結しようとするサービスを特定して具体的に説明することを求めている、(b)適合性の原則については契約の勧誘・契約締結に当たって、消費者の知識、経験を考慮した説明を徹底することや、電気通信事業法の消費者保護ルールに関するガイドラインを踏まえ、特に高齢者に対し電気通信サービスの内容・必要性が十分理解するように配慮するとともに、未成年の高額利用防止に十分配慮して説明することを求め、③契約締結後の対応の在り方では、(a)契約解除に係る問題については、業界を挙げた自主的取組みを実施し、利用

＊99　http://www.soumu.go.jp/menu_news/s-news/01kiban08_02000062.html

者からの申出による契約の解除に係る扱いに関し、主要な電気通信事業者の自主的取組みを整理・分析し、新たに自主基準等を作成し、業界全体での取組み（契約解除条件、申出期間、費用等を検討し明示）や対応をとることとし、それにもかかわらず、一定期間内に状況が改善されない場合には、クーリング・オフ等の民事的な効力を有する規定を設けるなどの制度的な対応を検討すること、(b)契約解除の手続面の課題では、利用者に窓口や手続、必要書類等をわかりやすく案内することを求め、④苦情処理・相談体制の在り方については、(a)円滑な苦情解決に向けた取組みとして、電気通信事業者における利用者からの苦情・相談対応体制を充実させ、利用者向けの相談窓口の連絡先を一覧した形で整理・周知することや、隣接領域とも協働して苦情処理等に当たること、(b)責任分担については、業界団体等において、事例を収集し公表し、(c)裁判外紛争処理の可能性については、業界団体において、具体的な論点の整理およびそれについての検討を行うこと、⑤関係者間の連携方策の在り方については、(a)電気通信消費者相談センターは、消費生活センター等との連携を一層強化すること、(b)電気通信消費者支援連絡会を本省、地方とも今後も継続して開催していくこと、(c)業界団体および電気通信事業者による消費生活センターとの連携を図ること、そして、⑥利用者リテラシーの向上方策の在り方については、消費者への情報提供等を中心に消費生活センターとの連携を引き続き進め、隣接領域の関係団体とも協働しながらリテラシーの向上に努めることとし、消費者においても、スマホ等を使いこなす力を身に付けていくことが必要であり、電気通信事業者等による説明を聞き、理解しようとするとともに、受け身ではなく必要な情報を自ら入手し理解に努める姿勢をもつことなどの指摘がされた。

　その後、2009（平成21）年2月の「利用者懇談会」の提言を受けた電気通信事業者等による取組状況や効果を検証し、対応が必要な新たな問題等を確認し、更なる利用者保護のための取組みの在り方について検討するため、諸問題研のなかに「スマートフォン時代における安心・安全な利用環境の在り方に関するWG」（以下「在り方WG」という）が新たに設けられ、2012（平成24）年12月21日から在り方WGの議論がスタートし[100]、第13回（2013〔平成25〕

＊100 http://www.soumu.go.jp/menu_sosiki/kenkyu/riyousya_ict/02kiban08_03000111.html

年6月20日）まで同 WG の議論が重ねられた。

そして、第17回の諸問題研（2013〔平成25〕年4月19日）では、在り方 WG の議論を経て取りまとめられた「利用者視点を踏まえた ICT サービスに係る諸問題に関する研究会　中間取りまとめ」を承認し、さらにパブリックコメントなどを経て、その後、「スマートフォン安心安全強化戦略」が諸問題研の提言として承認され、2013（平成25）年9月4日に公表された[101]。

（9）内閣府消費者委員会の提言

総務省の諸問題研においてこのような議論がなされる一方、内閣府消費者委員会でも、2012（平成24）年12月11日に「電気通信事業者の販売勧誘方法の改善に関する提言」が取りまとめられた[102]。

消費者委員会のこの提言では、同年4月に策定された「電気通信事業者の営業活動に関する自主基準及びガイドライン」による改善がどこまで徹底され、効果を発揮するか注視が必要としたうえ、同自主基準が定めるインターネット接続サービス等の解約については、消費者に認識できない場合や解約し得る期間や地域、時期等もまちまちで消費者に十分な再検討の機会が確保されているか疑問としている。さらに携帯電話はスマホの契約におけるいわゆる2年縛り契約は、長期間にわたり契約を継続させる形態であり、消費者保護の観点から再検討が必要と指摘されている。また、電気通信サービスが特定商取引法の適用除外とされているのは事業法による消費者保護の施策が十分に実施されているという前提があってそのような扱いとなったものであり、電気通信サービスの取引では契約時のみならず契約締結後にも販売勧誘方法について消費者の契約内容の理解が十分ではないことや、料金体系や違約金等の契約条件についての消費者の認識が十分ではないという問題があることから、電気通信サービスの消費者取引においては、契約締結時および契約後の対応のいずれにも問題があるとの認識に立ち、総務省に対し、①代理店を含む電気通信事業者による自主基準等の遵守の徹底を図るとともに、クーリング・オフや自動更新の問題についても改善を促すこと、その改善状況の検証を行い、2013（平成25）年3月末時点での状況について、消費者委員会へ報告すること、②この検証において、相談件数が明確な減少傾向になる

---

[101] 前掲注35）参照。
[102] http://www.cao.go.jp/consumer/iinkaikouhyou/2012/index.html

第2節 電気通信・放送サービスの消費者問題の現状と対応　**105**

等の一定の改善が見られない場合には、消費者庁と協議のうえ、ⓐ事業法および同法施行令等を改正し、訪問販売、電話勧誘販売、通信販売において特定商取引法と同レベルの消費者保護規定を導入するとともに、店舗販売の場面においても契約者の年齢や知識を踏まえた説明を行うべきこと等の消費者保護に配慮した規定を設けることを含め、必要な措置を検討し確実に実施するか、あるいは、ⓑ電気通信事業者の役務提供契約について、特定商取引法の適用除外を廃止するとともに、店舗販売においても同様の消費者保護に配慮した規定を設けるべく事業法等を改正することを含め、必要な措置を検討し確実に実施することにより、消費者が契約内容を十分理解して利用できる環境の実現を図るための法的措置を講じることを含め、必要な措置を検討し確実に実施することを求めた[103]。

(10)「ICT サービス安心・安全研究会」の立ち上げと法改正の提言
ア 「ICT サービス安心・安全研究会」の立ち上げ

2013（平成25）年９月の「諸問題研」の提言では、同提言中の「CS 適正化イニシアティブ」において、スマートフォンサービス等の適正な提供のための対応としては、電気通信役務の提供事業者や同事業者団体の自主的な対応によって苦情・相談の減少に取り組むべきとの方向性が示される一方[104]、もし自主的な取組みだけでは苦情等の減少が実現できない場合は、電気通信事業法を改正し消費者保護ルールの見直しを行う必要もあるとの提言も盛り込まれていた。

しかし、その後もスマホ等の普及が急速に進んだことに伴い、携帯電話サービスやモバイルデータ通信サービスでは、「ベストエフォート」として表示されている通信速度と実効速度の乖離が大きかったり、いわゆる「２年縛りサービス」の更新月の通知がきちんとなされず、中途解約等に係る苦情・相談が増加していたり、また、光ファイバーの通信サービスでも執拗な電話勧誘や解約をめぐる苦情・相談も増加傾向にあるなど、電気通信事業者等の

---

[103] http://www.cao.go.jp/consumer/iinkaikouhyou/2012/__icsFiles/afieldfile/2012/12/12/20121211_teigen.pdf
[104] 同研究会の提言「スマートフォン安心安全強化戦略」の「第Ⅱ部 スマートフォンサービス等の適正な提供に係る課題への対応 CS 適正化イニシアティブ──スマートフォン時代の電気通信サービスの適正な提供を通じた消費者保護」(2013年９月４日) (http://www.soumu.go.jp/main_content/000247673.pdf)。

自主的な取組みでは苦情相談等の件数は減少せず、かえって増加している実情がみられた。

例えば、2013年度（2014年4月末までの分を含む）にPIO-NETに登録された相談全体のうち、22.1％が放送・通信サービスに関する相談であり、そのうち20％が電気通信サービス、6.9％が放送サービスの相談となっていた[105]。また、これらの相談件数の経年推移でも、この数年来増加の傾向にあった[106]。

そのため、総務省は2014（平成26）年2月から、電気通信サービスを含むICTサービスについて、①適正なサービス提供（消費者保護の見直し・充実）、②青少年の利用環境整備、および、③利用者情報の取扱い（プライバシー）などの課題について議論するために、新たに「ICTサービス安心・安全研究会」（以下「安全・安心研」という）を立ち上げて、これらの問題についての議論を開始した[107]。

電気通信サービスの適正な提供の在り方については、同研究会の中に「消費者保護ルールの見直し・充実に関するWG」（以下「見直し・充実WG」という）を設置し、次のような検討事項について[108]、18回にわたる同WGにおける議論がなされた[109]。

① 説明義務等の在り方（利用者の知識等に配意した説明や、利用者への分かりやすい情報提供を行うため、法的枠組みによる対応策を検討する）

② クーリング・オフの在り方（電気通信サービスの特性を踏まえたクーリング・オフ制度の在り方について、法的枠組みによる対応策を検討する）

③ 販売勧誘活動の在り方（再勧誘や不実告知の禁止、代理店監督体制強化等、適切な販売勧誘活動の在り方について、法的枠組みによる対応策を検討する）

④ その他の事項（上記以外にも利用者への電気通信サービスへの提供等に当たって必要となる事項について幅広く検討を行う）

イ 「ICTサービス安心・安全研究会」報告書の取りまとめ

見直し・充実WGでの議論を経て、2014（平成26）年9月に安心・安全研の

---

[105] 総務省総合通信基盤局消費者行政課・前掲注59）。
[106] 総務省総合通信基盤局消費者行政課・前掲注59）「参考資料5～10」。
[107] http://www.soumu.go.jp/main_sosiki/kenkyu/ict_anshin/02kiban08_03000150.html
[108] http://www.soumu.go.jp/main_content/000278309.pdf
[109] http://www.soumu.go.jp/main_sosiki/kenkyu/ict_anshin/

「報告書案」がまとめられ[*110]、その後、パブリックコメントの意見も踏まえ、同年12月に事業法改正の必要性を盛り込んだ最終報告書である「ICT サービス安心・安全研究会報告書——消費者保護ルールの見直し・充実——通信サービスの料金その他の提供条件の在り方等」が取りまとめられた[*111]。

なお、安全・安心研では、以上のほかに見直し・充実 WG の「アドホック会合」を 2 回にわたり開催し（2014〔平成26〕年 5 月20日、同月26日）、販売奨励金や SIM ロック問題を議論がなされ、「報告書」で示された消費者保護ルールの見直し・充実の方向性に基づく新たな消費者保護ルールの導入を見据え、期間拘束・自動更新付契約の在り方の利用者視点からの検証等を行うことを目的として「利用者視点からのサービス検証タスクフォース」および利用者のニーズや利用実態を踏まえた料金体系の在り方、端末価格からサービス・料金を中心とした競争への転換、MVNO サービスの低廉化・多様化を通じた競争促進等、利用者にとって、より低廉で利用しやすい携帯電話の通信料金を実現するための方策を検討することを目的として「携帯電話の料金その他の提供条件に関するタスクフォース」を立ち上げて、議論が行われている[*112]。

ウ　内閣府消費者委員会の「河上委員長発言」の公表

安全・安心研の中間取りまとめに対しては、内閣府消費者委員会からも、2014（平成26）年 7 月29日、前述の消費者委員会の提言の内容を踏まえた河上正二委員長の「発言」として、「消費者トラブルの実態や当委員会の提言に照らし、高く評価できる内容となっている」と評価する意見が公表された[*113]。

同発言では、個別の問題についても「中間とりまとめは、重要事項を可能な限り具体的に列挙し明確化したうえで、動機に関する事項を含め、不実告知や不利益事実の不告知を禁止し、販売形態の如何にかかわらず、違反の場合に顧客に対し取消権を付与することが適当」とした点、および、電気通信サービスの基本的特性と苦情・相談の実情から、中間取りまとめが「販売形態の如何にかかわらず、クーリング・オフを導入することが適当」であるとしている点についても「サービスの品質等を契約締結時に完全に理解することには一定の限界がある等の電気通信サービスの基本的特性の整理を踏まえ

---

*110 http://www.soumu.go.jp/main_content/000314852.pdf
*111 http://www.soumu.go.jp/main_content/000326524.pdf
*112 総務省総合通信基盤局消費者行政課・前掲注59）の報告書参照。
*113 http://www.cao.go.jp/consumer/iinkaikouhyou/2012/index.html

たものであり、適切なものと評価できる」と積極的に評価する意見が述べられている。

　また、いわゆる2年縛り契約のような期間拘束付き自動更新契約については、中間取りまとめが「利用者の経済的合理性ある判断に資するような情報提供や利用者が契約内容を十分に理解できるような環境整備が必要不可欠であるとしつつ、引き続き検討を行う」としている点について、消費者委員会の提言が「消費者の理解が不十分な状況が続く場合には、長期間にわたって契約関係を継続させる契約形態の妥当性について再検討を求め」ていることを再度指摘して、その趣旨を踏まえた検討の推進を期待するとしている。

　さらにキャリアによる代理店、取次店等の監督制度については、「消費者保護規定の実効性を確保するために、再勧誘禁止や代理店に対する監督制度の創設は不可欠である」としてこの制度の導入を評価している[114]。

　このように、安全・安心研の中間取りまとめの内容は、消費者委員会によっても積極的に評価されており、このことは事業法の平成27年改正の実現を促進するものとなったといえよう。

(11)「ICTサービス安心・安全研究会報告書」の内容
ア　法改正の方向性を定めた報告書

　これまで述べて来たとおり、電気通信サービスに係る消費者保護については、2002（平成15）年改正により、電気通信サービスの契約締結時における説明義務等が導入された後、様々な種類のサービスが次々と登場し、その都度、消費者紛争が発生し、増加してきたにもかかわらず、総務省の対応は電気通信事業者等の自主的な対応に期待し、それに任せるとの政策対応を続けた結果、特に移動通信サービスや光回線・CATV回線に係る苦情・相談は高止まりの状態が続いたり、増加をする状況を招いていた。

　これらの現状を踏まえ、ようやく2015（平成27）年5月に、消費者保護を充実させる行政規制の整備と「初期契約解除制度」の導入を柱とする電気通信事業法・放送法の改正がなされたが、その改正の方向を決めたのが安全・安心研でまとめられた前記の「報告書」（平成26年12月）である[115]。

▶ ....

*114　http://www.cao.go.jp/consumer/iinkaikouhyou/2012/__icsFiles/afieldfile/2014/07/30/
140729_hatugen.pdf
*115　総務省総合通信基盤局消費者行政課・前掲注59）の報告書参照。

第2節 電気通信・放送サービスの消費者問題の現状と対応　*109*

その意味では、同報告書は電気通信サービスにおける消費者保護の観点では、さらにエポックメーキングな内容をもつものと評価できる。

イ　苦情・相談に関する報告書の現状認識

報告書では、電気通信サービスに係る苦情・相談件数の概要が紹介されており、PIO-NET に登録された2013（平成25）年度の全国の消費生活センターに寄せられた全苦情・相談件数924,998件中、PIO-NET の相談項目の「電報・固定電話」と「移動通信サービス」および「インターネット通信サービス」を合わせた「電気通信サービス」に係る苦情・相談件数は46,409件であり、全体の5.0％（前年度比10.5％増）に当たることが紹介されている。

そして、電気通信サービスに係る苦情・相談件数は、近時、増加傾向が続き「携帯電話サービス」が合計13,309件（同8.0％増加）、「モバイルデータ通信」が合計5,058件（同7.7％増加）、そして「光ファイバー」は合計11,349件（同9.7％増加）となっており、いずれも増加傾向にあることの指摘がされている。

ウ　利用者視点からみた電気通信サービスの基本的特性

この報告書では、このような苦情・相談の増加を踏まえ、電気通信サービスにおける消費者保護ルールの見直し・充実の検討が必要であるとの認識が示されているが、その検討の対象たる電気通信サービスの特性について、同報告書は利用者視点からみた「基本的特性」を次のとおり分析、整理している。

① 電気通信サービスの特性

・広く国民が利用するサービスであり、日常生活に不可欠となっている。

・サービス提供の基礎となる技術が高度かつ複雑であり、技術革新の進展も早い。

・サービス契約の内容が高度化、多様化、複雑化している。

② 電気通信サービスの販売勧誘形態の特性

・モバイルデータ通信、光ファイバー、CATV 等については、訪問販売や電話勧誘販売等不意打ち性がある販売方法が多くなされている場合や、携帯電話と複数オプションサービスの組合せ等店舗販売で複雑な販売がなされている場合がある。

・電気通信事業者が直接勧誘する形態は少なく、多くの場合は代理店が販売勧誘を行い、その構造は複数、多階層となっている。

③ 電気通信サービスの役務提供の特性

・光ファイバー、CATV 等においては、通常、サービス提供には工事が必要となるが、携帯電話、モバイルデータ通信等では工事は必要なく契約後すぐサービス提供が開始される場合が多い。
・料金体系等の契約条件が複雑化している。

④ 電気通信サービスの提供条件の特性

・携帯電話、モバイルデータ通信、光ファイバー、CATV 等多くのサービスにおいて、期間拘束付き自動更新契約やオプション契約も含めた複雑な料金体系のプランが提供されている。
・1つのサービスの利用に複数事業者がかかわっていることが多く、複数の電気通信事業者との契約が必要となる場合がある。
・通信速度がいわゆるベストエフォート型であり、また具体的なサービスエリアなど必ずしも個別事例における状況が事前に把握できないため、利用者が契約締結時点でサービスの品質を理解するには限界があり、実際に利用してみないと契約対象となるサービスの品質が分からない場合がある。

⑤ 契約締結における情報の非対称性、交渉力の格差の拡大

・基本的に、事業者と利用者の間の情報の非対称性、交渉力の格差が拡大する傾向にあり、利用者が十分に契約内容や役務の品質を理解して契約することが困難である。情報の非対称性等を埋めるよう、説明の内容を充実させ、説明に要する時間の拡大等の対応が行われているが、他方で、利用者の負担の増加になっており、また、提供条件の説明によっても、なお、契約内容やサービスの品質を契約締結時に把握するのには一定の限界があるのが実情。

　以上のとおりの現状認識および電気通信サービスの基本的特性を踏まえ、報告書では消費者保護ルールの見直し・充実についての個別論点について、以下のとおりの意見を述べている。

エ　説明義務等の在り方

① 適合性の原則

　電気通信サービスの提供条件の説明の際に、利用者の知識、経験、契約目的等に配意した説明を行わなければならない旨制度化することが適当である。

第2節 電気通信・放送サービスの消費者問題の現状と対応　**111**

そのうえで、利用者からの希望やサービス提供契約についての知識、経験、目的等に応じ、一部説明を不要とすることを可能とするのが適当という意見で整理された。

② 書面交付義務

個々の契約者の電気通信サービスの提供に係る契約内容が記載された書面について、原則として紙媒体により交付しなければならない旨制度化する（利用者からの希望に応じ、電子媒体による交付に代えることも可能とする）ことが適当とされた。なお、契約等が電子的に完結するサービスの取扱いについては、さらに検討することとされた。

また、オプションサービス等の記載も同一書面に一覧性を持って記載するよう取組みを行うことが適当との意見となっている。

③ 広告表示

電気通信サービス向上推進協議会が「電気通信サービスの広告表示に関する自主基準及びガイドライン」（2004〔平成16〕年3月）を定め広告表示の適正化を図っており、第三者機関である広告表示アドバイザリー委員会による自主基準遵守のチェックを通じた事業者団体の自主的取組みや、電気通信事業法および景表法改正による総務省に対する調査権限の委任に基づく迅速かつ的確な法執行を通じ、電気通信事業者等の広告表示等の適正化を図ることが適当であるとされた。

オ 契約関係からの離脱ルールの在り方

① 禁止行為

提供条件の説明が必要とされる事項のうち、利用者の契約締結の判断に通常影響を及ぼすべき重要事項を可能な限り具体的に列挙し、明確化を図ったうえで、これらの事項に関する不実告知または不利益事実の不告知を禁止することが適当であると考えられるとされた。

② 取消しルール

また、これらの禁止行為違反により、利用者が誤認した場合の取消しについて検討することが適当であるとされ、また、契約の締結に至る動機に関する事項については、不実告知を禁止することが適当であり、そのうえで、当該禁止行為違反により、利用者が誤認した場合の取消しについて検討することが適当であるとの意見でまとまった。

③ 初期契約解除ルール

　次のとおり、初期契約解除ルールを導入することが適当との意見がまとめられた。

　㋐　初期契約解除ルールを導入の根拠

　初期契約解除ルールを導入するか否かを検討する場合の課題として、この「報告書」は、特定商取引法は電気通信サービスには適用されないことをまず指摘する。

　さらに消費者の苦情・相談で電気通信サービスの提供に係る契約当初での解除が希望されている理由については、モバイルデータ通信、光ファイバー、CATV 等について、訪問販売・電話勧誘販売等の不意打ち性のある販売方法が多くなされている場合や、携帯電話等と複数オプションサービスの組合せ等の店舗販売において複雑な販売がなされている場合も多いことが挙げられている。

　また、これに加え、ⓐ携帯電話をはじめとする料金体系等の契約条件の複雑化により、契約締結時点での利用者の契約内容の理解が必ずしも十分といえない場合があること、ⓑ通信速度がいわゆるベストエフォート型であり、具体的なサービスエリアなど必ずしも個別事例における状況が事前に把握できないため、利用者が契約締結時点でサービスの品質を完全に理解することには一定の限界があり、実際に利用してみないと契約対象となるサービスの品質が分からない場合があることなど、電気通信サービスの基本的特性がその要因となっていることが挙げられるとしている。

　そのうえで、この報告書の結論としては、契約内容が複雑となっていること、通信速度がいわゆるベストエフォート型であることや具体的なサービスエリアは実際に利用しないと品質等を十分に把握できないといった電気通信サービスの基本的特性を踏まえ、販売形態によらず、初期契約解除ルールを導入することが適当であるとの意見がまとめられた。

　㋑　初期契約解除ルールの対象となるサービス

　このルールの対象となるサービスについては、提供条件の説明が必要となる電気通信サービスを踏まえつつ、契約内容が複雑であったり、実際に利用しないと品質が分からないサービスを対象とすることを基本に検討すべきと考えられるとしている。

第 2 節 電気通信・放送サービスの消費者問題の現状と対応　**113**

他方、実際にトラブルが多発していること等による対象サービスの限定も考えられるのではないか、また、業界団体、電気通信事業者、販売代理店等による苦情・相談縮減に向けた今後の取組みの評価を踏まえつつ、段階的に対象となるサービスを検討することも考えられるのではないかとの議論があったことも紹介し、初期契約解除ルールの制度化に当たっては、これらの点も踏まえ、検討することが適当と考えられるとまとめられた。

　また、サービスの利用のためには工事が必要となるものについては、工事費の負担や原状復帰が必要となり、利用者や事業者双方の費用負担が大きくなり得るため、異なる取扱いを検討することが適当とされた。

　㈡　サービス利用の対価

　初期契約解除ルールが行使可能な期間中のサービス利用の対価については、初期契約解除ルールの行使可能期間中のサービス利用の対価請求を認めることが適当と考えられるとしつつ、許容される対価の請求の範囲・条件等に関し、制度的手当により、基準を明確化して定めることが適当と考えられるとまとめられている。

　㈢　端末等の取扱い

　初期契約解除ルールに伴う端末等の取扱いについては、電気通信サービスの提供に係る契約の初期契約解除ルールと携帯端末・付属品等の物品の販売契約は区別することが適当と考えられるとし、端末等の物品に関する初期契約解除ルールの取扱いについては、主要事業者で試用サービスが実施される方向であること等を踏まえ、店舗販売の場合における端末等の物品に係る制度化は、現時点では行わないこととし、当面、SIMロック解除等の推進の事業者の取組状況等を注視することとするとしている。

　㈣　オプションサービスの取扱い

　初期契約解除ルールに伴うオプションサービスの取扱いについては、オプションサービスが電気通信サービスである場合など一定の基準に該当する場合には、初期契約解除ルールの対象として取り扱うことが適当であるとしている。

　また、初期契約解除できないオプションサービスがある場合には、契約時に初期契約解除ルールの対象ではない旨の説明や契約内容を記載した書面に特記事項として記載する等の取組みを行うことが適当であるとの意見となっ

た。

㈷　初期契約解除ルールの制限

初期契約解除ルールの濫用などについて報告書は、特化したルールではなく、初期契約解除ルールの適正な費用負担を含めた適切な制度設計により、まずは対応することとしている。

また、店舗販売の場合における端末等物品に係る制度化を現時点で行わないことにより、権利の濫用の可能性は相対的に減少するものと考えられるとし、権利の濫用の防止に係る措置は、新たなルールの運用状況を踏まえながら、必要に応じ、検討することが適当とされている。

㈸　お試しサービス

サービス品質を利用者に確認してもらうために事業者が行っている試用サービスの取扱いについては、事業者による取組みと推進が期待されるとしつつ、ただし、試用サービスが行われる場合であっても、契約内容が複雑で契約締結時に十分理解できないことに起因する解除希望の場合などを考慮すれば、初期契約解除ルールの導入は必要と考えられるという意見がまとめられている。

㈹　その他

初期契約解除ルール行使可能期間の起算点は、基本的には書面交付日とし、初期契約解除ルールは基本的には消費者を対象とするので法人等との取引については除外されるとの考え方が整理されている。

④　期間拘束付き自動更新契約の解約ルール

利用者が契約期間に拘束がないプランを選択している場合には、費用負担なく契約を解約することができるが、他方で、利用者が料金割引のために契約期間に拘束があるプランを選択している場合には、一律に契約解除料が発生するため、契約を解約することが実質的に制限されてしまい、問題ではないかとの指摘があったと整理されている。

期間拘束付き自動更新契約に関し、少なくとも、期間拘束付きプランに関する利用者の認識が十分でないことや、更新月の周知について一部の携帯電話事業者によるプッシュ型通知がデフォルトで送付されていないこと等を踏まえ、期間拘束付き自動更新契約に関する提供条件の説明方法や更新月のプッシュ型通知の方法等について、改善されることが必要とされている。

研究会において、電気通信事業者の事業者団体から、契約解除料を支払うことなく解約が可能な期間の延長と、更新時が近付いた時点でデフォルトでのプッシュ型の通知を行う方向で検討中との表明があったこと等を踏まえ、事業者による自主的な取組みの効果や、初期契約解除ルールの導入の効果等もみながら、以下の点に関する改善状況を安心・安全研等の場で検証し、必要に応じ、更なる対応についての検討を行うことが適当とされた。

　　ⓐ　期間拘束付き自動更新契約に関する利用者の契約意思を確実に確認できるようにするための方法
　　ⓑ　以下の点を踏まえた更なる取組み
　　　・契約拘束期間における環境や事情の変更に係る利用者の予見可能性や認知能力に一定の限界があること
　　　・期間拘束契約に自動更新がセットとなっていること
　　　・契約解除料を支払うことなく解約が可能な期間の妥当性
　　　・長期間利用した場合であっても更新月以外には一律の契約解除料が発生すること
　　ⓒ　更新拒絶可能期間に先立っての更新拒絶の意思表示の受付
　　ⓓ　利用者の苦情・相談を効果的に解決するための具体的な仕組み

⑤　**オプションサービス契約の解約ルール**

　オプションサービス等の契約の無料期間は、利用者に対し様々なサービスに触れる機会の提供に資するが、他方で、全く利用がないオプションサービス等の契約についても、無料期間終了後にも自動継続され、課金がされる場合があり、問題ではないかとの指摘があったことを踏まえ、オプションサービスについては、例えば、無料期間終了後に一度契約を終了する等の利用意思を確実に確認する取組みを推進していくことが適当であると考えられるとされた。

⑥　**販売勧誘活動ルールの在り方（再勧誘禁止）**

　電気通信サービス向上推進協議会による「営業活動に関する自主基準」において、電気通信事業者および代理店に対する電話勧誘販売に関する再勧誘禁止および訪問販売に関する再勧誘禁止の努力義務が規定され、対応が行われているが、自主的な取組みによっても、執拗な勧誘が行われたとの苦情・相談がいまだに寄せられている現状に鑑みると、勧誘拒否の意思を表示した

利用者に対する再勧誘を禁止することを制度化することが適当であると整理された。

　　(ア)　対象となるサービス・取引類型

　再勧誘等の禁止の対象となるサービスおよび取引類型については、提供条件説明が必要となる電気通信サービスを基本とすることが適当とされた。

　　(イ)　禁止の主体の範囲

　禁止の主体については、例えば、電気通信事業者（A）の1つの系列に一次代理店（B）と二次代理店（X）があり、これと別の系列に一次代理店（C）と二次代理店（D）がある場合に、消費者が代理店（X）に対し再勧誘拒否を申し込んだ場合、電気通信事業者（A）ならびに当該代理店の同系列の他の代理店（B）および他系列の代理店（C、D）に対しても再勧誘禁止の効果を及ぼすことが適当と考えられるが、勧誘拒否の意思を表示した者に関する情報共有の実施可能性等も含め、更なる詳細な検討が必要と整理された。

　なお、その際、顧客の管理体制の確立等の適正な勧誘の履行確保の方策について検討することが適当とまとめられている。

　　(ウ)　効果が及ぶ範囲

　勧誘拒否の意思表示外のサービスや合理的期間が経過する等一定の場合については、再度勧誘を認めることが適当と考えられるとされた。

⑦　販売勧誘活動の在り方（代理店監督）

　研究会の構成員等から、電気通信事業者および代理店の構造が複数で多階層になっており、把握されていない代理店が存在しているとの指摘があり、数次にわたり代理店が存在する場合、電気通信事業者から、代理店に対し、適切な監督がなされなければ、提供条件の説明義務や今回新たに導入されることになる利用者保護規定の実効性が担保されないおそれがあるとの指摘がなされた。

　この指摘を踏まえ、電気通信事業者等は数次にわたる代理店を把握したうえで、適切な販売勧誘が行われるよう監督体制を整備することが適当とされた。そして、監督責任の内容としては、電気通信事業者は、その役務に関する契約の締結の媒介、取次ぎまたは代理を行う一次代理店が適切な委託管理体制等を構築しているか等も含めた監督制度を設けるとともに、必要に応じて、代理店に対しても委託契約等を行った下位の代理店に対する監督を制度化す

ることが適当と考えられるという意見となった。

　また、代理店の監督については、電気通信事業者に委ねるのみならず、総務省としても必要な取組みを行っていくことが適当との指摘がされている。

⑧　苦情・相談処理体制の在り方

　㋐　電気通信分野において、利用者保護のために第三者機関が苦情・相談処理等を行う仕組みは、わが国では現時点で必ずしも十分ではないが、中間取りまとめにおいて一定の整理がされていることを踏まえ、今後の方向性としては、まず、機動性や柔軟性に優れていると考えられる民間型第三者機関による苦情・相談の処理を早急に実現し、その状況をみながら、紛争解決の仕組みの在り方等について、中長期的に引き続き検討することが適当であると整理された。

　㋑　民間型第三者機関の実現に向けた取組みや行政型第三者機関の検討に当たっては、以下の留意点を参考として、段階的に進めることが適当と考えられるとまとめられた。

　　ⓐ　第三者機関の運営者　　民間の高度で専門的な知見を活用した迅速対応や、業界の実情に応じた柔軟な運用が期待できる点で、一般的には業界団体による民間型が適当と考えられる。

　この場合、手続の中立性・公平性確保のため、必要に応じ、外部有識者を手続実施主体に加えること等も考えられる。また、民間型の紛争解決機関を手続の実効性確保等の観点から一定の法的枠組みのもとに位置付けることも考えられる。

　紛争解決手続の中立性・公平性等を重視する観点からは、行政型の手続とすることにも合理性があると考えられる。

　　ⓑ　取り扱う紛争の範囲　　取引実態、紛争解決手続の内容、利用者の利便性、第三者機関の迅速な設立を行うことが可能な紛争範囲等も踏まえ、関係機関、団体等の間での効果的な連携の在り方を検討していくことが現実的ではないかと考えられる。

　　ⓒ　紛争解決手続　　相談・助言を行うだけでは紛争解決に至らない場合も想定され、あっせん・調停や仲裁等の手続も視野に入れて検討することが考えられる。また、紛争解決に向けた実効的仕組みの導入について検討することも考えられる。

ⓓ　運営費用　　運営費用の負担の在り方については、金融 ADR の指定
紛争解決機関における事例等も参考にし、利用者利益や各事業者の事業規模、
負担の公平等を踏まえて検討することが考えられる。
　　ⓔ　他機関との連携　　国民生活センター、消費生活センター、総務省電
気通信消費者相談センター等の既存組織との連携の在り方も含めての検討が
考えられる。
　　ⓕ　事案の公表等　　新たなサービスが次々と生み出される電気通信分
野において、業界全体で苦情・相談事例、紛争事例を共有し、個社対応に迅速
にフィードバックすることにより、新サービスに係る顧客対応の健全化が図
られることは重要と考えられ、事例の特徴に応じ、どの範囲の情報をどのよ
うな形で公表、共有していくべきかについて検討していくことが考えられる。
⑨　販売奨励金等の在り方
　販売奨励金やこれを原資としたキャッシュバックについて直接規制するこ
とは適当ではなく、SIM ロック解除等の競争環境整備を通じて適正化を促す
ことが適当と整理され、販売奨励金等の状況について、携帯電話事業者に定
期的な報告を求めるとともに、利用者がその条件を正確に理解できるよう、
キャッシュバック等に必要となる条件について、適切な説明を行うことが適
当とされた。
⑩　SIM ロック解除等
　携帯電話事業者が利用者の端末にかけている SIM ロックについて少なく
とも一定期間経過後は、利用者の求めに応じ迅速、容易かつ利用者の負担な
く解除に応じることが適当とされた。
　「SIM ロック解除に関するガイドライン」の改正に当たっては、ガイドラ
インの実効を確保することを前提とした検討が必要であり、その場合、対象
端末等の具体的な運用指針やスケジュールを明らかにすることが適当とまと
められた。
　また、端末のアフターサービスについて、利用者への対応に当たる体制を
明確にするとともに、インターネット利用における青少年保護が適切に図ら
れるよう、課題の整理を行うことが適当と考えられるとされた。
⑪　モバイルサービスの料金体系
　㋐　利用実態に合った多様な料金プランの導入が適当とまとめられ、具体

的には各事業者は、データ通信料金について、利用者のデータ通信量分布に応じた多様な料金プランを提供することが適当とされた。

また、具体的な料金プランの設定に当たっては、次の2点を満たしていることが必要とされた。

ⓐ　データ通信量に応じた多段階のプランが設定されていること

ⓑ　データ通信量の平均値や分布を勘案すること

音声通話についても、今後、VoLTEの導入が予定されるなか、利用しやすいサービスおよび料金プランについて、各事業者において引き続き検討が行われることが適当と考えられるとされている。

　(イ)　総務省においては、各事業者における利用者1人当たりのデータ通信量の分布および対応した料金プランの設定状況について定期的に報告を求めることが適当とされた。

(12) 平成27年電気通信事業法改正

以上のとおり、安心・安全研の「報告書」の趣旨に基づき、総務省は電気通信事業法の改正案をまとめ、2015（平成27）年4月に改正法案が国会に上程され、同年5月15日に原案どおり可決成立（平成27年法律第26号）した。

安心・安全研では、電気通信サービスの提供契約への「クーリング・オフ」の導入が議論されたが、クーリング・オフ制度の趣旨と根拠についての認識の違いから、電気通信役務の提供についてのクーリング・オフは、訪問販売や電話勧誘販売などの不意打ち型勧誘に限るべきであり、店舗販売には導入すべきではないという意見が事業者側から強く主張された。また、そもそも「クーリング・オフ」という名称が、いわゆる悪質事業者の強引な勧誘等による契約からの解放とのイメージで捉えられやすく、電気通信事業者が悪質事業者であるとのイメージで捉えられることにつながりかねないとの意見も強かった[116]。

しかし、クーリング・オフの趣旨と根拠については、必ずしも不意打ち的な勧誘による契約意思の不完全性を補うというだけにとどまらず、複雑で理解や判断が難しい取引や電気通信サービスのように実際に利用してみないと

▶ ....

＊116　そのため、改正法の無理由契約解除制度（解除権）の通称としては「クーリング・オフ」ではなく、事実上、「初期契約解除制度（ルール）」との呼び名にすることとなった。これは「名」より「実」をとったものといえよう。

120　▶第2章 電気通信・放送サービスの消費者問題

契約に基づく履行の内容や契約締結によって得られる価値（効能・効果、便益や反対にデメリットなど）が正しく認識、判断できない取引の場合に、誤った認識や判断、あるいは結果的に契約者にとって不要だったり、不合理となる契約の拘束力から速やかに解放するという趣旨も含むものである。クーリング・オフの趣旨や根拠について消費者団体や法律実務家、研究者の構成員から、このような意見も強く述べられ、これらの議論も踏まえて結果的には店舗販売も含めて理由を必要としない契約解除制度を導入する方向で意見がまとめられた。また、契約解除の効果については、電気通信サービスの性質や内容、その取引の実態に即して合理的な内容に整理すべきとの意見もあり、支払済みの対価の返還や解除に伴う消費者の負担については、具体的な取引実態を踏まえて細かなルールにする方向で意見がまとめられた。

また、不実告知等の禁止に違反する勧誘を行って相手方が誤認した場合の電気通信役務の提供契約の意思表示の取消しについては、安心・安全研の報告書では民事効としての取消しを導入すべきであるとの意見となった。

しかし、その後の法案作成段階における内閣法制局との協議のなかで、民法（債権法）の改正が既に決まっており、また、消費者契約法の見直しの議論も始まっていることから、これらの結論を踏まえずに、現時点で電気通信事業法と放送法に取消制度を導入するのは時期尚早であるとのことから、改正法では意思表示の取消制度の導入は見送られた。

なお、電気通信事業法と放送法を改正する平成27年改正法は、2016（平成28）年5月21日施行された。

4 放送サービスの消費者問題への総務省の対応

（1）放送サービスの苦情・相談

前述のとおり（第1節2）、放送サービスに係る消費者生活相談は、1998（平成10）年頃まではそれほど目立っておらず、相談件数が増え始めたのはこれ以降であり、それ以前は放送サービスについての消費者問題はあまり意識されていなかった。

その後、2001（平成13）年の電波法改正により地上波アナログテレビ放送のデジタル化（地デジ化）が決定し、地デジ化の期限である2011（平成23）年7月までの間は、地デジ化に関連する消費生活相談が増加した。

また、この間、有線放送テレビの普及率の増加に伴い、不当な勧誘によっ

て顧客を獲得する事業者も出てきたり、電気通信役務利用放送の形態をとる映像配信サービスについての苦情・相談も増えてきた。

これらの事案の多くが、既に述べたとおり、通信サービス（ケーブルテレビや光回線によるインターネット接続、IP電話サービス等）とセットで、訪問や電話により勧誘して放送サービス（地デジの再放送、ビデオ・オン・デマンド、専用チャンネル放送等）の契約をさせる事業者の事案であった。また、これらの事業者は、通信キャリアや有線や衛星による有料放送事業者の代理店や取次店である場合がほとんどであり、通信サービスの苦情・相談の増加に伴って増えている側面があった。

そのため、放送サービスにおいても電気通信サービスと同様に、消費者からの苦情・相談が増加していることについて、対応が求められる事態となっていた。

(2)「通信・放送の在り方に関する懇談会」での議論

消費者からの苦情・相談においても通信と放送の融合現象が起きていたが、総務省は通信サービスがIP化し、また、ブロードバンド化による高速通信が普及し、また、放送においてもデジタル化が進展していることを背景にして、通信と放送の融合や連携がさらに進展している現実のなかで、国民が「多様なサービスが国民に速やかに提供されること」を目的として、①国民の視点からみた通信・放送の問題点、②いわゆる通信と放送の融合・連携の実現に向けた問題点、③それらの問題が生じる原因、④通信と放送の融合・連携のあるべき姿、⑤望ましい行政の対応の在り方などを検討するために、総務省は2006（平成18）年1月に「通信・放送の在り方に関する懇談会」を立ち上げて検討を行った。

しかし、同懇談会での議論は、消費者とのトラブルなどを踏まえた対応を検討するというより、通信と放送の融合を踏まえてこれらの利用の拡大や国民の利便性を高めるための方策等の検討が中心であり、同年6月にまとめられた報告書でも、消費者保護の観点から取引の公正や適正を図るための方策等については、何も触れられていないといわざるを得ないものであった。

(3)「通信・放送の総合的な法体系に関する検討委員会」での議論

ア　他方、放送サービスに関しては、2006（平成18）年6月20日にまとめられた政府与党合意の「通信・放送の在り方」において、「通信・放送に関する総

122　▶第2章 電気通信・放送サービスの消費者問題

合的な法体系について、基幹放送の概念の維持を前提に早急に検討に着手し、2010年までに結論を得る」とされていたこともあり、通信・放送の融合・連携に対応する法制度の在り方に関して専門的見地から調査研究を行うため、総務省内に「通信と放送の総合的な法体系に関する研究会」が設置されて、同年6月30日から議論が始まっていた。

　通信および放送サービス利用者の保護については、この研究会でも論点として検討され、2007（平成19）年12月6日にまとめられた同研究会の報告書では[117]、「包括的な利用者規定の整備」として、情報通信法の体系の再編成に当たっては、できる限り個別事業の規制緩和が望ましいが、事業規制の撤廃等により、従来規制により担保されていた利用者利益が損なわれることがないような留意が必要であるとし、さらに「既存の通信・放送サービスについても、機器の販売手法やサービスへの勧誘のやり方について事業者と利用者間のトラブルが多く発生している」との認識を踏まえ、通信・放送の融合・連携に対応した法体系の「抜本的再編成に当たっては、事業者に対する規制の緩和・撤廃を行うのと並行して、情報通信サービスに包括的に適用されるような利用者保護や利用者の権利実現のための規定の整備を進める必要がある」との指摘がされた。

イ　そして、総務大臣からの諮問「通信・放送の総合的な法体系の在り方」（平成20年2月15日諮問第14号）に基づき、総務省は情報通信審議会の情報通信政策部会に「通信・放送の総合的な法体系に関する検討委員会」（以下「検討委員会」という）を立ち上げ、2008（平成20）年2月25日から通信・放送の融合・連携に対応した法体系の検討を始め、この検討委員会のなかで上記の「通信と放送の総合的な法体系に関する研究会」の報告書（2007〔平成19〕年12月6日）の結論を踏まえた議論も行われた[118]。

　その後、第13回の検討委員会（2009〔平成21〕年2月27日）において「通信・

▶ ....

*117 http://www.soumu.go.jp/main_sosiki/joho_tsusin/policyreports/chousa/tsushin_houseikikaku/pdf/071206_4.pdf
*118 第13回検討委員会の配付資料中の「検討アジェンダ」では、利用者利益の確保・向上のための規律については「(1)利用者利益の確保・向上のための規定の整備」として「伝送サービスにおける利用者利益の確保・向上のための規定（現在の電気通信事業法の規定における重要事項の説明、苦情処理等）を参考に、メディアサービス等について整備すべき規定はないか検討する。また、利用者を直接救済する規定として、例えば、問題発生時に利用者からの解除権や取消権のような民事的な効果を付与することについて検討する」ことが挙げられている（http://www.soumu.go.jp/main_content/000010670.pdf）。

第2節 電気通信・放送サービスの消費者問題の現状と対応　**123**

放送の総合的な法体系について（中間論点整理）」がまとめられ[119]、さらなる議論を経て、同年8月10日に答申「通信・放送の総合的な法体系の在り方＜平成20年諮問第14号＞」が取りまとめられた[120]。

　この答申では、「利用者利益の確保・向上のための規律」として、「有料放送全体として利用者向けの情報提供について総合的な規律を整備する必要性を踏まえ、現行法制における利用者向けの情報提供義務の差異の解消、利用者保護・受信者保護等の観点から有料サービス契約に係る規律の整合化を図ることが適当である」とし、「具体的には、コンテンツ規律においても、放送分野の業としての特殊性等を踏まえつつ、電気通信事業法によって電気通信事業者等に課せられている利用者向けの情報提供義務（提供条件の説明義務、苦情処理義務および事業の休廃止に係る事前告知義務）に係る規律を参考に、有料放送契約に係る適切な情報提供の確保など利用者保護規律を整備することが考えられる」とされた。また、「今後、具体的な相談事例や通信・放送分野の業としての特殊性等を踏まえつつ、通信・放送分野におけるより有効な利用者保護のための方策について、別途検討することが適当である」が、その際、「迅速かつ柔軟な事業展開の促進を過度に阻害しないよう配意することも重要である」とのまとめとなった。

ウ　そして、この答申に基づき、2010（平成22）年に放送法が改正され（平成22年法律第65号）、事業法と同じく有料放送事業者に対する説明義務（放送法150条）、苦情処理義務（同151条）および事業の休廃止に係る事前の周知義務（同149条）が規定されたことは前述したとおりである。

（4）平成27年の放送法改正

　こうして2010（平成22）年に放送法が改正されたものの、放送サービスに係る勧誘や契約をめぐる苦情や相談が減少せず、前述のとおり事業法の改正と平仄を合わせて放送法の2015（平成27）年改正がなされるに至ったものである。

---

[119] http://www.soumu.go.jp/main_content/000019125.pdf。なお、中間論点整理における利用者向け情報提供促進についての考え方は、第15回検討委員会の配付資料6「利用者向けの情報提供の促進」（2009年4月21日）（http://www.soumu.go.jp/main_content/000019123.pdf）を参照。
[120] http://www.soumu.go.jp/main_content/000034553.pdf

5 電気通信サービス・放送サービスの消費者問題への事業者団体等の対応

（1）電気通信事業者団体

ア 電気通信事業者4団体

わが国の電気通信事業に関する主な事業者団体には、その事業の種類、内容および態様に応じて次の4つの団体がある。

① 一般社団法人電気通信事業者協会（http://www.tca.or.jp/）

② 一般社団法人テレコムサービス協会（http://www.telesa.or.jp/）

③ 一般社団法人日本インターネットプロバイダー協会（http://www.jaipa.or.jp/）

④ 一般社団法人日本ケーブルテレビ連盟（http://www.catv-jcta.jp/）

イ 一般社団法人電気通信事業者協会

一般社団法人電気通信事業者協会（Telecommunications Carriers Association：以下「TCA」という）は、事業法の制定当時の「第一種電気通信事業者」の団体として、「電気通信事業者共通の課題への対処等を通じて、電気通信事業の健全な発展と国民の利便性向上に資することを目的」として1987（昭和62）年9月に発足した事業者団体である。

現行の事業法では電気通信事業者の種別に「第一種」「第二種」の区別はなくなっているので、現在の加盟事業者は、発足当時の第一種電気通信事業者だけでなく、NTTグループの各電話会社や、KDDI、ソフトバンクなどNTTグループ以外の電話会社、電力会社系の電気通信事業者、ケーブルテレビ会社、通信衛星による電気通信事業者、その他の無線を利用する電気通信事業者、商社、鉄道会社関係の電気通信事業者や外資系の電気通信事業者など49社の正会員および、14の団体・会社の賛助会員で構成されている（平成29〔2017〕年8月10日現在）。

TCAでは、その目的を達成するために、①電気通信事業者に共通または相互に関係がある事項の協議、②電気通信事業に関する諸問題についての連絡調整および建議、③電気通信事業に関する啓発または宣伝、④電気通信事業に関する一般消費者の利益の擁護または増進を目的とする事業、⑤電気通信事業に関する技術、経営などの調査研究、⑥事業法107条に定める適格電気通信事業者に対する基礎的電気通信役務（ユニバーサルサービス）に係る交付金

第2節 電気通信・放送サービスの消費者問題の現状と対応　**125**

の交付およびこれに付帯する業務を行うこととされている[121]。

ウ　一般社団法人テレコムサービス協会

　一般社団法人テレコムサービス協会（TELECOM SERVICES ASSOCIA-TION：以下「テレサ協」という）は、1994（平成6）年8月に、「日本情報通信振興協会」、「特別第二種電気通信事業者協会」、「全国一般第二種電気通信事業者協会」および「音声VAN振興協議会」の4団体が合併して、当時の事業法の規定する「第二種電気通信事業者」の団体として発足した事業者団体である。しかし、TCAと同様に事業法の改正により、電気通信事業者の種別がなくなったことから、現在では電気通信サービスの全体にわたるすべてのレイヤーの事業者が会員となっている。

　テレサ協は、「電気通信事業及び情報通信関連事業の競争市場における健全な発展を図り、その事業全体の発展に寄与すること」等を目的とし、電気通信事業および情報通信関連事業に関する、①市場、技術、制度等の調査研究、②サービスの多様化と普及の促進、③資料の収集および頒布、④意見、要望の取りまとめおよび提言ならびに相談対応、⑤講演会、講習会の開催、⑥内外の諸団体との情報交換および協力等の事業を行うものとしている[122]。

エ　一般社団法人日本インターネットプロバイダー協会

　一般社団法人日本インターネットプロバイダー協会（Japan Internet Providers Association：以下「JAIPA」という）は、インターネットサービスプロバイダー（ISP）の事業者の団体であり、インターネットプロバイダー事業およびその関連事業者によって、1999（平成11）年8月に設立された任意団体「日本インターネットプロバイダー協会」の事業を承継し、社団法人日本インターネットプロバイダー協会として2000（平成12）年12月に設立された事業者団体である。現在は、一般社団法人となっている。

　JAIPAは、インターネットプロバイダー事業者の「専門的知識や事業運営等に関する能力の向上や意見の集約を図り」、「関連事業分野とも連携を行い」「利用者のより良いインターネット利用を促進していくこと」等を目的とし、その実現のために、インターネットプロバイダー事業について、①事業者相互の情報交換および情報共有、②事業者の専門的知識の向上、③事業の

▶···

[121] http://www.tca.or.jp/about_us/pdf/teikan.pdf
[122] 前掲注121）。

運営に関する相談、助言およびインキュベーション支援、④事業全体としての意見、要望および提言の取りまとめ、⑤インターネット関連事業分野の内外の関係機関との連携、調整、⑥同事業分野の情報通信技術の研究開発、⑦同事業分野の市場、制度等の調査研究、⑧インターネット利用者の情報リテラシーの向上、⑨インターネット利用に関する啓蒙、広報および資料の発行等の事業を行うこととしている[123]。

オ　一般社団法人日本ケーブルテレビ連盟

　一般社団法人日本ケーブルテレビ連盟（Japan Cable and Telecommunications Association：以下「ケーブルテレビ連盟」という）は、有線テレビジョン放送（ケーブルテレビ）事業およびこれに関する事業者によって1980（昭和55）年９月に社団法人として設立された団体であり、現在は一般社団法人となっている。

　ケーブルテレビ連盟は、「ケーブルテレビ事業者とこれに関する事業を行う者の相互の啓発と協調によりケーブルテレビ倫理の向上を図るとともに、ケーブルテレビ事業者共通の問題を処理し及びケーブルテレビ事業の開発を行うことによりケーブルテレビの健全な発達普及を促進すること」等を目的として、①ケーブルテレビ倫理の確立とその高揚のための研究、研修、普及促進および指導、②会員相互の連絡と共通問題の処理、③ケーブルテレビ事業の経営に関する調査、研究および開発ならびに技術に関する調査、実験、研究および開発、④ケーブルテレビ自主放送に関する調査、研究および開発、⑤ケーブルテレビ自主放送の用に供した録音物または録画物の記録・収集および保存、⑥ケーブルテレビ事業に関する諸問題に関し、関係機関との連絡および折衝、⑦ケーブルテレビ事業に関する啓発、宣伝および情報の収集ならびに機関紙の発行、⑧ケーブルテレビ事業従事者の教育、訓練および研修、⑨ケーブルテレビ関係者の福祉、親睦および融和、⑩ケーブルテレビ事業者の電気通信事業に関する調査、研究および情報提供、⑪ケーブルテレビ事業者が地上デジタル放送等を行うための、放送視聴制御用IC カード（CAS カード）の運営・管理、ならびに地上デジタル放送ネットワークでのケーブルテレビ自主放送を行うための放送視聴制御（CAS）を活用したコンテンツ権利保護（RMP）にかかわる事項の運営・管理、⑫CAS カード事業等の普及・発

▶ ....

[123] https://www.jaipa.or.jp/about/article.php

展を目的とする事業を行うこととしている*124。

カ　電気通信サービス向上推進協議会

　総務省は、電気通信サービス分野の消費者利益の確保と電気通信事業者に対する信頼確保を図るため、消費者支援の在り方についての継続的な意見交換を行うために前述のとおり、消費者支援連絡会を2003（平成15）年1月から立ち上げたが、この第2回会議において、消費者への情報提供の在り方について同連絡会のもとにワーキンググループを設置して、電気通信サービスにおける広告表示自主基準（案）の検討が始められた。

　この検討に際しては、景品表示法等による法制度のほか、各業界では業界団体による広告表示の基準が策定されていることなどを踏まえ、電気通信事業にかかわる事業者団体においても、他業界の取組みを参考に、電気通信サービスに関する広告表示の自主基準策定作業を行うとの合意がなされ、同年6月より、消費者支援連絡会のもとに設置された「電気通信サービスの広告表示基準の策定に関するワーキンググループ」で広告表示自主基準（案）の検討が開始された*125。

　さらに、同連絡会における議論も踏まえ、同年11月10日には上記のTCA、テレサ協およびJAIPAの3団体で「電気通信サービス向上推進協議会」（Telecom Services Promotion Conference：以下「推進協議会」という）を立ち上げ（ケーブルテレビ連盟は、翌年2月から推進協議会に参加）、事業者団体の広告表示についての自主基準が制定されることになった。

　推進協議会の目的および活動内容は、電気通信サービスに関する、①利用者サービスの向上のための具体策の検討およびその円滑な実施、②電気通信サービスの広告表示に関する自主基準の策定および運用、③勧誘に関する自主基準の策定および運用、④消費者からの苦情相談や不具合に関する対応策の検討および運用、⑤その他電気通信サービスに関する対応を行うこととされている*126。

▶ ....

＊124 https://www.catv-jcta.jp/data/assets/pdf/issha_teikan_20170614.pdf
＊125 http://warp.da.ndl.go.jp/info：ndljp/pid/283520/www.soumu.go.jp/joho_tsusin/poli-cyreports/chousa/shohi/030530_2.html
＊126 http://www.tspc.jp/conference-activity.html

（2）電気通信事業者団体の自主的取組み

ア 「電気通信サービスの広告表示に関する自主基準」の制定

　電気通信事業者の業界全体として電気通信サービスの広告表示の適正を確保していくため、向上推進協議会では、その後検討を続け「電気通信サービスの広告表示に関する自主基準（案）」を取りまとめ、さらにパブリックコメントに寄せられた意見も踏まえて、2003（平成15）年12月15日に「電気通信サービスの広告表示に関する自主基準」とその解釈を整理したガイドラインを取りまとめ、2004（平成16）年3月に「電気通信サービスの広告表示に関する自主基準及びガイドライン」（以下「広告自主基準・ガイドライン」という）として公表した。

　この自主基準は、その後、11回にわたり改訂されているが（最終の第11版は平成27年11月改訂）、当初の自主基準では、その適用範囲を一般消費者を対象とした電気通信サービスの広告とし、広告表示に関する通則規定では、①技術的専門性を考慮し、サービスの仕組みや品質等について分かりやすい表示に努めること、②虚偽・誇大表示を行わないとともに消費者に不利益な情報についても表示すること、③比較広告に当たっては、同等のサービスとデータを使用するなど、公正性に留意して表示すること、④料金表示に当たっては、客観的事実に基づく表示を行い、割引についてはその適用条件を表示すること等、電気通信サービスの広告表示に関する共通の遵守事項を規定し、さらに、個別の電気通信サービスの広告表示に関する基準としては、⑤「ベストエフォート型サービス」の用語、速度に関する広告表示、⑥「IP電話サービス」の料金、品質、通話可能範囲に関する広告表示、⑦「携帯電話・PHSサービス」の料金、提供エリアに関する広告表示等、個々の電気通信サービスの性質に応じた広告表示の遵守事項を規定していた。また、「雑則」として、契約代理店への指導、広告媒体ごとの表示方法に関する留意事項、見直し規定なども規定された。

　しかし、電気通信サービスの多様化の進展が急速であることから、自主基準も適時見直しが必要となるため、見直しが柔軟に行うようにする観点から自主基準として運用していくこととされた[127]。そのため、この自主基準は、

▶ …………………………………………………………………………………………………

[127] 「電気通信サービスの広告表示に関する自主基準及びガイドライン」（http://www.tspc.jp/files/Criteria_for_advertise_ver11.pdf）。

各電気通信事業者が広告表示を行う際の適正確保のための指針にとどまり、違反事業者に対する制裁規定はなく、事業者団体として加盟事業者に遵守を徹底させる性格のものとは位置づけられていなかった。

そのため、ルールとしての効力が弱く、既に指摘したとおり、消費者トラブルの減少にはつながらなかったものである。

イ　利用者懇談会の報告書を受けた取組み

前述したとおり、2009（平成21）年2月10日、利用者懇談会の最終報告書が公表されたが、同報告書の方向性は事業者および事業者団体の自主的な対策を通じて、消費者の苦情、相談を減らしていこうとの内容であった。

これを受けて電気通信4団体で構成する推進協議会では、同協議会の広告表示検討部会の広告表示自主基準 WG において、広告表示に関する自主基準等の見直し、体制の在り方等の検討し、広告自主基準・ガイドラインの一部改訂を行ったり、分かりやすい料金体系や分かりやすい説明、また契約解除等の判断基準や条件等の明確化については同4団体を通じて会員事業者に要請する等の対応をとった。複数契約の解除についての利用者への注意喚起も同様に4団体を通じて会員事業者に要請したり、業界団体において事例を集積し、周知することを推進協議会において検討することとした。

また、苦情処理・相談体制の在り方については、推進協議会内に「苦情・相談検討 WG」を設定し、相談員等への連携強化の取組みを推進したり[*128]、責任分担モデルに基づく苦情処理等の対応の在り方については複数事業者が関係するサービスの不具合・機器の故障の具体的事例等の把握、検討を推進したり、紛争処理機能の在り方については推進協議会の苦情・相談関連の WG において検討がなされたり等の対応がとられた[*129]。

特に、広告自主基準・ガイドラインの一部改訂では、①総合カタログ等における広告・表示において配慮すべき事項を追加したり、②消費者視点に立った分かりやすい広告・表示の留意点を追加したり、③用語に関する注意事項

[*128] この取組みにより、電気通信事業者と消費生活センターとの間にホットラインを整備したり、4団体で統一的な連絡先リストを作成して、全国の消費生活センターに周知することなどが行われたが、これらの対応によって消費生活センターで受け付けた苦情・相談への対応が従前より迅速となったことは成果といえる。

[*129] この点についての推進協議会のプレゼンテーションは http://www.soumu.go.jp/main_content/000063084.pdf、総務省による利用者懇談会の提言の実施状況の報告については http://www.soumu.go.jp/main_content/000085204.pdf 参照。

についての規定を新たに設ける等した。また、その後、広告表示で使用する用語の表記の解説を自主基準・ガイドラインの「別冊」として「電気通信サービスの広告表示で使用する用語の表記について」（以下「用語集」という）をまとめたり[*130]、データ通信・端末に係る広告表示の在り方等に関する事項を新たに自主基準に追加する等の改訂がなされた。

しかしながら、これらの対応によっては消費者の苦情・相談は減らず、スマホの急激な普及もあって、さらに苦情・相談が増加することとなった。

ウ　「電気通信事業者の営業活動に関する自主基準及びガイドライン」の制定

スマホの利用拡大を踏まえた諸問題を検討するために、利用者懇談会の報告がまとめられて間を置かず諸問題研が立ち上げられ、同研究会の電気通信サービス利用者WGによって検討を重ねた結果が「電気通信サービス利用者の利益の確保・向上に関する提言」として取りまとめられ、2011（平成23）年12月21日に公表されたことは既に紹介した。

この諸問題研の提言も、上記の利用者懇談会の「電気通信サービス利用者懇談会報告書」と同様に、消費者の苦情・相談を減少させるための施策として、法改正等による法的規制の整備や強化によるのではなく、またもや事業者や事業者団体による自主的な取組みを促すものであった。

具体的には、諸問題研の報告書では、広告自主基準・ガイドラインや用語集の見直し、勧誘に関する自主基準の作成、代理店倫理要綱の見直し、消費者への情報提供においては重要事項の説明を消費者にとって分かりやすい1枚から数枚にまとめた説明書のモデル例を作成・公表することや、「セット販売」について、契約対象となる電気通信サービスの図示など、利用者が理解しやすい一般的な資料を作成し、提供すること、契約解除に係る問題が生じないようにする取組みとして、勧誘の適正確保、広告表示の適正確保、契約締結時における説明の適正確保等のための取組強化、利用者からの申出による解約に関する取扱いについて、新たに自主基準等を作成し、業界全体で取組みを実施することなどが求められた。

そのため、事業者団体は、推進協議会において諸問題研の提言の内容を実現するための取組みをすることとなったが、諸問題研の議論のなかでは、苦

[*130] 初版は2010（平成22）年6月である（http://www.tspc.jp/files/Guideline_Vocabulary_2.pdf）。

第2節 電気通信・放送サービスの消費者問題の現状と対応　**131**

情や相談の増加、高止まりの原因には広告表示の問題だけでなく、販売現場での勧誘や販売活動にも大きな問題があるとの指摘がなされていたことを受けて、推進協議会は2011（平成23）年11月から新たに「販売適正化WG」を設置して、勧誘に関する自主基準の検討やその他の販売適正化の推進の方策等について検討をした。

　その結果、2012（平成24）年1月には用語集の改訂を行い、第2版を公表し*131、同年3月には広告自主基準・ガイドラインの改訂がなされ、同年4月には「電気通信事業者の営業活動に関する自主基準及びガイドライン」（以下「営業自主基準・ガイドライン」という）がまとめられ、公表された*132。

　営業自主基準・ガイドラインでは、①勧誘における氏名・事業者名（代理店の場合は代理店名）、勧誘目的の明示義務（3条）、②拒否要望があった場合の再勧誘の停止（6条）、③光回線（FTTH）やケーブルテレビ回線サービスにおける工事前無償契約解除（8条）、④代理店等の勧誘状況の把握・管理、勧誘適正化に向けた指導推進などの代理店監督（9条・10条）が規定され、さらに、⑤事業法の説明義務（26条）、苦情処理義務（27条）、事業法の消費者保護ガイドラインの遵守および適合性に配慮した説明、また、不実告知や威迫困惑行為の禁止なども盛り込まれた*133。

　営業自主基準・ガイドラインは、規定の文言のうえからは、このルールがきちんと遵守されれば消費者との間のトラブルや苦情・相談がかなり減少するのではないかと思われる内容ともいえるが、しかしながら規範としての実行性が弱く、違反があってもきちんとした厳格な責任が問えない場合がほとんどであったり、また、苦情や相談が多かった移動通信サービスに関する解約ルールが盛り込まれていない点など、やはり消費者との紛争やトラブル、苦情を減らすには依然として不十分なものであったといわざるを得ない。

　そのため、引き続き苦情・相談の増加や高止まりが解消されず、その後、2014（平成26）年6月から開始された安全・安心研での議論を経て、事業法の平成27年改正による対応によらざるを得なかったものと評価できる。

＊**131** http://www.tspc.jp/consumer.html
＊**132** http://www.tspc.jp/files/Guideline_Criteria_for_operating_activities_2.pdf
＊**133** http://www.soumu.go.jp/main_content/000155907.pdf

▶ 第**3**章

電気通信サービスと放送サービス取引

第**1**節　電気通信サービス

1　電気通信役務

（1）事業法の定義

　電気通信サービスは、事業法においては「電気通信役務」という文言で同法の適用を画する概念として定義されている。

　事業法は、電気通信役務とは「❶電気通信設備を用いて他人の通信を媒介し、❷その他電気通信設備を他人の通信の用に供すること」をいうと規定し（事業法2条3号）、これを前提に、電気通信役務を「他人の需要に応ずるために提供する事業」を「電気通信事業」と定め（同条4号）、電気通信事業を行うことができる資格（電気通信事業者）について登録制（事業法9条）と届出制（事業法16条1項）を採用し、電気通信事業者（事業法2条5号）が行う事業や取引（電気通信役務の提供）について同法の規制対象とすることにしている。

　事業法は、お互いに物理的、地理的に離れた当事者間（隔地者間）での情報（意思、感情、事実など）の伝達を行う役務である通信役務（サービス）のうち*1、一定の態様のものを電気通信役務（サービス）と定義している。定義の仕方としては、次のとおり、他人の電気通信の媒介行為それ自体と、電気通信役務を提供するための設備を他者に利用をさせる行為の2種類の形態の役務を「電気通信役務」として規定している。

　事業法の規定からすると、まず、上記❶の意味での電気通信役務は、①電気通信ができる、②電気通信設備を用いて、③他人の通信を媒介することである（事業法2条3号）。事業法は「電気通信」とは、ⓐ有線、無線その他の電

---

*1　「通信」の意義については、事業法逐条解説25頁。なお、郵便法（昭和22年法律第165号）の「郵便」や民間事業者による信書の送達に関する法律（平成14年法律第99号）に基づく「信書便」の配達なども、広い意味での通信サービスに含まれるが、伝達される情報の形態や伝達の手段・方法において電気通信役務と異なる。

第1節 電気通信サービス　***133***

磁的方式によって、ⓑ符号、音響または影像を、ⓒ伝えたり、受けたりすること（事業法2条1号）と規定し、ⓓ電気通信設備については、電気通信を行うための機械、器具、線路その他の電気的設備と規定しているので（同条2号）、ⓐからⓒのような通信を、ⓓのような設備を用いて他人の間で媒介することが「電気通信役務」と定義されている。

次に、上記❷の意味での電気通信役務は、電気通信役務を提供するための設備を他人に利用させる役務（いわばメタ役務）も「電気通信役務」と規定している。他人に利用させる「電気通信設備」は、前述のとおり、「電気通信を行うための機械、器具、線路その他の電気的設備をいう」とされているので、事業法は、上記のⓓに該当する設備を他人に利用させる行為も「電気通信役務」として規定している（事業法2条3号）。

（2）電気通信役務の意義と特徴

ア　他人の通信の媒介であること

電気通信役務（サービス）は、まず、役務それ自体の内容が「他人の通信の媒介」である点に特徴がある。

この特徴には、次の2つの側面がある。

① 媒介するのが他人の「通信」であること

電気通信役務は、媒介するのは他人の「通信」である。通信は、前述したとおり、隔地者間で意思や感情あるいは事実などの情報を伝達することを意味するので、お互いに離れた当事者同士の間で意思や感情、事実などの情報の伝達を行うことが電気通信役務の特徴である。

② 役務の内容が他人の通信の「媒介」であること

電気通信役務は他人の通信の「媒介」であるので、通信は「他人間」で行われるものである必要がある。

「通信の媒介」の意義は、他人の依頼を受けて、符号、音響または影像をその内容を変更することなく伝送、交換し、隔地者間の通信を取次または仲介してそれを完成させることをいうと説明されている[*2]。

このように他人の間に立って情報の伝達を取り次いだり、仲介を行うものである以上、特定された当事者間で情報が伝達されることが前提となってい

▶ ....
*2 事業法逐条解説28頁。

134　▶第3章 電気通信サービスと放送サービス取引

る。情報の伝達先が不特定の場合には「放送」（放送法2条1号）に該当する場合があるが、電気通信役務には該当しない。情報の伝達は特定した当事者間で行われることが必要である[3]。

また、電気通信役務は「他人」の通信の媒介であるので、電気通信サービスを提供する者自身が情報伝達の相手と通信する行為は、そこで行われる通信が「電気通信」（事業法2条1号）に該当するとしても「電気通信役務」には該当しない[4]。

この点は、特定商取引法の適用除外となる役務の該当性判断において重要である。特定商取引法では、同法施行令5条および5条の2により、同施行令「別表第二」の第32項において、「電気通信事業法（昭和59年法律第86号）第2条5号に規定する電気通信事業者が行う同条第4号に規定する役務の提供」が特定商取引法の適用除外とされている。同施行令別表第二の第32項が特定商取引法の適用を除外としているのは、事業法9条の登録を受けた者および同法16条1項の届出をした電気通信事業者が行う「電気通信役務を他人の需要に応ずるために提供する事業」において提供する役務であるので、電気通信サービスを提供する者自身が情報伝達の相手と通信する行為は、そもそも他人間の通信の媒介ではないし、事業法上、登録や届出が必要な電気通信事業にも該当しないので、特定商取引法上、適用除外となっていない役務提供である。

電気通信を利用したこのような役務提供には、ビデオ・オン・デマンドの映像配信サービスがある。ビデオ・オン・デマンドのサービスは特定当事者間の情報通信であるので、放送法の「放送」にも該当しないし、上記のとおり電気通信事業者の提供する電気通信役務にも該当しない。したがって、光回線やケーブルテレビ回線を利用したビデオ・オン・デマンドによる映像配信サービスの取引は、その取引が訪問販売や電話勧誘販売、通信販売等の特定商取引法の規定する取引類型に該当する方法で取引された場合には、同法の適用がある。

---

[3] この特徴は「通信」一般にいえるものであり、通信の秘密の保護（憲法21条2項後段）の必要性が認められる根拠の1つもここにある。
[4] 事業法逐条解説でも、他人と自己の通信も電気通信には含まれるが電気通信役務には含まれないとする（事業法逐条解説27〜28頁）。

イ　媒介する他人の通信は「電気通信」であること

　前記アの意義と特徴をもつ通信の媒介は、「電気通信」を行うための機械、器具、線路その他の電気的設備（電気通信設備）を用いて役務提供が行われるものであり（事業法2条1号・3号）、前述のとおり、「電気通信」とは、(ア)無線、有線その他の電磁的方式によって、(イ)符号、音響または影像を伝えたり、受けたりすることとされている（事業法2条1号）。

　(ア)　無線、有線その他の電磁的方式

　電気通信は、「無線、有線その他の電磁的方式によって」行われる通信であり、「無線」か「有線」は問わず電磁的方式によって行われるものであればこれに該当する。

　「無線」とは、電波のもつ物理的性質を利用して、電波を空間（空中）に放射、伝搬させて通信を行う方式である。

　これに対し「有線」とは、通信する当事者間で相互に端末機器を線条などの導体で接続し、その導体（導線）の中を伝わる電流や電波・光などの電磁波を利用して通信を行う方式である[5]。導体には銅線やアルミニウム、鉄など電気を通す金属の線路を用いるものや、光ファイバーのように、電気ではなく光（レーザー光）を伝える線路を用いるものもある。また、導波管など電磁波を伝える伝導体なども含まれる。導体により通信を行う方式では、同軸ケーブルなどのように電気を通じる線を、直接、通信する者の端末機器に接続する場合に限らず、空間的に離れたコイルの間の電磁誘導作用によって通信を連絡する方法も含まれる[6]。

　これら「無線」や「有線」による通信は、いずれも「電磁的方式」による通信であるが、事業法は「その他の電磁的方式」も電気通信と規定していることから、無線や有線によらない方式も電磁的方式であれば、電気通信に該当する。

　事業法には「電磁的方式」という文言の定義は置かれていないし、わが国の法律において、この文言を一般的に定義している規定は見当たらない。

　したがって、電磁的方式の意義については、解釈に任されているが、他の

---

[5] 有線電気通信法2条1項は、「有線電気通信」とは「送信の場所と受信の場所との間の線条その他の導体を利用して、電磁的方式により」行うものをいうと規定している。
[6] 事業法逐条解説25頁。

▶第3章 電気通信サービスと放送サービス取引

法令ではその法令中に「電磁的方式」についての定義条文を置いているものもある。例えばサイバーセキュリティ基本法（平成26年法律第104号）では、電磁的方式について「電子的方式、磁気的方式その他人の知覚によっては認識することができない方式」との定義が置かれているし（同法2条）、電子計算機を使用して作成する国税関係帳簿書類の保存方法等の特例に関する法律（平成10年法律第25号）でも同様の定義規定がある（同法2条3号）*7。

　このように他の法令の定義も踏まえて考えると、事業法の規定する「電磁的方式」の意義は、電気と磁気それ自体の物理的性質や、電気と磁気の相互作用に係る物理的性質を利用して情報を伝達する方式を広く含むものといえ、電波を利用する通信方法は広く含まれるし、導体に電流や電磁波を流す方式もこれに該当する。例えば鉄道の線路沿いや劇場の客席、コンベンションホールなどの中に交流電流を流す誘導線を張って、その誘導線から発生する交流磁界を車両やイヤフォンガイド等のアンテナで受けて無線通信を行う誘導無線なども、電磁的方式に含まれる。また、静電気や静磁気、電磁誘導作用を利用するものも含まれるし*8、赤外線やレーザー光を用いた空間通信も含まれる。

　なお、電波法（昭和25年法律第131号）では、「電波」とは「300万メガヘルツ以下の周波数の電磁波をいう」と定義されているので（電波法2条1号）、事業法の規定する無線による電気通信も、周波数が300万 MHz（300GHz）以下の電磁波を用いる場合を指すことになる。

　また、有線の電気通信の方式である光回線は、光ファイバーの中にレーザー光を流し、そこに信号を乗せて通信する方式であるが、電波と光の物理的本質は全く同じもの（電磁波）であり、電波は単に周波数が300GHz 以下の電磁

─────────────────────────────

*7 「電磁的方式」との文言を用いている法律には本文中のものも含め、❶サイバーセキュリティ基本法（平成26年法律第104号）、②地理空間情報活用推進基本法（平成19年法律第63号）、③沖縄振興特別措置法（平成14年法律第14号）、④電子署名等に係る地方公共団体情報システム機構の認証業務に関する法律（平成14年法律第153号）、⑤電子署名及び認証業務に関する法律（平成12年法律第102号）、⑥総務省設置法（平成11年法律第91号）、⑦国立研究開発法人情報通信研究機構法（平成11年法律第162号）、❽電子計算機を使用して作成する国税関係帳簿書類の保存方法等の特例に関する法律（平成10年法律第25号）、⑨特定先端大型研究施設の共用の促進に関する法律（平成6年法律第78号）、❿日本国との平和条約に基づき日本の国籍を離脱した者等の出入国管理に関する特例法（平成3年法律第71号）、⑪電気通信事業法（昭和59年法律第86号）、⑫有線電気通信法（昭和28年法律第96号）、❸公証人法（明治41年法律第53号）、⑭民法施行法（明治31年法律第11号）などがある。なお、白抜き黒丸数字の法律は、それらの法律中に「電磁的方式」を定義する規定がある法律である。
*8 事業法逐条解説25頁。

第1節 電気通信サービス　*137*

波をいうのに対し、可視光線のレーザー光の場合は概ね400〜750THz位の周波数の電磁波である。つまり、法律上は、電波とそうではない電磁波は、電波法に基づき周波数の大きさ（300GHz以下か否か）によって区別されているので、300GHz以下の電波を用いる場合は無線通信、それを超える電磁波を用いる場合は、ケーブルの中を伝送する場合は有線通信となり、それ以外の方法（赤外線通信やレーザー通信など）は「その他の電磁的方式」による通信に該当する[9]。

　(イ)　符号、音響または影像を伝え、受けること

　通信役務（サービス）は、情報の伝達のために行われるものであるので、電気通信役務においても単に電磁的方式によって電流や電波や光など電磁的方式それ自体を伝達しても意味がない[10]。

　これら電流あるいは電波、光などに情報を乗せて伝達することが必要であり、事業法はこのような意味で、電磁的方法により情報を符号、音響または影像を伝えるものを電気通信としている。

　ここでいう「符号」は、意思、感情、事実などの情報を通信の相手方が認識できる形、音、光などの組合せにより表現したものであって、通常、文字、数字、記号などに対応して定められるものと説明されている[11]。

　「音響」は、音声や音楽その他の音の意味であり、人間が聴覚で認識できる音波による情報（通常、人が聞くことができるのは20Hzから20kHz位までといわれている）のことである。「影像」は、写真や動画など人の視覚で認識できる情報のことを意味する。

　事業法の定義からすると、音響、影像のように人の聴覚、視覚で認識できるもの以外の情報、例えば、触覚、味覚、臭覚などの情報を伝達するのは事業法の電気通信役務に含まれないのではないかとの疑問も生じる。しかし、ICTの技術の発達により、これらの情報をデジタル化して電磁的方式で伝達し、受信した側でその情報に基づき香り、触感、味覚などを再構成することも可能となっているので、人の五感で認識できるこれらの情報も「符号」に

---

*9 事業法逐条解説25頁参照。
*10 第1章の注16）で説明したとおり、電波や光、電流それ自体のように、情報（信号）を乗せて運ぶものそれ自体は「キャリア」（carrier）とよばれる。また、電気通信事業者のことも「キャリア」とよばれることが多いが、情報（信号）を乗せて運ぶ通信インフラを設置して運営していることからこのような呼び名が付いている。
*11 事業法逐条解説25頁。

138 ▶第3章 電気通信サービスと放送サービス取引

含めて考えられるのではないだろうか*12。

　電気通信役務では、符号、音響または影像を「伝え、又は受けること」が必要であるから、電磁的方式によりお互いにこれらの情報をやりとりするために、当事者の間に立って通信の媒介をすることがその本質である。

　なお、放送法では、「放送」は「公衆によつて直接受信されることを目的とする」事業法2条1号の「電気通信」の送信とされ（放送法2条1号）、電波法では「公衆によつて直接受信されることを目的とする無線通信の送信」と規定されているので（電波法5条4項）、「電気通信」としては概念がほとんど重なるものの、役務の内容としてみると「放送」が情報を一方的に発信することを本質とする点において、現状では電気通信役務（サービス）は異なる概念と整理されている*13。

ウ　電気通信設備を用いて他人の通信を媒介すること

　事業法は、電気通信役務は「電気通信設備」を用いて他人の通信を媒介することとしており、電気通信設備は「電気通信を行うための機械、器具、線路その他の電気的設備」をいうと規定されており（事業法2条2号）、電気通信を行うための一切の物理的な手段を意味し、機械、器具、線路その他の電気的設備が例示されている。

　電磁的方式によって符号、音響または影像という情報を伝達するために用いられる端末機器や器具、電磁的な信号の入出力装置、交換機（局）、搬送装置、無線通信設備（無線局）、電線、光ファイバーケーブルなどの回線設備、これらを管理、運用するためのコンピュータ、通信機器等の電力供給装置等々である。これら電気通信をすることを可能とする機器や資材を相互に結合し、組み合わせて、電気通信をする主体が支配、管理している状態にあるものを意味する*14。

▶┄┄

*12 旧公衆電気通信法に規定されていた電磁的方式による「信号」の伝送と事業法の規定する「符号」の伝送は異なる概念とする議論がある。この点については、詳解〈下巻〉30頁、実務40頁参照。

*13 総務省は「情報を受信者からの要求に応じて送信するもの」は「通信」であり「放送」には該当しないと解しているようである（放送法逐条解説34頁）が、他方、これらの区別は容易ではないとし、総務省の見解のように純粋技術的観点から「個別送信要求」の有無で「放送」と「通信」の概念を区別することへの批判も強い（鈴木ほか『概論』240頁）。

*14 放送法逐条解説27頁。

第1節 電気通信サービス　**139**

2 電気通信事業・電気通信事業者

(1) 電気通信事業

これまで述べてきたとおりの電気通信役務を「他人の需要に応ずるために提供する事業」が「電気通信事業」と規定されている（事業法2条4号）。ただし、放送法118条1項に規定する放送局設備供給役務に係る事業は、事業法2条3号の「電気通信設備を他人の通信の用に供する」事業であるが、電気通信事業からは除かれる（事業法2条4号括弧書き）。

「事業」の意義は、主体的・積極的意思、目的をもって反復継続性を有する行為と解されており[15]、消費者契約法の「事業」（消契法2条1項）よりは狭い概念と考えられる。

また、電気通信事業は、「他人の需要に応ずるために」電気通信役務を提供する行為をいうので（事業法2条4号）、役務の提供者が、自己と他人との間の通信において電気通信を行う場合には、その通信が営業目的であれば「他人の需要に応ずる」ものと解されるが、単に提供者の業務遂行上の通信に付随して行っているに過ぎない場合は、自己の需要に応じているに過ぎず、電気通信事業には該当しない[16]。なお、前者の場合でも他人間の通信の「媒介」ではないので、特定商取引法の適用除外となる電気通信役務の提供には該当しないことは前述したとおりである（1（2）ア②）。

(2) 電気通信事業者

ア 電気通信事業の登録・届出制

事業法は、電気通信事業を営むについては登録制および届出制を採用し、登録または届出をすることなく電気通信事業を営むことは、刑事罰をもって禁止されている（事業法9条・177条、16条・185条）。

これを前提に、事業法は同法9条の登録を受けた者および同法16条の届出をした者を「電気通信事業者」と規定し（事業法2条4号）、電気通信事業者に対し事業法の規定する各種の行政規制を及ぼし、また、民事効（初期契約解除制度：事業法26の3）を規定している[17]。

---

[15] 放送法逐条解説30頁、実務45頁。
[16] 実務45頁。
[17] 電気通信事業は、いくつかの視点から分類、整理が可能であり、①電気通信回路設備の保有の有無、②同設備の規模の大小、③公益事業特権の有無、④基礎的電気通信役務提供（事業法7条）の有無、⑤事業用電気通信設備の有無、⑥競争法上の観点からの非対称規制の有無により分類可能である（実務47頁以下）。

イ　登録電気通信事業者

　電気通信事業者の「登録」は、その事業に使用する設備である電気通信回線設備の規模、区域の範囲が総務省令（以下、電気通信事業法施行規則を「事業法省令」という）の定める「基準」を超える場合に必要となる（事業法9条1号・2号）。

　規定の仕方としては、原則として電気通信事業を営むには「登録」が必要とし、例外的に、有線通信の場合と無線通信の場合に対応して、次の①および②のとおり、電気通信事業者の設置する電気通信回線設備について基準を設け、その基準を超えない場合には「登録」ではなく「届出」をすることで電気通信事業を営むことができると定めている（事業法9条、16条）。

　　①　電気通信回線設備の規模および当該電気通信回線設備を設置する区域の範囲が総務省令で定める基準を超えない場合

　　②　電気通信回線設備が電波法7条2項6号に規定する基幹放送に加えて基幹放送以外の無線通信の送信をする無線局の無線設備である場合（上記①の場合を除く）

　ここでいう「電気通信回線設備」とは、「送信の場所と受信の場所との間を接続する伝送路設備及びこれと一体として設置される交換設備並びにこれらの附属設備をいう」と規定されているが（事業法9条1号）、分かりやすくいうと、電気通信に必要な端末機器に接続される回線などの伝送路と交換機や交換局などの設備のことであり、無線通信の場合は、この他に無線通信の場合の基地局や中継局なども含まれる。

　そして、上記①の場合の基準の内容について、総務省令は次の(ア)かつ(イ)の場合は「届出」でよいこととしているが（事業法省令3条1項）、(ア)または(イ)のいずれかの基準を超える場合は「登録」が必要である。

　　(ア)　端末系伝送路設備が1つの市（特別）区町村の区域を超えない場合

　　(イ)　中継系伝送路設備（端末系伝送路設備以外の伝送路設備）の設置区間が1つの都道府県の区域を超えない場合

　端末系伝送路設備は、端末設備（電話機などの通信機器）または自営電気通信設備（利用者など電気通信事業者以外の者が設置する端末設備以外の電気通信設備〔例えば屋内配線など〕）と接続される伝送路設備を意味し、(ア)は利用者（回線契約者）の自宅・会社等と交換局（電話局）との間の電話線などの回線設備

のことであり、(イ)は交換局相互間を接続する回線設備のことである。したがって、利用者と交換局間の回線設備が市区町村を跨いでいる場合や交換局間の回線設備が都道府県を跨ぐ場合には「届出」でなく「登録」が必要である。

(3) 届出電気通信事業者

「登録」により行うべきもの以外の電気通信事業を営む場合は、総務大臣への「届出」が必要である（事業法16条）。

伝送路設備が上記(2)イ(ア)および(イ)の基準のいずれにも該当する場合である事業者や、伝送路設備を保有しないで電気通信役務の提供を行う事業者は、届出により電気通信事業を行うことができる。

インターネットサービスプロバイダー（ISP）や付加価値通信網（VAN）の提供事業者、株価や為替などの情報サービス提供業者、会社や住居に警備機器を設置して機械警備を行う警備保障会社などが届出電気通信事業者に該当する場合が多い。最近はあまり見受けられないが、「ツーショットダイヤル」の運営業者も届出が必要な電気通信事業者である。

3 電気通信役務（サービス）の種類

(1) 電気通信役務の種類

事業法が対象として想定する電気通信役務の種類には、次のとおりのものがある*18。

① 加入電話

② 総合デジタル通信サービス（ISDN）（中継電話または公衆電話であるものおよび国際総合デジタル通信サービスを除く）

③ 中継電話（国際電話等であるものを除く）

加入電話の通話で、回線契約を締結している加入電話会社とは別の電話会社の電話回線を中継回線として利用する電話サービスである。

④ 国際電話等（国際電話、国際総合デジタル通信サービス）

⑤ 公衆電話

⑥ 携帯電話

⑦ PHS

⑧ IP電話

▶ ....

*18 総務省の定める電気通信事業の申請・届出書類の様式「第4」参照（http://www.soumu.go.jp/main_content/000419763.pdf）（http://www.soumu.go.jp/main_content/000419708.pdf）。

⑨　衛星移動通信サービス

⑩　FMC サービス

　FMC（Fixed Mobile Convergence）サービスとは、移動体通信と有線通信を融合した通信サービスの提供を意味し、携帯電話を自宅や会社の中では固定電話の子機として使えるような通信サービスの形態である。

⑪　インターネット接続サービス

⑫　FTTH アクセスサービス

⑬　DSL アクセスサービス

⑭　FWA アクセスサービス

⑮　CATV アクセスサービス

⑯　携帯電話・PHS アクセスサービス

⑰　第3.9世代、第 4 世代携帯電話アクセスサービス

⑱　フレームリレーサービス

　パケット通信で、誤り訂正の再送制御を簡略化して通信を行うことで通信速度の高速化を図った方式による通信サービスである。

⑲　ATM 交換サービス

　ATM は、非同期転送モード（アシンクロナス　トランスファー　モード：Asynchronous Transfer Mode）の略であり、既存の一般の電話網による回線交換方式とパケット方式両方の長所を取り入れた通信規格によりデータ通信を行うサービスである。

⑳　公衆無線 LAN アクセスサービス

㉑　BWA アクセスサービス

㉒　IP-VPN サービス

㉓　広域イーサネットサービス

㉔　衛星アクセスサービス

㉕　専用役務（国内電気通信役務・国際電気通信役務であるもの）

㉖　上記①から㉕までに掲げる電気通信役務を利用した付加価値サービス

㉗　インターネット関連サービス（IP 電話を除く）

㉘　仮想移動電気通信サービス（携帯電話に係るもの、PHS に係るもの、

BWA アクセスサービスに係るもの）

㉙　ドメイン名電気通信役務

㉚　電報

㉛　上記①から㉚までに掲げる電気通信役務以外の電気通信役務

（2）消費者保護に係る事業法の規定の適用がある電気通信役務（サービス）

　2015（平成27）年の事業法改正により、消費者保護のルールが整備されたが、これに伴い事業法の規制のうち消費者保護のための規定の適用対象を画するために、上記**（1）**の役務のうち同法に基づく説明義務の対象となる電気通信役務について、事業法26条および告示をもって次のとおり規定している（平成28年総務省告示第106号）。

ア　移動電気通信サービス（プリペイドのものは除く）（告示第106号2項）

①　仮想移動電気通信サービス（MVNO）以外の携帯電話端末サービスの役務

②　MVNO 以外の無線インターネット専用サービスの役務

③　MVNO である無線インターネット専用サービスの役務であって、その提供に関する契約に、その変更または解除をすることができる期間の制限およびそれに反した場合の違約金（その額がその利用の程度にかかわらず支払いを要する1ヶ月当たりの料金〔付加的な機能の提供に係るものを除く〕の額を超えるものに限る）の定めがあるもの（期間拘束付き契約であって契約期間中の解除・解約時の違約金が1ヶ月分の料金を超えるもの）

イ　固定電気通信サービス（プリペイドのものは除く）（告示第106号3項）

①　光回線（FTTH）サービス（そのすべての区間に光信号伝送用の端末系伝送路設備を用いてインターネットへの接続点までの間の通信を媒介する役務〔共同住宅等内に VDSL 設備その他の電気通信設備を用いるものを含む〕）

②　ケーブルテレビ（CATV）（有線テレビジョン放送施設〔放送法2条3号に規定する一般放送のうち、同条18号に規定するテレビジョン放送を行うための有線電気通信設備［再放送を行うための受信空中線その他放送の受信に必要な設備を含む］およびこれに接続される受信設備をいう〕）の線路と同一の線路を使用する電気通信設備を用いてインターネットへの

接続点までの間の通信を媒介する役務（光回線のものを除く）

③　光回線または CATV の回線を用いて提供されるインターネット接続サービスの役務

④　DSL アクセスサービス（アナログ信号伝送用の端末系伝送路設備にデジタル加入者回線アクセス多重化装置〔モデム〕を接続してインターネットへの接続点までの間の通信を媒介する役務：告示第106号 4 項 2 号）で提供されるインターネット接続サービスの役務であって、その利用者がその契約を解除する場合において当該 DSL アクセスサービスの提供に関する契約の解除をしないことができるもの（回線サービスとインターネット接続サービスが分離している形態のもの：分離型）

ウ　その他の電気通信サービス（告示第106号 4 項）

①　電話（アナログ電話用設備〔事業用電気通信設備規則 3 条 2 項 3 号に規定するものをいう〕を用いて提供する音声伝送役務に限る）および ISDN の役務

②　DSL アクセスサービス

③　PHS 端末サービスの役務

④　無線端末系伝送路設備（その一端が移動端末設備と接続されるものに限る）または電気通信事業の用に供する端末設備（移動端末設備との通信を行うものに限る）を用いてインターネットへの接続点までの間の通信を媒介する役務（携帯電話端末サービス、無線インターネット専用サービスおよび PHS 端末サービスの役務を除く）

⑤　その全部または一部が無線設備（固定して使用される無線局に係るものに限る。以下この号において同じ）により構成される端末系伝送路設備（その一部が無線設備により構成される場合は利用者の電気通信設備〔電気通信事業者が設置する電気通信設備であって、共同住宅等内に設置されるものを含む〕と接続される一端が無線であるものに限る）を用いてインターネットへの接続点までの間の通信を媒介する役務

⑥　端末系伝送路設備においてインターネットプロトコルを用いて音声伝送を行うことにより提供する電話の役務（IP 電話）

⑦　アの①から③（告示第106号 2 項各号）の役務であってプリペイドのもの

⑧　アの①から③のほか、告示第106号 2 項 3 号の役務（MVNO である無線インターネット専用サービスの役務）以外の仮想移動電気通信サービスの役務

⑨　アの①から③、イの③と④ならびにウの③、⑦および⑧に掲げる役務以外のインターネット接続サービスの役務

（3）MNO、MVNO および MVNE

電気通信役務の種類からも分かるとおり、電気通信役務は電気通信事業者自身が電気通信設備を保有していない場合でも、電気通信事業を営むことが可能である。

電気通信設備を保有しているか否か、あるいはその管理・運用にどのように関与しているかによって、「MNO」、「MVNO」および「MVNE」との略称でよばれる事業者の区別がある。

MNO、MVNO および MVNE については、法令等でその意義を規定したものはないが、総務省の策定した「MVNO に係る電気通信事業法及び電波法の適用関係に関するガイドライン」では、以下のとおり説明されている[19]。

ア　MNO（Mobile Network Operator）

MNO とは、電気通信役務としての移動通信サービスを提供する電気通信事業を営む者であって、当該移動通信サービスに係る無線局を自ら開設する者であったり、開設された無線局に係る免許人等の地位の承継した者またはこれを運用している者をいう。

イ　MVNO（Mobile Virtual Network Operator）

これに対し、MVNO（仮想移動電気通信サービス）とは、ⓐMNO の提供する移動通信サービスを利用して、または MNO と接続して、移動通信サービスを提供する電気通信事業者であって、ⓑ当該移動通信サービスに係る無線局を自ら開設しておらず、かつ、運用をしていない者をいう。

ウ　MVNE（Mobile Virtual Network Enabler）

また、MVNE とは、MVNO との契約に基づき当該 MVNO の事業の構築を支援する事業を営む者（当該事業に係る無線局を自ら開設・運用している者は除かれる）と説明されている。

▶
＊19 http://www.soumu.go.jp/main_content/000405635.pdf

MVNEの事業内容は、事業者やその業務の遂行の仕方や内容に応じて異なり、必ずしも確定していないので、その業務の内容を正確に確定できないが、通常、次の2つの形態が想定されている。
　㈦　MVNOの課金システムの構築・運用、MVNOの代理人として行うMNOとの交渉や端末調達、MVNOに対するコンサルティング業務などを行う場合であって、自らが電気通信役務を提供しない場合
　㈣　自ら事業用電気通信設備を設置し、1つまたは複数のMVNOに卸電気通信役務を提供する等の場合
　なお、㈣の場合、MVNEの業務は電気通信事業に該当し、事業法の適用を受けるので、その業務を行うには事業法に定める登録や届出が必要と解される。
　MNOとMVNOおよびMVNEの関係については、上記のガイドラインでは【図表7】のとおり図示されている。

【 図表7 】　MNO、MVNOおよびMVNEの概念図

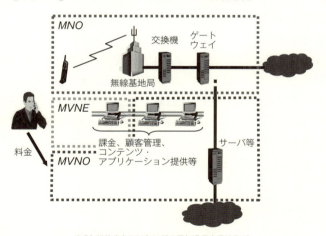

出典）総務省（MVNOに係る電気通信事業法及び電波法の適用関係に関するガイドライン）

第1節　電気通信サービス　**147**

（4）消費者が利用する電気通信サービスの種類

　消費者が通常使用する電気通信役務（サービス）を、主に用途からみて、「通話」に利用するものと「情報通信」に利用するものに分けて整理すると、【図表8】のとおりである[20]。

　なお、ISPのサービスはインターネット網への接続サービスであるため、接続のためのキャリアの種別という視点からは、この図のいずれの場合にもインターネット網への接続が可能である。具体的にいうと、携帯電話によるインターネット接続の場合には、携帯電話の通話のための無線通信ネットワークをインターネット網に接続するために提供しているものである。また、固定電話の場合も、電話回線に音声モデムを接続すれば、インターネットへの接続サービスを提供することができるので、技術的には通話、データ通信の区別に関係なく、インターネット接続サービスを行うことが可能であり、技術面からは通話と情報通信サービスを区別するのは意味がない。

第2節　放送サービス
1　放送サービス
（1）放送法の定義

　放送法は、「放送」とは「公衆によって直接受信されることを目的とする電気通信（電気通信事業法（昭和59年法律第86号）第2条第1号に規定する電気通信をいう。）の送信（他人の電気通信設備（同条第2号に規定する電気通信設備をいう。以下同じ。）を用いて行われるものを含む。）をいう」と定義し、事業法2条2号に規定する他人の電気通信設備を用いて送信が行われるものも「放送」に含まれるとしている（放送法2条1号）。

▶

＊20　「Wi-Fi」は、業界団体である「Wi-Fi Alliance」が発行している標準規格のブランド名であり、無線LAN機器がアメリカ合衆国に本部をもつ電気・電子技術の学会である「Institute of Electrical and Electronic」（IEEE）の標準規格の「IEEE 802.11」シリーズに準拠していることを示すものである。Wi-Fiの広域版ともいえるのがモバイルWiMAX（Worldwide Interoperability for Microwave Access）であり、「WiMAX」は、IEEEの標準委員会（IEEE-SA）が、標準化仕様として正式に承認したブロードバンド無線規格（IEEE 802.16-2004）のことである。「加入者系ブロードバンド」「都市型無線ブロードバンド」、「Air Interface for Fixed Broadband Wireless Access Systems」、「Wireless MAN」あるいは「固定ブロードバンド無線接続システム（BWA）用のエア・インターフェイス」などともよばれる。「Wi-Gig」は、ミリ波に属する60GHz帯を使用する無線通信の規格であり、理論値では7Gbpsという超高速の転送速度の実現が可能である。Intel、Microsoft等により結成された「Wireless Gigabit Alliance」（WiGig Alliance）よってWi-Fiと同様にWi-Gigという標準規格に準拠した製品として認定された通信機器を意味する。

【図表 8 】 電気通信サービスの種類

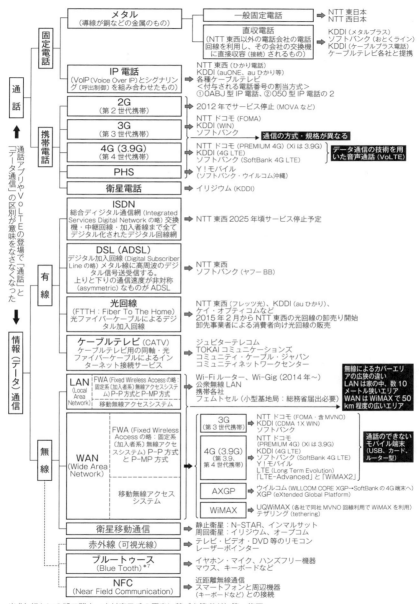

出典）都センの樋口雅人・木村嘉子氏の原案に基づき筆者が加筆・修正

第 2 節 放送サービス

前者の放送の定義は、自ら電気通信の送信に必要な電気通信設備を設置して行う場合を想定し、後者の定義は、他者が設置する電気通信設備を借り受ける等して利用する方法で電気通信の送信をする場合を前提にした定義である。放送事業者の放送の全部について他者の電気通信設備を利用する場合に限らず、その一部を利用する場合も含むし、また、他者の電気通信設備自体を自ら利用する場合のみならず、他の電気通信事業者や放送事業者の電気通信役務を利用する場合も「他人の電気通信設備を用いて送信が行われるもの」に含まれると考えられる。

　2010（平成22）年の放送法改正において、通信と放送の一定の融合と整理が図られ、改正前の放送法では「放送」には含まれず、別途、「電気通信役務利用放送法」によって規律していた「電気通信役務利用放送」を放送法の適用対象に統合し、これも「放送」の定義に含めるため「他人の電気通信設備を用いて送信が行われるもの」も放送の定義に加えられたものである。この点は、前述した（**第1章第1節3参照**）。

　放送法の「放送」の定義にある「直接」受信されるとは、情報の送信者と受信者との間に第三者が介在せずに[21]、情報が送信者から受信者に伝送されることを意味し、また、「公衆によって」受信されるとは、不特定多数の者に情報が送信されることを意味する[22]。

　事業法の「電気通信」には、有線の場合と無線（電波）を用いる場合が含まれるので、放送法の「放送」における電気通信の送信の方式においても、無線に限らず有線による場合も含まれる。

　有線放送は、テレビやパソコン等で視聴できる影像や音声、楽曲を同軸ケーブルや光ファイバーなどの線路の中を伝送して配信するCATVや有線放送のサービスがこれに当たる。無線（電波）を用いた放送は、中波帯および短波帯を用いるAMラジオ、超短波帯を使うFMラジオの放送は、いずれも電波を利用して音声情報を送信するものであるし、地デジのテレビ放送や衛星テ

＊21　放送法逐条解説34頁では、「第三者」の意義を「チャンネルの確保、情報の取捨選択、情報の編集等を行う（又はそれを行いうる）者をいい、放送事業者が伝送路の一部を電気通信事業者から調達するとしても、当該電気通信事業者は、単に媒介しているに過ぎず、第三者に該当しない」とされている。旧放送法の「再送信」が現行放送法では「再放送」と規定され「放送」に含まれると整理するためにはこう考える必要があろうが、そうすると「放送」と「通信」の区別がさらに曖昧になるように思われる。
＊22　放送法逐条解説33、34頁、鈴木ほか『概論』88頁。

レビ放送は、画像、影像および音声を極超短波帯の電波を用いて、地上の放送局（無線局）や宇宙空間に打ち上げられた放送衛星や通信衛星から発射される電波を用いて送信するものである。

有線放送の場合、放送に利用される電気通信設備を設置する者が有線電気通信法の規律（電気通信設備の届出・技術基準の適合義務：同法2条・3条・5条など）に服するものの、これらの設備を使用して行う役務提供それ自体は「放送」であり、事業法の適用は受けない。

これに対し、無線による（電波を用いた）放送では、無線設備（符号や音声その他の音響を送るための電気的設備：電波法2条2号から4号）を用いて電波を送信することになるため、電波を送信する行為自体について、放送法とは別に電波法の規制を受けることになる。

既述のとおり、電波法では、300万MHz以下の電磁波を「電波」と定義し（電波法2条1号）、電波を発信する無線設備および無線設備の操作を行う者の総体である「無線局」（同条5号）を開設しようとする者は、総務大臣から無線局の免許を受ける必要がある（電波法4条1項柱書）。また、無線局の無線設備の操作またはその監督を行うには総務大臣の免許を受けた無線従事者（電波法2条6号）でないと行うことができないものとされている（電波法39条）。

放送法は、電波法のこのような規制も踏まえて、放送法の適用対象である「放送」の種類と内容を区分して規定している（後述の2参照）。

(2) 役務提供としての「放送」の意義と特徴

「放送」も電気通信による情報の送信である点では、事業法の電気通信と重なる概念であるが、既述のとおり、電気通信役務が「他人の需要に応じて」電気通信の「媒介」を行うのに対し、放送は情報を「送信」する行為であり、①情報を送信する相手方が送信に際して特定している必要はない点、および、②電気通信により情報を相手方に必ず届けることが役務の本質的な要素ではない点（つまり、放送してもその情報を受信しない者がいる点）に特徴がある。

有料放送の場合は、放送による情報（コンテンツ）を受信者（視聴者）が視聴し得る状態に置くことが求められ、そのような役務提供に対して対価（受信料・放送料）が支払われる関係にあり、送信された情報を視聴し得る状況に置くことが契約の内容となっている。しかし、この場合も、送信された情報

第2節 放送サービス　*151*

を視聴者に到達させること（視聴可能な状態に置くこと）は契約に基づく義務とみるべきであり、「放送」というものそれ自体の本質的な要素ではないと考えられる[*23]。

このような意味で、放送役務（サービス）と電気通信役務（サービス）の概念の相違を簡略化して図示すると、【図表9】のとおりである。この概念図から分かるとおり、インターネットを用いた通信においては、情報の送信に際し、インターネットの通信プロトコル上「個別送信要求」が必要である点を除くと、ある送信者から他の受信者への情報の送信という観点から「放送」と「通信」の区別をすることは難しい。このような意味で、現実には「通信」と「放送」の融合が進展しているといえるし、また、これらの現実を踏まえると、法制度として「通信」と「放送」の概念を区別することも難しくなっているといえる[*24]。

【 図表9 】　放送・通信の概念図

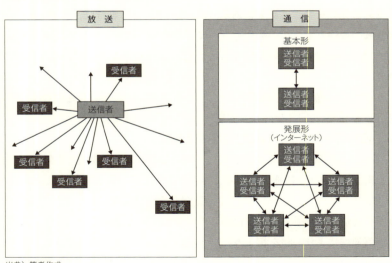

出典）筆者作成

*23 基幹放送については放送法により「その基幹放送局を用いて行われる基幹放送に係る放送対象地域において、当該基幹放送があまねく受信できるように努めるものとする」（放送法92条）とされ、NHKについてはこの「あまねく規定」は義務規定となっているが（放送法15条、20条5項）、これは「放送」それ自体の本質的要素ではなく、政策目的上の要請である。
*24 鈴木ほか『概論』88、240、248頁。放送法逐条解説34頁。

2 放送サービスの種類

（1）受信者（消費者）からみた放送の種別

ア 無線放送と有線放送

放送を受信する消費者（視聴者）の観点からみると、「放送」には電波を用いた「無線」の放送と電気通信のための伝導体や線条を用いた回線設備による「有線」の放送の種別がある。無線の放送を受信するには、アンテナを内蔵する受信機（AM や FM ラジオなど）は別にして、例えば地デジのテレビ放送を視聴するには電波を受信できるアンテナが必要になるのに対し、有線の場合には視聴者の自宅（自室）に放送が受信できる通信回線を引き込み、視聴のための端末機器に回線を接続する必要がある[*25]。

イ 有料放送と無料放送

放送を視聴するのに視聴者（消費者）が対価の支払いを要するか否かという点からは、「有料放送」と「無料放送」という種別に分かれる。

有料放送は、放送事業者と視聴者（消費者）との間の契約に基づいて放送役務が提供され、これに対し視聴者が対価の支払義務を負う関係にあるが、無料放送の場合、放送事業者と視聴者（消費者）との間に契約関係を観念することは難しい。

衛星放送事業者が新規の契約者を獲得するために、一定期間に無料放送を実施するような場合には、視聴者（消費者）の対価の支払義務をその期間は免除する条件が付された契約関係を観念することも可能かもしれないが、スポンサーの支払う広告料をもって放送事業の遂行に必要な費用を賄い、視聴者からは放送役務の対価の徴収はしないという現在の民放のラジオ、地デジのテレビ放送のビジネスモデルを前提にする限り、放送役務の提供について放送事業者と視聴者（消費者）との間に放送役務の提供に係る契約関係があるとは考えられないのではないだろうか。

（2）無線（電波）による放送

無線による放送には、大きく分けると、①地上波の放送と、②衛星放送の種別がある。

▶
*25 総務省の資料（http://www.soumu.go.jp/main_content/000384300.pdf）によれば、2015年3月末でわが国の CATV 加入世帯は約2,918万世帯であり、これら世帯の多くでは地デジの再放送の視聴が可能であるので、現実には、自分でアンテナを立てて視聴する世帯は減少している。

第2節 放送サービス　*153*

ア　地上波放送

地上波による放送には、テレビ、ラジオの放送とスマートフォンや携帯電話などの移動無線端末で視聴できる携帯端末向けマルチメディア放送がある。

地上波による放送の代表例は、テレビでは NHK や民放各局が放送する地デジがあり、AM のラジオでは NHK のラジオ第一、第二放送や民放各局のラジオ放送、FM では NHK や民放の FM ラジオ放送があるが、これ以外に FM では比較的狭い地域で放送されるコミュニティ放送もある。地上波のラジオ放送には海外向けの国際放送（NHK ワールド・ラジオ日本）もある。

イ　衛星放送

衛星放送には、まず、放送に特化した人工衛星として東経110度の静止軌道に打ち上げられている放送衛星（BS：Broadcast Satellite）を利用する「BS 放送」と、放送に限らず通信用の人工衛星として打ち上げられている通信衛星（CS：Communication Satellite）を利用する「CS 放送」がある。CS は通信目的で静止軌道上に打ち上げられている衛星であるが、衛星の通信機能を用いてコンテンツを送信することで放送に利用されている。

衛星放送では、放送に使用する衛星の種別（BS、CS）による違いのほか、打ち上げられている静止軌道の違いから、東経110度、124度および128度 CS の区別がある[26]。この区別は、後述する放送事業者の法的な種別（基幹放送事業者か否か）に関係している。

BS 放送には、NHK の「BS1」「BS プレミアム」、民放の無料の BS 放送（スポンサーによる広告料ベースの無料放送）があり、無料の衛星放送には地上波における各放送局の系列ネットワークに対応して、BS 日テレ、BS-TBS、BS フジ、BS 朝日、BS ジャパンの各放送のほか、日本 BS 放送などがある。また、有料の民放 BS 放送もあり、WOWOW、スターチャンネル、ディズニーチャンネル、FOX などがその例である。

---

[26] 当初、CS は東経124度と128度の軌道上の静止衛星であり、CS 放送を受信するには東経110度上の BS 衛星の受信用チューナー（受信機）やアンテナとは別のアンテナやチューナーが必要であった。しかし、2002年に東経110度の軌道上に打ち上げられた CS の運用が開始され、BS 用のアンテナおよびチューナー（受信機）で BS と CS の両方の受信が可能となっている。東経110度の軌道上の CS が、放送法上の基幹放送と位置付けられているのは、このような経緯も背景にしている。なお、BS と CS では国際電気通信連合（ITU）により国際的に割り当てられる周波数が異なり、また、衛星を打ち上げる際における軌道位置（経度）や使用する周波数について関係国との調整の容易についても相違がある。

154　▶第3章 電気通信サービスと放送サービス取引

（3）有線放送

　有線による放送には、ケーブルテレビ放送（CATV）と電気通信役務の提供に利用される回線を利用して行う放送（前述した「電気通信役務利用放送」に相当）および有線ラジオ放送がある[*27]。

　NTT や KDDI などの光回線を利用して、インターネットと同様の通信方式（IP〔Internet Protocol〕方式）を利用して映像配信を行う事業者の放送が該当する。NTT 系列の株式会社 NTT ぷららの提供する「ひかり TV」や KDDI の「au ひかりテレビサービス」など電気通信事業者やその系列会社が提供する動画配信サービスや、株式会社 U-NEXT が提供する「U-NEXT」などの動画配信サービスがその例である。

　これに対し、インターネットなどのオープンネットワーク上で動画配信するサービス（YouTube、ニコニコ動画、GYAO！、Netflix など）は、政府（総務省）の見解では、情報の送信に際し「個別送信要求」が必要であることから「放送」には該当せず、「通信」と整理されているので、放送法の適用は受けないこととされている。

3　放送事業・放送事業者

（1）基幹放送・一般放送

　放送法は、「放送」を「基幹放送」と「一般放送」という2つの種類に区分して、放送法の規制対象としている。

　「基幹放送」とは、電波法の規定により放送をする無線局に専らまたは優先的に割り当てられるものとされた周波数の電波を使用する放送をいい（放送法2条2号）、基幹放送以外の放送を「一般放送」と定義している（同条3号）。

（2）基幹放送

　基幹放送には、①人工衛星の放送局を用いて行われる「衛星基幹放送」（放送法2条13号）、②自動車その他の陸上を移動するものに設置して使用し、ま

[*27] ケーブルテレビ放送には、RF（Raidio Frequency）方式と IP 方式（IP マルチキャスト方式）がある。前者は、ケーブルの中を流れる高周波電流や光を変調して伝送する方式であり、後者はインターネットの通信プロトコル（TPC/IP）を用いて伝送する方式である。RF 方式は、同じケーブルの中を流れるインターネットや電話などの他の通信のために使われる帯域を圧迫しないので、ケーブルテレビで多用されている。ケーブルテレビの現状については、総務省情報流通行政局地域放送推進室「ケーブルテレビの現状」（http://www.soumu.go.jp/main_sosiki/joho_tsusin/pdf/catv_genjyou.pdf）参照。IP 方式はビデオ・オン・デマンド（VOD）など双方向の通信が可能であるが、「セットトップボックス」とよばれる端末機器が必要である。

第2節 放送サービス　**155**

たは携帯して使用するための受信設備により受信されることを目的とする基幹放送であって衛星基幹放送以外のものである「移動受信用地上基幹放送」（同条14号）、そして、③上記の①または②以外の基幹放送である「地上基幹放送」の３つがある（同条15号）。

　基幹放送の要素である、放送をする無線局に「専ら又は優先的に割り当てられるものとされた周波数の電波を使用する」放送とは、電波法26条２項５号イに規定する周波数（基幹放送用割当可能周波数）を使用する放送のことである。具体的には総務大臣が作成する「周波数割当計画」において「放送事業用」の無線局に割り当てられた周波数の電波を用いる放送が「専ら」割り当てられた周波数を使用するものであり、「電気通信業務用」の無線局に割り当てられた周波数の電波を用いて行う放送が「優先的」に割り当てられた周波数を使用する放送（具体的には110度 SC 放送）である[28]。総務大臣が基幹放送用割当可能周波数その他の事情を踏まえて定める「基幹放送普及計画」（放送法91条）において基幹放送に該当するものが具体的に定められている。

（3）一般放送

　一般放送は基幹放送以外の放送であるので（放送法２条３号）、地上基幹放送、衛星基幹放送および移動受信用地上基幹放送以外の「放送」は、すべて一般放送に含まれる。

　具体的には、無線放送では衛星放送である124度 CS および128度 CS 放送がこれに該当し、CATV（有線テレビジョン放送）、有線ラジオ放送や電気通信役務利用放送の有線放送がこれに該当する。

（4）認定・登録・届出

　放送法は、以上の区分を前提にして、基幹放送を業として行うには、総務大臣の「認定」を得る必要があり（放送法93条）、一般放送を業として行うには、その放送の形態や規模等を踏まえて「登録」が必要な業務と「届出」で足りる放送業務に分けて、それぞれ放送業務を行うには登録または届出が必要としている（放送法126条・133条）。

　「登録」が必要な一般放送業務は、優先的に放送に割り当てられていない電波を用いる通信衛星を利用する無線の放送（衛星一般放送：110度 CS 以外の

▶ ┄┄┄

[28] 鈴木ほか『概論』194頁。

124度 CS および128度 CS 放送）および受信者（受信端子）が501以上の有線放送
であり（有線一般放送：放送法126条、放送法施行規則133条 1 項：以下、同規則を
「放送法省令」とする）、「届出」で足りるとされているのは、受信端子が500以
下の有線放送である（放送法133条）。

（5）特定地上基幹放送事業者

　他方、基幹放送については、電波法の規定により自己の地上基幹放送の業
務に用いる放送局（特定地上基幹放送局）の免許を受けた者（特定地上基幹放送
事業者：放送法 2 条22号）は、放送法に基づく「認定」を受けることなく、基
幹放送事業を営むことが可能である（放送法93条 1 項本文）。

　以上述べてきた放送法が規定する、放送事業と放送事業者の概要をまとめ
ると【図表10】のとおりである。

【 図表10 】　放送事業・放送事業者の概要

名称	意 義	開業規制	伝送方式	放送事業の種別		放送局の管理・運営		電波法の免許
基幹放送	電波法の規定により放送をする無線局に専らまたは優先的に割り当てられるものとされた周波数の電波を使用する放送（放送法 2 条 2 号）	電波法の規定により自己の地上基幹放送の業務に用いる放送局免許（特定地上基幹放送事業者）	認定	無線	地上基幹放送	地上ラジオ（AM、FM〔コミュニティ放送含む〕、短波）	特定地上基幹放送事業者（自己の地上基幹放送の業務に用いる放送局）	基幹放送局提供事業者	放送局免許
					地上テレビ			
					衛星基幹放送	BS、110度 CS		
					移動受信用地上基幹放送	V-high・V-low マルチメディア放送		
一般放送	基幹放送以外の放送（放送法 2 条 3 号）	登 録	無線	衛星一般放送	110度 CS 以外の衛星放送（124度・128度 CS 放送）	電気通信事業者	無線局免許
			有線	501端子以上の CATV	有線テレビジョン放送、電気通信役務利用放送	—	—
		届 出	有線	500端子以下の CATV	同上	—	—

出典）筆者作成

　平成22年の改正以前の放送法では、無線によるもののみを「放送」と規定
しており、電波法による放送局の免許を受けた事業者が同時に放送事業者に

第 2 節 放送サービス　*157*

該当するという制度（ハードとソフトの一致）が採用されていた。

　ところが、平成22年の放送法改正では、番組などのコンテンツの制作、編成（ソフト）と制作、編成されたコンテンツを電気通信の方法によって送信する業務（ハード）を区別して、それぞれの特徴・特質に対応した法的枠組みによって規制する方法（ハードとソフトの分離）を基本的方針とすべく法改正が目指された。

　そのため、放送の種別や放送業務を行う主体の種別に関しては、公衆に送信する放送番組の制作、編成に責任をもつ放送事業者とこのようなコンテンツを電気通信の方法によって送信する業務の管理・運営に責任を負う事業者（放送局提供事業者）を区別して規定し、規制枠組みもその区分に合わせて規定することとされた。

　しかし、旧放送法の枠組みを大幅に変更することについて反対する意見も強く、電波法に基づき放送局の免許を受けた事業者が併せて放送のコンテンツ（番組）制作、編成についても責任を負う制度（ハードとソフトの一致）もかなりの部分が残された[*29]。

　そのため、特定地上基幹放送局の免許を受けた特定地上基幹放送事業者（従前からの民放キー局はほとんどがこれに該当する）については、旧放送法の枠組みのまま放送法上も基幹放送事業者として取り扱われることとなっている。

第3節　電気通信・放送サービスの販売方法

1　販売方法

（1）販売方法（取引類型）の種類

　消費者取引としてみた場合、電気通信サービスや放送サービスの販売方法（「取引類型」ということもできる）には、取引が行われる場所や取引誘引の手段、方法の違いにより、概ね、店舗販売、電話勧誘販売、通信販売、訪問販売の4種類がある。

　これらの販売方法（取引類型）の相違は、取引行為としてみた場合の電気通信サービスや放送サービスの販売にいかなる法律（特商法や景表法等）が適用されるのか否か等についての違いを生む。

▶
*29　鈴木ほか『概論』86、93、140〜142頁。

(2) 店舗販売

キャリアのショップや代理店や取次店の店頭で、電気通信サービスや放送サービスの契約の申込みが受け付けられたり、契約が締結される方法で取引がなされる場合である。

店舗の経営主体の種別に応じ、電気通信サービスや放送サービスの提供事業者（電気通信事業者・放送事業者）が自ら経営する店舗での販売、その代理店や取次店での販売があるが、大多数が代理店、取次店での販売である。携帯キャリアの場合、直営店での販売は全体からすると少ない。

また、音声通話が可能な携帯電話やスマホのサービスでは、携帯電話不正利用防止法の適用があるので、店舗販売が大部分を占めている。

(3) 電話勧誘販売

サービス提供事業者やその代理店、取次店から消費者に電話をかけて、電気通信サービスや放送サービスの申込みを勧誘して、その申込みや契約締結をする方法で取引がなされる場合である。

電話勧誘販売は、光回線（FTTH）サービスの取引に多く、また、電話勧誘に関する消費者の苦情も光回線サービスの勧誘が多くなっている。

(4) 通信販売

インターネット、テレビ・ラジオ放送などで、電気通信サービスや放送サービスの宣伝・広告をし、これを見た消費者からインターネットや電話、郵送等の通信手段で契約の申込みを受け付けてサービスの取引を行う方法である。

固定系の通信サービスでは光回線サービス、移動系の通信サービスでは携帯電話不正利用防止法の適用がない無線ルーターによる情報通信サービスなどが、通信販売によるものが多くなっている。また、放送サービスでは、衛星放送、ケーブルテレビサービスともにインターネットやテレビ等のコマーシャルにより消費者から申込みを受け付けて放送サービスの提供契約が行われるものが多い。

(5) 訪問販売

消費者の自宅や勤務先等を電気通信事業者や放送事業者、その代理店、取次店の従業員（営業社員）が訪問して、電気通信サービスや放送サービスの勧誘を行い、これらの契約の申込みや契約を締結して行う取引の場合である。

上記のとおり、携帯電話やスマホによる音声通話が可能な通話サービスは、

携帯電話不正利用防止法の規制があるので、本人確認手続を履践する必要上、訪問による取引は困難な場合もあるので、訪問販売でこれらサービス提供の取引が行われることはそれほど多くはないが、その他の電気通信サービスの取引（光回線、無線ルーター等）や有料放送サービスの取引では、訪問販売の形態のものも少なくない。

2　販売主体の種別と販売構造

（1）販売主体の種別と構造

　電気通信サービスや放送サービスでは、販売方法による上記のとおりの種類に整理できるが、このほかに販売業務に従事する営業主体の地位や役割、その相互関係や階層性などから、①キャリアの直営店、代理店および取次店の別、②専売店と併売店の別という種別に分類することができる。

（2）キャリアの直営店と代理店および取次店

　消費者との間の通信サービスや放送サービス取引の勧誘を行う主体が、電気通信事業者自身であったり、放送事業者自身である場合（キャリアが直接消費者に対する営業活動を行い取引を勧誘する場合）が、キャリアの直営店による取引の場合である。

　例えば、電気通信サービスにおける店舗販売では「ドコモショップ」「auショップ」「ソフトバンクショップ」とよばれている店舗のうち、キャリアが自ら経営している店舗が「直営店」であるが、その数はそれほど多くはない[30]。「ドコモショップ」「auショップ」「ソフトバンクショップ」などの名称は、通常、次に述べる「専売店」を意味する名称であることが多いが、「専売店」であってもキャリアが直接経営している店舗は多くはなく、その多くは代理店である。

　代理店は、キャリアと代理店契約を締結している事業者（代理店業者）が経営する営業店舗である。代理店業者はキャリアから「代理店（販売店）コード」が付与され、キャリアから顧客管理のためのシステムが提供され、営業に利用されている[31]。

▶ ··
[30] 例えば、2017年3月20日時点で「auショップ」のうちKDDIの直営店は、全国でわずか9店舗のみであるし（https://www.au.com/retail/?bid=we-com-autopret-001）、「ソフトバンクショップ」も直営店は20店舗未満と思われる（https://vespasianus.wordpress.com/2014/09/05/sb-sep2014/）。また、「ドコモショップ」では、NTTドコモが直接経営する店舗はなく、すべて同社の子会社等の関連会社が経営する店舗が直営店の位置付けとなっている。
[31] NTTドコモの顧客情報管理システムは「ALADIN」（アラジン：All Around DOCOMO INfor-

160　▶第3章　電気通信サービスと放送サービス取引

代理店業者には、キャリアと直接代理店契約を締結する第一次代理店、第一次代理店と代理店契約を締結する第二次代理店、そして第二次代理店と契約を締結する第三次代理店等々とさらに下に向けて階層化された代理店が存在している。

　また、キャリアから販売代理権は付与されておらず、顧客からの契約申込みの意思表示をキャリアや上位の階層の代理店に取り次ぐことを業とする取次店も多数存在しているし、取次店も、代理店と同様、あるいは代理店以上に階層化している実態がある*32。さらに、各階層の代理店がその下に取次店を抱えていることも多く、販売に係る階層構造は多数の階層に分かれ、相互の関係も複雑である*33。

　以上の直営店、代理店および取次店という店舗の種別に応じて、対応可能な業務に相違がある。取次店や下位の代理店の場合、新規契約や機種変更、付加契約などの対応はするが、端末機器の修理・交換や料金収納や電気通信サービス契約やオプションサービスなどの付随契約の解約・解除などは受け付けていないことも多い。これらの業務については、直営店やキャリアの第一次代理店など、後述の「専売店」に出向いて手続をとらないと対応してくれない場合も多い*34。

　電気通信サービスの販売事業者（ショップ）は、事業者の出資や企業系列の相違に応じて、いくつかの種類に分かれている。1つは、キャリアの子会社や系列会社、関連会社が経営するもの（キャリア系）であり、もう1つは大手商社やその系列会社等が経営する代理店（商社系）である。また、携帯端末メーカーの系列会社等（メーカー系）、大手スーパーマーケット（流通系）、さ

▶ ··
　mation systems)、au の顧客情報管理端末は「オレンジ（旧システムは「パスカル」)」、ソフトバンクの顧客管理システムは「GINIE（ジニー)」とよばれている。
*32 明神浩「特集1　スマートフォンのしくみと課題」国民生活2016年1月号1頁。携帯電話1次販売代理店の大手事業者の1つであるティーガイアの株主向け事業レポート（http://www.t-gaia.co.jp/ir/stock/pdf/sharedresarch.pdf）参照。
*33 例えば、ある代理店ないし取次店が、A キャリアの第三次代理店であると同時に B キャリアの第一次代理店の第一次取次店であるというように、複数のキャリアの電気通信サービスを兼業で取り扱っている場合に、その業者の代理店、取次店の階層がキャリアの系列ごとに異なっていることも少なくない。
*34 契約を締結させた後のアフター対応が冷淡であるというこれらの実態をみるにつけ、特に移動通信サービスの取引では、川で魚を捕る「筌（やな)」のように一度、顧客を囲い込んだら簡単には出られないような問題のある販売構造となっていることが分かる。法律関係の解消に慎重であるとの姿勢や個人情報の取扱いや事務処理上のシステムなどのインフラの問題等があり、簡単には対応できない事情も理解できるが、新規契約においても法律的な問題状況はそれほど変わらないともいえることからすると、改善が必要ではないだろうか。

第3節 電気通信・放送サービスの販売方法　**161**

らにはこれらの系列には含まれない独立した事業者が経営するショップ（独立系）もあるし、系列とはよべないが家電量販店も販売業者としては大きな比重を占めている。これらの販売事業者は、それぞれキャリアの第一次代理店だったり、第二次以下の代理店だったり、あるいは取次店として電気通信サービスの販売を行っている。

　電気通信サービス取引では、このように販売における事業者の階層構造が複雑であることから、キャリアによる代理店、取次店への指導、監督には限界もあり、後述する販売における報奨金（インセンティブ）を取得するために、行き過ぎた販売や説明等が不十分なまま販売が行われやすい現実があると同時に、それらの抑制や改善のための縛りがかかりにくい販売構造がある。

（3）専売店と併売店

　「専売店」とは、ある特定のキャリアのサービスのみを取り扱う直営店、代理店または取次店である。「ドコモショップ」「au ショップ」「ソフトバンクショップ」などとキャリアの名称が冠されたショップがその例である。

　これに対し、「併売店」とは特定のキャリアだけでなく、複数のキャリアのサービスも平行して取り扱い、顧客の意向に応じて異なるキャリアの通信サービス等の契約の申込みや締結を行ってサービスの販売を行っている事業者である。その代表例はヨドバシカメラ、ヤマダ電機、ビックカメラ等の大手家電量販店による販売である。また、このような大手の小売業者ではなく、いわゆる「街のケータイショップ」でも複数のキャリアのサービスを取り扱っているものが多いが、これらの販売店舗も併売店である。

第4章
電気通信事業に関わる法と消費者

第1節　電気通信事業法の概要
1　事業法の構成

　事業法は、わが国における電気通信事業に関する基本的な法律であり、次のとおり、第1条から第193条まで、枝番の条文も含めると合計232条の条文からなる法律である。

　なお、事業法にはこのように多岐にわたる条文があるが、本章は消費者（利用者）の観点から電気通信サービスの問題を扱うので、以下、この点とは直接関係のない事業法の規定の解説は必要な限度にとどめた。

> 第1章　総則（第1条―第5条）
> 第2章　電気通信事業
> 　第1節　総則（第6条―第8条）
> 　第2節　事業の登録等（第9条―第18条）
> 　第3節　業務（第19条―第40条）
> 　第4節　電気通信設備
> 　　第1款　電気通信事業の用に供する電気通信設備（第41条―第51条）
> 　　第2款　端末設備の接続等（第52条―第73条）
> 　第5節　指定試験機関等
> 　　第1款　指定試験機関（第74条―第85条）
> 　　第2款　登録講習機関（第85条の2―第85条の15）
> 　　第3款　登録認定機関（第86条―第103条）
> 　　第4款　承認認定機関（第104条・第105条）
> 　第6節　基礎的電気通信役務支援機関（第106条―第116条）
> 第3章　土地の使用等
> 　第1節　事業の認定（第117条―第127条）
> 　第2節　土地の使用（第128条―第143条）
> 第4章　電気通信紛争処理委員会

第1節 電気通信事業法の概要　**163**

第1節　設置及び組織（第144条―第153条）
　　第2節　あつせん及び仲裁（第154条―第159条）
　　第3節　諮問等（第160条―第162条）
　第5章　雑則（第163条―第176条）
　第6章　罰則（第177条―第193条）
　附則

2　事業法の趣旨・目的

　事業法1条は、同法の趣旨・目的について「電気通信事業の公共性にかん
がみ、その運営を適正かつ合理的なものとするとともに、その公正な競争を
促進することにより、電気通信役務の円滑な提供を確保するとともにその利
用者の利益を保護し、もつて電気通信の健全な発達及び国民の利便の確保を
図り、公共の福祉を増進することを目的とする」と規定する。

　事業法は、他の事業規制法（業法）と同様の書きぶりで、その究極の目的は
「電気通信の健全な発達及び国民の利便の確保を図り、公共の福祉を増進す
ること」とするが、実質的な目的としては、電気通信事業が、社会の重要なイ
ンフラの1つである電気通信サービスを支える事業であり、公共的性質を持
つ事業であることを踏まえ、まず、第1に電気通信事業の運営を適正かつ合
理的なものとすることを挙げ、次に、電気通信事業への参入の自由を前提し
て、その公正な競争の促進により電気通信役務の円滑な提供を確保すること
を目的としている。そして、最後に電気通信役務の利用者の利益を保護する
ことを目的に挙げている。

　事業法1条の目的規定は、電気通信事業がもともとは国、そして、その後
は公営企業体によって営まれて来た歴史を踏まえ、1984（昭和59）年のNTT
の分割民営化によって電気通信事業の自由化のための基本法として制定され
たという経緯と事業法の性格を反映するものとなっているといえる。

　そのため、電気通信事業が民営化され、競争によりサービス提供がなされ
ることが原則となったにもかかわらず、結果的に利用者の利益保護のための
法制度の充実が後回しにされてきたことは、前述（**第1章第2節**）したとおり
である。

3　電気通信事業

　事業法の適用対象は「電気通信事業」であり、同法は電気通信事業に関す

る行政規制としての事業規制（開業規制および業務規制など）および利用者の書面による解除という民事ルールを規定する。

　事業法は、同法2条の定義規定において「電気通信事業」を、その要素である「電気通信」（有線、無線その他の電磁的方式により、符号、音響または影像を送り、伝え、または受けること：同1号）、「電気通信設備」（電気通信を行うための機械、器具、線路その他の電気的設備：同2号）、そして「電気通信役務」（電気通信設備を用いて他人の通信を媒介し、その他電気通信設備を他人の通信の用に供すること：同3号）についてそれぞれ定義したうえで、電気通信事業を「電気通信役務を他人の需要に応ずるために提供する事業（放送法〔昭和25年法律第132号〕第118条第1項に規定する放送局設備供給役務に係る事業を除く。）」と定義した。

　事業法の適用対象である「電気通信事業」の意義は、前述（**第3章第1節**）したとおりであり、同法の規制を受ける主体である「電気通信事業者」については、電気通信事業を営むことについて事業法9条に基づき登録を受けた者および同法16条1項による届出をした者と定義している（事業法2条5号）。

　なお、電気通信事業者の行う電気通信役務の提供の業務は「電気通信業務」と定義されている（事業法2条6号）。

4　規制枠組み

（1）登録・届出制

　事業法の規制枠組みは、上記のとおり、開業規制として電気通信事業について登録・届出制を採用し、登録・届出を受けないで電気通信事業を営むことを禁止し（事業法177条、185条）、電気通信事業者に対し、業務の遂行における禁止行為を定めたり、各種の義務づけを行っている。

　登録・届出制については、前述したとおりである（第3章第1節2参照）。

（2）基礎的電気通信役務、指定電気通信役務および特定電気通信役務

ア　電気通信役務の提供条件に対する事業法の原則

　事業法は、電気通信事業者の提供する電気通信役務の料金その他の提供条件については、原則として法的規制はせずに契約自由の原則に委ねている。

　しかし、電気通信役務提供の重要性と特質に鑑みれば、特に公共性の高い電気通信役務の提供や、当該電気通信役務の提供に関し大きな市場支配力を有する事業者が存在する取引分野においては、契約自由を前提にする市場メ

カニズムが上手く機能しない場合がある。そのため、市場メカニズムの補完等のための政策的な観点から、行政による一定の規制が必要との考え方のもとに、電気通信役務の提供条件について法的規制が加えられているものがある。

このような趣旨の電気通信役務として、事業法は、①基礎的電気通信役務、②指定電気通信役務、および、③特定電気通信役務の3種類の電気通信役務を規定し、これら①から③の電気通信役務を提供する事業者に対して、他の一般の電気通信役務事業とは異なる取扱いをしている。

イ 基礎的電気通信役務（ユニバーサルサービス）

① 基礎的電気通信役務（ユニバーサルサービス）の内容

基礎的電気通信役務は、いわゆる「ユニバーサルサービス」のことであり、国民生活に不可欠であるため、あまねく日本全国における提供が確保されるべきものとして総務省令で定める電気通信役務（卸電気通信役務を含む）である（事業法7条）。

基礎的電気通信役務の範囲は、総務省令により指定されている（事業法省令14条）が、具体的には次の通話サービス等である。

　(ア)　地域内のアナログ固定電話（いわゆる加入電話による市内通話）、特例料金が設定されている離島との通話（離島特例通話）および警察（110番）、海上保安庁（118番）、消防（119番）への緊急通報に利用される固定電話の音声通話サービス

　(イ)　第一種公衆電話[*1]による市内通話、離島特例通話、緊急通報の音声通話サービス

　(ウ)　IP電話（アナログ固定電話〔加入電話〕を提供する者の0AB～J番号[*2]を使用する音声伝送役務で、基本料金額が一定の条件のもの）

[*1] 第一種公衆電話とは、社会生活上の安全および戸外での最低限の通信手段を確保する観点から市街地（最近の国勢調査の結果による人口集中地区をいう）においては概ね500m四方に1台、それ以外の地域（世帯または事業所が存在する地域に限る）では概ね1km四方に1台の基準により設置される公衆電話である（事業法省令14条2号）。

[*2] 0AB～Jとは、固定電話に電話番号を割り当てる方式の表記方法の1つであり、一般の加入電話に電話番号を割り当てる際の方式を表すものである。「03-＊＊＊＊-＊＊＊＊」等固定電話で通常使用されている番号の割り当て方式を指す。これに対し、IP電話では、通常「050」で始まる電話番号が割り当てられており、これと区別する番号が割り当てられる場合を指すため「0AB～J」との表記がよく用いられる。最初の番号が「0」から始まり、その下に9桁（A～J）の番号が続くことをアルファベットの文字で示している。なお、電話番号については総務省の「電話番号に関するQ&A」（http://www.soumu.go.jp/main_sosiki/joho_tsusin/top/tel_number/q_and_a.html）参照。

現状では、NTT 東日本および NTT 西日本が基礎的電気通信役務を提供する電気通信事業者に該当しており、両社は日本全国のそれぞれの業務区域内において基礎的電気通信役務を提供することが義務づけられている（事業法7条、25条、108条、事業法省令14条、40条の3から40条の7）。

② ユニバーサルサービス提供事業者に対する交付金と利用者の負担

基礎的電気通信役務の提供は、非常に公共性の高い通信インフラであるので、社会のインフラコストは、そのインフラを利用する者に広く公平に負担してもらうとの趣旨から、「適格電気通信事業者」として総務大臣から指定を受けたユニバーサルサービス提供事業者は、基礎的電気通信役務の提供に要する費用の一部の補填として、事業法106条に基づき総務大臣の指定する「基礎的電気通信役務支援機関」（現在は、前述の TCA が指定されている：以下「支援機関」という）から交付金を受け取ることができるようになっている（事業法108条、109条、算定等規則4条、7条、11条、21条）。

支援機関が交付金を交付するには、年度ごとに交付金の額を算定し、当該交付金の額および交付方法について総務大臣の認可を受けて交付することとされている（事業法109条1項）。

この交付金の原資は、NTT 東西の基礎的電気通信役務の提供設備と接続して電気通信役務を提供することで収益を得ている携帯電話事業者、固定電話事業者および IP 電話事業者などの電気通信事業者のうち、①前年度の電気通信事業収益が10億円超であること、②総務大臣から電話番号の指定を受け、その番号を最終利用者に付与していることの2つの要件を満たす事業者（負担事業者）が[3]、それぞれ利用する電気通信番号（電話番号）に応じて負担金を拠出することとなっている（事業法110条、算定等規則8条、23条から29条、報告規則9条）。また、負担金の徴収は、支援機関が行うこととされている（事業法110条）。

この負担金は、最終的には負担事業者の提供する電気通信役務の利用者に転嫁され、利用者が支払う毎月の通信料金と一緒に「ユニバーサルサービス料」の名目で徴収されている[4]。

---

[3] 負担事業者は、2016（平成28）年12月1日現在、NTT ドコモ、KDDI、ソフトバンク、NTT 東日本、NTT 西日本等21社となっている（http://www.soumu.go.jp/main_sosiki/joho_tsusin/universalservice/seido.html）。

[4] 利用者に転嫁されるユニバーサルサービス料は毎年改訂されるが、ちなみに、2016（平成28）年12

③　基礎的電気通信役務提供事業者に対する規制

　基礎的電気通信役務提供事業者には、基礎的電気通信役務の提供義務のほかに、次のとおりの特別の規制がなされている。

　㋐　契約約款の事前届出義務

　基礎的電気通信役務提供事業者は、その提供する基礎的電気通信役務に関する料金その他の提供条件について契約約款を定め、総務省令で定めるところにより、その実施前に、総務大臣に対する届出が義務づけられている（変更の場合も同様：事業法19条、事業法省令15条から16条）。

　基礎的電気通信役務提供に係る契約約款に規定する必要のある事項は、次のとおりとされている。

　　(ⅰ)　電気通信役務の名称および内容

　　(ⅱ)　電気通信役務に関する料金（手数料その他これに類する料金を除く）

　　(ⅲ)　電気通信事業者およびその利用者の責任に関する事項

　　(ⅳ)　電気通信設備の設置の工事その他の工事に関する費用の負担の方法

　　(ⅴ)　電気通信回線設備の使用の態様に関し制限を設けるときは、その事項

　　(ⅵ)　重要通信の取扱方法

　　(ⅶ)　電気通信役務を円滑に提供するために必要な技術的事項

　　(ⅷ)　前各号に掲げるもののほか、利用者の権利または義務に重要な関係を有する電気通信役務の提供条件に関する事項があるときは、その事項

　　(ⅸ)　有効期間を定めるときは、その期間

　㋑　契約約款の公表義務

　基礎的電気通信役務提供事業者は、届出契約約款をその実施の日から、営業所その他の事業所（商業登記簿に登記した本店または支店に限る）において公衆の見やすいように掲示するとともに、インターネットを利用して公表する義務がある（事業法23条、事業法省令22条）。

月のNTT東日本のユニバーサルサービス料は3円である。なお、NTT東日本の場合、毎月送付する電話料金等の請求関係の書類に同封されている「ハローインフォメーション」との冊子にユニバーサルサービスの説明と各契約者の負担額やNTT東日本がその年度に受けた交付金の金額等が記載されている。

㈦　契約約款の遵守義務（相対契約の禁止）

基礎的電気通信役務提供事業者は、事業法に基づき契約約款で定めるべき料金その他の提供条件については、事業法19条4項の規定により料金の減免する場合を除き[5]、届出にかかる契約約款によらなければ当該基礎的電気通信役務を提供できないものとされている（事業法19条3項、事業法省令17条）。

このことから、基礎的電気通信役務の提供契約では、料金の減免以外の契約条件については当事者間で個別の契約条件を定めることはできないとされている。

㈢　役務の提供義務

基礎的電気通信役務提供事業者は、その業務区域において基礎的電気通信役務の提供義務があり、正当な理由がなければ基礎的電気通信役務の提供を拒めない（事業法25条1項）。

㈣　基礎的電気通信役務提供事業者が光回線によるIP電話の提供をする場合、他事業者の役務提供契約が必要になる場合には、基礎的電気通信役務の提供方法等の報告義務があり（事業法省令14条の2）、また、基礎的電気通信役務事業者が加入電話サービスの提供を行わない場合には総務大臣に対する報告義務（事業法省令22条の2の2第2項）がある。

㈤　会計整理に関する特別の義務がある（事業法24条、会計整理については電気通信事業会計規則で詳細を規定）。

㈥　基礎的電気通信役務提供事業者は、同役務提供の用に供する電気通信設備を総務省令で定める技術基準に適合するように維持する義務が課されている（事業法41条、42条、事業法省令27条の2から27条の5、事業用電気通信設備規則37条から45条）。

ウ　指定電気通信役務

①　指定電気通信役務

事業法は、基礎的電気通信役務以外にも、電気通信役務の提供条件につい

---

[5] 事業法19条4項に基づき減免されうる場合とは、①船舶または航空機が重大かつ急迫の危険に陥り、または陥るおそれがあることを通報する通信、②船舶または航空機の航行に対する重大な危険を予防するために発信する通信、③天災、事変その他の非常事態が発生し、または発生するおそれがある場合における人命または財産の危険を通報する通信、④災害に際し罹災者より行う通信および電気通信事業者が罹災地に特設する電気通信設備から行う通信、⑤警察機関または海上保安機関に犯罪について通報する通信、⑥消防機関に出火を報知し、または人命の救護を求める通信および海上保安機関に人命の救護を求める通信である（事業法省令17条）。

て特別の規制を受ける電気通信役務として「指定電気通信役務」を規定している（事業法20条1項）。

指定電気通信役務とは、後述②の「第一種指定電気通信設備」（事業法33条2項に規定する電気通信設備のことである：事業法12条の2第1項2号）を有する事業者が提供する電気通信役務のうち、他の電気通信事業者によって当該電気通信役務に代わるべき電気通信役務が十分に提供されないこと等の事情を勘案して、その電気通信事業者が第一種指定電気通信設備を用いて提供する電気通信役務の適正な料金その他の提供条件に基づく提供を保障することにより、利用者の利益を保護するため特に必要があるものとして総務省令で定める役務である（事業法20条1項、事業法省令18条）。

② 第一種指定電気通信設備および第二種指定電気通信設備

事業法は、電気通信設備を保有する事業者のうち、MVNOなど他の電気通信事業者から設備の利用の申出をされた場合に、その接続を認めて設備を開放すべき事業者の電気通信設備を「指定電気通信設備」とし、固定系のものを「第一種」、移動系（モバイル系）のものを「第二種」と整理している。

上記の第一種、第二種指定電気通信設備を有する事業者は、いずれも他の事業者へ電気通信設備の開放が求められるものであるが、都道府県ごとに50％を超えるシェアを占める加入者回線を有する固定系の電気通信設備を保有する事業者の電気通信設備が「第一種指定電気通信設備」であり（事業法33条1項・2項）、移動系において10％を超えるシェアを占める加入者回線を有する事業者が「第二種電気通信設備」とされている。

したがって、固定系の第一種指定電気通信設備を保有する電気通信事業者の電気通信役務のうち、利用者保護の観点から、他の事業者による代替的な役務提供では、第一種指定電気通信設備による役務提供が十分に行われないと認められるものとして、総務省令が規定したものが「指定電気通信役務」である。

現在、NTT東西の提供する加入電話、ISDN、公衆電話、フレッツISDN、BフレッツおよびＢ専用サービス等が指定電気通信役務の対象とされている。

③ 指定電気通信役務提供事業者の義務

指定電気通信役務の提供に際しては、利用者に対して最低限の提供条件を確保する保障契約約款の策定と総務大臣への届出が義務づけられ（変更の場

170　▶第4章 電気通信事業に関わる法と消費者

合も同様：事業法20条1項)、保障契約約款が次のいずれかに該当すると認められるときは、その変更が命じられることがある（同条3項)。

 (ｱ) 料金の額の算出方法が適正かつ明確に定められていないとき

 (ｲ) 電気通信事業者およびその利用者の責任に関する事項ならびに電気通信設備の設置の工事その他の工事に関する費用の負担の方法が適正かつ明確に定められていないとき

 (ｳ) 電気通信回線設備の使用の態様を不当に制限するものであるとき

 (ｴ) 特定の者に対し不当な差別的取扱いをするものであるとき

 (ｵ) 重要通信に関する事項について適切に配慮されているものでないとき

 (ｶ) 他の電気通信事業者との間に不当な競争を引き起こすものであり、その他社会的経済的事情に照らして著しく不適当であるため、利用者の利益を阻害するものであるとき

指定電気通信役務の提供においても、基礎的電気通信役務の提供と同様に、事業法20条6項の規定により料金の減免する場合を除き、届出にかかる保障契約約款によらなければ当該指定電気通信役務を提供できないものとされている（事業法20条5項)。

また、指定電気通信役務提供事業者は、指定電気通信役務の保障契約約款に基づく役務提供について、正当な理由なくこれを拒むことはできない（事業法25条2項)。

さらに、指定電気通信役務の提供における保障契約約款の公表義務（事業法23条)、会計整理に関する特別の義務（事業法24条、電気通信事業会計規則で詳細を規定）についても、基礎的電気通信役務提供事業者の場合と同様である。

④　第二種指定電気通信役務提供事業者

これに対し、移動系の第二種指定電気通信役務提供事業者の場合は、事業法は利用者との間の電気通信役務の提供条件について特別の規制は置かれていない。しかし、MVNOなどの他の電気通信事業者から回線接続の申込みを受けた際に、これら通信事業者との間の回線設備の利用に関する取引条件を定める接続約款を定める義務がある（事業法34条2項から5項)。

第一種指定電気通信役務提供事業者の場合には、接続約款には総務大臣の認可が必要であるが、第二種指定電気通信役務提供の場合は届出で足りる（事

業法34条2項から5項）。また、第一種と同様に、第二種指定電気通信役務提供でも接続約款の公表義務がある（事業法33条2項・3項・11項）。

エ　特定電気通信役務

事業法は、事業法省令によって、指定電気通信役務のうち、特にその内容、利用者の範囲等からみて利用者の利益に及ぼす影響が大きい電気通信役務を「特定電気通信役務」に指定し、電気通信役務の提供条件のうち「料金」について特別の規制をかけている。

特定電気通信役務では、電気通信役務の種別ごとに能率的な経営のもとにおける適正な原価および物価その他の経済事情を考慮して、通常実現することができると認められる水準の料金を「標準料金指数」（電気通信役務の種別ごとに、料金の水準を表す数値として、通信の距離および速度その他の区分ごとの料金額ならびにそれらが適用される通信量、回線数等をもとに総務省令で定める方法により算出される数値）として定め（事業法21条1項）、特定電気通信役務提供事業者が標準料金指数を超える料金に変更する場合には、総務大臣の認可を必要としている（同条2項）。

事業法が特定電気通信役務について、契約自由の原則に修正を加え、料金規制を認めた趣旨は、国民生活に不可欠であり、競争の進展が不十分な電気通信役務については、市場メカニズムが十分に機能しないおそれがあるので、市場メカニズムを補完する観点から料金の上限規制（プライスキャップ規制）導入したものである。

現状では、NTT東西が提供する加入電話やISDNによる音声通話サービスおよび専用サービスがその対象とされている。

5　電気通信事業者に対する事業規制の内容

（1）検閲の禁止

事業法は、電気通信事業者の取扱中に係る通信について、検閲を禁止している（事業法3条）。

この規定は、憲法21条2項前段の「検閲の禁止」を受けて規定されたものである。電気通信事業が民営化されている現状では、電気通信事業者に憲法のこの規定が直接適用されることにはならないが、電気通信役務が個人の思想信条や政治活動の自由、あるいはプライバシーの保護など個人の基本的人権の保障に直接かかわるサービスであることから、個人の基本的人権保障の

観点から、民間の事業者であっても検閲を禁止したものである。

　なお、検閲が禁止されるのは「取扱中に係る通信」とされているが、この趣旨は、現に通信が行われている間に限らず、通信後に当該通信に関して記録された情報などについても、検閲を禁止する趣旨と解されている[6]。

（2）通信の秘密の保護

　事業法は検閲の禁止と同様の趣旨から、「電気通信事業者の取扱中に係る通信の秘密は、侵してはならない」（事業法4条1項）として、電気通信事業者に対し通信の秘密の侵害を禁止している。また、電気通信事業に従事する者に対する、在職中および退職後の守秘義務を課している（同条2項）。

　通信の秘密に関しては、電話番号やメールアドレス等からその契約者情報の開示が認められるか否かがしばしば問題となる。特に、消費者が被害に遭う詐欺的商法では、加害者の電話番号やメールアドレスくらいしか加害者に関する情報がないことも多く、これを手がかりに加害者の特定ができないと、被害に遭った消費者の被害回復ができず、被害者が泣き寝入りを余儀なくされることが少なくない。

　犯罪や詐欺的商法などに使用された電話番号やメールアドレス等から加害者を特定するために、電気通信事業者に対し、弁護士法23の2に基づく照会請求など法令に基づく開示請求がなされた場合に、電気通信事業者が事業法4条の通信の秘密に該当することを理由にして、電気通信事業者が回答や開示を拒否する例が見受けられる。

　このような照会に対する回答は、通信内容に係る事項の開示ではないし、実際に行われたある特定の通信との関係で、その通信当事者を特定するために契約者情報を開示する場合は、事業法4条の「取扱中の係る通信」の範囲に含まれることもあり得るが、具体的な通信とは結び付かない契約者情報の開示が、一般的に「通信の秘密」を侵害すると解するのは厳格過ぎると考える[7]。

　したがって、電気通信事業者が電気通信役務の契約者を特定するために交付されている電話番号やメールアドレスに基づく契約者情報の開示は、個人

▶ ··

[6] 逐条解説34頁。
[7] この点については齋藤雅弘「投資・利殖取引にみる消費者被害救済の隘路」長尾治助先生追悼論文集『消費者法と民法』所収（法律文化社・2013年）205頁以下。

第1節 電気通信事業法の概要　*173*

情報保護法等の別の法令による開示や情報提供の規制の対象となることはあり得るとしても、一般的に事業法4条の通信の秘密の保護の対象となっているとはいえないと解する。

(3) 利用の公平

　電気通信事業者は、電気通信役務の提供について、不当な差別的取扱いをすることを禁止されている（事業法6条）。

　事業法6条が禁止している「差別的取扱い」とは、憲法14条の「平等原則」を踏まえたものであり、人種、国籍、思想信条、嗜好（性的嗜好など）、年齢、性別、社会的身分、門地、職業、財産などにより、特定の利用者について、電気通信役務の提供の有無、内容および条件のいずれにおいても、差別したり、区別する取扱いをしてはならないという趣旨である[8]。

　利用の公平は、電気通信役務の提供義務（事業法7条、25条）にもかかわる問題である。この点について利用者が消費者である場合にしばしば問題となるのは、通話料等の電気通信役務の対価が未払いのまま消費者が自己破産をし、その後、免責決定が確定し、未払いの料金等の支払義務が免責されたにもかかわらず、消費者の免責が認められた未払料金の支払いをしない限り、電気通信事業者が新たな電気通信役務の契約締結に応じないとの対応をとっている例があることである。

　市内の固定電話サービスなど基礎的電気通信役務の提供については、事業法25条が正当な理由がない限り提供義務があると規定しているし、基礎的電気通信役務はそれ自体が提供コストに見合う収益を確保することなくして事業運営を可能とする制度（ユニバーサルサービス制度）となっていることからしても、未払い料金が支払われていないという、事業としての収益面に係る事情のみから同条の提供義務の例外たる「正当な理由」に該当すると解するべきではない。

　まして、破産免責を受けた消費者の場合には、支払義務が消滅している（少なくとも自然債務となる）以上は、電気通信事業者が法律上もその支払いを請求できないのであるから、過去の未払いという事情から消費者が新たに行った電気通信役務の提供の申込みを拒絶することはできないものと解すべきで

▶
*8　逐条解説43頁。

ある。

破産免責の趣旨は、現行破産法では債務者の経済的な更生を図るための制度と理解されており、基礎的電気通信役務が社会のインフラとして非常に重要な役割を担っており、このインフラの利用から廃除されることは、国民の生活上非常に大きな不利益を与えることになり、経済的更生にも支障を及ぼし得るので、破産法の規定する免責制度の趣旨、目的にも反することになる。この点において、クレジットや消費者金融等の消費者信用における信用情報に基づき、与信判断を行って返済能力のない者に過剰な与信をすることのないようにされていることとは質的に異なる面があるから、電気通信役務の利用料等の未払情報がこれら消費者信用情報と事実上、相互流通している実態があるとしても、過去の未払いの事実が事業法25条の例外として認められるとは解すべきではない。

また、携帯・スマホなどの移動体通信（モバイル）の電気通信役務では、基礎的電気通信役務の場合と異なり、事業法は提供義務を規定していない。しかし、現在では移動通信サービスが固定電話に代わり、社会の基本的な通信インフラとしての重要な役割を担っていることを踏まえれば、少なくとも未払料金等が破産免責され、利用者に支払義務がないといえる状態となっていながら、その未払いの事実を理由にして、新たな電気通信役務の利用契約の申込みを拒絶して、同役務の提供をしないとの対応をとることは事業法6条の差別的取扱いに該当すると解すべきである[9]。

(4) 基礎的電気通信役務の提供義務

基礎的電気通信役務については、前述のとおり、同役務の提供事業者は、その業務区域において基礎的電気通信役務を提供すべき義務があり、正当な理由がなければ基礎的電気通信役務の提供を拒めないこととなっている（事業法25条1項）。

----

[9] この点については、従前の事業法では第一種電気通信事業者には一般的な提供義務が規定されていたが（旧事業法34条）、現行事業法では基礎的電気通信役務提供事業者にのみ提供義務が課されるようになったことや、携帯・スマホなどのモバイル通信サービスでは、MNVOなどの新規参入も盛んで、利用者が必ずしも料金未払いのある通信事業者と契約しなくても電気通サービスの提供が受けられるようになってきていることから、事業法25条の「正当な理由」に該当するとの見解もあろう。しかし、移動通信サービスに関しても未払に関する信用情報が電気通信事業者間のみならずクレジット会社や貸金業者間でも流通している現状にあることを踏まえると、実際には過去の未払いを理由にした電気通信サービスの提供拒否がなされるケースが多く、通信サービスのインフラとしての重要性からみて問題である。

第1節 電気通信事業法の概要　**175**

「正当な理由」には、天変地変や事故等により電気通信設備に故障などが生じて役務提供が不能の場合など、電気通信設備に起因する提供義務の履行が困難な場合のほかに、料金滞納者に対する場合や利用者からの申込みを承諾することにより、他の利用者に著しい不便をもたらす場合なども含むと解されている[10]。

しかし、ここでいわれている料金滞納者とは、現に基礎的電気通信役務提供を受けている者に料金未払いがあるため、支払い等がなされるまで役務提供を停止する場合を意味する限度では相当であるが、過去の未払事実をもって、新たに基礎的電気通信役務提供の申込みを行う場合における提供拒否の「正当な理由」となるか否かの点ではにわかに賛成できない。

前述したとおり、未払料金債務が破産免責を受けている場合は、新たな契約の申込みを拒絶する理由にならないと解すべきであるし、また、破産免責の場合以外であっても、未払いの金額、内訳や期間、未払いとなった事情等も踏まえて、役務提供の申込みを行った者に電気通信役務の提供を拒絶することが、社会のインフラたるサービスの提供としての特質を踏まえても実質的にやむを得ないと考えられる事情があって、はじめて事業法25条の例外として提供を拒むことが認められると解すべきである。

(5) 利用者保護のための電気通信事業者の義務

電気通信事業者が利用者一般に対する電気通信役務提供において、事業法が規定する重要な義務は、以上のとおりであるが、事業法はいわゆる消費者保護の観点から一般の利用者に対する場合とは別に、次のとおりの義務を規定している。

これらの義務については、**第3節**において詳しく取り上げることにする。

① 説明義務（事業法26条）

② 書面交付義務（事業法26条の2）

③ 不当勧誘の禁止（事業法27条の2）

④ 苦情処理義務（事業法27条）

⑤ 電気通信事業者の指導・教育義務（事業法27条の3）

⑥ 休廃止の周知義務（事業法18条）

---

[10] 逐条解説115頁。

(6) 民事効（初期解除制度と確認措置）

　事業法は、既述したとおり、平成27年改正において、電気通信事業者と利用者間の電気通信役務提供契約に係る民事効として、初期解除制度（事業法26条の3〔書面による解除〕）を新たに規定した。

　この点も、**第3節**において詳しく取り上げる。

第2節　電気通信設備を規律する法令

1　電気通信設備を規律する法令

　電気通信事業は、有線によるものと無線によるものがあることは既に述べたが、電気通信役務が適正に提供されるためには、電気通信設備（事業法2条2号）が適切に設置・運営されている必要がある。

　このような観点から、電気通信設備の技術的基準等を定める等により、その設置や管理・運営を規律する法令として、有線の電気通信設備については有線電気通信法があり、無線の電気通信設備に関しては電波法が存在する。

2　有線電気通信法

(1) 有線電気通信法の趣旨・目的

　有線電気通信法は、「有線電気通信設備の設置及び使用を規律し、有線電気通信に関する秩序を確立することによつて、公共の福祉の増進に寄与することを目的とする」法律である（有線電気通信法1条）。

　この法律は、電気通信のうち有線によるものに関する設備やその設備の使用について規定しており、同法は、有線電気通信設備を設置について届出制を規定している（同法3条）。

(2) 有線電気通信設備の設置者の義務等

　有線電気通信法は、有線電気通信設備を設置しようとする者に対し技術的基準が一定の水準を保つように設置され管理されるようにするための規制（同法5条から7条）や、天災、事変その他の非常事態における通信確保のために、有線電気通信設備を設置した者に対する他の設備との接続や他の者への設備の使用を義務づける等している（同法8条）。

(3) 通信の秘密の保護

　有線電気通信法は、有線電気通信設備で電気通信が行われ、その中を情報が流通していることから、その設備を設置する者はその中を流通する情報に

第2節　電気通信設備を規律する法令　*177*

接することが可能であるため、事業法4条1項または164条3項の通信であるものを除き、事業法と同様の趣旨で有線電気通信の秘密を侵してはならないと規定している（有線電気通信法9条）。

（4）有線電気通信の妨害の禁止

有線電気通信法は、有線電気通信設備を損壊したり、これに物品を接触させるなどの行為によって、有線電気通信設備の機能に障害を与えて有線電気通信を妨害する行為を刑事罰をもって禁止している（同法13条）。

（5）「ワン切り」の禁止

有線電気通信設備を物理的に損壊したり、機能障害を与えるような行為ではなく、設備を本来の目的以外の不正な目的で利用する行為も、有線電気通信設備を不正に利用するものとして、処罰の対象にしている。

この規制は、例えば電話勧誘販売を行う事業者が、消費者の回線電話に電話をかけて通話をしないうちに着信履歴だけ残して電話を切り、後からその着信履歴を見て折り返し電話をしてきた消費者に商品や役務の提供を勧誘する悪質な行為（いわゆる「ワン切り」行為）を行う事業者が多数出現したことから、これらへの対応として2002（平成14）年の改正により、規定されたものである。

有線電気通信法は、禁止する「ワン切り」行為について、まず、禁止の対象は「営利を目的とする事業を営む者」とし、当該事業者が行う事業に関し、音響だけでなく影像を送りまたは受けることを含む意味で通話を行うことを目的にしないで、多数の相手方に電話をかけて符号のみを受信させることを目的として、他人が設置した有線電気通信設備の使用を開始した後、通話は行わないで直ちにその有線電気通信設備の使用を終了する動作を自動的に連続して行う機能を有する電気通信を行う装置を用いて、その装置の機能により符号を送信した行為を処罰の対象としている（同法15条）。

この改正により、「ワン切り」による被害は大きく減少した。

3　電波法

（1）無線局および無線従事者の免許制

無線による電気通信設備に関しては、電波法が電気通信役務の提供のための無線局（電波を送り、または受けるための電気的設備の操作を行う者の総体：電波法2条4号・5号）およびその操作またはその監督を行う者である無線従事

者（同条6号）のいずれについても「免許制」を採用して、電波法令の定める基準を満たしたり、能力を備えた者でなければ無線局（同条5号）の設置やその操作、監督を行うことを認めてはいない（電波法4条、2条6号、41条）。

（2）無線設備

電気通信役務の提供に利用される無線設備については、電波法および同法から委任を受けた政省令等により、技術的な基準等が定められている（電波法第3章「無線設備」など）。

第3節　事業法の消費者保護ルール

1　消費者保護ルールの概要

（1）事業法の改正と消費者保護ルール

事業法の消費者保護ルールは、第2章で述べたとおり、事業法の平成15年改正と平成27年改正で導入されたものである。

平成15年改正では、①休廃止の周知義務（事業法18条3項）、②苦情処理義務（事業法27条）および③説明義務（事業法26条）のみが導入され、平成27年改正では、平成15年改正で規定された説明義務を充実させる事業法26条の改正、④書面交付義務（事業法26条の2）、⑤不当勧誘の禁止（事業法27条の2）、⑥電気通信事業者の指導・教育の義務（事業法27条の3）、⑦初期契約解除権（事業法26条の3）などが新たに導入された。

（2）事業法の平成27年改正による新たな消費者保護ルール

事業法の平成27年改正は、電気通信事業の公正な競争の促進や電気通信役務の利用者および有料放送役務の国内受信者の利益の保護等を図るために、電気通信事業の登録の更新に関する制度の創設、電気通信役務および有料放送の役務の提供に関する契約の解除ならびに本邦に入国する者が持ち込む無線設備を使用する無線局に係る規定の整備等を行う必要から行われたものであり、電気通信事業法、電波法、放送法の3つの法律の改正法（正確には「電気通信事業法等の一部を改正する法律〔平成27年法律第26号〕」）によりなされたものである[11]。

この改正では、まず、競争法的な観点から電気通信事業の公正な競争の促

---

[11]　総務省「電気通信事業法等の一部を改正する法律について」（2017年6月）（http://www2.telesa.or.jp/committee/mvno_new/pdf/150603_MVNO_1_soumu.pdf）参照。

進のための事業法および電波法の改正として、①光回線の卸売サービス等に関する制度整備、②禁止行為規制の緩和、③携帯電話網の接続ルールの充実、④電気通信事業の登録の更新制の導入等（合併・株式取得等の審査）がなされ、次に電気通信サービスの利用者、有料放送サービス受信者の保護のための事業法および放送法の改正として、⑤書面交付義務、初期契約解除制度の導入、⑥不実告知、勧誘継続行為の禁止等、⑦代理店に対する指導等の措置制度の導入がなされた。

　さらに、その他の対応として、⑧ドメイン名の名前解決サービスに関する信頼性等の確保、⑨電波法関係の規定の整備（海外から持ち込まれる無線設備の利用に関する規定の整備等）などについて事業法および電波法が改正された。

　これらの改正のうち、②の禁止行為規制の緩和は消費者に対する勧誘や取引における電気通信事業の禁止行為ではなく、電気通信事業者間の接続規制等の事業者間の禁止行為の緩和であり、⑨にかかる電波法の改正は、2020年の東京オリンピックに向けての対応であり、海外から日本国内を訪れる外国人が自国から持参する携帯電話機やスマホ、タブレット等の無線端末について、日本の電波法による技術認証等を受けない機器であっても、本国の法令で認められている技術的基準を満たしていれば、日本に滞在中の90日間は使用できるようにするための措置である。

　海外から来日する消費者の利便性を高めるという趣旨では、この⑨の改正も消費者のための改正であるが、電気通信サービスの利用者および有料放送サービスの受信者の保護の観点では、上記の⑤ないし⑦の改正が重要である。

　これらのうち、説明義務の規定の整備、書面交付義務、不実告知・勧誘継続行為の禁止等、代理店に対する指導等の措置の導入は、行政規制の強化、充実を図るものであり、初期契約解除制度は民事効を定める規定を新たに定めたものである。

　初期契約解除制度は、事業法に初めて民事規定を導入したものであるし、放送法でもNHKの受信料にかかる規定以外では、同様に初めて導入された民事規定である点で、既述したとおり、エポックメーキングな改正といえる。

　以下では、まず、事業法について平成27年改正により、改正・充実した説明義務に加え、新たに導入されたこれら利用者（消費者）保護のための制度について解説をする。

2　消費者保護のための事業法の行政ルール

（1）説明義務

ア　説明義務の法定

　事業法は、平成15年改正で電気通信事業者およびその代理店、取次店等に対し、販売する電気通信役務についての説明義務を規定し、さらに平成27年改正により説明義務の内容等をさらに整理、充実させた。

　事業法は、電気通信事業者が、利用者に対し電気通信役務の提供に関する契約（この契約は、説明義務および書面交付義務に関する事業法省令の規定では「対象契約」と表記するとされている：事業法省令22条の2の3第1項本文）の締結をしようとするとき、または同役務提供の媒介、取次ぎまたは代理（これらの行為は「媒介等」と定義されている）に係る業務受託者が媒介等をしようとするときには、その電気通信役務に関する料金その他の提供条件の概要を説明すべき義務を規定している（事業法26条1項）。

イ　説明義務の主体

①　電気通信事業者

　事業法26条により、第一に電気通信役務に関する料金その他の提供条件の概要について説明義務を負うのは「電気通信事業者」である。

　電気通信事業者の意義については、**第3章第1節2**で説明したとおりであり、事業法9条の登録を受けた事業者または同法16条の届出をした事業者のことである。

　したがって、そもそも事業法上、電気通信事業者に該当しない場合には説明義務の主体にはならない。社内における従業員間の通信やビデオ・オン・デマンドにおけるコンテンツ提供事業者と契約者間の通信のように、業務として「電気通信」（事業法2条1号）を行っている場合であっても、事業法に基づく登録や届出が必要とはされていない通信における事業者などには、事業法26条の説明義務は課せられていないことになる。

②　媒介等業務受託者

㋐　媒介等業務受託者

　電気通信事業者の他に事業法26条の説明義務が課されるのは、電気通信役務の提供について電気通信事業者から契約の締結の媒介、取次ぎまたは代理を行う業務を受託した事業者である。このような事業者は、事業法26条1項

本文ただし書により「媒介等業務受託者」と定義され、事業法26条以下の条文におけるこの文言は、すべて同じ意味の事業者として解釈されることになる。

媒介等業務受託者は、電気通信事業者の提供する電気通信役務それ自体の媒介等を行う場合に限らず、「これに付随する業務」の委託を受けてこれを媒介等する事業者も含まれる。

(イ)　媒介、取次ぎまたは代理の意義

媒介等業務受託者が行う媒介、取次ぎおよび業務の委託の意義は次のとおりである（総務省総合通信基盤局「電気通信事業法の消費者保護ルールに関するガイドライン」2016年3月・2017年9月最終改定〔以下、「事業法ガイドライン」といい、引用においては単に「事業法GL」と表記する〕8頁参照）。

(a)　媒介　「媒介」は、簡単にいえば、他人間での契約の成立に尽力することである。いわゆる「周旋」のことであり、他人間に立って、両者を当事者とする法律行為の成立に尽力する事実行為を意味する[*12]。

電気通信サービスの場合でいえば、電気通信事業者と利用者（消費者）との間に立って、電気通信役務提供契約の成立に尽力することであり、単に広告の場所を提供しているだけの場合は該当しないが、広告主体として広告によって契約締結を誘引している場合には該当すると解される[*13]。契約成立のためのプラットフォームを提供するなど、契約の申込みや承諾にかかわる手続の一部にかかわり、電気通信事業者と利用者間の個別の契約の締結に関与している場合は媒介に該当する。

(b)　取次ぎ　「取次ぎ」とは、自己の名をもって他人のために法律行為を行うことを引き受ける行為であり、自己の名をもって行うがその経済的損益は他人に帰属させるものである[*14]。

電気通信サービスの場合では、媒介等受託業者が自分の名で電気通信事業

[*12] 田中誠二ほか『コンメンタール商行為法』（勁草書房・1973年）236頁、江頭憲治郎『商取引法〔第7版〕』（弘文堂・2013年）219頁。
[*13] 消費者契約法12条1項および2項に規定する同法4条1項から3項の「消費者契約の締結について勧誘をするに際し」との文言の意義について、最判平29・1・24民集71巻1号1頁が「事業者等による働きかけが不特定多数の消費者に向けられたものであったとしても、そのことから直ちにその働きかけが法12条1項及び2項にいう「勧誘」に当たらないということはできない」と判示したことからしても、広告主体として契約締結の誘引をする場合も「媒介」に含まれると解される。
[*14] 江頭・前掲注12）236頁。

182　▶第4章 電気通信事業に関わる法と消費者

者のために（同事業者の計算において）利用者との間の電気通信役務提供契約を引き受けることを意味する。

(c) 代理　「代理」は、本人から代理権を授与されて、本人の為にすることを示して（顕名により）法律行為を行うことで、その法律行為の効果が代理権の範囲において本人に帰属することとなる行為のことである*15。

電気通信サービスの場合でいえば、媒介等受託業者が電気通信事業者から利用者との間で電気通信役務提供契約の締結に係る代理権を授与されて、媒介等受託業者自身が電気通信事業者のためにすることを示して（つまり電気通信事業者の代理人として）、同契約の締結に必要な意思表示（通常は、利用者からの申込みに対する承諾の意思表示）を行うことである。その結果、電気通信役務提供契約は本人である電気通信事業者と媒介等受託業者が行った意思表示の相手方である利用者との間に成立する。

㈡　多段階の媒介等

媒介等は電気通信事業者から直接委託を受けた場合に限らず、媒介等業務受託者からさらに委託を受けた場合のように、電気通信事業者からみて２段階以上にわたって委託を受けた事業者も、同様に事業法26条に基づき説明義務を負う媒介等業務受託者に該当する（事業法26条１項本文括弧書き）。

業務の委託とは、媒介等の行為を反復継続して行うことを委託することであるから、個人が私的に行う場合や１回のみの媒介等は媒介等の業務を委託することには含まれない。

しかし、条文上では業務委託の階層の段階を特に限定せずに規定していることからしても、２次の代理店や取次店に限らず、３次、４次と連鎖した業務委託関係の末端にある代理店や取次店も媒介等業務受託者に該当し、事業法26条の説明義務が課されることになる。

したがって、媒介等業務受託者には、「ドコモショップ」「auショップ」「ソフトバンクショップ」などの携帯電話会社（いわゆる「キャリア」）の代理店、取次店や光回線契約の電話勧誘販売を行う代理店等はもとより、家電量販店なども含め、電気通信役務を販売したり、その契約を勧誘する業務を行って

▶ ………

*15 民事上は代理人の法律行為の効果を本人に帰属させるには「顕名」が必要であるが（民法99条）、代理人の行為が商行為（商法４条、501条から504条）に該当するときは、代理人が「顕名」をしないで行った場合でも、その行為は、本人に対してその効力が帰属する（商法504条）。

第3節 事業法の消費者保護ルール　**183**

いる事業者は広くこれに該当する（事業法 GL 7 頁参照）。

ウ　説明義務を負う相手方（利用者）

　電気通信事業者および媒介等業務受託者（以下、本書ではこれら事業者をまとめて「電気通信事業者等」とする）が説明義務を負う相手方は「利用者」である（事業法26条1項）。

　「利用者」という文言は事業法1条にも規定されているが、「利用者」の具体的意義については同法12の2第4項2号ロが「電気通信事業者との間に電気通信役務の提供を受ける契約を締結する者をいう」と規定している。なお、同条が「以下同じ」としていることから、「利用者」の意義は事業法26条でも同義と解される。

　事業法1条では、「利用者」は電気通信事業者から電気通信役務の提供を受ける者を意味しており、通常は電気通信事業者との間で同役務の提供契約を締結している者を指す。

　しかし、説明義務が問題となる時点では、これから契約を締結したり、あるいは説明をされた結果、契約締結に至らない相手方など、いまだ電気通信役務の提供契約を締結していない段階での相手方も含めて説明すべき相手方としておく必要があることから、事業法26条ではこのような者も含めて、説明すべき相手方について「電気通信役務の提供を受けようとする者を含み、電気通信事業者である者を除く」と規定している。

　「電気通信役務の提供を受けようとする者を含み」とは、電気通信役務の提供契約の締結について、電気通信事業者等から勧誘を受けているなど、契約締結の誘引を受けている状況にある者を広く含み[16]、また、実際にこのような契約の申込みの意思表示や承諾の意思表示をしようとする者を広く含む[17]。

　しかし、電気通信事業者は一般的に電気通信役務について技術的にも専門的な知識、知見を有しており、また、電気通信事業それ自体についても知識や経験が豊富であることから、説明すべき対象者として要保護性が低いので、本条の説明義務を履行すべき相手方からは電気通信事業者は除外されている。

▶ ....

[16] その意味では、「広告」により電気通信役務の提供契約の締結の誘引をしようとする相手方も含むことは当然である。

[17] 逐条解説117頁参照。

エ　説明義務の対象となる電気通信役務

㋐　説明義務の対象となる電気通信役務

　事業法は、説明義務の対象となる電気通信役務については、①移動系の電気通信役務（事業法26条1項1号）、②固定系の電気通信役務（同項2号）および③その他の電気通信役務（同項3号）の3つの類型に整理し、それぞれの対象契約の締結またはその媒介等をしようとするときは、総務省令で定めるところにより、説明義務を負うことを規定している。

　また、説明義務の対象となる具体的な電気通信役務は、❶その内容、❷料金その他の提供条件、❸利用者の範囲、および❹利用状況という4つの要素を勘案したうえ、利用者の利益を保護するため特に必要があるものと認められるものを総務大臣の「告示」（平成28年総務省告示第106号）によって指定することとしている（事業法26条1項1から3号および同条2項）。

　　(a)　これに基づいて同告示では、まず「移動系の電気通信役務（事業法26条1項1号）」について、次の電気通信役務を説明義務の対象として指定している（同告示2項）。

　　①　仮想移動電気通信サービス以外の携帯電話端末サービスの役務（MNOの携帯電話サービス）

　　②　仮想移動電気通信サービス以外の無線インターネット専用サービスの役務（MNOの無線インターネット専用サービス）

　　③　仮想移動電気通信サービスである無線インターネット専用サービスの役務であって、その提供に関する契約に、その変更または解除をすることができる期間の制限およびそれに反した場合の違約金（その額がその利用の程度にかかわらず支払いを要する1月当たりの料金〔付加的な機能の提供に係るものを除く〕の額を超えるものに限る）の定めがあるもの（MVNOの期間拘束付き無線インターネット専用サービス）

　　(b)　次に、同告示は「固定系の電気通信役務（事業法26条1項2号）」については、次の電気通信役務を説明義務の対象に指定している（同告示3項）。

　　①　そのすべての区間に光信号伝送用の端末系伝送路設備を用いてインターネットへの接続点までの間の通信を媒介する役務（共同住宅等内にVDSL設備その他の電気通信設備を用いるものを含む）（FTTH〔光回線〕インターネットサービス）

② 有線テレビジョン放送施設（放送法〔昭和25年法律第132号〕2条3号に規定する一般放送のうち、同条18号に規定するテレビジョン放送を行うための有線電気通信設備〔再放送を行うための受信空中線その他放送の受信に必要な設備を含む〕およびこれに接続される受信設備をいう）の線路と同一の線路を使用する電気通信設備を用いてインターネットへの接続点までの間の通信を媒介する役務（前号に掲げる役務であるものを除く）（CATV〔ケーブルテレビジョン〕インターネットサービス）

③ 上記①に掲げる電気通信役務の提供に用いられる端末系伝送路設備または②に掲げる電気通信役務の提供に用いられる同号に規定する電気通信設備を用いて提供されるインターネット接続サービスの役務（一体型の ISP〔インターネットサービスプロバイダー〕サービス）

④ 次の(c)の②（同告示4項2号）に掲げる役務（以下において「DSL アクセスサービス」という）の提供に用いられる端末系伝送路設備を用いて提供されるインターネット接続サービスの役務であって、その利用者がその契約を解除する場合において当該 DSL アクセスサービスの提供に関する契約の解除をしないことができるもの（分離型の ISP〔インターネットサービスプロバイダー〕サービス）

(c) さらに、「その他の電気通信役務（事業法26条1項3号）」については、同告示が次の電気通信役務を指定している（同告示4項）。

① 電話（アナログ電話用設備〔事業用電気通信設備規則［昭和60年郵政省令第30号］3条2項3号に規定するものをいう〕を用いて提供する音声伝送役務に限る）および総合デジタル通信サービスの役務（いわゆる固定電話および ISDN サービス）

② アナログ信号伝送用の端末系伝送路設備にデジタル加入者回線アクセス多重化装置を接続してインターネットへの接続点までの間の通信を媒介する役務（(A)DSL インターネットサービス）

③ PHS 端末サービスの役務（PHS サービス）

④ 無線端末系伝送路設備（その一端が移動端末設備と接続されるものに限る）または電気通信事業の用に供する端末設備（移動端末設備との通信を行うものに限る）を用いてインターネットへの接続点までの間の通信を媒介する役務（携帯電話端末サービス、無線インターネット専用

サービスおよび PHS 端末サービスの役務を除く）（MNO の BWA〔無線インターネット専用〕サービス）

⑤　その全部または一部が無線設備（固定して使用される無線局に係るものに限る。以下この号において同じ）により構成される端末系伝送路設備（その一部が無線設備により構成される場合は利用者の電気通信設備〔電気通信事業者が設置する電気通信設備であって、共同住宅等内に設置されるものを含む〕と接続される一端が無線であるものに限る）を用いてインターネットへの接続点までの間の通信を媒介する役務（FWA インターネットサービス）

⑥　端末系伝送路設備においてインターネットプロトコルを用いて音声伝送を行うことにより提供する電話の役務（IP 電話）

⑦　前記(a)の①から③（同告示 2 項各号）に掲げる役務であって、その提供に先立って対価の全部を受領するもの（プリペイド）

⑧　上記⑦に掲げるもののほか、前記(a)の③（同告示 2 項 3 号）に掲げる役務以外の仮想移動電気通信サービスの役務（MVNO の携帯電話サービス）

⑨　前記(a)の①から③（告示 2 項各号）、前記(b)の③（同告示 3 項 3 号）および(b)の④（同告示 3 項 4 号）ならびに(c)の③（同告示 4 項 3 号）同⑦（同告示 4 項 7 号）および同⑧（同告示 4 項 8 号）に掲げる役務以外のインターネット接続サービスの役務（その他の ISP〔インターネットサービスプロバイダー〕のサービス）

(イ)　説明義務の対象とされた電気通信役務の消費者保護ルールにおける位置付け

　事業法は、事業法26条の説明義務のほかに消費者保護ルールとして、前述のとおり、書面交付義務（事業法26条の 2）、初期契約解除制度（書面による解除：同条の 3）、不実告知・重要事項の不告知（事業法27条の 2 第 1 号）、勧誘継続行為の禁止（同条の 2 第 2 号）および媒介等受託業者に対する電気通信事業者の指導等の措置義務（同条の 3）を定めているが、事業法26条に定める説明義務の対象となる電気通信役務は、これらの消費者保護ルールの適用においても規定の適用の有無に関する類型的基準となっている。

　具体的には、説明義務以外の他の消費者保護ルールは、事業法26条 1 項 1

号から3号の区別に応じて、事業法省令に基づき説明義務の対象となる電気通信役務について認められるものとし、説明義務の対象にはならない電気通信役務には、他の消費者保護ルールは適用されない建て付けになっている。

　また、説明義務の対象となる電気通信役務のなかから、書面交付義務や初期契約解除の対象となる電気通信役務と対象とならない電気通信役務を区分して、前者についてのみ書面交付義務や初期契約解除の対象としている。いわば、説明義務の対象となる電気通信役務が土台となって、その他の消費者保護ルールが組み立てられているといえる（この点については、事業法GL6頁以下参照）。

　以上の意味で、説明義務の対象となる電気通信役務を土台にして、その他の消費者保護ルールの適用関係を表にすると、次の【図表11】のとおりとなっている（事業法GL6～7頁）。

　平成15年の事業法改正で導入された説明義務等の消費者保護ルールでは、説明義務の対象となる契約について「電気通信役務の提供を受けようとする者（電気通信事業者である者を除く）と国民の日常生活に係るものとして総務省令で定める電気通信役務の提供に関する契約」と規定し、国民の日常生活に係るものではない契約を適用対象外にすることで、いわゆる消費者との間の契約に限り適用されるルールであることを明らかにしていた（旧事業法26条）。

　しかし、現行の事業法ではこのような方法で、適用対象を消費者に限定する枠組みは採用せず、後述するとおり、説明義務その他の消費者保護ルールの適用を除外する契約を、「法人その他の団体」との契約と規定することによって（事業法26条）、これらのルールの適用対象がいわゆる消費者との契約に限定される趣旨を明らかにしている。

オ　電気通信事業者等が説明義務を負う場合

　電気通信事業者等が説明義務を負うのは、電気通信役務の提供に関する契約の締結またはその媒介等をしようとするときである（事業法26条1項）。

　「契約の締結又はその媒介等をしようとするとき」とは、消費者契約法4条1項から4項に規定する消費者契約の「締結について勧誘をするに際し」とほぼ同義であり、電気通信役務の提供契約につき、電気通信事業者等が利用者（消費者）と業務に関して接触する状況や段階となった時点から、利用者

【 図表11 】 電気通信サービスの種類毎の消費者保護ルールの一覧表
（平成27年改正事業法）

該当する条項	電気通信事業者	媒介等業務受託者（代理店）	移動通信サービス 初期契約解除の対象：MNO（注1）の携帯電話サービス	MNOの無線インターネット専用サービス（BWA〈注3〉）	MVNOの期間拘束付無線インターネット専用サービス（BWA）（プリペイド除く）	PHS	初期契約解除の対象にならないサービス：MVNO（注2）の携帯電話サービス	MVNOの期間拘束なしの無線インターネット専用サービス（BWA）	プリペイド	公衆無線LAN	固定通信サービス 初期契約解除の対象：FTTH（注5）インターネットサービス	CATVインターネットサービス	分離型ISPサービス（FTTH、CATV、DSL〈注6〉）	初期契約解除の対象にならないサービス：DSLインターネットサービス	FWA（注4）インターネットサービス	その他のISPサービス	IP電話	電話及びISDNサービス	その他のサービス
【行政規制】事業の休廃止に係る周知義務（事業法18条3項）	○	×	○	○	○	○	○	○	○	○	○	○	○	○	○	○	○	○	—
提供条件概要説明義務（事業法26条）	○	○	○	○	○	○	○	○	○	○	○	○	○	○	○	○	○	○	—
書面交付義務（事業法26条の2）	○	○	○	○	○	○	○	○	○	○	○	○	○	○	○	○	○	○	—
苦情等処理義務（事業法27条）	○	×	○	○	○	○	○	○	○	○	○	○	○	○	○	○	○	○	—
禁止行為（事業法27条の2）	○	○	○	○	○	○	○	○	○	○	○	○	○	○	○	○	○	○	—
媒介等業務受託者に対する指導等の措置（事業法27条の3）	○	△	○	○	○	○	○	○	○	○	○	○	○	○	○	○	○	○	—
【民事効】初期契約解除制度（事業法26条の3）	○	×	○	○	○	○	×	×	×	×	○	○	○	×	×	×	×	×	—

凡例　適用あり（○）、間接的に適用あり（△）、適用なし（×と—）

注1—MNO（Mobile Network Operator）：移動体通信事業者（自前で移動体通信回線設備を保有して移動体通信サービスを提供する事業者）

注2—MVNO（Mobile Virtual Network Operator）：仮想移動体通信事業者（自前の通信回線設備を保有せず、他業者から回線を借りて移動体通信サービスを提供する事業者）

注3—BWA（Broadband Wireless Access）：地域広帯域移動無線アクセスシステム。具体例は2.5GHz帯を利用した「WiMAX」など

注4—FWA（Fixed Wireless Access）：固定無線アクセスシステム（準ミリ波帯・ミリ波帯：22GHz帯、26GHz帯、38GHz帯を利用）。具体例は「Bフレッツ（ワイヤレス方式）」（NTT東西）「スカイネットV」（オーレンス）「air5G」（旭川ケーブルテレビ）

注5—FTTH（Fiber To The Home）：光ファイバーを利用した家庭用の高速データ通信サービス

注6—DSL（Digital Subscriber Line）：一般的なアナログの回線内に高周波の電流を流し、デジタル高速通信を実現する通信サービス（上り下りの速度が非対称〔Asymmetric〕な「ADSL」が一般的）

出典）事業法GL6〜7頁の表に筆者が加筆・修正

が契約の申込みまたは承諾をするまでの間にという意味である。事業法26条
1項を受けて規定されている事業法省令22条の2の3第1項が「電気通信役

務に関する料金その他の提供条件の概要の説明」は「締結又はその媒介等が行われるまでの間に……行わなければならない」と規定しているのもこのような趣旨である。

したがって、契約の締結と無関係な事項について何らかの接触があったとしても（例えば、携帯やスマホの修理のみの問合せを利用者から受けた場合など）、それだけで直ちに電気通信事業者等に説明義務が生じる訳ではないし、反対に契約締結後や利用者から契約の申込みや承諾の意思表示を受領してしまった後に説明をしても、本条の説明義務を履行したことにはならない。

カ　説明義務が免除される場合

以上のとおり、説明義務の対象となる電気通信役務の提供契約を電気通信事業者等がしようとするときは説明義務が課されるが、このような場合であっても電気通信事業者等に説明義務が免除される場合を事業法は規定している。

既に解説したとおり、利用者が電気通信事業者に該当する場合は説明義務は課されないが、これ以外にも、事業法は対象となる契約が次の①から④の場合は、説明義務の対象から除外されている（事業法26条1項本文ただし書、事業法省令22条の2の3第6項1号から5号）。

①　法人契約（事業法省令22条の2の3第6項1号）

法人その他の団体（以下、まとめて「法人等」という）である利用者との間で、法人等の「営業のために又はその営業として」締結する契約は説明義務の対象から除外されている。営利を目的としない法人等の場合であっても、これら法人等の「事業のため又はその事業として」締結する契約も、説明義務の対象から除外される。

なお、「法人その他の団体」には、営利・非営利を問わず権利能力なき社団や財団も含まれるので、法人格がない団体との契約でも、営業のためにまたは営業として締結する契約や事業のためにまたはその事業として締結される契約については、説明義務が除外される。したがって、民法上の組合、マンションの管理組合（法人格を有する場合と有しない場合を含め）や同窓会などの団体との契約も、このような契約の場合には説明義務の対象から除外されていることになる。

しかし、説明義務の対象外とされる法人等との契約については、事業法省

190　▶第4章 電気通信事業に関わる法と消費者

令の条文上「法人」「団体」との文言で規定されていることからして、永続的な組織と財産を備え、当該組織を管理、運営する機関が存在しているものを前提にしていると解されるし、小規模な個人事業主の情報の質・量や交渉力の格差を踏まえると、規模の小さい個人事業主は「法人その他の団体」には含まないと解される（事業法 GL13〜14頁）。

　この点では、消費者契約法の適用の有無を画する「事業性」（消契法2条1項・2項）の解釈の場面よりは、事業としての性質が高い場合でも説明義務の例外には含まれないという解釈がとられている。

　また、契約名義は法人名義でなされていても、実質が個人の家庭用の場合には説明義務の対象外の契約とは解されない（事業法 GL13頁）。

② **自動締結契約**（事業法省令22条の2の3第6項2号）

　他の電気通信事業者との間に対象契約が締結されたときは自らが提供する電気通信役務についても契約を締結したこととなる旨の契約約款の規定に基づいて締結する契約については、説明義務の対象から除外されている。

　このような契約は「みなし契約」とよばれている契約であり、海外において同様の契約関係が成立し、海外の電気通信事業者のサービス提供が受けられるようになる「ローミング契約」もみなし契約の1つである。

　みなし契約は、利用者が直接契約している電気通信事業者ではない事業者との間に新たに契約が締結される場合である。そのため、事業法の説明義務の考え方をそのまま適用すると、新たに別の電気通信事業者との間で「契約の締結又はその媒介等をしようとするとき」に該当し、新たに契約を締結することになる電気通信事業者に説明義務が課されるし、既に契約している電気通信事業者も別の電気通信事業者との関係では媒介等業務受託者であるから、同様に新たに契約されることになる電気通信役務の提供契約についての説明義務があることになる。

　しかし、このような場合には、別の電気通信事業者と契約している相手方の電話番号をダイヤルすれば自動的に通信が利用できる点などでは利用者の利便性が高いし、予め契約約款によってこのような場合の契約条件や役務の提供条件が具体的に規定され、約款の公表等の義務を通じて利用者にも周知されているとみることができるので、いちいち説明義務を課さなくても利用者（消費者）の利益を害することが少ないと考えられることから、説明義務の

除外とされたものである。

③ 都度契約（事業法省令22条の2の3第6項3号）

公衆電話その他の電気通信役務の提供を受けようとする都度、契約を締結することとなる対象契約も、説明義務の対象から除外されている。公衆電話は事業法省令で明示されているが、これ以外にも除外される電気通信役務の提供契約としては「クレジット通話」や「コレクトコール」がある。

公衆電話は、電気通信事業者が自ら設置しているものであり、公衆電話に接続している回線の契約者を観念することはできないので、公衆電話利用者が硬貨やプリペイドカード等により通話の都度支払いをすることを前提に、その都度、契約を締結して通信サービスの提供を受ける関係にある。

また、クレジットコールも支払手段として利用されるのがクレジットカードである点に相違があるが、公衆電話と同様に契約がその都度締結されるし、コレクトコールの場合も電話をかけてきた相手方からの申込みである通話料金等の受信者払いの条件をその都度承諾して始めて契約が成立すると考えられるので、このような場合には逐一、個別の契約成立に際して説明を行わなくても、利用者（消費者）の利益が害される可能性は低いことから、説明義務の対象から除外されたものである。

④ 接続・共用契約（事業法省令22条の2の3第6項4号）

電気通信事業者が他の電気通信事業者と電気通信設備の接続または共用に関する協定を締結して提供する対象契約であって、当該電気通信役務に関する料金その他の提供条件（基本説明事項および変更契約・更新契約おいて説明が必要とされる事項〔事業法省令22条の2の3第2項各号〕に限る）を当該他の電気通信事業者が利用者に説明することとしている契約についても、説明義務の例外となっている。

具体的には、例えばアクセス回線事業者がプロバイダーと接続して光回線によるインターネットサービスを提供する場合や、MVNOがMNOと接続して移動通信体サービスを提供する場合などである。

これらの場合は、共同して電気通信役務を提供する事業者の一方が、まとめて当該電気通信役務の内容等の提供条件の説明をすれば、一方の事業者の説明によって他の事業者に接続したり、あるいは共用して提供される電気通信役務の提供条件等についての説明がなされるのが通例であるから、この場

合に接続事業者や共用事業者すべてに説明義務を課さなくても、利用者（消費者）の利益を害するおそれが低いことから説明義務を除外する契約とされたものである。

⑤　変更または更新契約（事業法省令22条の2の3第6項5号）

　事業法では、新たに契約を締結する場合ではなく、既に締結されている契約の変更や更新の場合についても、提供条件概要説明をすべきものとされているものがある（事業法省令22条の2の3第2項）。

　事業法26条1項に基づく事業法省令22条の2の3第2項は、変更契約または更新契約の締結またはその媒介等をしようとする場合には、新たな契約の締結とみて、その提供条件の説明を新規契約の場合と同じように義務づけるのではなく、変更または更新される事項や変更、更新の内容に応じて、同項1号から4号に掲げる場合の区分に応じ、【図表12】のとおり、同項1号から4号に定める事項について提供条件の概要の説明を義務づけている。

【 図表12 】　変更・更新契約の説明義務

	変更する提供条件	変更の申出者	利用者にとって有利な変更か不利な変更か	説明すべき事項
①	種類	問わない	問わない	全ての基本説明
②	種類以外の基本説明事項	利用者	問わない	変更しようとする基本的説明事項
③	種類以外の基本説明事項	電気通信事業者	不利	変更しようとする基本的説明事項
④	種類以外の基本説明事項	電気通信事業者	有利	説明不要
⑤	基本説明事項以外の契約内容（付加的機能等）または変更なし	問わない	問わない	説明不要

出典）事業法GL36頁

　そして、事業法省令22条の2の3第2項によりに提供条件概要説明が必要とされているもの以外の変更契約または更新契約については、説明義務の対象から除外される契約とされている（事業法省令22条の2の3第6項5号）。

　したがって、変更または更新契約の場合には、上記の表に記載されている区分にしたがって提供条件の概要を説明すべきとされているもの以外の変更契約または更新契約については、説明義務の対象とはならない。

キ　説明すべき事項

　事業法26条により説明すべき事項と規定されているのは「当該電気通信役

第3節 事業法の消費者保護ルール　*193*

務に関する料金その他の提供条件の概要」である。この説明は「提供条件概要説明」というとされ、前述のとおり、説明義務の対象となる契約（対象契約）の締結またはその媒介等が行われるまでの間に「基本説明事項」について行う必要がある（事業法省令22条の2の3第1項本文柱書）。

① 基本説明事項

提供条件概要説明において説明すべき「基本説明事項」は、次のとおりの事項である（事業法 GL16〜27頁）。なお、説明すべき事項である「基本説明事項」には、留守番電話や電話転送サービスなどの付加的な機能や MVNO の SMS などのオプションサービスなどの付随契約に係る事項は含まれないので（事業法省令22条の2の3第1項柱書）、説明義務としてはこれら事項の説明は義務づけられていない。しかし、これらのオプションサービスや付随契約の内容となる事項は、後述の書面交付義務における書面記載事項として記載が義務づけられる事項となっているものもある[18]。

㋐ 電気通信事業者等の連絡先・名称等（事業法省令22条の2の3第1項1号から4号）

（a） 電気通信役務の提供をする電気通信事業者、媒介等業務受託者の氏名または名称である。媒介等業務受託者が媒介等を行う場合にはその旨も説明する必要がある（同項1号・2号）。

（b） 電気通信役務を提供する電気通信事業者、媒介等業務受託者の電話番号、電子メールアドレスその他の連絡先（郵便の送付先住所・ウェブページの URL など）である。電話による連絡先については、苦情および問合せに応じる時間帯も説明する必要がある（同項3号・4号）。

なお、電気通信事業者が接続または共用によりサービス提供している場合に、接続・共用にかかる他の電気通信事業者が苦情や料金等の回収等の問合せを受け付けることとなっている場合には、電気通信事業者の連絡先等は説明の対象事項から除かれている。また、媒介等業務受託者に対する苦情およ

---

[18] オプションサービスや付随契約は、勧誘段階における説明義務の対象とは規定されていないので、店舗や電話による実際の電気通信サービスの契約締結の場面では、これらの事項についての説明が十分になされず、契約を締結した後になって、付加的サービスの料金等を請求されたり、交付された契約書面をみてこのような付加的サービスの契約を締結していることが分かり、契約締結時点での消費者の認識と成立した契約の内容とが齟齬する結果となることで、消費者とのトラブルになるケースがかなりある。このような紛争を予防する意味からも、事業法の改正によりこれら付加的サービスや付随契約の内容となる事項についても、説明義務の対象とすべきである。

194 ▶第4章 電気通信事業に関わる法と消費者

び問合せの処理について、電気通信事業者が応じることとしている場合には媒介等業務受託者の連絡先等は説明の対象事項から除かれている。

　(イ)　電気通信役務の内容（同項 5 号）

　電気通信役務の内容の説明においては、次の(a)から(g)の事項を含んでいる必要がある（事業法 GL18頁）。

　　(a)　名称（5 号イ）　　電気通信事業者が提供する電気通信役務について、その電気通信事業者が付けている具体的なサービス名、役務商品としての名称である。

　　(b)　種類（5 号ロ）　　電気通信役務の種類は、事業法省令の「別表」でサービスの種類を区分して、次のとおり定められているが、基本的には説明義務の対象として告示によって指定されているものと同様の区分となっている。なお、この「別表」には「備考」が付されており、備考において各サービスの種類の用語の定義をしている[19]。

▶ ....

[19] この別表の「備考」では、下記の①～⑩の用語の意味は、それぞれ次のとおりとされている。
①　携帯電話端末・PHS 端末サービス
　携帯電話の役務（無線・PHS インターネット専用サービスを除く。以下この号において同じ）または PHS の役務ならびに携帯電話端末または PHS 端末からのインターネット接続サービス（利用者の電気通信設備と接続される一端が無線により構成される端末系伝送路設備（以下「無線端末系伝送路設備」という）（その一端がブラウザを搭載した携帯電話端末または PHS 端末と接続されるものに限る）および当該ブラウザを用いてインターネットへの接続を可能とする電気通信役務をいう）の役務
②　無線・PHS インターネット専用サービス
　携帯電話端末・PHS 端末サービスの提供に用いられる無線端末系伝送路設備を用いて、または一端が利用者の電気通信設備と接続される無線設備規則第49条の28もしくは第49条の29で定める条件に適合する無線設備を用いてインターネットへの接続点までの間の通信を媒介する役務および当該役務の提供に用いられる無線端末系伝送路設備を用いて提供されるインターネット接続サービスの役務であって、当該無線端末系伝送路設備の一端に接続される利用者の電気通信設備（以下「無線インターネット利用者設備」という）によって音声伝送役務（電気通信番号規則 9 条 1 項 3 号に規定する電気通信番号を用いて提供されるものであって、当該電気通信番号の指定を受けて提供されるものまたは当該指定を受けた電気通信事業者から卸電気通信役務の提供を受けることにより提供されるものに限る）の提供を受けないもの
③　仮想移動電気通信サービス
　移動端末設備（無線インターネット利用者設備に限る）を用いて利用される電気通信役務であって、無線端末系伝送路設備に当該移動端末設備を接続する利用者に対し、当該電気通信役務に係る基地局を設置せずに提供されるもの（当該電気通信役務に係る利用者料金の設定権を有する者が提供するものに限る）
④　DSL アクセスサービス
　アナログ信号伝送用の端末系伝送路設備にデジタル加入者回線アクセス多重化装置を接続してインターネットへの接続点までの間の通信を媒介する役務
⑤　FTTH アクセスサービス
　そのすべての区間に光信号伝送用の端末系伝送路設備を用いてインターネットへの接続点までの間の通信を媒介する役務（共同住宅等内に VDSL 設備その他の電気通信設備を用いるものを含む）
⑥　CATV アクセスサービス
　有線テレビジョン放送施設（放送法 2 条 3 号に規定する一般放送のうち、同条18号に規定するテレビジョン放送を行うための有線電気通信設備（再放送を行うための受信空中線その他放送の受信

第 3 節 事業法の消費者保護ルール　**195**

ⓐ 電話（アナログ電話用設備を用いて提供する音声伝送役務に限る：いわゆる「固定電話」である）および総合デジタル通信サービス（ISDN）

ⓑ 携帯電話端末・PHS 端末サービス

ⓒ 無線・PHS インターネット専用サービス

ⓓ 仮想移動電気通信サービス（MVNO）

ⓔ DSL アクセスサービス

ⓕ FTTH アクセスサービス

ⓖ CATV アクセスサービス

ⓗ 公衆無線 LAN アクセスサービス

ⓘ FWA アクセスサービス

ⓙ IP 電話サービス

ⓚ 公衆無線 LAN アクセスサービス、FWA アクセスサービスによる無線インターネット接続サービス

ⓛ 固定アクセスによりネットワークに接続して提供されるインターネット接続サービス（ISP の提供するサービス部分のことである）

ⓜ 上記のⓐからⓛに掲げる電気通信役務以外の事業法26条１項で説明義務の対象とされている電気通信役務（2017年９月時点では該当するものは想定されていない：事業法 GL17頁）

(c) 品質（５号ハ）　　通信速度など、提供する電気通信役務の性質や通信における能力のことである。

──────────────────────

▶ に必要な設備を含む）およびこれに接続される受信設備をいう）の線路と同一の線路を使用する電気通信設備を用いてインターネットへの接続点までの間の通信を媒介する役務（FTTH アクセスサービスを除く）
⑦　公衆無線 LAN アクセスサービス
　利用者の電気通信設備と接続される一端が無線により構成される端末系伝送路設備（その一端が移動端末設備と接続されるものに限る）または電気通信事業の用に供する端末設備（移動端末設備との通信を行うものに限る）を用いてインターネットへの接続点までの間の通信を媒介する役務(携帯電話端末・PHS 端末サービスおよび無線・PHS インターネット専用サービスの役務を除く)
⑧　FWA アクセスサービス
　その全部または一部が無線設備（固定して使用される無線局に係るものに限る）により構成される端末系伝送路設備（その一部が当該無線設備により構成される場合は利用者の電気通信設備〔電気通信事業者が設置する電気通信設備であって、共同住宅等内に設置されるものを含む〕と接続される一端が無線であるものに限る）を用いてインターネットへの接続点までの間の通信を媒介する役務
⑨　IP 電話サービス
　端末系伝送路設備においてインターネットプロトコルを用いて音声伝送を行うことにより提供する電話の役務
⑩　インターネット接続サービス
　インターネットへの接続を可能とする電気通信役務

特に、通信速度等が契約上は保証されていない「ベストエフォート型」の
サービスについては、消費者がベストエフォート型サービスの内容を十分に
理解することができるよう配慮する必要があり、実際に利用する場合には、
広告や勧誘時点で説明された最高伝送速度より伝送速度が低くなる場合があ
るなど、品質や伝送能力における制限や限定、条件などを説明する必要があ
る。その意味で、割り当てられた電話番号が「050」のIP電話サービスでは、
固定電話に比べて通話音質が低下することがある旨の説明が必要である（事
業法GL19頁）。

　なお、事業法ガイドラインでは、通信の品質に関する望ましい説明として、
最高伝送速度等の値の説明（表示）とともに、例えば「表示速度は最高速度で
あり、保証されるものではなく、当該速度より低い速度しか出ない場合があ
る」、「回線（又は周波数）を複数の加入者でシェア（共用）するため伝送速度
が低下することがある」等という説明（表示）や、総務省の「移動系通信事業
者が提供するインターネット接続サービスの実効速度計測手法及び利用者へ
の情報提供手法等に関するガイドライン」（平成27〔2015〕年7月）に基づき実
効速度の計測を実施している場合には、「受信実効速度は14.1～37.6Mbps
です」などの表現により、集計された計測値についても紹介することを例示
している（事業法GL19頁）。

　(d)　提供を受けることができる場所（5号ニ）　　電気通信役務の提供を受
けられる「通信エリア」のことであり、通信エリアも広い意味では電気通信
役務の品質の内容をなすものであるが、移動通信サービスの場合、消費者が
通信サービスを利用する際に通信エリア内か否かは特に重要な品質であるの
で、電気通信役務の品質一般とは区別して説明すべき事項として明示されて
いる。

　移動通信サービスでは、このように役務の利用可能性が場所によって変動
するものであるので、地理的条件に応じた利用可能性について予め確定的に
明示することが困難なことが少なくない。通信役務のこのような性質のため、
利用可能な場所が制限されることや、制限される条件事項を説明しなければ
ならない。

　この点について、事業法ガイドラインでは、携帯電話サービスおよび
BWAサービスにおいては、基地局の設置場所から離れた地域にあるとき、

近隣の建造物や工作物により電波の受信の障害が発生している地域にあるときなど、電波が届かない場所ではサービス提供を受けることができないことがある旨の説明が最低限必要であると説明されている（事業法GL20頁）。

なお、公衆無線LANアクセスサービスは、場所的に非常に限られた地点に限定して提供されるものであるので、地理的に十分な広がりをもったエリア内においてその無線LANアクセスサービスの利用可能状況が変動するという事情がない限り、「提供を受けることができる場所」という観点での説明の必要はないと解されている（事業法GL20頁）。

(e) 緊急通報に係る制限がある場合には、その内容（5号ホ）　緊急通報は、警察への110番通報、海上保安機関への118番通報および消防への119番通報のことである。

IP電話ではこれら通報ができない通話サービスもあるので、そのようなサービスの場合には、これら緊急通報ができない旨の説明が必要である。また、緊急通報が利用できないIP電話でも、緊急通報の番号をダイヤルすると自動的にそのIP網以外の他の通信網に迂回して緊急通報先につながるようになっているサービスもあるが、このような機能についても説明すべき事項である。

また、IP電話がこのような仕組みにより緊急通報ができる場合であっても、停電時には、緊急通報を含めてIP電話による通話が不能となる場合があることも説明すべき事項である（事業法GL20頁）。

(f) 青少年有害情報フィルタリングサービスによる制限がある場合には、その内容（5号ヘ）　青少年インターネット環境整備法は、インターネット利用を通じて満18歳未満の青少年が有害情報に接することによって犯罪等に巻き込まれることを防止し、その権利擁護に資するために、携帯電話サービスによってインターネットに接続する役務の利用者である青少年の場合、保護者が不要としない限り、「青少年有害情報フィルタリングサービス」の利用を条件として同役務を提供することを義務づけている（同法17条）。

この法律では、保護者の自主的な判断により、上記のフィルタリングサービスを利用するか否かを決定できることとしているので、保護者にフィルタリングサービスに関する正しく十分な情報を提供することによって判断をしてもらう必要がある。

198　▶第4章 電気通信事業に関わる法と消費者

また、保護者が、フィルタリングサービスを利用する必要性について正しく認識してもらい、一旦、同サービスの利用を決定した後に安易に解除をしてしまうことを防止する観点から、保護者および青少年に対し正確な理解がなされるよう、携帯電話の使用者の年齢確認に加え、上記フィルタリングサービスに関する説明が義務づけられているものである。

なお、フィルタリングサービスを利用することで、青少年にふさわしくない情報等、一部情報の閲覧が制限される結果となることから、電気通信役務の利用制限の一場面であることもあり、この観点からも説明が必要とされている（事業法 GL21頁）。

(g) (e)および(f)に掲げるもののほか、電気通信役務の利用に関する制限がある場合には、その内容（5号ト）　以上の説明事項のほかに電気通信役務の利用に関する制限についての説明が義務づけられているが、いわゆる「帯域制限」などがこれに該当する。

いわゆる「ヘビーユーザー」など、特定の利用者が大量の通信を行うことでネットワーク上の回線混雑を回避するために、電気通信事業者がこれらの者の行う通信について通信量や通信時間を制限したり制御する場合がある。また、このほかにも特定のアプリケーションソフトによる通信を制限したり制御する場合がある。

電気通信事業者が、これらの制限や制御を行う場合がある場合には、その旨とその内容について説明すべき義務がある（事業法 GL21頁）。

(ウ)　料金等（6号から8号）

(a)　料金（6号）　「料金」とは、利用者に適用される電気通信役務の提供に対する対価のことである。対価の種類、金額や具体的な金額を明示できない場合には、その金額の算定方式や算定ルールなどが対象であり、基本料金、通話やデータ通信の料金、インターネットの接続料金などがこれに該当する。

また、家族割引、長期契約割引、月々割引等の料金割引が適用される場合の割引料金および事務手数料等、契約締結の最初の段階で負担が必要な料金も説明すべき事項である。

これら料金について、電気通信事業者が距離、接続する電気通信事業者、対地、時間帯、曜日などの区分ごとに、多数の区分を設けて料金設定をして

第3節 事業法の消費者保護ルール　**199**

いる場合には、すべての料金の説明をする必要はなく、一般消費者の利用が見込まれる主な料金区分の説明をすれば足りる（同項6号ただし書）。

(b) 料金以外で通常負担する必要がある経費（7号）　利用者に、上記(a)の料金に含まれない経費の負担が必要である場合には、その内容を説明する必要がある。具体的にはFTTHインターネットサービスを利用するために必要な光回線終端装置（ONU）や無線LANルーターなどの端末機器のレンタル料や工事費等の経費の負担を要する場合のその経費などである。

また、IP電話では提供できないサービスがある場合に、自動的にそのIP通信網以外の他の通信網に迂回する機能を有する場合に、当該迂回する通信網に関する料金の負担が別途必要である場合もその旨の説明が必要である（事業法GL22頁）。

(c) 料金その他の経費の減免の実施期間その他の条件（8号）　以上(a)または(b)の全部または一部を期間を限定して減免するときは、(a)、(b)のとおり割引等をされる金額を説明する必要があることに加え、事業法省令22条の2の3第1項8号により当該減免の実施期間その他の条件を説明する必要がある。なお、同項8号の減免は、期間を限定して割引等をする場合の説明義務であり、期間を限定しない減免は、そもそも同項6号、7号の料金等の内容として説明すべき事項である。

この「減免」のなかには、料金や経費の支払金額を減額させたり免除する場合（いわゆる「割引」の場合）に限らず、電気通信事業者が金員やこれに相当する経済的価値を利用者に交付する場合（いわゆる「キャッシュバック」の場合）も含まれる。

説明すべき具体的内容としては、その始期と終期、期間等の割引が適用される契約期間、基本料金、通話料、通信料や機器レンタル料のうち、どの項目に適用されるのか等の範囲や項目、家族割引の場合、家族のうち一部（主契約者のみ）に適用されるのか、家族全員に適用されるのか等の適用対象、さらには契約を解除する等一定の条件を満たすと割引が受けられなくなる等の条件の内容、そして申込みの時期によって割引の適用内容や条件等が変わる場合にその旨および内容を説明することが必要である。

また、キャッシュバックについては、サービスの利用開始後の一定期間を経過した後にキャッシュバックが実施される場合には、そのキャッシュバッ

ク等の提供時期および提供を受けるために必要とされる条件（例えば必要な情報を受け取る方法等）を説明する必要があるとされている（事業法GL23頁）。

　㈓　契約の変更・解除に係る事項（同項9号・10号）

　　㈎　契約の変更・解除の連絡先および方法（9号）　　利用者からの申出による契約の変更または解除の連絡先および方法が説明すべき事項であるが、前記の㈠の⒝の連絡先と本号の連絡先等が同一である場合は、その旨の説明で足りる。

　なお、例えば光回線（FTTH）アクセスサービスとインターネット接続サービスに加えて、MVNOの携帯電話サービスなど複数の種類の電気通信役務を同時に説明し、契約締結をする場合において、電気通信役務の種類ごとに連絡先が異なっている場合には、その種類ごとに連絡先を説明しなければならないのが原則である。

　また、契約の解除・変更にIDとパスワードが必要とされる場合や、解除・変更には電気通信事業者が定める様式や書式によることを必要とするなど、特定の書類等による意思表示を必要とする場合には、その旨の説明も必要である（事業法GL23頁）。

　　㈏　契約の変更または解除の条件等に関する定め（10号）　　利用者からの申出による電気通信役務の提供契約の変更または解除をするために、変更・解除に期間の制限があるときや、これに伴う違約金の定めがある場合、電気通信役務の提供のために貸与した端末設備の返還または引取りに要する経費を利用者が負担する必要があるときには、これらの条件等の定めがある旨およびその内容を説明する義務がある。

　セット販売において一部のサービス提供契約や商品の売買、レンタルの契約を解除することにより、販売されたもの全体や、解除していない他のサービスや商品に係る契約についても違約金が生じる旨とその金額等もこれに含まれる。

　㈔　初期契約解除に関する事項（同項11号）

　事業法26条の3に規定する電気通信役務の提供契約を書面により解除することができるものであるとき（初期契約解除が可能な電気通信役務の場合のことである）は、同条に基づく初期契約解除が可能であること、および、事業法26条の2に規定する「契約書面」を受領した日を含む8日が経過するまで

第3節　事業法の消費者保護ルール　**201**

の間など、解除が可能な期間を説明する義務がある。

また、「更に詳細は契約書面に記載されている旨の説明が最低限必要であるとされている（事業法GL25頁）。

なお、通常の中途解約によって電気通信役務の提供契約を解除した方が、初期契約解除による場合より利用者に有利となる（初期契約解除の方が利用者に不利となる）場合は、このような事実は本号ではなく、「契約の変更又は解除の連絡先及び方法」（事業法省令22条の2の3第1項9号）および「契約の変更又は解除の条件等に関する定め」（同項10号）に係る説明事項に含まれる。

したがって、初期契約解除による解除の方が不利益となる場合には、初期契約解除の方が不利益となる旨と不利益の内容は、解除の「方法」「条件等」に関するものとして説明義務がある。

電気通信役務の提供契約それ自体ではなく、オプションサービスなど同時に締結される付随契約は説明義務の対象とはされていないので、付随契約上、本体の電気通信役務の提供契約の初期解除した場合の方が不利益となる事実は、やはり説明義務の対象とはならないことになる。事業法ガイドラインでは、この事実の説明は「望ましい対応」と整理されているが（事業法GL25頁）、この場合の不利益も初期解除によって付随契約にも解除の効力が及ぶ場合には、本体の電気通信役務の提供契約の内容そのものと評価することも可能であるから、説明すべき事項と解すべきである。

これに対し、例えば光回線の卸を受けた電気通信事業者等が、光回線サービスの乗換契約を消費者に勧誘する事例などでは、勧誘されて締結した光回線サービスの初期契約解除をした結果、乗換する前の電気通信事業者との契約に戻るには、新たに事務手数料や工事費が必要となったり、電話番号やメールアドレスを元のものに戻すことができないなどの不利益を受ける。このような不利益は、電気通信事業者等が勧誘する電気通信役務の提供契約それ自体に係る事項ではないので、事業法26条の説明義務の対象とはならない。

しかし、これらの不利益を知りながら、勧誘する電気通信事業者等が敢えて（故意に）告知せずに乗換契約を締結させた場合には、重要事項の不告知（事業法27条の2第1号）に該当することがある（事業法GL25頁）。

　㋕　確認措置に関する事項（同項12号）

提供条件概要説明の対象となる契約が、事業法省令22条の2の7第1項5

号に規定する「確認措置契約」であるときは、同号に規定する確認措置に関する事項の説明義務がある。具体的には、同号に定める「確認措置」により利用の場所、状況または法令遵守の状況により契約解除が可能である旨の説明、確認措置による解除の申出方法、申出可能期間の説明が必要であり、初期契約解除の説明の場合と同様に確認措置解除についても、詳細は契約書面に記載がある旨の説明が最低限必要である。

確認措置による契約解除の方が通常の解除や解約より不利益となる場合の説明義務、および乗換契約の勧誘時にこれら不利益を告知しないと重要事項の不告知（事業法27条の2第1号）に該当し得ることについては、上記㋑の初期契約解除の説明義務の場合と同様に解される（事業法 GL25頁）。

② 契約変更、更新時の説明義務

　㋐ 契約変更、更新時の説明義務の特徴

以上の①では、電気通信役務の提供契約を締結するに際して、電気通信事業者等に課されている基本説明事項についての説明義務の内容を説明してきた。

基本説明事項の説明は、事業法が電気通信事業者等に対し説明義務を課す場合に共通する説明事項を規定したものであり、新たに契約を締結する場合を前提にしてその内容が規定されている。

これに対し、変更契約や更新契約の締結またはその媒介等をしようとするときは、既に締結されている契約の変更や更新の場合であることから、基本的にはこれによって変更された契約内容について説明すれば足りるはずである。

しかし、事業法はこれらの場合についても、電気通信役務の提供契約の性質や消費者との取引上問題となってきた苦情やトラブル等の実態や内容を踏まえて、契約変更や更新契約の締結やその媒介等をしようとする場合の説明義務について、別途、規定を置いている（事業法26条1項、事業法省令22条の2の3第2項）。

また、契約変更および更新契約における説明義務については、事業法はいわゆる「2年縛り契約」とよばれる期間拘束付き自動更新契約の場合と、このような期間拘束付き自動更新契約以外の契約の場合では、異なった説明事項および説明方法を規定している。

第3節 事業法の消費者保護ルール　*203*

これは、期間拘束付きの自動更新契約の場合には、更新される期間や違約金等の負担なしに契約を解除できる時期、期間およびその条件等について、消費者の認識や理解が契約締結時の説明義務の履行だけでは十分でないことや、契約期間が2年以上の長期にわたることが通例であるので、その間に消費者の電気通信役務の利用状況に変化があったり、当初の契約締結時に十分に説明がなされたとしても、長い期間が経過することでその認識や理解が変化し、記憶が薄れたり、誤った認識や理解をもってしまうことも起こり得ることから、このような不都合を解消できる説明を義務づける必要があるためである。

　　(イ)　期間拘束付き自動更新契約以外の説明義務（事業法省令22条の2の3第
　　　　2項1号・2号）

　変更契約または更新契約の締結またはその媒介等をしようとする場合、事業法省令22条の2の3第2項は、その変更・変更が利用者からの申出によるものか否かの区別と、変更・更新する契約の提供条件の内容に応じて説明すべき事項を区分して規定している。

　「変更契約」とは、既存の契約の提供条件の一部を変更する契約のことであり、例えば携帯電話の料金プランを変更する場合やデータ通信サービスにおける通信の技術的仕様や規格の変更に伴う通信速度の変更やサービスエリアが変更されるような場合である。

　また、「更新契約」とは、既存の契約の契約期間満了時に既契約を継続することを内容とする契約を意味する。

　変更契約および更新契約において説明義務の対象となる事項の基本的な考え方は、変更・更新により既契約の基本説明事項に変更がある場合に、その変更される提供条件について説明義務を課すというものである。

　上記のとおり、その変更または更新が利用者からの申出によるものか、電気通信事業者からの申出によるものかにより区別され、また、その変更等が利用者に有利か不利かの相違によって、説明が必要とされる場合と不要の場合に区分されている。

　そのため、基本的事項に変更がない場合（オプションサービスなど付加的機能等の変更に過ぎない場合も同じ）や、基本説明事項に変更があっても料金の値下げや料金の割引幅の拡大や解除制限の撤廃等のように、利用者（消費者）

に有利な変更の場合には説明義務は課されていない。

しかし、事業法省令22条の2の3第2項1号で「種類を除く」と規定されていることから、提供する電気通信役務の「種類」を変更する場合には、変更に係る基本説明事項をすべて説明する必要がある。これは、例えば光回線の契約を携帯電話サービスの契約に変更するように、電気通信役務の「種類」を変更することは、通常、提供条件が大きく変更されたり、質的に変わるものだからである。したがって、「種類」を変更する場合は、結局、新規契約の場合と同様の取扱いとなることになろう。

以上の期間拘束付き自動更新契約以外の変更・更新の場合の説明義務の具体的な内容を整理すると、前述の**カ⑤【図表12】**のとおりである（事業法GL31〜32頁）。

㈦　期間拘束付き自動更新契約に関する説明（通知）義務（同項3号）

以上に対し、既契約と同一の提供条件でその契約を更新することを内容とする契約（すなわち基本説明事項の変更を伴わない更新契約）であっても、❶利用者から更新しない旨の申出がない限り更新され、❷更新後の契約に期間拘束があり、❸期間制限に違反した場合の違約金が基本料金の額を超えるとの要件をいずれも満たす契約の場合には（この更新を「自動更新」という：事業法省令22条の2の3第2項3号）、電気通信事業者等には次の(a)から(f)のとおり、6の事項を説明すべき義務（通知義務）が課されている（事業法省令22条の2の3第2項）。

(a)　自動更新をしようとする旨

(b)　自動更新後の契約に期間および違約金の定めがある旨

(c)　自動更新後の契約期間

(d)　自動更新後の違約金の額

(e)　利用者からの更新しない旨の申出に関する事項

(f)　自動更新に伴い基本説明事項が変更される場合は、変更される基本説明事項

自動更新をしようとする旨は、利用者が(e)の申出をしないと契約が更新されてしまうことであるが、この申出をしないと更新後も契約期間が拘束され、拘束された期間内の解除では違約金が発生する旨を具体的に説明する必要がある。

第3節 事業法の消費者保護ルール　**205**

自動更新後の契約期間は、「2年」「3年」など具体的な期間をもって特定して説明する必要があるし、違約金の額も例えば「9,500円」などと具体的な金額を明示して説明する必要がある。

　上記(e)の利用者からの更新しない旨の申出に関する事項は、違約金なしに利用者が契約を解除できる期間を「1ヶ月間」や「60日間」など具体的な日数や期間をもって明示し、その期間内であれば違約金なしに解除ができる旨を説明する必要がある。

　また、この解除を行うための手続を具体的に説明する必要があり、解除の意思表示の連絡先や解除のための手続、手順、方法などを具体的に説明する必要がある。

　　(エ)　提供条件の変更を伴う期間拘束付き自動更新契約における説明（通知）義務（同項4号）

　自動更新の契約であって、既契約の提供条件の変更を伴う更新契約の締結やその媒介等を電気通信事業者等がする場合には、上記(ウ)の各事項に加え、変更しようとする基本説明事項についての説明義務（通知義務）がある。

　　(オ)　自動更新の契約の説明義務の履行方法・内容（通知義務）

　契約変更、更新時の説明も、事業法26条1項が規定する説明義務の一場面であるが、そのうち、自動更新の変更契約と更新契約を締結したり、媒介等する場合の説明については、同条を受けた事業法省令22条の2の3第5項が、「提供条件概要説明は、利用者に対し、説明事項の通知により行わなければならない」と規定し、その他の場合と異なり、説明の方法については「通知」という形式による説明を義務づけている。

③　説明の方法

　　(ア)　「説明」の意義と説明の程度

　事業法26条1項は、これまで述べてきたとおりの事項（基本説明事項の概要）を「説明しなければならない」とするが、ここにいう「説明」とは、利用者（消費者）に対し、説明の対象となる事項についての情報を提供することにより、その意味・内容を認識させ、理解させることを意味する。この場合、単なる認識や理解では足りず、利用者（消費者）に対し電気通信役務の提供を受ける契約に係る提供条件の概要について、必要かつ十分な情報を提供することによって、利用者が電気通信役務の提供契約の締結において合理的で適正

な自己決定がなし得る程度のものでなければならない。

　この点について、事業法ガイドラインでは、「『説明』とは、単に電気通信事業者等が説明すべき事項に関する情報を、何らかの手段で消費者が入手できる状態とする、あるいは何らかの手段で伝達するだけでは不十分であり、消費者が当該事項に関する情報を一通り聴きあるいは読むなどして、その事項について当該消費者の理解が形成されたという状態におくことをいう」としているが、これも事業法26条1項の「説明」の意義を、上記と同様のものと解しているといえる（事業法GL27頁）。

　なお、同ガイドラインでは、「説明」の意義について上記のとおり述べる一方、「ただし、個々の消費者の理解力等は千差万別であるので、全ての消費者が実際に十分な理解が形成されていることを確認することまでは求められない」とし、また「電気通信役務の種類に応じて、平均的な消費者が理解することができると推定できる程度に理解しやすい内容及び方法で情報が伝達されていれば、電気通信事業者等がその個別の消費者がそれを理解していないということを認識しているのにもかかわらずその状態を解消しようとしなかったという事情がない限り、説明義務は果たされたと考えるのが適当である」とも説明されている。

　利用者（消費者）に対する説明が尽くされたか否かについての判断において、電気通信事業者等に確認義務まで課されているとは解されないし、また、「平均的な消費者」の理解力を前提にすることが原則的な考え方であるとしても、消費者すべての平均値をもって判断すべきではなく、高齢者（特に認知症の症状のある高齢者など）、未成年者あるいは心身に障害のある者など、消費者の理解力や判断力の面で特に配慮が必要な者などもあることから、このような意味も含めて類型化された具体的な消費者の属性ごとの平均をもって説明が尽くされたか否かを判断すべきである。

　また、説明義務が誠実に履行されたか否かは、利用者の個人の「属性」のみで判断されるべきではなく、勧誘や説明の具体的な状況を前提にして、説明の内容はもとより、説明がなされた当時の状況や環境等も踏まえた判断が必要と解される。例えば、消費者の個々の属性（年齢や知的能力等）とは別に、不意打ち的な訪問勧誘や電話勧誘による場合や、高額なおまけ（キャッシュバックなど）や割引等により、契約締結への強い誘引がなされている状況下

第3節 事業法の消費者保護ルール　**207**

での説明などでは、消費者が正確で合理的な認識および判断をなし得る前提に歪みが生じやすいこともあるので、これらの事情や状況も説明が適正になされたのか否かの判断において考慮すべきである。

なお、消費者契約法4条2項が、不利益事実の不告知による意思表示の取消しは、「当該事業者が当該消費者に対し当該事実を告げようとしたにもかかわらず、当該消費者がこれを拒んだときは、この限りでない」と規定していることも参考にすると、事業法の説明義務の履行の場面でも、利用者（消費者）が説明が不要である旨の意思表示をしている場合には、電気通信事業者等が説明を省略したとしても、事業法26条違反とまでいう必要はないと解される。しかし、説明不要との意思表示は、利用者からの能動的なものであり、かつ、表示の態様の面でも内容の面でも明確な意思表示であることが必要である[20]。

以上の説明は、いわゆる「適合性の原則」に従って行わなければならないものとされている（事業法省令22条の2の3第4項）。

(イ)　「適合性の原則」に従った説明

事業法の規定する提供条件概要説明は「利用者の知識及び経験並びに当該電気通信役務の提供に関する契約を締結する目的に照らして、当該利用者に理解されるために必要な方法及び程度によるものでなければならない」と規定され、「適合性の原則」に反した説明をしてはならないだけでなく、これに則った説明をする必要あるとされている（事業法省令22条の2の3第4項）。

「適合性の原則」は、もともとは投資勧誘の場面における投資者保護のための行政ルールであり、例えば金融商品取引法40条1号では、金融商品取引業者に対し「金融商品取引行為について、顧客の知識、経験、財産の状況及び金融商品取引契約を締結する目的に照らして不適当と認められる勧誘を行つて投資者の保護に欠けることとなつており、又は欠けることとなるおそれがあること」に該当する業務を行うことを禁止している。また、民事ルールとし

---

[20] 電子消費者契約及び電子承諾通知に関する民法の特例に関する法律3条は、電子消費者契約（同法2条1項）についての民法95条（意思表示の錯誤）の特例に関し、同法3条本文ただし書において、電子消費者契約の相手方である事業者が行う確認措置について消費者から当該事業者に対して措置を講ずる必要がない旨の意思の表明があった場合は、この特例の適用がないと規定しているが、この規定の解釈においても消費者から積極的に確認不要との意思の表明がなされた場合に限るとされている（経済産業省「電子商取引及び情報財取引等に関する準則」（2017年6月）12頁参照）。この点は、事業法26条の説明義務の規定の解釈上も同様に解釈すべきである。

208　▶第4章 電気通信事業に関わる法と消費者

ても「適合性の原則」から著しく逸脱する勧誘は、民法709条の不法行為となり得ると解されている（最判平17・7・14民集59巻6号1323頁）。

　また、投資勧誘以外でも、例えば、特定商取引法は訪問販売における禁止行為として「顧客の知識、経験及び財産の状況に照らして不適当と認められる勧誘を行うこと」を禁止しており（同法施行規則7条3号）、消費者保護の場面では、不当な勧誘や取引から消費者を守るためのルールとして比較的広く機能している。

　事業法でも、このような趣旨から説明義務の内容を充実させる行政ルールとして、事業法省令によって導入されたものである。

　「適合性の原則」において考慮される事情としては、投資勧誘の場面では、通常、(a)消費者の知識経験、(b)財産の状況および(c)取引目的の3つの要素が考慮されるが、電気通信役務の提供の場合には、通常、取引対象となる役務の対価等はそれほど高くない場合が大多数であるためか、「財産の状況」は考慮要素として明文では規定されていない。

　しかし、海外ローミングサービスやパケット定額制の例外となることを利用者（消費者）が認識せず（あるいは説明不足等もあって認識できず）に電気通信サービスを利用した結果、非常に高額な料金を請求されるトラブルも少なくないことからすれば[21]、利用料金等が過大なものとなる場合があることも説明すべき提供条件に含まれるといえる。

　その場合、ある提供条件下では利用料金が過大になることは、契約の目的に関連する事項と評価することも可能と解されるので、事業法省令22条の2の3第4項が規定する「契約を締結する目的」という要素に含まれると考えることが可能である。

　したがって、電気通信役務の提供において、過大な請求が生じ得る仕組みや取引条件等を適切に説明しなかったことにより、消費者が高額請求を受ける事態となった場合には「適合性の原則」に違反した説明であると認められる。

　次に「適合性の原則」に則った説明を行うためには、当該利用者（消費者）

---

[21] このようなトラブルの相談事例としては、国センの相談事例紹介「携帯電話を紛失後、利用された国際ローミングサービス」(2006年3月20日)（http://www.kokusen.go.jp/jirei/data/200602. html）がその一例である。また、裁判例としては京都地判平24・1・12判時2165号106頁などがある。

第3節 事業法の消費者保護ルール　**209**

について事業法が適合性の判断要素としている利用者の知識、経験および契約締結の目的がいかなるものであるのかについて、電気通信事業者等が正しく事情、情報を把握していることが前提となっている。

その意味で、事業法ガイドラインが、「適合性の原則」に照らして適切な提供条件概要説明を行うために、「まず利用者の属性等の的確な把握が重要である」とし、「電気通信事業者等は、利用者の知識及び経験並びに契約の目的に関する情報の収集に努める」ことを求めているのは当然である（事業法GL33頁）。

また、同ガイドラインでは「利用者の属性（高齢者、未成年者、障がい者及び認知障がいが認められる者、成年被後見人、被保佐人、被補助人等）をできる限り的確に把握することが重要である」とも指摘されている。

これらの特別に配慮が必要な利用者の属性が重要であるのはそのとおりであるが、同ガイドラインでは「特に配慮が必要と考えられる利用者に対する説明」に多くを割いており、「適合性の原則」の判断要素として、少々、利用者の「属性」に偏り過ぎた説明となっているきらいがある。

電気通信サービスは、技術的にも高度で専門的な知識の裏づけや利用経験がないと理解が難しかったり、また、技術進歩が激しく知識や経験も一般的に利用者（消費者）がその進歩に対応できているとはいえない場合が多い分野の取引である。その意味では、「特に配慮が必要と考えられる利用者」のみならず、一般の利用者（消費者）の場合でも提供されるサービスや取引の特質に即した説明が必要不可欠である。

また、利用者の利用目的からみて、例えば通信速度が最先端の技術に依拠して非常に高速である反面、通信料金が高額となる場合や、契約目的からみて、一定期間当たりに通信できる通信量はそれほど大きくなくても十分であるにもかかわらず、金額も高額となる大容量の通信プランの契約をする場合などに、これらの提供条件の説明が不正確であったり、不十分であるため、利用者（消費者）が正しく認識し、契約判断ができる情報が提供されていない場合には、契約目的からみて「適合性の原則」に反する説明がなされたものといえる。

「適合性の原則」に沿った電気通信サービスの説明義務の履行においては、このように利用者の「属性」のみならず、同サービスの種類、性質および特質

210　▶第4章 電気通信事業に関わる法と消費者

を踏まえた「契約の目的」に係る適合性についても、「適合性の原則」に沿った説明が履行されたのか否かが重要である。

その意味では、基本説明事項に含まれていないオプションサービスや付随契約等についても、利用者に十分に説明せず、利用者の理解が不十分のまま契約させることで、過大だったり、余分・余計なオプションサービスの契約を締結させてトラブルになっているケースも多く、これら紛争の実態からみて「適合性の原則」の確保の点でも、オプション等のサービスについては正面から事業法26条の説明義務の対象に含めるべきであろう。

なお、利用者の属性の把握と判断の方法については、ガイドラインでは、例えば高齢者の定義や適切な対応をするために必要な事項を、業界における自主基準等を参照しつつ検討し、社内規則等で規定することが求められるとする（事業法 GL33頁）。

(ウ)　説明の手段・方法

事業法の説明義務は「総務省令で定めるところにより」説明することと規定されており（事業法26条1項）、これを受けて事業法省令は、提供条件概要説明は、基本説明事項（事業法省令22条の2の3第1項本文）または事業法省令22条の2の3第2項に定める事項（変更契約・更新契約の場合の説明事項や初期契約解除および確認措置解除に関する事項である）を分かりやすく記載したカタログ、パンフレット等の「書面」を交付して行わなければならないとした（事業法省令22条の2の3第3項）。平成27年改正前の事業法では、説明の手段、方法としては必ずしも書面による必要はなかったが、同改正により原則として「書面」により説明を行うことが義務づけられたものである。

事業法は、このように説明の手段・方法として「書面」による説明を義務づけたものであるが、書面の交付は、説明義務の履行の手段、方法であるから、単に基本説明事項等の説明事項を記載した書面を交付すれば足りるのではなく、交付したうえでそれに基づいて実際に説明を行わなければならないことは当然である。この点が、後述の契約書面の交付義務と異なる点でもある。

電気通信事業者等では、事業法が要求する「書面」による説明を実施するために、通常「重要事項説明書」と題する書面（しばしば「重説」と略称される）を作成し、これを利用者に交付して説明を行っている。

また、書面による説明は例外が規定されており、利用者が、説明書面の交

付に代えて、次の(a)から(f)いずれかの方法により説明することに了解したときは、これらの方法によることができる。

  (a)　電子メール　　電気通信事業者等が利用者（消費者）に対して、電子メールを送信する方法であるが、その電子メールを受信した利用者が電子メールの記録内容をプリントアウトすることできるものである必要がある（事業法省令22条の2の3第3項1号）。

  したがって、プリントアウトできない場合には、この例外には該当しない。

  (b)　ウェブページへの掲載（プリントアウト可能な場合）　　電気通信事業者等の管理するウェブページ上に、説明事項を記録した電子ファイルをアップしておき、それをインターネット等の電気通信回線を通じて利用者が閲覧できる状態に置き、その利用者が説明事項が記録されたファイルへアクセスしたり、ダウンロードして、内容を読むことができるものであるが、(a)と同様にその記録内容のプリントアウトが可能である必要がある（同項2号）。

  (c)　ウェブページへの掲載（プリントアウトが不可能な場合）　　上記(b)と同様のウェブページへの電子ファイルでの掲載の場合であるが、利用者がこのファイルをプリントアウトできない場合には、この方法で説明をした後、遅滞なく、説明書面をその利用者に交付するか、あるいはそのファイルに記録された説明事項がファイルに記録された日から起算して3ヶ月間、消去や改変できない状態に置き、かつ、その期間中はいつでも利用者が閲覧できる状態のものである必要がある（同項3項）。

  (d)　説明事項を電子媒体に記録し、その電子媒体を交付すること　　説明事項を記録した磁気ディスク、シー・ディー・ロム、USB メモリなどの電磁的記録媒体を利用者に交付する方法である（同項4項）。

  (e)　ダイレクトメール等　　ダイレクトメールやこれに類似するものによる広告に説明事項を表示し、これを利用者に送付する方法である（同項5項）。

  (f)　電話による説明　　利用者に電話で説明事項を告げる方法で説明することも例外として認められるが、電話による説明は、説明後に遅滞なく説明書面を利用者に交付する場合等に限られる（同項6号）。

（2）書面交付義務

ア　書面交付義務の導入の趣旨

  平成27年改正の事業法は、同法が説明義務の対象としている電気通信役務

の提供に関する契約（事業法26条1項各号）が成立したときは、電気通信事業者に対し、遅滞なく、総務省令で定めるところにより、電気通信事業者に締結された電気通信役務の提供契約の内容を記載した書面や電子データを作成し、これを利用者に交付・提供する義務（書面交付義務）を課した（事業法26条の2）。

平成27年改正前の事業法では、電気通信事業者には書面交付義務は規定されていなかったため、利用者が電気通信事業者との間で、いかなる種類のいかなる内容の契約をいかなる契約条件で契約したのかはもとより、オプションサービス等の付随的契約の内容、条件についても、利用者（消費者）が確認するのは容易ではなかった。

また、確認が容易ではなかったのは契約条件ばかりではなく、契約相手方である電気通信事業者は何という事業者なのかの特定も難しいケースもあり、苦情の申出先や解除、解約の意思表示を一体誰に対して行えばよいのかすら、判然としないことも少なくなかった。特に複数の電気通信役務についてまとめて一括して契約締結した場合などでは、このような事態が多くみられた。

利用者（消費者）の手元に、締結した契約内容等を正確かつ容易に確認できる資料や情報が残らない状況のままでは、利用者（消費者）の利益が大きく損なわれることになるので、平成27年改正では成立した電気通信役務の提供契約およびそれに付随する契約（オプションサービス等の契約）の内容を紙に印刷、表示した契約書面を交付し、またはこれら事項を電磁的に記録したもの（電磁的方法等）を送付、提供等することによって、締結された契約の内容を具体的に認識、把握できるようにしたものである。

イ　書面交付義務の主体

事業法は、書面交付義務を負う主体を「電気通信事業者」としている（事業法26条の2第1項・2項）。

これは、契約成立の有無や契約成立の時点、成立した契約の内容を正確に把握できるのは、電気通信役務の提供契約を締結した当事者である電気通信事業者であるので、契約の当事者である電気通信事業者に書面交付義務を負わせるのが合理的と考えられたからである。

そのため、媒介等業務受託者は実際に電気通信役務の提供の勧誘を行っている事業者であるが、上記の意味で契約の成否、時点および内容を正しく把

握できる立場にあるとはいえないので、書面交付義務の主体とは規定されていない。

ウ　書面交付義務を負う場合

① 書面交付義務

　電気通信事業者が書面交付義務を負う場合は、事業法26条の2が「前条第1項各号に掲げる電気通信役務の提供に関する契約が成立したときは」と規定しているので、事業法が説明義務の対象としている電気通信役務の提供に関する契約が成立したときである。

　説明義務の対象となる電気通信役務の具体的内容は、前記（1）で解説したとおりであるが、その概要は、前掲「電気通信サービスの種類毎の消費者保護ルールの一覧表（平成27年改正事業法）」（（1）エ(イ)【**図表11**】〔189頁〕）を参照されたい。

② 契約書面交付義務の対象となる契約の種類

　契約書面の交付義務の対象は、事業法26条1項の説明義務の対象となる契約であるので、このなかには新規契約のみならず、変更契約および更新契約も含み（事業法省令22条の2の4第3項）、これらの契約が成立した場合も契約書面の交付義務があるが、一部の変更契約や更新契約では、書面交付義務の対象外とされるものがある（同条6項4号）。

　また、説明義務の対象とはなっていない「オプションサービス」等の付随契約（事業法省令22条の2の4第1項柱書）についても、その契約が有償で継続して提供される役務の契約（以下「有償継続役務」という）である場合には、やはり書面交付義務の対象に含めているので、これらのオプションサービスに係る契約を締結した場合には、電気通信役務の提供契約に係る契約書面に、オプションサービスに関する事項も記載して、交付する必要がある（同項5号）。

③ 書面交付義務の適用除外

　事業法は、書面交付義務にも説明義務の場合と同様の適用除外を定めている。具体的には、(a)法人契約、(b)自動締結契約、(c)都度契約（以上については事業法省令22条の2の4第6項1号）、および(d)接続・共用契約（同項3号）の場合である。また、説明義務の場合と同じく、(e)変更契約・更新契約の場合も書面交付義務の例外が規定されているが（同項4号）、その内容は説明義務の

214　　▶第4章 電気通信事業に関わる法と消費者

除外の場合と異なっている点がある。

　これらのうち(a)から(d)については、説明義務の場合と同様の内容であるので、書面交付義務の除外となるか否かのルールについても、前記の**（1）カ**の解説を参照されたい。

　書面交付義務に特有の適用除外は、契約書面に相当する書面が交付されている場合である。電気通信事業者が提供条件概要説明をする際、または同概要説明の後その契約が成立する時までの間に、契約書面の記載事項である事業法省令22条の2の4第1項から第5項が規定する事項が記載された書面（いわゆる「重要事項説明書」である）を交付したり、または、電気通信事業法施行令（以下「事業法施行令」という）2条に準じて利用者の承諾を得て、これらの記載事項等を電子データで提供したときは、別途、改めて契約書面を交付する義務はない（事業法省令22条の2の4第6項2号）。ただし、契約書面に相当する書面が交付されている場合に事業法26条の2の書面交付義務の例外となるのは、初期契約解除（事業法26条の3）が認められない電気通信役務の提供契約に限られ、初期契約解除ができる電気通信役務の提供契約の場合には、契約書面に相当する書面の交付では書面交付義務を履行したことにはならない（事業法省令22条の2の4第6項2号）。これは、初期契約解除制度において、契約書面の交付が初期契約解除権の行使期間の始期と定められているからである（事業法26条の3第1項）。

　また、この点（初期契約解除の対象となる電気通信役務の提供契約では書面交付義務の除外が認められないこと）については、次に述べる変更契約または更新契約の場合における書面交付義務の例外の場合にも妥当し、変更契約や更新契約が初期契約解除できる契約である場合には、やはり当該契約の契約書面の交付が必要である。

　次に(e)の変更契約または更新契約の場合は、記載内容の変更がなければ改めて書面交付をする義務はないが、このほかに次に該当する変更のみの場合も書面交付義務の例外となり交付義務はない。

　　㋐　利用者の利益の保護に支障を生ずることがない住所変更その他これに準ずる軽微変更（事業法省令22条の2の4第3項1号）

　　㋑　電気通信事業者からの申出により利用者に不利でない変更（同項2号）

㈢ 付加的な機能の提供に係る役務（オプションサービス）に係る変更（同項3号）

事業法ガイドラインは、付加的な機能を追加し、解除し、または変更するものが㈢に該当し、またその他の付随的な有償継続役務の変更のみがされた場合も書面交付義務の対象にはならないとしている（事業法GL52頁）。しかし、その付随有償継続役務自体が電気通信役務として書面交付義務の対象である場合（公衆無線LANがその例）は、当然のことであるが、これら変更が㈢に該当する場合であっても書面交付義務の例外とはならない。

④ 契約が成立したとき

書面交付義務が生じるのは「契約が成立したとき」であるから、利用者（消費者）の申込み（または承諾）と電気通信事業者の承諾（または申込み）の意思表示が一致した時である。通常は、利用者の方から申込みがなされ、電気通信事業者がこれを承諾することについて事業者内部の決済があった時点を意味する。利用者からの申込みがあっただけの状態では、書面交付義務は発生しない。

特定商取引法では、訪問販売や電話勧誘販売などでは、申込みがなされた段階で申込みの内容を記載した書面（申込書面）を交付することが義務づけられているが（特商法4条、18条）、事業法にはこのような義務づけはなく、あくまで契約が成立することで契約書面の交付義務が生じるものである。

⑤ 交付の態様（遅滞なく）

契約書面の交付は、契約の成立後「遅滞なく」行う必要がある。

「遅滞なく」とは、電気通信事業者が電気通信役務の提供契約を締結した場合に、成立した契約内容を書面に記載して利用者に交付したり、電子データに記録して提供するための手続や作業をするのに通常必要な最短の時間のうちに、交付や提供を行うことを意味する[22]。携帯ショップなどの店舗で対面によって契約が成立した場合は、利用者が手続等を終えて店舗を出るまでの間であるし、店舗での販売であっても契約成立が後日となる場合や、電話やインターネット等の隔地者間による契約締結の場合には2、3日の間に交付、提供することが必要である。

▶

[22] 特定商取引法5条等の契約書面の交付における「遅滞なく」の意義については、条解314頁〔齋藤雅弘執筆部分〕参照。

エ　交付すべき契約書面の記載事項

①　契約書面の記載事項

　契約書面には、対象契約およびこれに付随する契約の内容を明らかにする事項である次の㋐の基本説明事項および㋑から㋕の追加的記載事項を記載しなければならない（事業法省令22条の2の4第1項）。

　㋐　基本説明事項（媒介等業務受託者の氏名・名称、連絡先等に関する事項は除く）（事業法省令22条の2の4第1項1号）

　基本説明事項は、次の(a)から(h)の事項である。この内容は**（1）キ**（193頁）において解説した。

　　(a)　電気通信事業者の氏名または名称

　　(b)　電気通信事業者の連絡先（電話連絡先の場合は受付時間帯含む）

　　(c)　電気通信役務の内容（名称、種類〔説明義務の場合と同様に事業法省令別表記載のどの区分の種類に該当するか分かるように記載〕、品質、提供を受けることができる場所、110番、119番などの緊急通報の制限、青少年有害情報フィルタリングサービスおよび帯域制御等の利用制限）

　　(d)　通信料金

　　(e)　その他の経費

　　(f)　期間限定の割引の条件

　　(g)　契約解除・契約変更の連絡先および方法

　　(h)　違約金額、その他契約解除・契約変更の条件等

　㋑　対象契約の成立年月日、利用者の氏名および住所その他の対象契約を特定し得る事項（同項2号）

　㋒　料金の支払いの時期および方法またはこれらの見込み（同項3号）

　㋓　電気通信役務の提供開始の予定時期（移動通信役務〔モバイル〕かつ初期契約解除の対象となる電気通信役務の場合には提供開始日または開始予定日）（同項4号）

　なお、提供開始に係る記載は、初期契約解除が可能な移動通信役務の場合は、通信が可能となる日が初期解除が可能となる期間の始期となるため（事業法26条の3第1項）、予定の「時期」というようなある程度幅をもった記載では足りず、通信が可能となる日付またはその予定日の日付を記載する必要がある。

第3節 事業法の消費者保護ルール　**217**

(オ) 付随有償継続役務の内容を明らかにするための次の@から@の各事項（同項5号）

@ 名称（同号イ）

ⓑ 料金その他の経費（同号ロ）

ⓒ 期間を限定した料金その他の経費の減免がされるときは、当該減免の実施期間その他の条件（同号ハ）

ⓓ 利用者による契約の変更または解除に条件等が定められているときは、その内容（同号ニ）

ⓔ 対象契約の電気通信役務提供の契約それ自体の変更、解除と有償継続役務提供の契約の解除、変更とでは連絡先および方法が異なる場合には、その連絡先および方法（同号ホ）

事業法省令22条の2の4第1項5号の「付随有償継続役務」は、電気通信事業者が、有償で継続して提供する役務であるが、電気通信役務の契約の締結に付随して電気通信事業者が契約締結しまたは媒介等する有償継続役務および有償継続役務である付加的な機能を指すと解されている（事業法GL43頁）。また、この場合の「継続」とは、その契約を締結すれば、月額、年額等の一定期間ごとに設定された料金の支払いによって、その後、役務提供が継続してなされるものをいう。したがって、本体の電気通信役務の提供契約が締結される場合に限り必要とされる付随的契約は含まれないので、無線インターネット接続サービスの契約に際して無線ルーター等の端末機器の売買契約を締結するような1回きりの契約は該当しないが、消耗品などを定期的に宅配する契約などは該当する（事業法GL43頁）。

また、「有償」の意味は、本来の電気通信役務の提供の対価とは別に利用者が対価を追加的に支払う必要があることを意味し、契約締結の最初から常に支払いが必要となる対価に限らず、一定期間は無料で役務が提供された後に、有料のサービスとなる場合も含まれる（事業法GL43頁）。

そして、電気通信事業者がこのような種類・性質の契約に基づく付加的機能の提供をする場合またはその電気通信事業者が対象契約（本体の電気通信役務の提供契約）の締結に付随して有償継続役務の提供契約の締結をする場合や、その媒介等をした場合は、その有償継続役務の内容を明らかにするための事項として、上記の@から@の事項を記載することが必要とされている

218 ▶第4章 電気通信事業に関わる法と消費者

（事業法省令22条の2の4第1項5号）。

　このような考え方のもとに、事業法ガイドラインは、付随有償継続役務の具体例として【図表13】のようなものを例示している（事業法GL43〜44頁）。なお、電気通信事業者が「オプション」という名称を使用していた場合でも、そのオプションの内容が、電気通信役務の提供自体の料金その他の費用や通信速度、帯域制限等の通信制限に影響するものは「付随有償継続役務」には該当せず、本来の電気通信役務の提供契約における契約書面の記載事項となる（この点も事業法GL44頁）。主たる電気通信役務の料金や機能に影響ものとしては、通話料の割引、データ通信量の増量、ルーター等端末機器の貸与、MVNOの音声通話機能、ネットワークでのフィルタリングサービス、インターネットサービスにおけるIPv4アドレスの追加等がその例である。

【 図表13 】　付随有償役務の具体例

付随役務の種類	付随有償継続役務の具体例		
	移動・固定共通	移　動　系	固　定　系
付加的な機能	・留守番電話 ・転送電話 ・SMS機能（通例はMVNOの付随役務）		
通　信　系	・公衆無線LAN ・IP電話（移動系は通常MVNOの付随役務）	・位置検索 ・リモートロック	・ホームページ容量追加
コンテンツ・アプリ系	・動画配信 ・音楽配信 ・モバイル機器用アプリ		・緊急地震速報
セキュリティ・サポート系	・遠隔サポート ・セキュリティ確保サービス	・端末補償プログラム	・PCプロテクション ・訪問サポート
そ　の　他		・クレジットサービス ・保険	・総合生活サポート ・ネット宅配サービス

出典）事業法GL43、44頁の表をもとに筆者作成

　また、これに対し、電気通信事業者が提供している付随役務であっても、コレクトコール、電話番号案内、通信等に利用する端末機器の販売、時報や天気予報、継続ではなく個別の依頼を受けて行う出張サポート、端末機器の付属品、アクセサリー（ストラップや画面フィルム等）、食事や旅行への招待等は付随有償継続役務に該当しないし、継続的な付随役務提供であっても、例えば家電量販店など電気通信事業者ではなく媒介等業務受託者（代理店や取次店）が独自に提供するコンテンツ配信、アプリ、セキュリティサービス、家

電製品等の販売、キャッシュバック等は、同様に付随有償継続役務には該当
しない*23。

　したがって、これらの役務については、契約書面の記載事項とはならない
と解される。

　㋕　契約書面の内容を十分に読むべき旨（同6号）

　事業法の規定する交付義務のある契約書面には、以上の㋐から㋔までにお
いて説明したとおりの電気通信役務や付随有償継続役務の契約に直接かかわ
る事項に加え、これら事項を記載した契約書面の内容を利用者にしっかり認
識してもらうために、「契約書面の内容を十分に読むべき旨」の記載も義務づ
けられている。

　具体的には、書面の冒頭に「契約内容に関する重要なお知らせです」「十分
にお読み下さい」などという文言を記載する必要がある（事業法 GL42頁）。

②　対象契約の料金その他の経費の減免の場合の図示

　他の契約（対象契約以外の契約）の締結を条件として、または付加的な機能
の提供を条件として、対象契約の料金その他の経費を期間限定して減免（割
引）を行う場合には、割引期間中および割引期間の経過後の料金と経費の額
がどう変化するかに加え、支払総額の算定方法を図面により示すことが義務
づけられている（事業法省令22条の2の4第2項1号）。この「減免」には、契
約上の料金等を減額し、支払額を減少させる場合に限らず、電気通信事業者
がいわゆる「キャッシュバック」により利用者に金員を交付したり、料金の
支払いに利用できる「ポイント」などを付与して、利用者が交付された金員
や付与されたポイントで料金や経費の支払いに充当することで支払額を減額
させられる場合も含まれる。この点は、説明義務の解説でも触れたとおりで
ある（（1）キ①㋒ⓒ）。

　なお、キャッシュバックなど経済上の利益の提供に関する事項は、事業法
省令22条の2の4第2項4号に規定する書面記載事項でもある。

　事業法ガイドラインでは、このような図示について、【図表14】のような例
示がされている。

▶ ....
＊23　総務省「ICT サービス安心・安全研究会」の「消費者保護ルールの見直し・充実に関する WG」
　　第17回資料4「オプションサービス・対価請求の状況」（2015年10月5日）（http://www.soumu.
　　go.jp/main_content/000381660.pdf）参照。

220　▶第4章 電気通信事業に関わる法と消費者

【 図表14 】 割引の仕組みについての図示例

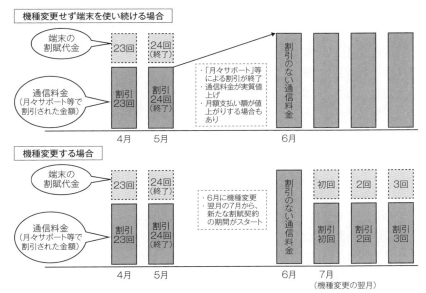

出典）事業法 GL 45頁

③ 初期契約解除制度に関する事項

　初期契約解除（事業法26条の３）が可能な電気通信役務の提供契約の場合には、次の(ｱ)から(ｷ)の７つの事項を明らかにする契約書面の交付が義務づけられている（事業法省令22条の２の４第２項２号）。

　(ｱ)　初期契約解除ができる旨（事業法省令22条の２の４第２項２号イ）

　契約した電気通信役務の提供契約が、初期契約解除ができる契約に該当していることの記載である。

　(ｲ)　初期契約解除が可能な期間（同号ロ）

　通常は、契約書面の受領日または書面に代わる電子データの交付、提供を受けた日から起算（同日を含めて計算）して８日以内であるが、移動体通信の場合には提供開始日と書面等の受領日を比較して遅い日から起算して８日以内との記載である。

　(ｳ)　電気通信事業者または媒介等業務受託者が初期契約解除に関する事項につき不実告知をしたことにより、利用者が誤認して上記(ｲ)の期間内に

解除を行わなかった場合には、その後に事業法が規定するとおりの不実告知後書面（事業法26条の3第1項括弧書き）の受領から起算して8日間は解除できること（事業法省令22条の2の4第2項2号ハ）

特定商取引法などでもいわゆる「クーリング・オフ妨害」の場合の解除可能期間の特例として規定されているが（特商法9条1項ただし書）、これと同旨の規定である。初期契約解除ができることや、その期間、解除の効果について不実告知がなされた結果、利用者が解除権の行使をせずに解除可能期間が経過してしまった場合には、解除ができる期間がスタートせず、不実告知後書面と規定されている書面を受領してはじめてその期間がスタートする旨、したがって、それまでは解除が可能である旨の記載である。

㋓　初期契約解除の通知書面の送付先その他の初期契約解除の標準的な手順に関する事項（事業法省令22条の2の4第2項2号ニ）

解除の通知書面の送付先や記載例の記載である。なお、この記載事項は、あくまで利用者の初期契約解除権の行使を支援、援助するために記載事項とされているものであって、契約書面にこれらの事項が記載されているからといって、その記載事項に従うことが初期契約解除権の行使において、利用者の義務となる訳ではない（事業法 GL46頁）。

そのため、例えば契約書面に解除通知の送付先として記載されていない電気通信事業者の本店宛に送付した場合など、その記載に従っていない解除通知の送付であっても、事業法26条の3の要件を満たす限り、全く有効な解除権の行使である。

㋔　事業法26条の3第2項から第4項に規定する事項（事業法省令22条の2の4第2項2号ホ）

初期契約解除の効果に関する事項であり、具体的には次の(a)から(c)の事項である。

(a)　初期契約解除の効力が発信主義（解除通知を発信した時に解除の効果が生じる）である旨

(b)　解除の効果が、事業法が認めた通信料金、費用等の対価の範囲を超えて損害賠償や違約金等の金銭の請求を受けることがない旨

(c)　電気通信事業者に請求が認められる(b)の範囲を超えて支払った既払いの金銭等の返還が受けられる旨

222　▶第4章 電気通信事業に関わる法と消費者

㋕　初期契約解除をした場合に利用者が支払うべき金額の算定方法（同号ヘ）

　初期契約解除では、事業法が規定する範囲内であれば、電気通信事業者は通信料金や工事費、事務手数料の請求が認められているが、これらの電気通信事業者が請求し得る対価、手数料または工事費等の種類、内訳ごとにそれぞれの費目の具体的な金額を算定する方法の記載が必要である。

㋖　対象契約（本体の電気通信役務の提供契約）の締結に付随して締結された他の契約がある場合に、その契約が対象契約の初期契約解除に伴って解除されない契約（特定解除契約）である場合は、その旨および特定解除契約を解除するための方法等の事項（同号ト）

　ここでいう「特定解除契約」とは、本体の電気通信役務の提供契約が初期契約解除をしても、解除の効果が及ばない（自動的には解除されない）契約のことである。

　具体的には、携帯電話サービスにおける携帯電話機やスマホなどの通信端末、無線インターネット接続サービスにおける無線ルーター等の端末機器の売買契約、電気通信役務の提供と一体的に販売される他の業態のサービスの契約（家事代行サービスなど）、あるいは同じ電気通信サービスであっても固定のインターネットサービスとセットにして携帯電話サービスの契約が締結される場合などがある。これらの場合には、それぞれ別個の契約であるから、民法上は本体の電気通信役務の利用契約が初期契約解除されても、初期契約解除の効果は、他の契約には及ばないのが原則であるので「特定解除契約」に該当する。

　特定解除契約については、初期契約解除の効果がこの契約には及ばない旨に加え、特定解除契約を解除するために必要な手続や方法を契約書面に記載しなければならない（事業法GL46頁）。

④　確認措置に関する事項

　対象契約について「確認措置」（事業法省令22条の2の7第1項5号）を講じている場合には、次の㋐から㋓の事項を契約書面に記載する必要がある（事業法省令22条の2の4第2項3号）。

　これは、初期契約解除制度の例外となる「確認措置」がとられている電気通信役務の提供契約であることを利用者に正しく認識させ、初期契約解除は

第3節　事業法の消費者保護ルール　　**223**

できないとしても「確認措置」に基づく解除が可能であることおよびその条件を理解してもらうために次の各事項の明示を義務づけているものである。

㋐　当該確認措置を講じている旨

締結した電気通信役務の提供契約について「確認措置」が講じられていることの記載である。

㋑　当該確認措置の適用に関する条件

締結した電気通信役務の提供契約について「確認措置」を適用して、契約解除が可能となる場合の条件についての記載である。

具体的には、「確認措置」に関する告示（平成28年総務省告示第152号：以下「確認措置告示」という）が規定する基準に従って、電気通信事業者が定める契約の解除を可能とする場合の条件である。この点の具体的な内容は「確認措置解除」の解説（**3（5）**〔274頁〕）で詳しく説明するが、概略を述べると次のとおりである。

　(a)　説明義務の対象となっている確認措置に関する事項

　(b)　電気通信役務の利用場所状況および電気通信事業者による法令遵守の状況の確認の手順

　(c)　上記(b)の確認によりこれらの状況が不十分と認める場合の申出手順

　(d)　電気通信役務の利用場所状況および電気通信事業者による法令遵守の状況を理由として契約解除ができる条件

　(e)　確認措置解除によって同時に解除される「関連契約」の範囲および確認措置解除により関連契約も解除されること

事業法は説明義務の内容として、電気通信役務の利用の場所、状況または法令遵守の状況により確認措置解除が可能である旨の説明、確認措置による解除の申出方法、申出可能期間の説明を必要とし、かつ、これら事項の詳細については契約書面に記載がある旨の説明を義務づけていることから、説明義務の対象となるこれらの事項の詳細は、契約書面の記載事項であることが当然の前提とされている。このような意味で、以上の(a)から(e)の事項は、契約書面の記載事項となるものである。

㋒　確認措置解除に伴い利用者が支払うべき金額の算定の方法

㋓　以上の㋐から㋒に記載した事項のほか、電気通信事業者が採用している確認措置の内容

⑤　経済上の利益の提供に関する事項

　利用者を誘引するための手段として対象契約の電気通信役務の提供に付随して電気通信事業者が提供する経済上の利益であって、その利益の提供が料金や工事費等の経費の減免に相当する場合、または、経済的利益の提供が利用者が対象契約の変更や解除を行った場合にそれを条件として定められている場合は、その利益の内容および利益提供の条件等が契約書面に記載すべき事項となる（事業法省令22条の2の4第2項4号）。

　電気通信事業者が提供するいわゆる「キャッシュバック」等の経済的利益の提供であり、通信料金の支払いやその他の費用の支払いに充てられるものがこのような利益に該当するし、また、契約を解除したり変更した場合に、契約締結時点で適用された割引が受けられなくなる（契約の変更、解除をしないことを条件に利益を受領できる）利益もこの例である。

　事業法ガイドラインでは、【図表15】のような経済上の利益および記載が求められる内容についての具体例が例示されている。

【 図表15 】　経済上の利益の提供についての契約書面の記載事項

経済上の利益の例	記載が求められる内容
①　電気通信事業者の提供するキャッシュバックや特典ポイントであって、通信料金その他の経費の支払に使用できるなど、通信料金その他の経費の割引に相当するもの	(ア)　キャッシュバックや特典ポイントの額 (イ)　キャッシュバックや特典ポイントが取り消され、または変更される条件がある場合は、その内容 (ウ)　キャッシュバックや特典ポイントを実際に受け取るために特定の方法が準備されているのであれば、その内容（例：キャッシュバックを受けるために必要な情報が○○の時期に特定のメールアドレス宛に送付される予定）
②　端末代金の割引であって、電気通信役務契約を変更し、または解除すると取り消され、変更され、または違約金が生じるもの	(ア)　割引の額 (イ)　割引が取消し・変更となり、または違約金が生じる条件の内容（例：1年以内に通信契約を解除した場合に○○円の違約金）

出典）事業法 GL47頁

オ　契約書面の体裁、態様

①　紙媒体によることが原則

　事業法の契約書面は、事業法26条の2が「書面を作成し」と規定していることから、紙媒体によるものであることが原則である。例外として、事業法施行令に規定する方法で、利用者の承諾を得た場合は、「情報通信の技術を利用する方法」（電子交付方法）によることも可能である（同条2項）。電子交付

方法については、後述（キ参照）する。

このように紙媒体の契約書面は、成立した電気通信役務の提供契約の内容を紙に不動文字で印刷等したものであるが、民法の契約締結の意思表示を行うための書面である「契約書」と同じものである必要はない。

成立した契約の内容や契約の成立自体の立証方法の点では、「契約書」と事業法の契約書面とは証明力に程度の相違はあるとしても同様の機能があると考えられるが、「契約書」は書面に署名や捺印を行うことで、契約の締結に必要な意思表示を行うための書面である。これに対し、事業法の契約書面は成立した契約の内容等、契約締結の結果を記録したものであるので、それ自体が意思表示の手段、方法である必要はない。つまり、事業法の契約書面は当事者が署名、捺印したものである必要はなく、成立した結果としての契約に係る事項について、同法が記載を義務づけている事項が網羅されていれば足りる[24]。

② 書面の体裁

(ア) 文字・数字の大きさおよび色

事業法の契約書面は、JIS（日本工業規格）Z8305の8ポイント以上の大きさの文字および数字で記載しなければならない（事業法省令22条の2の4第4項）。

なお、特定商取引法では交付義務のある契約書面の記載については、クーリング・オフに関する事項などは赤字、赤枠で囲んで記載することが義務づけられているが（特定商取引法施行規則5条2項）、事業法の契約書面の場合は消費者保護にとって重要な事項（例えば初期解除制度）であっても文字や数字の色、記載の体裁について特別の義務づけはされていない。しかし、前述した不実告知により誤認させて利用者が初期解除可能期間内に解除ができなかった場合に、解除権の行使期間の始期を再スタートさせるために交付が必要な「不実告知後書面」の場合には、初期契約解除に係る事項は赤字、赤枠で記載することが義務づけられているので注意が必要である（事業法省令22条の2の8第3項）。

(イ) 一覧・一体性が確保されていること

契約書面の記載事項等を規定する事業法省令22条の2の4第1項は、「契

----

[24] このような意味での「契約書」と「契約書面」の相違については、条解312頁（齋藤雅弘執筆）を参照。

226　▶第4章 電気通信事業に関わる法と消費者

約の内容を明らかにするための事項」として同条同項が掲げる事項の記載を義務づけていることから（同項柱書）、契約書面の交付を受けた利用者にとって内容が明らかに認識できる態様や体裁のものでなければならない。

この点から、これら契約書面の記載事項は契約書面上、一体のものとして記載され、また、一覧性をもった記載でなければならないと解されている（事業法 GL48頁）。

そして、事業ガイドラインはこの契約書面の一覧・一体性について、次の(a)から(d)のような記載や交付態様が求められるとし、合わせて【図表16】のとおり、契約書面の例を挙げている。

- (a) 各記載事項のうちの主要内容は、一覧性をもった形で1つの書面に記載し、それ以外の事項については、重要事項説明書等の別紙による旨を記載したうえで、同封や同時に交付する等により、利用者からみて一体性を保つ形での交付とする。
- (b) 一覧性確保の観点から、主要内容のうち同一の事項または類似する性質の事項は、その全体像が利用者に明らかになるよう、特段の事情のない限り、一カ所にまとめて記載する。
  - ⓐ 例えば、通信料金とその割引および機器レンタル料は、一葉の書面の中でまとめて記載する。
  - ⓑ 各種オプションサービス（説明事項に当たるものを除く）についても、特段の事情がない限り、1ヶ所にまとめて記載する。
- (c) 一覧性確保の観点から、特段の事情のない限り、主要内容は表形式で記載する。
- (d) 電気通信事業者が提供または媒介等する付随有償継続役務が、利用者にとって全く別の契約であることが明らかである場合で、法令上、その役務の提供元事業者が事業法の説明義務の対象となる事項の記載を含む書面の交付義務があるときは（次のⓐやⓑの場合）、契約の性質に応じ、名称等最低限の記載をしたうえで一体性を確保して交付することも差し支えない。
  - ⓐ セット販売で他の業種の役務が一体的に販売される場合
  - ⓑ 他の書面交付義務対象の電気通信役務が一体的に販売される場合（携帯電話サービスとセット販売される固定インターネットサービスな

【 図表16 】　契約書面の例

ご契約の内容

契約内容に関する重要なお知らせです。十分にお読みください。

契約事業者：○○○株式会社

（■電気通信事業者の氏名又は名称）

※印の事項については、同封の別紙もご覧下さい。

契約者情報 （■契約を特定するに足りる事項）	契約者番号	＊＊＊＊＊＊＊＊＊
	契約成立年月日	平成○年○月○日
	契約者名	△△　△△
	住所　等	東京都千代田区‥‥‥‥
主要なサービスの内容 （■電気通信役務の内容）	・○○サービス　基本料金プラン　Ａコース（光ファイバーインターネット）（※）	
	【別紙記載（例）】本サービスは、最高伝送速度毎秒○○メガビットにより、インターネットに接続するサービスです。本サービスは、いわゆるベストエフォート型であり、通信の混雑状況やお客様のご利用環境等によって、速度が低下することがあります。また、○日間に○GB以上のご利用があった場合には、速度、通信量等を一時的に制限させていただくことがあります。	
主要なサービスの料金・経費 （■利用者に適用される料金・料金に含まれていない経費の内容）	特記ない限り消費税込みとなります。	
	【固定系の例】	
	サービス利用基本料	月額○,○○○円
	通話料	○円／○秒
	光回線終端装置レンタル料	月額○,○○○円
	工事費	月額○,○○○円（総額○,○○○円を24ヶ月分割）
	事務手数料	○,○○○円（初回のみ）
	【移動系の例】	
	基本料金プラン	月額○,○○○円
	通話料	○円／○秒
	データ通信割引サービス	月額○,○○○円
	事務手数料	○,○○○円（初回のみ）
■契約変更・解約の条件等 （■違約金の額）	・ご利用期間は、2年間です。期間内に解約された場合、違約金○○円が発生します。違約金なしで解約可能な期間は、○年○月の1ヶ月間で、その間に解約のお申し出をいただかない場合は、2年間更新されます。（※） ・上記金額のほか、解約時には、工事費の残額が一括で請求されます。（固定系）（※） ・ご解約の際、レンタル機器の返却に要する送料（○,○○○円程度）は、お客様のご負担となります。（※）	
■期間限定の割引の実施期間その他割引条件	キャッシュバック予定額	○,○○○円
	利用開始後12ヶ月目にキャッシュバックのご案内をお送りします。（※）	
	家族割	月額割引額　○,○○○円
	サービス利用基本料については、契約締結日が含まれる月及びその後の2ヶ月は割引料金が適用され、月額○,○○○円となります。（※）	
	端末セット割引	月額割引金額　○,○○○円
	端末購入により、24ヶ月間は通信料金から上記金額を割引します。割引が終了した後は、割引のない通信料金が適用されます。（※） 注：別紙において割引の仕組みの図示が必要	
■契約変更・解約の連絡先及び方法	・○○○○（株）カスタマーセンター 　電話：0120-123-××× 　　　（受付時間：平日9：00〜19：00、土日祝日9：00〜17：00） 　ウェブページ：http://www.xxx.co.jp/customer ・ウェブページで契約変更・解約を行う場合には、別途送付するID、パスワードが必要です。当該ID及びパスワードをお忘れの際には上記カスタマーセンターまでお問い合わせ下さい。	

■有料オプションサービスの内容	【固定系の例】		
	IP電話サービス		月額基本料○○円、市内通話○○円／分、携帯電話・PHS宛通話○○円／分、解約費用なし（※）
	ウイルス・セキュリティチェックサービス		月額○○円、当初1ヶ月無料、解約費用なし（無料期間内に解約されなかった場合には、料金が発生します。）（※）
	【移動系の例】		
	公衆無線LANサービス		月額基本料○○円、解約費用なし（※）
	音楽配信サービス		月額○○円、当初1ヶ月無料、解約費用なし（無料期間内に解約されなかった場合には、料金が発生します。）（※）
	・連絡先　　△△（株）お客様サポート室　　　電話：0120-456-×××　　　　　（受付時間：平日9：30～20：00、土日祝日9：30～18：00）　　ウェブページ：http://www.xxx.co.jp/customersupport　・ウェブページで契約変更・解約を行う場合には、別途送付するID、パスワードが必要です。当該ID及びパスワードをお忘れの際には上記カスタマーセンターまでお問い合わせ下さい。		
■サービス提供開始の予定時期	工事が完了次第、ご利用いただけます。工事日については、別途ご案内をお送りします。工事の目安の時期については、お問い合わせください。		
■初期契約解除制度の案内	本契約により締結した電気通信役務は、初期契約解除制度の対象です。（※） 1. 本書面をお客様が受領した日から起算して8日を経過するまでの間、書面により本契約の解除を行うことができます。この効力は書面を発した時に生じます。 2. この場合、お客様は①損害賠償もしくは違約金その他の金銭等を請求されることはありません。②ただし、本契約の解除までの期間において提供を受けた電気通信役務の料金、事務手数料及び既に工事が実施された場合の工事費は請求されます。この請求における②の金額は、本書面に記載した額となります。③また、契約に関連して弊社が金銭等を受領している際には当該金銭等（上記②で請求する料金等を除く。）をお客様に返還いたします。 3. 音楽配信サービスに加入している場合は、初期契約解除とは別途に解約手続きが必要です。 4. 事業者が初期契約解除制度について不実のことを告げたことによりお客様が告げられた内容が事実であるとの誤認をし、これによって8日間を経過するまでに契約を解除しなかった場合、本契約の解除を行うことができる旨を記載して交付した書面を受領した日から起算して8日を経過するまでの間であれば契約を解除することができます。 5. 【本件についてのお問い合わせ先・書面を送付いただける宛先】 　〒○○○-○○○ 　東京都江東区・・・△△（株）カスタマーセンター 　（電話：03-◇◇◇-□□□） ＜書面による解除の記載例＞		
■料金の支払時期・方法に関する説明	お支払い方法：クレジットカード一括払い。 毎月○日に請求させていただきます。		
■電気通信事業者の連絡先 （電話連絡先の場合は受付時間帯を含む）	・○○○○（株）サポートダイヤル 　電話：0120-777-※※※※ 　　　（受付時間：平日9：00～20：00、土日祝日9：00～18：00） 　ウェブページ：http://www.xxx.co.jp/dialsupport		

書面による解除の記載例：

□ □□□□□□

○○○株式会社
○○行

・ご住所
・ご契約者名
・お電話番号

契約書面受領日
平成○年○月○日
① 契約者番号 *********
② ○○サービス
　基本プラン Aコース
　（光ファイバーインターネット）
③ サービス利用基本料
　月額○,○○○円

上記契約を解除します。

出典）事業法GL 50～51頁

ど）。ただし、そうしたセット販売により通信料金の割引がされる
など電気通信役務契約の主要内容が影響を受ける場合には、その部
分については、他の主要内容とともに、一覧性をもった形で記載し
なければならない。

カ　更新・変更契約の場合の書面交付義務

　契約締結時の交付書面の記載事項とされている事項（前掲エ）について契
約の変更または更新があった場合は、書面の内容をよく読むべき旨および変
更・更新された事項（変更部分）を記載した書面の交付が義務づけられている
（事業法省令22条の2の4第3項）。また、この場合は変更・更新された契約が
初期契約解除の対象となる場合は、初期契約解除に関する事項についても記
載した書面の交付が必要である。

　基本記載事項と追加的記載事項に変更ない場合は、変更契約や更新契約に
係る契約書面は義務づけられないが、このほかには、次の(ア)から(ウ)の事項の
変更のみの変更契約や更新契約の場合には、例外として書面交付義務は課さ
れていない。ただし、この変更の場合でも、その付加的な有償継続役務自体
がそもそも電気通信役務の提供契約の本体の役務提供として書面交付義務の
対象となる場合は書面交付が必要である。

　　(ア)　利用者の利益保護に支障ない軽微な変更（利用者の住所の変更等）（事
　　　業法省令22条の2の2第3項1号）

　　(イ)　事業者の申出により利用者に有利な変更（料金の引き下げ、通信速度
　　　の向上等）のみの場合（同項2号）

　　(ウ)　付加的機能の変更（付加的機能の追加、解除、変更等）（同項3号）

キ　情報通信の技術を利用する方法（電子交付方法）

①　情報通信の技術を利用する方法での提供

　契約書面の交付義務に関し事業法は、一定の条件を満たす場合には紙の書
面でなく「情報通信の技術を利用する方法」での提供も認めている（事業法26
条の2第2項）。

　これは、法令上書面の作成や交付が必要とされる場合に、これを電子デー
タをもって代えることを認めた、いわゆる「IT書面一括法」とよばれる整備
法（平成16年法律第150号）および、これと同時に制定された「民間事業者等が
行う書面の保存等における情報通信の技術の利用に関する法律」（平成16年法

230　　▶第4章　電気通信事業に関わる法と消費者

律第149号）を踏まえ、これらの法律と同様のルールで事業法の書面交付義務についても電子データでの提供を可能としたものである。

② 電子データで提供ができる要件

㋐ 利用者の承諾

　書面に代えて電子データの提供等が認められる要件は、事業法施行令および事業法省令において具体的に規定されているが、まず、施行令2条において、全体を通じる要件として、事業法省令（22条の2の5および同条の2の5の2）の定めるところにより、次の(a)から(c)が必要とされている（施行令2条1項）。

　(a) 予め承諾を得ること　　「あらかじめ」の承諾であるから、交付と同時や事後ではこの要件は満たさない。

　(b) 利用者に対し、電気通信事業者が用いる「電磁的方法」（電子情報処理組織を使用する方法その他の情報通信の技術を利用する方法であって総務省令で定めるもの）の種類および内容を示して承諾を得る必要があること　　承諾を得る際に示す必要のある「電磁的方法の種類及び内容」とは、書面に代わる電子データを提供する方法と、提供される電子データの種類や閲覧に必要な技術的内容などである。具体的には、電子メールの送信により提供する、電子データを記録媒体（CD-ROM、DVD ディスクやブルーレイディスク）に記録してこれらディスクを交付する、あるいは電気通信事業者のウェブページに掲載して閲覧してもらう等であり、これらの方法により提供される電子データのファイル形式（文書作成ソフト〔例えば Word〕の文書ファイル、テキストファイル、PDF ファイル等）を明示して承諾を得る必要がある。

　(c) 承諾は、書面または電磁的方法による必要があること　　電子データによる代替の承諾は「口頭」によることは認められず、必ず「書面」による承諾や電子メール（SMS 含む）、ウェブページ上での電磁的方法による承諾（ウェブ画面上のボタンのクリックや承諾の意思表示といえる事項の入力とデータ送信等）や承諾したことが記録されている電子媒体（文書ファイルや PDF ファイル等）の受領による必要がある。

　要するに、承諾の意思表示があったことが、後日、確認（立証）できるように紙に記録されているか、電子データで記録が残る方法でなければ「承諾」とはならないという趣旨である。

第3節 事業法の消費者保護ルール　*231*

この承諾は、利用者からの署名、クリック等による明示的かつ能動的な意思表示によらなければならない（事業法 GL53頁）。説明義務の履行に必要な書面に代わる電子データの場合もこれと同じである（事業法 GL30頁）。事業法ガイドラインは、この意思表示を受けるに当たっては、承諾取得の対象範囲（承諾により電子交付するサービスの範囲等）を平均的な消費者が理解できるようにすることが必要であるとする（事業法 GL53頁）。

　また、一旦、利用者が書面に代えて電子データでの提供を承諾した場合でも、その後、利用者から電子データでの提供を受けない旨の申出（電子データによる提供の承諾の「撤回」である）があった場合には、事業法の原則に戻り電気通信事業者は「書面」により契約書面を交付する必要がある（事業法施行令2条2項）。

　なお、撤回がなされた場合でも、撤回後に上記の(a)から(c)のとおりの承諾を得た場合は、再び電子データでの提供が認められる（事業法施行令2条2項ただし書）。

　事業法ガイドラインは、「電子交付はあくまで利用者の意向に沿って書面の代替とできる方法であり、電子交付のみしか選択肢がないとして承諾を求めることは、不適切である」とする一方で、「ウェブページによる通信販売で利用者の能動的なアクセスを受けて契約する場合など、サービスの性質等に応じ、物理的な書面交付を利用者が要望する場合は応じることとした上で」との限定はあるものの「デフォルト（既定）の選択肢を電子交付とすることは問題ない」「しかしながら、電子交付の承諾が得られなかった場合に、物理的な書面交付のため利用者に過度の負担を求めることは不適切であり、例えば契約書面の交付のために店舗への来店を求めることや、利用者に印刷費・郵送費の負担を求めることも適切とは言えない」とも述べている（事業法GL53頁）、疑問なしとはいえない。

　利用者の手元に紙の「書面」として契約書面が残らないことによって、これまで様々な消費者トラブルが生じてきたことを踏まえると、やはりデフォルトの選択肢は紙の書面交付であるべきである。特に、ネット通販など電子的な方法による契約では、電子的交付を能動的に選択させる方法をとっても利用者の負担が有意に増えるとは評価できないといえる。

㈡　代替が認められる電子交付の種類・方法

　以上の事業法施行令の規定を踏まえ、事業法省令が電子データでの代替できる種類、方法を規定しているが、まず、電子交付が可能な方法としては、次の(a)から(c)が規定されている（事業法省令22条の2の5第1項1号から3号）。

　これらの方法は、説明義務における書面による説明に代えて行うことができる方法（（1）キ③㈡〔211頁〕）と類似の方法となっているが、説明義務の履行の場合と書面交付に代えて電子データを送付、提供する場合では異なっている点もある。

　(a)　電子メール（事業法省令22条の2の5第1項1号）　　電気通信事業者が利用者（消費者）に対して、電子メールを送信する方法である。

　この方法には、次の2つがある。1つは、電子メールを受信した利用者が電子メールの記載事項に係る記録（電子メールの記載内容それ自体や電子メールに添付されたファイルの記載内容のことである）をプリントアウトすることで「書面」を作成できるものである。もう1つは、事業法省令22条の2の4第5項に規定する「閲覧情報」を電子メールに記載して送信する方法である。「閲覧情報」とは、次の(b)または(c)の方法により契約書面に記載すべき事項を電子データで閲覧、提供をする場合に、これら情報の閲覧に必要な情報（情報が記録されているサーバーのURLやリンクなどの情報である）、および閲覧に必要な説明（契約書面に記載すべき事項が当該URLやリンク先から閲覧やダウンロードが可能であること、これら閲覧等のために必要な技術的仕様や手順等の説明）である。

　要するに、送信する電子メールの記載事項として、これらURL等の情報と説明を記載したものを送信することである。

　この場合は、契約書面に記載すべき事項を記録した電子メールの内容をプリントアウトできる必要があることは、条文上は明示されていない。しかし、この場合は、次の(b)または(c)の場合に応じて、それぞれプリントアウトの可否について規定されているので（事業法省令22条の2の5第1項2号・3号）、そのルールに従うことになる。

　(b)　ウェブページへの掲載（プリントアウト可能な場合：同項2号）　　電気通信事業者が管理するウェブページ上（電気通信事業者が管理するサーバー中）に、契約書面として記載が義務づけられている事項を記録した電子ファ

イルをアップロードしておき、それをインターネット等の電気通信回線を通じて契約した利用者が閲覧できる状態に置き、利用者がそのファイルへアクセスして閲覧したり、ダウンロードして内容を読むことができるものである。

この場合、単に書面記載事項をアップロードして閲覧できる状態にしてあれば足りるのではなく、電気通信事業者のウェブページに電気通信回線を通じてアクセスすれば閲覧できる方法で契約書面の記載事項をアップロードしたこと、あるいはアップロードすることを利用者に通知するか、または利用者が閲覧していたことが確認できるものでなければならない。また、(a)と同様にその記録内容のプリントアウトが可能である必要がある。

　(c)　ウェブページへの掲載（プリントアウトが不可能な場合：同項3号）
上記(b)と同様に、電気通信事業者の管理、運営するウェブページに電子ファイルにより契約書面に記載すべき事項をアップロードしておき、アップロードする（した）ことを利用者に通知するか、または利用者が閲覧していたことが確認できる状況で閲覧に供する方法のうち、利用者がこのファイルをプリントアウトできない場合である。スマホや携帯電話で閲覧する場合などを想定している。

この場合には、次のⓐまたはⓑのいずれかの付加的な要件が必要である。
　　ⓐ　契約締結後、遅滞なく、記載事項を記載した書面を当該利用者に交付する。
　　ⓑ　その利用者との電気通信役務の提供契約の解除、契約期間の満了日までの間およびその日から起算して3ヶ月経過する日までの間、そのファイルに記録された記載事項を消去、改変できないものであって、かつ、その期間中はその利用者がこれを閲覧できるようにすること（ただし、記載事項を記載した書面を利用者に交付した場合は、ファイルの記載事項消去が可能）。

　㈡　電子交付の場合の表示の体裁
電子交付の場合であっても、電子データを閲覧する際やダウンロードしてプリントアウトするに際しては、閲覧画面上の表示やプリントアウトして作成された書面については、契約書面の交付の場合と同じく、主要な内容については一覧性をもって表示されるようにする必要があり、また、全体としては一体的に閲覧できたり、プリントアウトできる体裁でなければならない（事

業法 GL55頁）。

　また、PC のブラウザや閲覧端末の画面表示としても、文字や数字は JIS の
8 ポイント以上の大きさの文字で表示できるようにしてあることが必要で
ある（事業法 GL55頁）。

③　電子的方法の到達

　契約書面の交付は、事業法では原則として初期契約解除をなし得る期間の
始期となっているので、情報通信の技術を利用する方法により契約書面に代
わる電子データ等の提供の場合も、同じ取扱いとするために、契約書面の交
付に代えて行われた書面記載事項の提供は、「利用者の使用に係る電子計算
機に備えられたファイルへの記録がされた時に当該利用者に到達したものと
みなす」こととされている（事業法26条の 2 第 3 項）。

　「電子計算機に備えられたファイルへの記録がされた時」の意義は、コン
ピュータの記憶装置内にコンピュータが情報処理できるファイルとして記載
事項の内容が情報が記録された時を意味する。民法では、意思表示の到達時
期（いつ相手方に到達したのかの判断）は、相手方の了知し得る勢力範囲内に入
ればよいと解されている（最判昭36・ 4・20民集15巻 4 号774頁）ので、この考
え方を当てはめると、民法の意思表示が、例えば電子メールでなされた場合
は、メールサーバーから実際に利用者のコンピュータにメールのデータをダ
ウンロードされなくても、読み取り可能な状態でメールサーバーに記録され
たときに到達したと解されることになろう[25]。しかし、事業法26条の 2 第 3
項は「利用者の使用に係る電子計算機に備えられたファイルへの記録がされ
た時」としているので利用者が実際に使用しているコンピュータの記憶装置
に記録されることが必要と解する。

　しかし、その使用にかかるコンピュータの記憶装置に記録されれば「到達」
とみなされるので、記録されたファイルを開いて利用者が内容を読んだり、
見たりしなくても「到達」となる。

　なお、事業法省令22条の 2 の 4 第 5 項が、上記の②の(イ)の(b)(c)の場合に交
付すべき「閲覧情報」を記載した契約書面を交付すれば足りるとしているの
で、閲覧情報に記載されている URL 等およびそれに関する説明を電子メー

---

[25] 経済産業省・前掲注20）ⅰ. 2頁参照。

第 3 節 事業法の消費者保護ルール　　**235**

ル（SMS含む）で送信したり、あるいは書面で交付した場合には、これら
URLにアクセスしてデータファイルを閲覧したりダウンロードしたか否か
は関係なく、閲覧情報の記載されている電子メールの到達や書面の交付を受
けた時に到達したものと解される（事業法GL56頁）。

ク　書面交付義務と民事効

　事業法が定める契約書面の交付は、初期契約解除（事業法26条の3）行使の
始期となる。書面の不交付や虚偽、不備書面の交付は初期契約解除が可能と
される期間の進行を阻害する事由となる（詳細は**3（4）**〔261頁〕）。

　書面交付義務違反は、行政規制違反であり業務改善命令（事業法29条2項）
の対象となるし、電気通信事業者の登録の取消事由、拒否事由となるし、認
定の取消事由となり得る（事業法14条1項1号、12条1項、126条1項3号）が、
他方で書面交付義務違反は直罰として刑事罰（30万円以下の罰金）を科すこと
が可能な犯罪として規定されている（事業法188条5号）。

　このように書面交付義務違反が犯罪であることを踏まえると、いわゆる取
締法規に違反する法律行為の私法上の効力論からすると、書面交付義務違反
の契約は無効と解される余地がある。

（3）電気通信事業者等の禁止行為

ア　利用者に対する禁止行為

①　禁止行為の導入の趣旨

　事業法は、前述したような（**第2章第2節**）電気通信サービスの提供契約の
勧誘における消費者トラブルの実際からすると、電気通信事業者やその代理
店、取次店等による不当な勧誘行為による被害やトラブルが多発していたこ
とを踏まえて、これらの予防を目的として電気通信事業者または媒介等業務
受託者に対し、不実告知および故意による重要事項の不告知を禁止し、さら
に契約締結の拒絶の意思表示をした利用者に対する再勧誘、勧誘の継続等を
禁止することとした（禁止行為：事業法27条の2）。

②　禁止行為に係る規制の性質

　事業法の規定する禁止行為は、違反した場合には業務改善命令等の行政処
分の対象となる規制であり、行政規制にとどまるものである。

　禁止行為に関する規定を事業法に導入することについて検討してきた
「ICTサービス安心・安全研究会」の報告書では、当初、禁止行為のうち不実

236　▶第4章 電気通信事業に関わる法と消費者

告知、故意による重要事項の不告知の禁止に違反する勧誘によって締結された契約の意思表示を取り消すことができる制度（民事上の取消権）を導入すべきであるとの意見がまとめられたが、最終的に国会に上程される段階では民事上の取消権の導入は断念され、現行のとおり行政規制にとどまるものとして規定が新たに導入された（詳細は**第2章第2節3**（11）（12）参照）。

　しかし、事業法が規定する不実告知や故意による重要事項の不告知の禁止に違反する勧誘がなされた場合には、消費者契約法上も不実告知（消契法4条1項1号）、不利益事実の不告知（同条2項）に該当し、同法による意思表示の取消しが可能となると解される。

イ　不実告知・故意による重要事項の不告知（誤認惹起行為）の禁止

　事業法は、電気通信事業者等による不当な勧誘行為として、まず、利用者の誤認を惹起する行為として、①不実告知、および、②故意による重要事項の不告知を禁止している（事業法27条の2第1項）。

①　不実告知の禁止

　㋐　事業法27条の2第1号は、電気通信事業者または媒介等業務受託者が、利用者に対し、説明義務の対象となる電気通信役務の提供契約に関する事項について、利用者の判断に影響を及ぼすこととなる重要な事項の不実告知を禁止する。

　本条が禁止するのは、事業法が説明義務を規定する電気通信役務の提供契約（事業法26条1項各号）に関する事項の不実告知である。説明義務の対象となっていない契約に関する事項は不実告知の禁止の対象ではない。

　したがって、説明義務の対象から除外される契約（法人等との契約、都度契約など）についての事項は、禁止行為の対象とはならない。

　㋑　本条違反は民事効はなく、行政上の行為規制であるが説明義務の対象となる契約に関する事項の不実告知が禁止されているので、説明義務の対象となる契約の締結またはその媒介等の勧誘が行われる際になされる勧誘行為についての規制と理解される。

　しかし、不実告知の結果、利用者が誤認したことは禁止行為違反の要件とはなっていないので、このような契約の締結や媒介等において不実告知がなされること自体を禁止する趣旨と解される。

　不実告知の意義は、消費者契約法4条1項1号や特定商取引法6条1項に

第3節 事業法の消費者保護ルール　*237*

規定する「不実告知」と同旨であり、その告知の時点で存在する客観的な事実と相違する事項を告げることである。

(ウ) 不実告知が禁止されるのは、説明義務の対象となる契約に関する事項がすべて対象となるのではなく、「利用者の判断に影響を及ぼすこととなる重要なもの」（重要事項）である必要がある。しかし、この重要事項のなかには、契約の内容（料金等）のほか、契約を必要とする事情、例えば「今使っているサービスが終了するので乗換えが必要」とか「アパートの管理会社からの紹介で契約することになっている」等の契約締結を必要とする事情（いわゆる「動機」にわたる事項）も含まれる（事業法 GL75〜76頁）。

② **重要事項の故意による不告知の禁止**

(ア) 不実告知と同様に、事業法27条の2第1号は、電気通信事業者または媒介等業務受託者が、利用者に対し、説明義務の対象となる電気通信役務の提供契約に関する事項であって、利用者の判断に影響を及ぼす重要事項について故意に事実を告げない行為を禁止する。

(イ) 故意による事実の不告知が禁止される対象と内容は、不実告知と同じである（上記①）。

(ウ) 重要事項の不告知に該当するには「故意に」事実を告げないことが必要である。

「故意に」とは、利用者の判断に影響を及ぼす事項が存在していることを認識しながら、敢えてその事実の説明を全く行わなかったり、説明を省いたりすることで、利用者が認識可能となるような行為をしなかったことを意味する（事業法 GL75〜76頁）。

重要事項に「動機」が含まれることは、不実告知の場合と同じである。

③ **不実告知・重要事項の不告知の例**

事業法ガイドラインは、不実告知・重要事項の不告知の禁止に関し「不適切な例」として次のような例を挙げている（事業法 GL76頁）。

 (ア) 利用者が現在使用している電話番号や電子メールアドレス等を引き続き利用したいにもかかわらず、契約の締結に伴い電話番号や電子メールアドレス等が変更されることを電気通信事業者等が利用者に説明しなかった場合。

 (イ) 電気通信事業者等が、契約を締結する利用者に適用される料金を

キャンペーン価格と伝えながら実際には当該料金が通常価格であった場合。

(ウ)　光ファイバーインターネットサービス等の契約をする際に申込みが混み合っていて、開通までにはかなり時間を要する状況であったのにもかかわらず、電気通信事業者等が、すぐに利用できるといった説明をし、または時間を要する旨を伝えなかった場合。

(エ)　電気通信事業者等が、初期契約解除制度における初期契約解除可能期間を法定よりも短い期間で伝えたり、初期契約解除制度が適用される契約であるにもかかわらず、初期契約解除制度の適用がないと伝えた場合。

(オ)　初期契約解除に伴い利用者が当然求めると想定される事項（例：乗換元の事業者のサービスに復帰すること）について、乗換元事業者のサービスに復帰することに時間がかかる、復帰に伴い電話番号が変わってしまうおそれがあるなど、不利益が生じ得ることが予想されたにもかかわらず、その内容を契約前に説明しなかった場合または虚偽の説明をした場合。

(カ)　「今使っているサービスが終了するので乗り換えが必要」、「このマンションの方には皆さんに契約してもらっている」等の利用者の意思表示の動機に働き掛けるような内容であって虚偽のものを利用者に説明して新しい契約を締結させる場合。

ウ　契約締結をしない旨の意思表示をした者に対する再勧誘・継続勧誘（不招請勧誘）の禁止

①　対象となる契約

　事業法27条の2第2号は、説明義務の対象となる電気通信役務の提供契約の締結の勧誘を受けた者が、勧誘を受けている契約を締結しない旨の意思を表示したにもかかわらず、その勧誘を継続する行為を禁止している。広い意味での「不招請勧誘」の禁止を規定したものと解される。

　この禁止の対象となるのは、不実告知の禁止と同じく説明義務の対象となる契約に関する事項である。説明義務の対象とはならない契約に関する事項については、不実告知と同じく再勧誘や継続勧誘の禁止の対象にはならないし、このほかに「利用者の利益の保護のため支障を生ずるおそれがないもの

第3節 事業法の消費者保護ルール　*239*

として総務省令で定めるもの」が除かれており、事業法省令22条の2の10は法人等との契約および住所変更等の軽微な変更（変更契約、更新契約の場合に書面交付の例外として認められている場合と同じである）の場合が、除外される場合として規定している。

② 契約を締結しない旨の意思表示

勧誘が禁止されるのは、勧誘を受けている契約を締結しない旨の意思を表示した場合である。なお、契約を締結しない旨の意思表示には、契約締結だけでなく勧誘を継続することを希望しない旨の意思も含まれる。

条文の文言上は、一旦は勧誘を受けた者が勧誘を受けた契約について、契約を締結しない旨の意思を表示した場合にその後の勧誘が禁止される規定と理解できる。

しかし、本条が不招請勧誘の禁止の1つと理解されることからすれば、先行して契約がなされ、その後にその契約について契約締結をしない意思が表明された場合に限らず（つまり勧誘の先行がなくても）、特定された契約や特定された電気通信事業者等について契約締結をしない旨の意思が表明されている限り、本条の要件としては必要十分と解すべきであり、例えば、いわゆるお断りステッカー等の表示物等により、具体的な事業者や契約を特定して「契約お断り」との意思が表示されている場合や「一切の電気通信サービスの勧誘」というように明確に表示されている場合には、同様に拒絶の意思表示として必要十分なものと解すべきである*26。

なお、このような意思の表示は、必ずしも言葉で行う必要はなく、身振りその他相手方から利用者の拒絶の意思が認識し得る方法、手段であれば足りる。

また、「契約しません」「いりません」「お帰りください」というように、表示そのものから明確に契約締結を拒絶する意思が読み取れる場合に限らず、訪問勧誘で「そろそろ夕飯の支度をしなければならないので」とか、「子供が帰る時間ですので」なども含まれるし、店舗での勧誘でも「用事があるので帰らなければいけない」などでも改めて説明を聞きにくるという積極的な勧

---

*26 事業法ガイドラインでは、「例えば家の門戸に『訪問販売お断り』とのみ記載された張り紙等を貼っておくことは、それだけでは、本項における『契約を締結しない旨の意思』の表示には該当しない」と説明され（事業法GL78頁）、いわゆるお断りステッカー等の表示では事業法27条の2第2号の禁止には該当しないとするようであるが、このような考え方には疑問がある。

▶第4章 電気通信事業に関わる法と消費者

誘甘受の意思の表明がない限り、拒絶の意思表示として必要十分と解される[*27]。

③ 禁止される行為

本条で禁止されるのは、勧誘を受けた利用者がその契約の締結をしない旨の意思（拒絶の意思）を表示（このなかには、勧誘を継続することを希望しない旨の意思も含まれることは前述のとおり）をしたにもかかわらず、勧誘を継続する（継続勧誘）ことおよび改めて勧誘をすること（再勧誘）である。

④ 禁止行為の対象事業者

拒絶の意思を表示した利用者に対し、勧誘の継続、再勧誘の禁止の対象事業者は、電気通信事業者およびその代理店、取次店（媒介等業務受託者）である。

電気通信事業者（キャリア）とその代理店、取次店との販売構造は、通常、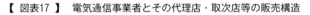【図表17】のとおりであることが多く、継続勧誘や再勧誘の禁止は、事業法の条文上、いわゆるキャリア単位ではなく勧誘事業者単位で判断せざるを得ない。つまり、例えばNTT東日本の提供する光回線サービスの契約の勧誘を複数の代理店や取次店が個々に営業活動を行って利用者を勧誘する場合を前提にすると、利用者から直接、拒絶の意思を表示された代理店や取次店は勧誘が禁止されるが、それ以外の代理店や取次店は、勧誘するサービスが同じものであっても事業法27条の2第2号の禁止がされないと解さざるを得ない。

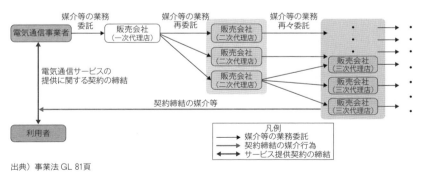

【図表17】 電気通信事業者とその代理店・取次店等の販売構造

出典）事業法GL 81頁

[*27] 拒絶の意思が表示された場合の再勧誘、継続勧誘の禁止は、特定商取引法にも規定がある。特定商取引法におけるこの制度の趣旨や拒絶の意思表示の意義、禁止される行為の内容等については、条解292頁〔齋藤雅弘執筆〕を参照。

ある利用者から契約締結の拒絶の意思が表示されたとの事実を、意思表示を受けた事業者以外の事業者が認識するには、当該利用者の個人情報とともにかかる意思表示がされたことについての情報を共有していることが前提となる。

　しかし、このような情報共有は、個人情報保護法の規定からすると個人情報（個人データ）の第三者提供の禁止に抵触することになるので（個人情報保護法23条）、拒絶意思の表示に係る事実が電気通信事業者等の間で情報共有することが困難だからである。

　その意味では、電気通信事業者の提供するサービスのように、同種のサービスを複数の代理店や取次店が重畳的に勧誘を行うような業態の場合には、不招請勧誘の実効性を確保するには、いわゆる「Do Not Call」や「Do Not Knock」制度の導入が不可欠といえる[28]。

（4）媒介等業務受託者に対する指導等の措置

ア　媒介等業務受託者に対する指導等の義務の導入の趣旨・目的

　事業法の平成27年改正の背景（立法事実）となった消費者トラブルでは、電気通信サービスの勧誘において、実際に勧誘行為を担当する代理店や取次店での説明不足や不実の説明、割引やキャッシュバック等のメリットを強調しながら他方で不利益（通話・通信エリア、通信速度や通信量の制限、解約制限や違約金等）の説明が不十分であったことに起因するものが多くみられた。

　また、このような問題を抱えていた電気通信サービスの販売における電気通信事業者（キャリア）とその代理店、取次店との販売構造は、前記の【図表17】のとおりの階層構造をもっており、キャリアによる指示や指導が末端の販売現場まで浸透することが難しい業態であり構造であった。

　このような実態が、消費者トラブルを増加させ、深刻なものとさせていた事情があった。

　そのため、平成27年改正事業法により、新たに導入等された電気通信事業者等の義務が適正に履行されるためには、電気通信事業者（キャリア）による

----

[28] 「Do Not Call」や「Do Not Knock」制度については「国民生活研究」における「世界の勧誘規制を知る　バックナンバー」（http://www.kokusen.go.jp/wko/data/bn-kkisei.html）、津谷裕貴「DO-NOT-CALL──カナダ・米国調査結果」先物取引被害研究33号（2009年）、近畿弁護士連合会編「第32回近畿弁護士連合会大会シンポジウム第1分科会　ストップ！迷惑勧誘！！──Do-NoT-Call・Do-Not-Knock制度の実現に向けて」近畿弁護士連合会編（2015年）などを参照。

242　▶第4章 電気通信事業に関わる法と消費者

代理店、取次店に対する指導や教育が重要と考えられた。特に、このような販売構造が構築されているのは、キャリアが提供する巨額の販売奨励金の提供、分配が背景となっている実態があるので、なおさらキャリアに対し、販売構造上その下位の階層に位置する代理店や取次店等の事業者に対する法令遵守に関する指示、教育等の責任を負わせる必要性も高く、また、このような責任を負わせる合理性も高い。

かかる観点から、平成27年改正の事業法では、電気通信事業者に対し媒介等業務受託者に対する指導等の義務を新たに規定したものである（事業法27条の３）。

イ　媒介等業務受託者に対する指導等の義務の内容

①　指導等の義務の主体

事業法27条の３の指導等の義務の主体は電気通信事業者である。

上記のとおり、電気通信サービスの提供、販売におけるキャリアの地位やその影響力の大きさ等を踏まえて、電気通信事業者が代理店や取扱店に対する指導等の義務の主体とされたものである。

②　指導等の相手方

電気通信事業者が指導その他の措置をとるべき相手方は電気通信役務の提供に関する契約の締結の媒介等の業務およびこれに付随する業務の委託をした場合のこれら委託の相手方事業者である（事業法27条の３）。

電気通信事業者が、本条に基づき直接指導等をなすべき相手方は、キャリアが自ら委託した相手方（つまり第一次代理店）であるが、本条が前記の【図表17】のとおりの電気通信役務の販売における階層構造を前提にして規定されていることから、キャリアは第一次代理店を通じて、同代理店が媒介等の業務委託をしている相手方（第二次代理店や取次店）に対し、事業法27条の３の指導等をなすべき義務があることになる。

そして、このような関係は、第二次代理店（取次店）からさらに媒介等の業務の委託を受けた事業者との関係でも順次妥当するので、通常は、電気通信事業者がこれらの階層的な委託関係上の法的地位（委託契約上の委託者と受託者との法律関係）を前提にして、末端に至るまでそれぞれの階層における受託者を通じて間接的に指導等をなすべき義務があることになる。

なお、キャリアによる媒介等の業務の委託は、契約に基づくものに限らず、

第３節 事業法の消費者保護ルール　**243**

事実上の委託関係も含まれると解されている（事業法GL81〜82頁）。

③　対象となる電気通信役務

本条は、電気通信事業者が指導等の義務を負う電気通信役務を特段限定する文言はないことから、説明義務の対象となる電気通信役務に限らず、電気通信事業者が媒介等の委託をする場合はすべて対象となっていると解される（事業法GL82頁）。

④　指導等の義務の内容

電気通信事業者は、電気通信役務の提供契約の締結の媒介等の業務およびこれに付随する業務（以下「媒介等業務」という）を媒介等業務受託者に委託する場合には、適正かつ確実な遂行を確保するために必要な措置を講じなければならないと規定するが（事業法27条の3）、具体的な措置の内容は事業法省令で規定している。

これを受けて事業法省令22条の2の11は、電気通信事業者に対し、委託する媒介等業務の内容に応じ、次に掲げる措置が講じられるようにしなければならないと規定している。

㋐　媒介等の業務を適正かつ確実に遂行できる能力を有する者に委託するための措置（事業法省令22条の2の11条1項1号）

このような能力のある者に委託するための措置には、再委託など多段階の委託においても階層が下の段階でも適切な能力のある者に委託するための措置も含まれる。多段階を前提にした措置が必要な点は、以下の②から⑦でも同様である。

㋑　業務の実施状況を監督する責任者の選任（同項2号）

法人の場合は、役員または従業員からこの責任者に選任することが必要である。

㋒　業務手順等の文書（適切な誘引の手段に関する事項、媒介等業務に関する法令遵守事項およびその他業務の適正かつ確実な遂行を確保するための事項を含む「マニュアル」等）の作成、研修の実施等（同項3号）

この「マニュアル」等には、事業法、携帯電話不正利用防止法および青少年インターネット環境整備法等の法令の遵守に関する事項その他媒介等業務の適正かつ確実な遂行を確保するための事項を記載したものである必要がある。

また、このマニュアル等には、代理店が独自に提供するオプション（サービ

ス・商品等）については、その内容を記載した書面を交付するなどという手段の記載が必要とされる。マニュアル等の交付方法は書面交付義務を参考に手順が記載される必要がある。

 ㋑　業務の実施状況を、定期的にまたは必要に応じて確認することにより、媒介等業務受託者がその媒介等業務を的確に遂行しているかを検証し、必要に応じ改善させる等、媒介等業務受託者に対する必要かつ適切な監督等が行われるための措置（同項4号）

 ㋔　利用者からの苦情の適切かつ迅速な処理をすること（同項5号）
　　利用者からの苦情対応の体制が整備されるための措置である。

 ㋕　業務が適切に行われない場合に、業務の中止、他の適切な者への速やかな委託、業務の委託契約の変更または解除等を行うこと（同項6号）

 ㋖　各措置の適正かつ確実な実施のための委託状況の把握をすること（同項7号）

⑤　電気通信事業者の報告義務

　電気通信事業者は、業務が適切に行われない場合であって、利用者に重大な影響が及ぶおそれがあるときには、総務大臣に対し媒介等業務受託者の名称、住所等、受託者を特定するために必要な情報を総務大臣に報告する義務がある（同条の11第2項）。

　総務大臣は、報告された受託者情報を必要な場合に他の事業者等に提供することもあり得る。

(5) 苦情等の処理義務

ア　電気通信事業者に対する苦情等の処理の義務づけ

　事業法27条は、説明義務の対象となる電気通信役務について電気通信事業者の業務方法またはこれらについての利用者からの苦情および問合せについて、適切かつ迅速な処理を義務づけている。

　この義務は、平成15年改正により導入されたものであり、同改正前から電気通信サービスについて消費者からの苦情や相談が増加していた実情を踏まえてものである（改正経緯等は**第2章第2節3**（1）～（5）参照）。

　事業法の改正により、このような義務が導入された趣旨は、電気通信事業者と消費者（利用者）との間の情報の質、量の非対称性に起因するトラブルが生じている状況に鑑みて、消費者が継続的に安心して電気通信サービスを利

用できるようにするために、電気通信事業者に苦情等への対応義務を課し、その自主的な努力によって、苦情等の前提となる業務の遂行の方法や電気通信役務の提供の内容や方法を改善させ、消費者トラブルを少なくすることにある。

イ　義務の主体

　苦情等の処理の義務を負うのは、電気通信事業者である。事業法27条の文言のうえでは、媒介等業務受託者には苦情処理義務は規定されていない。

　しかし、媒介等業務受託者は電気通信事業者から電気通信役務の提供に関する契約の締結の媒介、取次ぎまたは代理の業務およびこれに付随する業務の委託を受けた者であるから（事業法26条1項）、媒介等業務受託者は電気通信事業者と業務委託関係上、事業法27条に基づいて負っている義務の履行に関し電気通信事業者から指示等を受けた場合には、それに従って利用者との対応をしたり、あるいは業務方法の改善をしたり、その他の苦情等の解消のための諸活動を行うべき立場にあるので、電気通信事業者を通じてやはり苦情等の処理をなすべき地位にあるといえる。

ウ　苦情等の処理義務の内容

　電気通信事業者がなすべき義務は、次の点についての利用者からの苦情および問合せについての適切かつ迅速な処理である。

　　①　事業法により説明義務の対象とされている電気通信役務に関する電気通信事業者の業務の方法について

　　②　同じく①の電気通信役務の提供について

　以上のうち①は、電気通信事業者が行う広告その他の表示や勧誘、説明等に関することであり、②は利用者に提供する電気通信役務の内容や品質、提供条件等についての事項である。

エ　苦情等の処理の方法

　利用者からの苦情等の処理は「適切かつ迅速」に行うことが義務づけられている。

　したがって、苦情等の受付ができる体制が整えられていることが大前提であるし、「適切」な処理が義務となっているので、単に受付窓口が設けられているだけでは足りず、その窓口において利用者からの苦情等を真摯に聞き取る等して内容を理解、把握して、然るべき対応担当者や部署に伝達して、解

決のための結論を得る努力をすることが義務づけられている。

また、処理は迅速になされる義務があるので、苦情等を受け付けた場合には、通常の業務遂行上で取り得る手段、方法により可及的速やかに結論を出して、それを苦情等の申出をした利用者に伝える義務がある。

なお、事業法27条の苦情等の処理義務は、利用者から申出のあった苦情を具体的に解決することまで義務づけているとは解されない。

苦情等の内容や態様に応じて、処理が可能な然るべき地位の者や部署に取り次いで、解決のための努力を真摯に行えば足りると解される。

その意味では、具体的な苦情等の内容にもよるので一般的にいうことはできないが、電気通信事業者の業務に関係ない事項についての苦情等や然るべき対応をとったものの解決困難な事項について、その旨の回答を伝えた結果、利用者が納得しなかったことをもって、さらなる対応をとるべき義務があるとまでは解されない。

オ　ガイドラインの例示

事業法27条の規定するこのような苦情等の処理義務については、事業法ガイドラインは次のとおりの不適切な例および望ましい対応を例示している（事業法 GL73〜74頁）。

① 不適切な例

　㋐　苦情および問合せに対する対応窓口を設けていない。

　㋑　苦情および問合せに対する対応窓口が設けられていても、その連絡先や受付時間等を消費者に対して明らかにしていない。

　㋒　苦情および問合せに対する対応窓口が明らかにされていても、実際にはその対応窓口がほとんど利用できない（例えば、電話窓口に頻繁に電話してもつながらない場合やメール相談窓口にメールで繰り返し相談しても連絡がない場合）。

　㋓　消費者が真摯に問合せをしているにもかかわらず、長期間放置している（例えば、特に調査や確認等の必要のない問合せ内容に対して、正当な理由なく、2〜3日を越える期間回答をしないでいる場合、調査や確認等を1週間程度で終えることができる問合せ内容に対して、正当な理由なく、回答を遅滞させている場合、1週間程度で終えることができる調査や確認等について正当な理由なく1ヶ月以上の期間をかける場合など）。

第3節 事業法の消費者保護ルール　*247*

(ｵ) 消費者から契約解除の申出があったにもかかわらず、正当な理由な
く当該申出を相当期間放置して、その手続を行わない。

② 望ましい対応

(ｱ) 電話窓口を開設すること。特にインターネット接続サービスを提供
する電気通信事業者は、トラブルが発生したときには電子メール自体
がつながらなくなるため、電話窓口の開設が不可欠であること。

(ｲ) 電話窓口は、録音された自動音声のみならず、オペレータによる対
応を行うこと。また、自動音声での操作を求める場合には、例えばい
ずれの操作段階でもオペレータの呼出しを可能とするなど、簡易な操
作でオペレータにつながるように対応を行うこと。

(ｳ) 電話窓口は、平日は、なるべく長時間受け付けること。

(ｴ) 苦情および問合せを受けた内容について、調査や確認等の必要があ
る場合でも、できるだけ短期間に何らかの回答をすること。

(ｵ) 電話による連絡先、オペレータの人数、回線数、受電率（応答率）、
回線の混雑状況、苦情等の件数および内容の傾向、苦情等の業務への
反映状況など、苦情等の処理の体制の整備状況や運営状況について、
インターネットのウェブページ等で対外的に明らかにするなど、透明
性を高め消費者の信頼を得るための取組みを行うこと。

(6) 事業の休廃止に係る周知義務

ア　電気通信事業の休廃止

電気通信事業が登録制・届出制の事業であることを踏まえて、事業法は電
気通信事業者がその事業の全部または一部を休止し、または廃止したときは、
遅滞なく、その旨を総務大臣に届け出ることを義務づけ（事業法18条1項）、
また、合併以外の事由による解散、破産手続開始決定の場合にも同様の届出
義務を規定する（同条2項）。

しかし、事業の休廃止自体は、電気通信事業者の意思により自由になし得
るので、電気通信事業者がその事業を休止したり、廃止した場合にその事業
者から電気通信役務の提供を受けている利用者にとっては、休廃止が予定さ
れている場合には予めその旨を認識できるようになっていない限り、ある日
突然に電話や情報通信等の通信サービスが利用できなくなり、多大な不利益
や不便だけでなく損害を被ることもある。

そこで、事業法は電気通信事業者がその事業の全部または一部の休廃止をする前に、両者に対する周知義務を規定している（事業法18条３項）。

イ　休廃止の周知義務

①　義務の主体

　休廃止の周知義務があるのは、電気通信事業者である。

　媒介等業務受託者は義務主体ではないし、また、事業法に基づく登録（事業法９条）を受けていない事業者や、届出（事業法16条）をしていない事業者は、無登録等の営業による事業法違反の点は別にして、休廃止の周知義務の対象にはならないのは当然である。

②　周知義務が生じる場合

　電気通信事業者が周知義務を負うのは、その「電気通信事業の全部又は一部を休止し、又は廃止しようとするとき」である。

　休止または廃止を「しようとするとき」であるから、まだ、事業の休廃止を実行していない段階において、実際に休止、廃止を行うまでの間に周知させる義務を負う。

　全部の廃止（廃業）や休止（休業）の場合に限らず、一部の廃止、休止の場合も含まれる。「電気通信事業の一部」とは、電気通信事業における社会経済的にみて１つの単位とない得るものをいい、利用者からみて独立した電気通信役務の提供とみられる事業の部分をいうとされている（事業法GL88頁）。

　なお、事業法ガイドラインは「電気通信事業の一部」に該当する電気通信サービスとして**【図表18】**のようなサービスを列挙している（事業法GL96～97頁）。

　電気通信サービスを提供する区域を減らす場合は、都道府県単位で判断し、都道府県単位でサービス提供をやめる場合は一部の休廃止に該当すると解されている（事業法GL89頁）。都道府県内の一部の市区町村レベルでサービス提供をやめる場合は、一部の休廃止には該当しないと解されている。

　また、電気通信事業者が提供する電気通信役務に付随して提供される付加機能や通信速度別のメニュー等の休廃止は、その電気通信サービスが新たなプランやメニューで提供されていれば一部の休廃止には該当しない（事業法GL89頁）。

　なお、以上のような一部の休廃止には該当しないものの、部分的に提供さ

【 図表18 】 「電気通信事業の一部」に該当するサービス例

固定電話系サービス	移動系サービス	データ・専用サービス
・加入電話サービス ・ISDN サービス ・市内電話サービス ・県内市外電話サービス ・県間電話サービス ・対地別の国際電話サービス ・対地別の国際 ISDN サービス 　・050番号を用いた IP 電話サービス（050IP 電話サービス） 　・0AB～J 番号を用いた IP 電話サービス（0ABJIP 電話サービス） ・インターネット電話サービス等	・W-CDMA 方式携帯電話サービス ・CDMA2000 方式携帯電話サービス ・携帯電話端末によるインターネット接続サービス ・携帯電話パケット通信アクセスサービス ・PHS サービス ・PHS 端末によるインターネット接続サービス ・PHS パケット通信アクセスサービス ・BWA サービス ・公衆無線 LAN サービス ・衛星携帯電話サービス ・無線呼出しサービス等	・一般専用サービス ・高速デジタル専用サービス ・ATM 専用サービス ・テレックスサービス ・X.25のパケット交換サービス ・フレームリレーサービス ・ATM 交換サービス ・IP-VPN サービス ・広域イーサネットサービス等
インターネット接続サービス	固定系インターネットアクセス回線サービス	その他
・ダイヤルアップに対応したインターネット接続サービス ・DSL アクセスサービスに対応したインターネット接続サービス ・FTTH アクセスサービスに対応したインターネット接続サービス ・CATV 用の設備を用いたインターネット接続サービス ・BWA アクセスサービスに対応したインターネット接続サービス等	・DSL アクセスサービス ・FTTH アクセスサービス ・FWA アクセスサービス等	・電子メールサービス ・ホスティングサービス ・IX サービス等

出典）事業法 GL96～97頁をもとに作成

れるサービスがなくなる場合は、事業法18条 3 項と同様の周知が望ましいとされている。また、これら場合でも、契約条件の変更に該当する場合もあるので、その場合は契約条件の変更の問題として説明が義務づけられる場合がある（事業法 GL89頁）。

　さらに、一部の休廃止には該当しないが、利用者への周知が不十分であり、その結果利用者が電気通信サービスの適正な利用を受けられない状況となっている場合などは「電気通信事業者の事業の運営が適正かつ合理的でないため、電気通信の健全な発達又は国民の利便の確保に支障が生ずるおそれがあるとき」（事業法29条 1 項12号）に該当し、業務改善命令の対象となり得る（事業法 GL89頁）。

③　周知の相手方

　事業の休廃止をする電気通信事業者がその旨の周知をすべき相手方は「当
該休止又は廃止しようとする」電気通信事業の利用者である。

　一般的には電気通信事業者とその電気通信役務の提供契約を締結している
利用者を指すが、事業法省令13条1項1号は周知の相手方について「知れた
る利用者」と規定しており、周知すべき相手方は、契約締結をしている利用
者すべてではなく、利用者を特定し得る住所、氏名等の利用者を特定し得る
情報を電気通信事業者が認識している相手方ということになる。いわゆる「み
なし契約」の場合や「接続・共用契約」の場合には、契約関係はあるが休廃止
をする電気通信事業者が利用者の特定に必要な情報を把握していない場合が
あり得るが（事業法GL91〜92頁）、このような場合には認識していない利用者
への周知義務はないことになる。

ウ　休廃止の周知の時期、方法

　周知の時期および方法は事業法18条3項が「総務省令で定めるところによ
り」としていることに基づく、事業法省令13条が次のとおり定めている。

①　周知の時期

　周知は「あらかじめ相当な期間を置いて」行う必要がある（事業法省令13条
1項）。

　「あらかじめ」の周知であるから、休廃止を実施するより前の時点でなけれ
ばならない。「相当な期間」とは、利用者が契約している電気通信事業者の提
供するサービスが利用できなくなることを認識し、それに代わる他の電気通
信サービス（同じ電気通信事業者の場合）や他の電気通信事業者の提供するサー
ビスにいかなるものが、いかなる条件で提供を受けられるのかを理解して比
較検討の結果、代替サービスを選択して、そのサービスに移行するのに必要
な合理的期間を意味し、一応の目安としては1ヶ月程度と解されている（事
業法GL91頁）。

②　周知の方法

　休廃止の周知は、次の方法で適切に行うことが義務づけられている（事業
法省令13条1項1号から5号）。

　　㋐　訪問（1号）

　　㋑　電話（2号）

第3節　事業法の消費者保護ルール　**251**

(ウ)　郵便、信書便、電報その他の手段による書面の送付（3号）

(エ)　電子メールの送信（4号）

(オ)　電子計算機に備えられたファイルに記録された情報を電気通信回線を通じて利用者の閲覧に供する方法であって、利用者が休止し、または廃止しようとする電気通信事業に係る電気通信役務の提供を受ける際に当該閲覧に供せられた情報が表示されることとなるもの（5号）

　以上のうち(エ)の電子メールには電子メールと同様のメッセージの送信が可能な SMS も含まれるが、(オ)は電気通信事業者の企業としてのウェブページを意味するのではなく、利用者が電気通信サービスの提供を受ける際に必ず表示される形態、態様のものに限られる（事業法 GL92〜93頁）。

エ　周知すべき事項

　電気通信事業者が周知すべき事項は、その事業の一部または全部を休止または廃止する旨である（事業法18条3項）。

　このなかには、具体的に休廃止により利用できなくなる電気通信サービスの名称、内容および利用できなくなる時期が含まれる。

オ　周知義務が免除されるもの

　周知義務については、「利用者の利益に及ぼす影響が比較的少ないものとして総務省令で定める電気通信事業の休止又は廃止については、この限りでない」と規定されており（事業法18条3項ただし書）、事業法省令13条2項が次の3つの場合について、周知義務の対象から除外している。

①　都度契約（同項1号）

②　電気通信事業の譲渡、合併、分割もしくは相続に伴う休廃止（ただし、当該事業を引き継いだ事業者が引き続きその電気通信事業を営むもの）

③　利用態様からみて通信目的が限定的なことが明らかであることから、休廃止しても利用者への影響が比較的少ないもの

　③に該当する例としては、ツーショットダイヤル、出会い系サイト・チャット、出会い系サイト用のホスティングサービスなどが挙げられている（事業法 GL94頁）。

カ　望ましい対応

　電気通信事業者の周知義務の履行について事業法ガイドラインは望ましい

対応として次のような対応を挙げている（事業法 GL95頁）。

① 報道発表、ウェブページへの掲載、日刊紙への掲載などにより、事業の休廃止について広く周知させるための措置をとること。また、周知させる義務の対象外となる事業の休廃止（事業法18条3項・事業法省令13条2項）についても、潜在的な利用者にできる限り周知させる観点から、同様の措置をとること。

② 周知させるための連絡手段については、利用者に対して周知徹底が図られるよう、必要に応じて複数の連絡手段を用いること。

③ 事業の休廃止に係る連絡をしたにもかかわらず、十分に周知させられていないと認められる利用者がある場合には、重ねて連絡を行い、または当初の連絡手段とは別の連絡手段を用いること等により、周知徹底を図ること。

④ 事業の休廃止について周知させる際、併せて利用者からの問合せ窓口の連絡先を知らせるとともに、自らまたは他の電気通信事業者が提供する代替的なサービスの紹介・説明を行うこと。

⑤ サービス停止までの利用条件、代替的なサービスの内容や移行手続等に関する利用者の問合せに対して、誠実に対処すること。

(7) 行政ルール違反の効果

ア 業務改善命令等による是正

電気通信事業者等が消費者保護等のために義務づけられている行政ルールに違反した場合には、次のとおりの行政処分がなされることとされている（事業法29条）。

① 消費者保護関係の義務

次の各義務づけに違反した場合、(ア)については電気通信事業者および媒介等業務受託者に対し、(イ)については電気通信事業者に対し、利用者の利益を確保するために必要な限度において、業務の方法の改善その他の措置をとるべきことを命ずることができることとしている（事業法29条2項）。

(ア) 説明義務、禁止行為（不実告知・重要事項の故意による不告知）の禁止（事業法29条2項1号）

(イ) 書面交付義務、苦情等の処理義務および媒介等業務受託者に対する指導義務（同項2号）

② 電気通信事業者の業務に関するその他の義務

　事業法は、次の(ｱ)から(ｼ)のいずれかに該当すると認めるときは、電気通電気通信事業者に対し、利用者の利益または公共の利益を確保するために必要な限度において、業務の方法の改善その他の措置をとるべきことを命ずること（業務改善命令）ができることとされている（事業法29条１項）。

(ｱ)　電気通信事業者の業務の方法に関し通信の秘密の確保（事業法４条）に支障があるとき

(ｲ)　電気通信事業者が特定の者に対し不当な差別的取扱い（事業法６条）を行っているとき

(ｳ)　電気通信事業者が重要通信に関する事項（事業法８条）について適切に配慮していないとき

(ｴ)　電気通信事業者が提供する電気通信役務（基礎的電気通信役務または指定電気通信役務〔保障契約約款に定める料金その他の提供条件により提供されるものに限る〕を除く。(ｵ)から(ｷ)までにおいて同じ）に関する料金についてその額の算出方法が適正かつ明確でないため、利用者の利益を阻害しているとき（事業法７条、19条、20条）

(ｵ)　電気通信事業者が提供する電気通信役務に関する料金その他の提供条件が他の電気通信事業者との間に不当な競争を引き起こすものであり、その他社会的経済的事情に照らして著しく不適当であるため、利用者の利益を阻害しているとき

(ｶ)　電気通信事業者が提供する電気通信役務に関する提供条件（料金を除く。次号において同じ）において、電気通信事業者およびその利用者の責任に関する事項ならびに電気通信設備の設置の工事その他の工事に関する費用の負担の方法が適正かつ明確でないため、利用者の利益を阻害しているとき

(ｷ)　電気通信事業者が提供する電気通信役務に関する提供条件が電気通信回線設備の使用の態様を不当に制限するものであるとき

(ｸ)　事故により電気通信役務の提供に支障が生じている場合に電気通信事業者がその支障を除去するために必要な修理その他の措置を速やかに行わないとき

(ｹ)　電気通信事業者が国際電気通信事業に関する条約その他の国際約束

254　▶第４章 電気通信事業に関わる法と消費者

により課された義務を誠実に履行していないため、公共の利益が著しく阻害されるおそれがあるとき

㈿　電気通信事業者が電気通信設備の接続、共用または卸電気通信役務（電気通信事業者の電気通信事業の用に供する電気通信役務をいう。以下同じ）の提供について特定の電気通信事業者に対し不当な差別的取扱いを行いその他これらの業務に関し不当な運営を行っていることにより他の電気通信事業者の業務の適正な実施に支障が生じているため、公共の利益が著しく阻害されるおそれがあるとき

㈾　電気通信回線設備を設置することなく電気通信役務を提供する電気通信事業の経営によりこれと電気通信役務に係る需要を共通とする電気通信回線設備を設置して電気通信役務を提供する電気通信事業の当該需要に係る電気通信回線設備の保持が経営上困難となるため、公共の利益が著しく阻害されるおそれがあるとき

㈿　以上㈠から㈾のほか、電気通信事業者の事業の運営が適正かつ合理的でないため、電気通信の健全な発達または国民の利便の確保に支障が生ずるおそれがあるとき

イ　業務改善命令等による是正の手続

電気通信事業者等が事業法に規定する義務に違反した場合の是正のための手順としては、総務省は次のような運用を行うこととしている。

①　違反した電気通信事業者、媒介等業務受託者に対する報告徴収等

②　違反が確認された場合には、行政指導を行う

③　行政指導を受けたにもかかわらず是正がされない場合には業務改善命令等による是正

④　業務改善命令等に従わない場合は、刑事罰の制裁の対象となる（事業法186条3号）

ウ　刑事罰

事業法は、次のとおり、電気通信事業者の書面交付義務違反は直罰とし、それ以外の行政規制違反の場合には、行政上のルールに違反して業務改善命令等による是正を命じられたにもかかわらず、是正しなかった場合には命令違反罪として刑事罰の対象としている。

① 書面交付義務違反

電気通信事業者が事業法26条の2第1項の規定に違反して、書面を交付せず、または虚偽の記載をした書面を交付した者は、30万円以下の罰金に処せられる（事業法188条5号）。

② 命令違反

電気通信事業者が事業法29条1項もしくは2項の規定による命令または処分に違反した者は、200万円以下の罰金に処せられる（事業法186条3号）。

3 消費者保護のための事業法の民事ルール

（1）電気通信役務の提供と契約

ア 契約に基づく電気通信役務の提供

電気通信役務の提供は、電気通信事業者と利用者間の契約に基づき提供され、両者間の法律関係は、契約に基づく民事上の法律関係である。

電気通信役務の提供契約の成立、その効力および料金その他の提供条件については、事業法は直接規律することはせず、契約自由の原則に委ねていることは、前述したとおりである（第1節4）。

したがって、電気通信役務の提供契約は、通常、利用者からの申込みを受け、電気通信事業者がこれを承諾することによって成立する。

イ 約款に基づく契約

電気通信役務の提供契約では、ほとんどが契約約款に基づき締結される。特に消費者である利用者の場合には、契約約款に基づかずに締結されることはないということができる。

電気通信事業者が使用する約款については、既述のとおり（第1節4）、基礎的電気通信役務、指定電気通信役務および特定電気通信役務の提供については、それぞれ総務大臣の認可約款が使用されることとなっており（事業法19条3項、事業法省令17条）、総務大臣による約款規制を通じて、間接的にこれら役務提供における料金その他の提供条件に対する規制がなされている。

また、これら認可約款による役務提供が義務づけられている電気通信役務以外の役務提供契約においても、電気通信事業者は利用者との間の役務の提供条件を既定した各種の契約約款を策定し[29]、これに基づいた契約の締結

▶ ··

*29 各電気通信事業者のウェブページでは、それぞれ電気通信役務の提供に係る契約約款を公表している。例えば大手キャリアの契約約款については、NTT東日本は「https://www.ntt-east.co.

256 ▶第4章 電気通信事業に関わる法と消費者

を行っており、電気通信事業者と消費者（利用者）間の電気通信役務の提供に関する契約の内容、条件等は、これら約款に規定されている条件等が契約内容となる。

（2）電気通信役務の提供契約の解除

電気通信役務の提供契約は、他人間の電気通信の媒介を内容とする継続的な役務提供契約であり、準委任またはそれに類似する性質をもつ契約とみることができる[30]。

準委任契約は、解約が自由であるのが原則であり（民法651条1項）、相手方に不利益な時期でない限り、解約による損害賠償の必要はないし、かりに相手方に損害が生じてもやむを得ない事由がある場合にはそれも必要ないとされている（民法651条2項）。

しかし、電気通信サービスの提供では、電気通信事業者が定める契約約款で利用者の解約権を制限したり、解約時の違約金等の支払義務が規定されている場合が少なくない。

むしろ、利用者が消費者である携帯電話やスマホ等の移動通信サービスの契約では、いわゆる「2年縛り契約」とよばれる期間拘束付き自動更新契約が大多数を占めており、これらの通信サービスの契約では解約自由が制限されているし、中途で解約した場合には月額の基本料金からすればかなり割高な違約金等の支払義務が規定されている。

これまで説明してきたように、販売現場での説明不足、大幅な割引、キャッシュバック等による誘引により、利用者が解約制限等の不利益を十分に認識しなかったり、誤認して契約を締結してしまい、後日、解約をする時点になってこれらの負担が必要であることを現実に認識し、苦情やトラブルとなる例

▶

jp/tariff/」、NTT西日本は「http://www.ntt-west.co.jp/tariff/yakkan/」、NTTドコモは「https://www.nttdocomo.co.jp/corporate/disclosure/agreement/」、KDDI（au）は「http://www.kddi.com/corporate/kddi/public/conditions/」、ソフトバンクは「https://www.softbank.jp/mobile/legal/articles/」にそれぞれ約款集が掲載されている。

[30] 旧公衆電気通信法のもとにおける加入電話加入契約の性質は「典型契約ではないが、典型契約の一つである賃貸借や請負の要素を含んだ不典型契約であり、混合契約である」とされていたが（詳解〈下巻〉114頁）、これはアナログの固定電話を前提とし、通話を保証しうることを踏まえ、かつ電話機の買取制の導入前（電話機はNTTから賃借するしか方法がなかった）の考え方であって、電気通信サービスの提供は「ベストエフォート型」のものが大多数となっている現状では、電気通信役務の提供契約の性質も旧法下とは異なる性質のものとなっていると解される。したがって、むしろ、結果の実現が保証されない通信の媒介という事務処理を行うことが契約の主たる義務である以上、賃貸借でもないし請負（仕事の完成＝必ず通信できる）契約ともいえず、準委任の性質をもつ契約を解するのが適切である。

第3節 事業法の消費者保護ルール　　*257*

が多数あった。

　また、販売当初における説明が十分になされ、利用者が正しく認識して「２年縛り」の契約を締結した場合でも、電気通信サービスの提供は長期間にわたり継続して行われるものであり、利用者のその後の事情の変化（例えば転居や海外赴任等）により契約の解除をせざるを得ない事態となったり、また、無線による通信サービス提供の場合には提供される場所や状況によってサービスの質や内容が変化するという異なる特質があるので、実際に使用してみないと利用者にとって適切なサービスか否かを当初の時点では十分に認識できないし、また、転居等により使用の本拠の変更により、契約時点の通信環境が変化し、当初、期待していたサービスの提供が受けられないことも生じ得る。

　これらの場合にも、電気通信事業者の定める契約約款等による解約制限の内容や違約金の有無、金額をめぐって利用者との間で苦情やトラブルとなりやすい実態があった。

　このような実態を踏まえて、事業法は平成27年改正により、契約の締結から一定の期間であれば理由を必要とせずに締結した電気通信役務の提供契約を解除することができるようにする「初期契約解除制度」を新たに導入した。

　なお、禁止行為違反の勧誘（不実告知・故意による重要事項の不告知）により誤認して行われた電気通信役務の提供契約の意思表示の取消権については、「ICTサービス安心・安全研究会」の報告書では導入するべき旨の提言がなされたが、法案作成段階でこの取消権の導入は見送られたことは既に述べたとおりである（第２章第**2**節３（12））。

（3）初期解除制度の導入根拠

　初期契約解除を事業法が規定した根拠（立法事実）には、次の２つの観点の根拠が指摘できる。

ア　電気通信サービスおよびその提供の性質や特徴から

　電気通信サービスには可視性がなく、また、非常に高度な科学技術を背景に提供されるものであるし、技術面の複雑さや理解の難しさのみならず、サービスの提供それ自体や提供のための取引条件等も非常に複雑で理解がしづらい特質がある。そのため、役務それ自体の内容、性質等に加え、役務取引としてその取引条件や契約条件を認識し、理解することが容易ではないという特

徴がある。

このような特徴から電気通信サービスは使ってみなければ、本当のところは理解しづらいのが現実であり、契約締結後、一定期間にわたり実際にサービスを利用してみて、その結果にしたがって契約の継続をするのか、契約をやめるのかの選択を利用者に認める必要性と合理性が高いといえる。

さらに、大手キャリアが提供する販売奨励金等の獲得を目指し、代理店や取次店などにおける過当な営業活動が行われやすい背景と実態があり、そのため電気通信サービスの販売現場における説明が不十分であったり、サービスの利用において重要な事項について不実告知をしたり、重要事項を敢えて告げずに契約を獲得する営業姿勢がみられ、なおさら利用者が締結した契約内容や契約条件などについて誤認したり、認識不足、理解不足のまま契約が締結されるケースが非常に目立っていた。

したがって、この点からも、一旦、締結した契約であっても熟慮を可能とする期間の猶予を利用者に与え、その間に契約の継続をするかやめるかの選択を認める必要性も合理性も高い実態があったものである。

イ　契約締結過程に利用者の決定、判断が歪められやすい実情があること

電気通信サービスの販売形態は、**第 3 章第 3 節**で整理したとおりであるが、訪問販売や電話勧誘販売による販売では、そもそも不意打ち性が高く、特定商取引法がこれらの取引類型を規制対象としていることと同様の理由で、契約の拘束力に対する法的介入の必要性と合理性が認められる。

また、通信販売でも現在のインターネットの仕組みを踏まえると、「勧誘」と評価し得る顧客誘引がされているのが実際であるし[31]、インターネット取引一般がクリックミスなどの操作ミスが起きやすい性質の取引であるし、操作ミスに限らず意思決定の側面でも軽率な決定をしやすい特徴もあることからすると、そもそも必要のない契約をしてしまったり、契約目的からみて必要のない内容、品質（通信速度や通信量など）の契約を締結しまいがちである。

---

[31] インターネット上の顧客誘引のためになされる「広告」であっても、最判平29・1・24民集71巻1号1頁が「事業者等による働きかけが不特定多数の消費者に向けられたものであったとしても、そのことから直ちにその働きかけが消費者契約法12条1項及び2項にいう「勧誘」に当たらないということはできない」と判示していることからして、ネットにより電気通信サービスの取引でも「勧誘」と考えられる場合が少なくないといえる。

さらに、店舗における販売を含め、いずれの場合も大幅な割引やキャッシュバック等のインセンティブを誘引材料にして顧客を引き寄せ、これらのインセンティブの魅力のために利用者の判断が歪められたり、影響を受けた意思決定により、結果的に不合理な契約や不必要な契約を締結してしまったり、望まない取引条件や抱き合わせ販売などによって付随的なサービスや商品の購入をしてしまい、苦情やトラブルにつながっていた実態があった（第2章第2節2）。

　これらの事情から、一定期間内であれば理由を必要とせずに利用者から契約を解除する権利を法定し、不完全な契約意思による契約から利用者を解放するために、契約書面の交付から起算して8日間は、理由を要せず電気通信サービス契約を解除できる制度（初期契約解除制度：事業法26条の3）を新たに導入したものである。

　また、事業法の初期契約解除制度では、電気通信サービスの特徴やその販売の実際における消費者トラブルの実態を踏まえて、特定商取引法のクーリング・オフのように取引類型（販売形態）によって法適用の有無を分けることはせず、電気通信サービスの販売形態が訪問販売、電話勧誘販売、通信販売および店舗販売のいずれの場合であっても初期契約解除制度の対象とすることとし、類似の契約解除制度であるクーリング・オフの場合と同様に、契約解除の効力について違約金等の制限および対価の請求や返還について民法の特例を設けることとした。

　なお、電気通信サービスの提供では、サービス提供を受けるには、通常、通信端末機器が必要となるので、電気通信サービスの提供契約の締結と同時あるいはそれに伴って通信端末機器の売買契約等も締結されることが多い。

　両者が同時に締結され、また、端末の購入代金が、電気通信サービスの提供契約を締結することを条件とした電気通信事業者等による割引やキャッシュバック等の経済的利益によって事実上支払われたり、その代金に充当されている実態を踏まえると、電気通信サービスの初期契約解除の効果をこれらの端末機器の売買契約等に及ぼすべき必要性が高いといえる。

　しかしながら、平成27年改正の事業法では、電気通信サービスの提供契約の初期契約解除の効果は直ちにはこれら端末機器の売買契約等には及ばないこととされている。この点は、SIMロックの解除やSIMフリー携帯・スマホ

の流通が拡大し、それに伴って中古市場が拡大することなども踏まえながら、再検討をすべきであろう。

　なお、後述するとおり「確認措置」に基づく電気通信サービス契約の解除では、この措置の具体的内容を規定した告示によって、端末機器の売買契約も解除できるような対応がとられている。

（4）初期契約解除ルール（解除権）の要件

ア　初期契約解除の対象となる契約

①　初期契約解除の対象となる契約

　初期契約解除ができる契約は、事業法が説明義務の対象としている電気通信役務（事業法26条1項1号から3号）のうち、同法26条1項1号に規定する移動通信サービスと同項2号に規定する固定通信サービスの提供に関する契約である（事業法26条の3第1項）。

　したがって、説明義務の対象とされている電気通信役務のうち、事業法26条1項3号の電気通信サービスに関する契約は、初期契約解除の対象外である。

　また、事業法26条1項1号（移動系）および2号（固定系）の電気通信役務の提供契約であっても、省令の定める場合は初期契約解除の対象から除外されることとなっている。

　初期契約解除の対象となる電気通信役務は、説明義務の対象となる電気通信役務のうち、上記のとおり、事業法26条1項1号と同項2号の規定する役務であるので（「電気通信サービスの種類別の消費者保護ルールの一覧表」〔【図表11】〔189頁〕〕を参照）、初期契約解除の対象となる電気通信役務の内容については、まず、説明義務についての説明（2（1）エ〔185頁〕）を参照されたいが、そのうち移動通信サービスの場合は次の㋐、固定通信サービスの場合は同じく㋑の各役務の提供契約が初期契約解除の対象となる。

　㋐　移動通信サービスの契約（事業法26条1項1号）

　（a）MNOの提供する携帯電話サービスの契約（平成28年総務大臣告示第106号〔以下「指定告示」という〕2項1号）　携帯電話に限らずスマホを含むが、音声通話のみあるいは音声通話ができる通信サービスがこれに該当する。プリペイドの携帯電話サービス契約は含まれない。

　（b）MNOの無線インターネット専用サービスの契約（指定告示2項2号）

第3節 事業法の消費者保護ルール　**261**

タブレット端末やモバイル Wi-Fi ルーター等のデータ通信専用の端末を利用するインターネット接続サービスの契約である。携帯電話の回線ネットワークを利用してインターネットに接続する無線ルーターによる通信や、モバイル WiMAX などのサービス契約が該当する（事業法 GL 9 頁）。プリペイドが除かれることは(a)と同じである。

(c) MVNO の期間拘束付き無線インターネット専用サービスの契約（指定告示 2 項 3 号）　タブレットや無線ルーターなどの通信のように、データ通信専用のサービス契約のうち、中途解約するとオプション利用料を除く月額の基本料金を超える違約金等の支払義務が発生する契約である。

中途解約をしても違約金等が発生しなかったり、月の基本料金を下回る金額の違約金の場合には、敢えて初期契約解除の対象にする必要がないことから除かれる。また、(a)、(b)と同様にプリペイドの契約は除かれる。

なお、解約によって発生する違約金等を問題にしているので、月額基本料金を超える違約金が発生しなければ、自動更新契約の場合であっても初期契約解除の対象にはならない。

㈄　固定通信サービスの契約（同項 2 号）

(a) FTTH（光回線）サービスとそれによるインターネット接続サービスの契約（指定告示 3 項 1 号・3 号）　光ファイバーによるインターネット接続点までの通信の媒介またはこれらの電気通信設備を用いて、インターネットへの接続を行うサービスの契約である[32]。

いわゆる一体型のインターネット接続サービスの契約を初期契約解除の対象とするものである。

(b) CATV インターネットサービスの契約（指定告示 3 項 2 号・3 号）
CATV のケーブルを用いてインターネット接続点までの通信の媒介または

---

[32] 事業法は、初期契約解除の対象となる契約について、インターネットへの接続に必要な通信の媒介である足回り回線の通信サービスとそれをインターネット網に接続するためのプロバイダーとしての役務提供を分けて観念し、両者の一体型と分離型で異なるルールを規定している。そのため、初期契約解除の適用関係が複雑であり、この点の事業法ガイドラインの説明も分かりにくい表記となっている。事業法ガイドラインでは、足回り回線のサービスとプロバイダーサービス（ISP サービス）をひっくるめて表現するときは「インターネットサービス」と表記し、分けて説明する時は一方を足回り回線、他方をインターネットへの接続を可能とする ISP サービスと表現しているが、後者のサービスにはインターネット上で通信するために不可欠な IP アドレスの付与等もサービス内容となっているので、単純な通信の媒介以外サービスもそのなかに含まれていることから、このような書き分けをしていると考えると多少は理解しやすいかもしれない。

これらの電気通信設備を用いて、インターネットへの接続を行うサービスの契約である。

この場合も、CATV の電気通信設備による一体型のインターネット接続サービスの契約が初期契約解除の対象となっている。

(c) FTTH・CATV の分離型インターネットサービスプロバイダー (ISP) 契約 (指定告示3項3号)　上記の(a)や(b)の電気通信設備を用いて、契約者の自宅等からインターネットの接続ポイントまでの通信の媒介をするサービスとは別に、接続点においてインターネットに接続するサービスであるインターネットサービスプロバイダーの役務提供を行う契約のことであって、通信回線の契約 (いわゆる「足回り回線の契約」) とインターネット接続のためのプロバイダー契約が別々の契約となっており、個別に契約の解除をしたり、それぞれ別の電気通信事業者と契約することが可能になっているような形態の契約のことである。

この場合、足回り回線の契約と一体となって ISP の契約がされていれば、本体の足回り回線の契約の初期契約解除によって解除が可能である。しかし、分離型の場合には、足回り回線の契約が解除されても ISP 契約には解除の効果が及ばないので、分離して ISP 契約についても初期契約解除の対象としたものである。

(d) (A)DSL サービス向けの分離型インターネットサービスプロバイダー契約 (指定告示3項4号)　足回り回線の契約が FTTH や CATV ではなく (A)DSL のサービスの場合において、ISP 契約が (A)DSL サービスの契約と分離されている場合には、(A)DSL のサービスの契約を解約しなくても ISP 契約を解約してプロバイダーを変更できるような契約のことである。

分離型の場合、(A)DSL の回線契約はそのままで、電話勧誘による利用者のパソコンの遠隔操作等によりプロバイダー契約だけを変更してしまうトラブルが多発したことから、初期契約解除の対象とされたものである (事業法 GL9頁)。

② 初期契約解除の対象外の電気通信役務の契約 (事業法26条1項3号)

事業法が説明義務の対象としている電気通信役務の契約であっても、以上の①の(ア)および(イ)に該当しないサービスの契約には、初期契約解除は認められていない。

第3節 事業法の消費者保護ルール　**263**

説明義務の対象であるが、初期契約解除の対象には該当しない電気通信役務の提供契約には、次のようなサービスに関する契約がある。

　㋐　移動通信サービスの場合

　　(a)　PHS サービス（指定告示 4 項 3 号）　　通話およびインターネット接続のいずれのサービスも含まれるし、MNO に限らず MVNO の PHS サービスも含まれ、これらはいずれも初期契約解除の対象とならない契約である（事業法 GL10 頁）。

　　(b)　公衆無線 LAN（指定告示 4 項 4 号・9 号）

　　(c)　プリペイドサービス（指定告示 4 項 7 号）

　　(d)　MVNO の携帯電話サービスおよび期間拘束のない無線インターネット専用サービス（指定告示 4 項 8 号）　　MVNO が提供する携帯電話およびスマホ向けの音声通話のみまたは音声通話付きのインターネット接続サービスならびに無線ルーターやタブレット向けのデータ通信専用のサービスの契約である（事業法 GL11 頁）。

　㋑　固定通信サービスの場合

　　(a)　(A)DSL のインターネットサービスの契約（指定告示 4 項 9 号）
(A)DSL による一体型のインターネットサービスである。(A)DSL サービス（足回り回線）の契約と ISP 契約が分離されている場合の ISP 契約については、上記①の㋑の(d)のとおり、初期契約解除の対象となっている。

　　(b)　FWA インターネットサービスの契約（指定告示 4 項 5 号および 9 号）
　　　固定された無線端末を利用して、通信ネットワークに接続し、インターネットへの接続をすることができるサービスの契約は、初期契約解除の対象とはなっていない。

　　(c)　電話および ISDN サービス契約（指定告示 4 項 1 号）　　いわゆる固定電話のサービスの契約であり、アナログ回線の契約もデジタル（ISDN）回線の契約もいずれも初期契約解除の対象外である。固定電話と ISDN サービスの提供される地域がどこであるか、通話が市内通話であるか長距離通話であるか、さらには国際電話であるかの区分は問わず、初期契約解除の対象とはなっていない（事業法 GL10 頁）。

　　(d)　IP 電話（指定告示 4 項 6 号）　　インターネットの通信プロトコルを用いた通話サービス契約であり、呼出しのための電話番号が「050」のものも、

264　▶第 4 章 電気通信事業に関わる法と消費者

前述した「0ABJ」のものもいずれも初期契約解除の対象ではない（事業法GL11頁）。

(e) その他のインターネット接続サービス契約（指定告示4項9号）　以上のいずれにも該当しないインターネット接続サービスの契約であり、例えば専用回線を利用した接続サービスの契約では、説明義務の対象となる場合があるが、初期契約解除の対象とはならない（事業法GL11〜12頁）。

イ　初期契約解除の適用除外

事業法は、同法26条1項1号および2号に規定する電気通信役務の契約であっても、省令で規定する場合は、初期契約解除の適用を除外している。

これを受けて、事業法省令22条の2の7第1項1号から5号が、初期契約解除から除外される場合について規定しているが、同省令により適用が除外される場合を整理すると、①説明義務の対象外とされる電気通信役務の提供契約の場合、②変更・更新契約の場合、そして③確認措置の対象となっている電気通信役務の契約の場合に分けられる。

①　法人等契約、みなし契約および都度契約の場合

法人等契約、みなし契約（自動締結契約）および都度契約は、説明義務の対象外となっている。これらの契約の場合には説明義務の対象外としても消費者の利益保護にとって支障がないと考えられるからであるが、同様の観点からこれらの契約を初期契約解除の適用対象から除外しても、同様に消費者の利益を損なうことは少ないとみられることから、初期契約解除の対象から除外されている（事業法省令22条の2の7第1項2号、22条の2の4第6項1号、22条の2の3第6項1号から3号）。

②　変更・更新契約の場合

電気通信サービスの提供契約には、新規契約の場合だけでなく、既に締結されている契約を変更したり更新する契約を締結する場合がある。

そのいずれも契約締結であることには変わりはないので、事業法はいずれの場合も初期契約解除の対象となることを前提としている。

しかし、契約の更新の場合には、もともと締結した契約の内容や条件に変更がない場合もあるし、更新によって従前の契約と同じ内容、条件の契約が継続することになる場合には、改めて同じ事項等の説明を義務づける合理性は少ない。また、変更契約の場合でも変更される内容が軽微なものであった

り、むしろ利用者に有利な変更がなされる場合など、変更や更新の契約に際して、敢えて変更契約や更新契約の内容について説明義務を課したり、改めて書面交付義務を課すまでもない場合も少なくない。

そして、このような状況は初期契約解除の場合でも同様であり、前述した初期契約解除の導入の根拠に照らしても、理由を必要としない契約解除権を認めなくても、利用者（消費者）の利益を損なわないといえる場合もある。

このような観点から、次のとおりの変更契約または更新契約の場合は、初期契約解除の対象から除外されている。

　(ア)　契約書面の交付義務から除外される変更契約または更新契約（事業法省令22条の2の7第1項1号、22条の2の4第3項1号から4号）

　(イ)　利用者からの申出により当該利用者に不利でない変更のみがされた場合（事業法省令22条の2の7第1項3号）

　(ウ)　変更契約または更新契約を締結した場合であって、事業法省令22条の2の3第1項6号（料金）、8号（料金等の割引の実施期間・条件）および10号（利用者の申出による契約の変更・解除の条件等）に掲げる事項以外の事項のみに変更があったとき、または、同項6号、8号および10号に掲げる事項（上記の各括弧内の事項）の変更の場合でも事業法省令22条の2の4第3項1号から3号まで（軽微変更・電気通信事業者からの申出による不利益でない変更・オプションサービスのみの変更）もしくは利用者からの申出による不利益変更ではない変更のいずれかのみがされたとき

以上を整理してまとめると【図表19】のとおりである。

③　確認措置契約（事業法省令22条の2の7第1項5号）の場合

初期契約解除の対象となる電気通信役務の提供契約であって、上記の②の変更・更新契約の場合の適用除外にも該当しない契約についても、事業法省令22条の2の7第1項5号に規定する「確認措置」の対象となる契約は、初期契約解除解除の対象から除外される。

なお、確認措置については、後述する。

ウ　初期契約解除をなし得る期間

① 解除できる期間

初期契約解除ができる期間は、契約書面（事業法26条の2）の交付を受けた

266　▶第4章 電気通信事業に関わる法と消費者

【 図表19 】　更新・変更契約における初期解除ルールの適用除外

番号	内　容	解　説	条　文
①	軽微変更	利用者の利益の保護に支障を生じさせない軽微な変更	省令22条の2の7第1項1号
②	事業者の申出による利用者に有利な変更	事業者が他の提供条件を変更せず、料金の値下げをする契約や通信速度を向上させる契約等	同上
③	付加的機能に関する変更	付加的な機能を追加、解除又は変更する契約	同上
④	利用者の申出による利用者に有利な変更	例えば、技術の進展等で料金などの他の条件に変更ないま通信速度等が向上した料金プランが設けられ、利用者が自ら申出で当該プランに変更した場合などである この場合は、上記②と異なり書面交付義務の対象であるが、初期解除の例外となる	同条第1項3号
⑤	料金等事項は変更せずに他の事項の変更	例えば事業者の連絡先が変更になったが料金プランは変わらない場合が該当する 契約書面の記載内容に変更が生じない場合や、既契約と同一の提供条件で自動更新される場合も該当する	同条第1項4号
⑥	料金等事項が実質的に不変である変更	料金等事項に①から④のいずれかの変更のみがあった場合のことであり、⑤と同様に料金プランが変わらない場合がその例である	同上

出典）事業法GL64〜65頁に筆者が加筆・修正

日から起算して8日以内である（事業法26条の3第1項）。

　8日間は、契約書面の交付を受けた日から「起算して」と規定されているので、民法の期間に関する原則（初日不算入：民法140条）とは異なり初日を参入して8日間を計算する。

②　解除期間の始期

　初期契約解除ができる期間は、契約書面の交付を受けたときから進行するが、移動通信役務（mobile）の場合は、契約書面の交付を受けた日と実際に当該サービスの提供が開始された日のいずれか遅い日から起算される（事業法26条の3第1項括弧書き）。

③　契約書面の不交付、不備または虚偽記載書面の交付の場合

　初期契約解除は、契約書面の交付が解除権の行使期間の始期とされているので、契約書面が交付されない場合には、初期契約解除権の行使期間はスタートせず、8日間を経過した後でも初期契約解除が可能である。

　また、解除権行使の始期となる契約書面の記載事項や交付方法は、事業法および省令によって詳細かつかなり厳格に規定されているので（事業法26条の2、事業法省令22条の2の4から22条の2の5の2）、これら契約書面の交付

第3節 事業法の消費者保護ルール　**267**

義務に反する内容、体裁や交付態様の契約書面の交付があった場合にも、初期契約解除の始期がスタートせず、同様に8日間を経過しても初期契約解除が可能と解する。

事業法ガイドラインでは、契約書面の不備や虚偽の場合には、事業法が契約書面に記載すべきとしている事項のうち、重大な記載の不備や虚偽がある場合には、解除権の始期がスタートしないとの考え方を示しているが（事業法GL60頁）、事業法が消費者保護のために厳格な契約書面の記載事項を定め、その交付について行政処分の裏づけをもって交付を義務づけていることからすれば、重要な事項に限らず、事業法および省令が要求している事項について、不備や虚偽がある場合はやはり不交付と同様に解除権の行使期間は進行しないと解すべきである[33]。

④　初期契約解除妨害があった場合

事業法は契約書面の交付から8日間という解除期間を規定するが、必要十分な内容の契約書面が適正に交付された場合であっても、いわゆる「初期契約解除妨害」があった場合には、事業法は契約解除がなしうる期間が進行しないものとしている。

すなわち、電気通信事業者または媒介等業務受託者が事業法27条の2第1号の規定に違反して、初期契約解除に関する事項につき不実告知をしたことにより、利用者が告知された内容が事実であると誤認をしたことによって、上記の契約書面の交付日（またはモバイルの場合はサービス提供日のいずれか遅い日）から8日間を経過するまでの間に契約解除を行わなかった場合には、別途、総務省令で定める書面を受領した日から起算して8日を経過するまでの間は、初期契約解除ができることとされている（事業法26条の3第1項括弧書き）。

事業法27条の2は、電気通信事業者または媒介等業務受託者の禁止行為として、不実告知、故意による重要事項の不告知（同条1号）、拒絶の意思を表

---

[33] このように不備や虚偽の契約書面を交付した場合に、解除期間が進行しないと考える法理は「不備書面法理」とよばれる。特定商取引法のクーリング・オフについても不備書面法理が議論されているが、契約書面の記載事項についてどのような不備等があると解除期間が進行しなくなるかについては、①厳格説、②重要事項説および③契約要素説とよべる考え方の相違がある。事業法ガイドラインの考え方は②とみられる。なお、特定商取引法の不備書面法理については、条解372頁以下を参照されたい。

268　▶第4章 電気通信事業に関わる法と消費者

示した利用者に対する継続勧誘、再勧誘の禁止（同条2号）を規定しているが、初期契約解除期間の進行が止まる妨害行為としては、不実告知のみを規定し、故意による重要事項の不告知や再勧誘、継続勧誘の禁止は含まれていない。したがって、不実告知以外の禁止行為による妨害行為があった場合でも、初期契約解除の期間はそのまま進行する。

　また、不実告知の対象事項は、事業法26条の3第1項による初期契約解除に関する事項についてであり、事業法27条の2第1号に規定するように「電気通信役務の提供に関する契約に関する事項」を広く含むものではない。したがって、初期契約解除ができるか否かや解除の条件や方法、解除の効果等、初期契約解除に係る事項についての不実告知がなされた場合に限られる。

　次に、初期契約解除妨害があり、一旦、進行が停止した解除期間を再進行させるためには、事業法省令22条の2の8に定める「不実告知後書面」を交付しなければならないし、また、同書面の交付後、直ちに交付した相手方である利用者がその書面を見ていることを確認したうえで、初期契約解除の効果について規定している事業法26条の3第2項（解除の効果が発信主義であること）および3項（解除までの間の電気通信役務の提供の対価以外には、解除に伴う損害賠償、違約金等の請求を受けないこと）の各事項等を告知する必要がある（事業法省令28条の2の8第4項）。

　不実告知後交付書面の記載事項は、次の①から⑫のとおりの事項が記載されたものでなければならないし、同書面の文字、数字の大きさはJISのZ8305に規定する8ポイント以上の活字でなければならない。

　また、【図表20】の黒地の丸数字の事項については、その他の事項とは異なり、赤枠の中に赤字で記載することが義務づけられている。

　なお、停止後の解除権行為期間内は、不実告知後書面と説明告知がされてから8日間と解される。

エ　初期契約解除の方式

　初期契約解除制度では、電気通信役務の提供契約を解除する方式として「書面により」と規定されている（事業法26条の3第1項）。

　したがって、文理上は解除の意思表示には「書面」が必要とされるが、必ず「書面」によらなければ解除の意思表示の効果は生じないとまで解するべきではなく、解除の意思表示をしたことと、それが電気通信事業者に到達した

【 図表20 】　不実告知後書面の記載事項

	記　載　事　項	条　文
①	提供される電気通信役務の名称および種類	事業法令22条の２の８第１項１号
②	利用者に適用される電気通信役務に関する料金	同項２号
③	②に掲げる料金に含まれていない経費であって利用者が負担するものがあるときは、その内容	同項３号
④	事業法省令22条の２の４第１項５号イおよびロに掲げる事項（付随有償継続役務（オプションサービス）の名称および料金その他の経費のこと）	同項４号
❺	不実告知後書面を受領した日から起算して８日を経過するまでの間は、書面解除を行うことができる旨	同項５号
❻	事業法26条の３第２項から第４項までの規定に関する事項（下記オ②(ア)から(ウ)のとおりの初期契約解除の効果として事業法が規定する事項のこと）	同項６号
⑦	書面解除があった場合に利用者が支払うべき金額の算定の方法	同項７号
⑧	特定解除契約がある場合は、その旨およびその解除に関する事項	同項８号
⑨	電気通信役務を提供する電気通信事業者の氏名または名称および書面解除を行う旨の書面の送付先その他の書面解除の標準的な手順に関する事項	同項９号
⑩	電気通信役務を提供する電気通信事業者の電話番号、電子メールアドレスその他の連絡先（電話による連絡先にあっては苦情および問合せに応じる時間帯を含む）	同項10号
⑪	電気通信役務の提供に関する契約の成立の年月日その他の当該契約を特定するに足りる事項	同項11号
⑫	不実告知後書面の内容を十分に読むべき旨	同項12号

出典）筆者作成

　ことが別途立証できれば、民法の原則に戻り、解除の効果は発生すると解する。

　事業法が、初期契約解除の方法を「書面により」とした趣旨は、特定商取引法や割賦販売法のクーリング・オフの場合と同様に、書面による解除を求めることで解除の意思表示がされたことの立証の便宜のためであり、これにより契約上の法律問題に不馴れな利用者（消費者）が解除の効果の有無をめぐって後日に紛争となるのを避けるためであることから、利用者が別途解除の効果が生じていることが立証できるならば、民法の原則により契約解除を制限する規定と解すべきではないからである[34]。

　事業法ガイドラインでは、SMS を含む電子メール、ウェブページ等の他の

＊34 特定商取引法における口頭によるクーリング・オフを有効とした判例には、福岡高判平６・８・31判時1530号64頁、加古川簡判昭62・６・15 NBL 431号49頁、大阪簡判昭63・３・18判時1294号130頁、広島高裁松江支判平８・４・24消費者法ニュース29巻60頁、大阪地判平17・３・29消費者法ニュース64巻201頁などがある。特定商取引法における書面によらない解除についても、条解368頁以下を参照されたい。

手段による申出を受けて契約解除された場合であっても、両者の合意があれば、初期契約解除と同趣旨の契約解除が成立したものとみなされる場合が多いと考えられるとするが（事業法 GL61頁）、合意がある場合はガイドラインの考え方は民法の原則からして当然のことであり、むしろ、事業法26条の３の解釈としても書面によらない解除も無効とはならないと解すべきである。

オ　初期契約解除の効果

①　契約解除の一般的（民法上）の効果

㋐　契約の解消（効力の消滅）

初期契約解除は、事業法が「電気通信役務の提供に関する契約を締結した利用者は……当該契約の解除を行うことができる」と規定しているので（事業法26条の３第１項）、締結した電気通信役務の提供契約の「解除」であって、特定商取引法の訪問販売や電話勧誘販売の場合のような契約の申込みや承諾の意思表示の撤回は規定していない。

事業法ガイドラインでは、初期契約解除の基本的な効果について、遡及効なのか将来効なのかについては何も触れていないが、事業法の規定する「解除」の意義は、民法の原則からすると、契約締結の時点に遡及して契約の効力が失われると解される。

民法の考え方では、継続的契約の解除の効果は遡及せず、解除の効果が生じた時点から将来に向かって効力がなくなる（将来効）と解する説も有力であり、電気通信役務の提供契約は継続的契約の性質をもつ契約であるので、電気通信役務の提供契約の初期契約解除の効果は、将来効と考えることも可能である。

しかし、クーリング・オフ同様、初期契約解除についても民法と全く同じに考える必要はなく、クーリング・オフの性質については考え方も分かれていることからしても[35]、必ずしも同じに考える必要はないし、初期契約解除でも解除の効果については、事業法が特別の規定を置いているので、それにしたがって解除の効果を考えれば足りよう。

▶ ....

[35] クーリング・オフの効果については、前掲注33）で述べたクーリング・オフの法的性質に関する①条件契約説、②契約不成立説、③取消権説、④撤回権・解除権説などの区別に応じて、考え方が異なるが、クーリング・オフ類似の制度である初期契約解除においても、同様の議論があり得る。この点も条解396頁以下を参照。

(イ)　解除の効果が及ぶ対象

事業法26条の3に基づく解除の効果が生じる対象は、利用者（消費者）が電気通信事業者との間で締結した電気通信役務の提供契約に限られる。

当該電気通信役務の提供契約に付随して締結された他の契約、具体的には通信サービスに使用する端末機器の売買、賃貸借契約や、オプションのサービス提供契約や物品の売買契約等には解除の効果が及ばないのが原則である。

しかし、民法上、別々の契約であってもそれぞれの契約間の性質や関係、契約当事者の関係等により、一方の契約の解除の効果がもう一方の契約に及ぶと解される場合もあり得るので[36]、このような場合には電気通信役務の提供契約を初期契約解除したことにより、別の契約の効力も失われることもある。したがって、電気通信役務の提供契約の初期契約解除は、法律上、直ちにはオプション（付随サービス）の契約に効果は及ばないのが原則であるが、そもそも初期契約解除した電気通信役務の提供がなければ提供できない付随的サービス（留守電や転送電話サービスなどが典型例）の契約は本体の電気通信役務の提供契約が解除されると履行不能となることから、これらオプションサービスの契約も解除されると解される。

② 事業法が規定する解除に関する特別の効果

(ア)　発信主義

初期契約解除の意思表示は発信主義を採用しているので（事業法26条の3第2項）、解除通知が相手方である電気通信事業者に到達しなくても、その通知（意思表示）を発信した時に解除の効果が生じる。

なお、発信したことによって生じる解除の効果は確定的なものと解すべきであり、結果的に相手方の電気通信事業者に到達しなかった場合でも、解除の効果が消滅したり主張できないものではないと解される[37]。

(イ)　損害賠償、違約金その他の金銭等の請求の否定

初期契約解除では、契約の解除に伴う損害賠償および違約金の請求、またはその他の金銭の支払いや財産の交付を請求することができないものとされている（事業法26条の3第3項）。

---

[36] このような場合の一例として、スポーツクラブが併設したマンションの売買契約について、スポーツクラブの利用契約の履行遅滞を理由とする解除により、マンションの売買契約の解除を認めた最判平8・11・12民集50巻10号2673頁がある。

[37] この点も条解367頁参照。

272　▶第4章 電気通信事業に関わる法と消費者

しかし、例外も規定されており、初期契約解除までの期間に提供を受けた電気通信役務の対価の金額やその他省令で定める額については電気通信事業者が請求できるものとしている。

　そして、事業法省令22条の2の9第1号から3号が初期契約解除の場合でも電気通信事業者が請求できるものとして、次の(a)と(b)の提供済み役務の対価の合計額および(c)と(d)を規定している。(c)と(d)については、平成28年総務省告示第153号が請求し得る具体的金額の上限について【図表21】のとおり定めている。なお、FTTHアクセスサービスの工事で加算が認められるのは、利用者（消費者）からの申出により休日・夜間に行う場合に限られる（告示第153号3項・4項）。事業法ガイドラインでは、この加算が認められるのは人員を派遣した場合に限られ、人員を派遣しない場合は加算は不可と解説されているが（事業法GL63頁）、同告示の条項の文理上はこのような限定がされているとは読めないように思われる。しかし、加算が認められるのは、利用者からの申出の場合に限られるし（同告示3項・4項）、さらに通常請求される額が上限となるので（同告示6項）、人を派遣しない工事の場合には事実上加算がされることはないと考えてもよいであろう。事業法ガイドラインの上記のとおりの記載は、この点を徹底させる趣旨であると理解される。

【 図表21 】　初期解除の場合に請求できる費用額の上限

費用の種類		電気通信サービスの種類と上限金額		
		FTTHアクセスサービス		CATVアクセスサービス
		平日の日中の工事	土日・休日又は夜間の工事	全ての曜日・時間帯の工事
工事費用	戸建て住宅に人員を派遣して行う工事	25,000円	① 土日・休日の場合は 3,000円加算 ② 夜間工事の場合は 10,200円を加算可能 ③ ①かつ②の場合は 13,200円を加算可能	18,000円
	集合住宅等に人員を派遣して行う工事	23,000円		17,000円
	その他の工事（人員派遣なし）	2,000円		2,000円
事務手数料		3,000円（固定通信・移動通信共通）		
但し、電気通信事業者から通常請求される額が上記の各金額より低いときはその金額が上限				

出典）事業法GLに基づき筆者作成

　(a)　解除の対象である電気通信役務の対価（事業法省令22条の2の9第1号）

　　この対価の算定に当たっては、契約時単価による合理的な金額である必要があり、例えば定額制の料金プランの場合は日割り計算等により算定した

金額である必要があると解する。

　(b)　電気通信役務提供契約の解除に伴い同時に解約された付随有償継続役務の対価（同条1号）

　(c)　工事費（同条2号）

　(d)　事務手数料（同条3号）

　また、以上の(a)から(d)に対する消費税の支払いが必要であるし、期限までにその支払いを遅滞した場合には、未払金額に加えて法定利率の遅延損害金の支払いが必要である。

　(ウ)　電気通信事業者が受領している金銭等の速やかな返還義務

　上記の(イ)の(a)から(d)の金額を除き、初期契約解除がなされた場合には電気通信事業者は利用者から受領している金銭等を速やかに返還する義務がある（事業法26条の3第4項）。

　電気通信事業者には「速やか」な返還義務があるから、金銭等の返還に取引通念上必要な期間（せいぜい2、3日と解すべきである）を経過しても、返還しない場合には履行遅滞となり、遅延損害金等の支払義務も生じる。

③　片面的強行規定

　初期契約解除に関する規定は、片面的強行規定であり、事業法26条の3第1項から第4項の規定に反する特約で利用者に不利なものは、無効とされている（同条5項）。

(5) 確認措置解除

ア　確認措置制度の趣旨

① 　確認措置による初期契約解除の例外の導入

　事業法では、既に説明したように、初期契約解除制度を導入する際に取引類型（販売形態）を問わず、提供される電気通信役務の種類によって、初期契約解除の対象となる契約を規定したことから、訪問販売や電話勧誘販売など不意打ち性の高い取引類型による場合だけでなく、店舗販売における契約についても、対象とされる電気通信役務の提供契約であれば初期契約解除の対象となることとなった。

　しかし、特に移動通信サービスの販売について、キャリアの代理店や取次店として販売を行っている事業者から、平成27年の事業法改正の議論を行った研究会等において携帯やスマホなどの移動通信サービスの店舗契約は初期

274　▶第4章 電気通信事業に関わる法と消費者

契約解除の対象から除外すべきだとの強い反対意見が出されたり、その後、これら事業者の団体等が中心となってロビー活動などがなされた結果、一定の条件を満たす場合には、移動通信サービスの店舗取引などを初期契約解除の対象から除外するために、同解除の適用の例外を規定する省令中にこれらの事項が盛り込まれることとなった[38]。

　これらの場合に契約の初期段階における解除権を一律に認めないこととしてしまうと、電気通信サービスの特質でもある、実際に利用してみないと役務の内容、品質等は正確に認識できない点や販売過程での説明義務違反や説明が不十分であるなど不適切な行為があった場合に利用者（消費者）の利益が大きく損なわれることも生じるので、事業法が規定する効果としての契約解除ではなく、契約法理を前提とした中間的な契約解消制度を別に設けることで、対応することとされた（事業法 GL67頁参照）。

　具体的には事業法省令22条の2の7第1項5号において「確認措置」とよばれる措置を電気通信事業者が講じている場合には、その措置を講じたうえで販売された電気通信役務の提供契約を初期契約解除の対象から除外し、「確認措置」で講じられているルールに従って、初期契約解除とは別の契約解除に関するルールを適用することとされたものである。

② 確認措置による契約解除制度の特徴

　確認措置制度は、端的にいうと通信販売における「返品特約」と同様（あるいは類似の）制度と評価することができる。

　事業者が広く一般的に契約の相手方となる利用者（消費者）に対して表示している契約解除に関する事項が、当該事業者と契約を締結した利用者（消費者）との間の契約において契約条件として取り込まれ、利用者は取り込まれた契約条件にしたがって、契約上の解除権の行使として契約を解除することを認める制度である。

　これは、解除の性質としては合意による契約解除であり、あくまで民法の契約法理に基づいた契約解除制度と評価すべきものであるが、他方、契約内

---

[38] 確認措置の対象となる電気通信役務の提供契約は、移動通信サービスの店舗販売の契約についての除外を中心に議論されてきたが、事業法および省令の規定のうえでは店舗における契約に限定する規定も根拠もない。総務省は、確認措置における総務大臣の「認定」の際に、原則として店舗における契約を認定するという運用で絞りをかけることとするようであるが、実際にも通信販売によるモバイル通信の契約が確認措置の対象として認定されているものがある。

第3節 事業法の消費者保護ルール　275

容に取り込まれる解除条件については、電気通信事業者が解除の可否、条件等を全く自由に決定することはできず、事業法が委任する省令において解除がなし得る条件や内容についての最低限の基準を定め（この基準の具体的内容は、省令から委任された「告示」によって定められている）、その基準を満たす場合にのみ、事業法が認める初期契約解除の例外としている。

　また、このような基準を満たしているか否かについても、電気通信事業者の自主認定ではなく総務大臣の行政行為である「認定」を必要とし、総務大臣がこの基準を満たしているか否かの判定を行い、基準を満たしていると「認定」された電気通信事業者の契約についてのみ初期契約解除制度の例外とすることとしている。

　つまり、行政規制の面から一定の基準を満たすものが必ず契約条件として取り込まれるようにしたうえで*39、実際の契約解除という法的効果を生じさせる根拠の面では、契約法理に基づいて解除を認めるというものであり、行政ルールと私法ルールがミックスされた制度と評価できる。

イ　確認措置の対象となる契約

①　対象となる電気通信役務とその提供契約

　確認措置の対象となる電気通信役務は、事業法26条1項1号に掲げる電気通信役務のうち総務大臣が「認定」した役務である。

　事業法26条1項1号は移動通信サービスを指しているので、確認措置の対象となるのは移動通信サービスに限られる。固定通信サービス（事業法26条1項2号）やその他の通信サービス（同項3号）は、現行の省令を前提にする限り、そもそも対象とならない。

　総務大臣が認定した確認措置の対象となる電気通信役務は【図表22】のとおりである。

　総務大臣が認定した移動通信役務提供契約は「確認措置契約」と定義されている（事業法省令22条の2の7第1項5号本文）。

＊39　厳密にいうと、確認措置を採用することや告示が規定する基準に従った内容を契約条件に盛り込むことは、行政規制として導入を義務づけられているのではなくて、あくまで事業法が認める初期契約解除の例外の適用を受ける場合の条件として基準を決めているにすぎない。電気通信事業者が定められた基準に従って確認措置を採用しなければ、原則に戻って事業法が規定する初期契約解除の適用を受けることになるだけである。初期契約解除制度の民事効を受け入れたくないと考える電気通信事業者の任意の判断により確認措置の採否を決められる点では、行政的手法を用いたソフトローの一種といえる。

276　▶第4章 電気通信事業に関わる法と消費者

【図表22】 確認措置の認定を受けた電気通信役務

	電気通信事業者の氏名又は名称	電気通信役務の名称（サービス名）	電気通信役務の内容（※2）	事業者の関連ページ	認定年月日
MNO					
1	（株）NTTドコモ	・Xiサービス ・FOMAサービス	携帯電話端末サービス及び無線インターネット専用サービス	https://www.nttdocomo.co.jp/binary/pdf/corporate/disclosure/agreement/d19.pdf	平成28年5月20日
2	KDDI（株）	・au（WIN）通信サービス契約 ・au（LTE）通信サービス契約	携帯電話端末サービス及び無線インターネット専用サービス	https://www.au.kddi.com/mobile/information/contract/#anc19	平成28年5月20日
3	沖縄セルラー電話（株）	・KDDI（株）と同様	KDDI（株）と同様		
4	ソフトバンク（株）	・ソフトバンク3G通信サービス ・ソフトバンク4G通信サービス ・ワイモバイル通信サービス（※3）	携帯電話端末サービス及び無線インターネット専用サービス	http://www.softbank.jp/mobile/shop/buy/cancellation/（ソフトバンク）	
		・データ通信サービス（※3）	無線インターネット専用サービス	http://www.ymobile.jp/support/process/cancel/index.html（ワイモバイル）	
MVNO					
1	（株）ウィルコム沖縄	・ワイモバイル通信サービス（※3）	無線インターネット専用サービス（※2）	http://www.ymobile.jp/support/process/cancel/index.html	
2	（株）ノジマ	・nojima EM LTE ・nojima mobile YM	無線インターネット専用サービス（※2）	http://www.nojima.co.jp/ymobile/images/aboutcancel.pdf	平成28年5月20日
3	（株）ヤマダ電機	・YAMADA air mobile	無線インターネット専用サービス（※2）	http://www.yairmobile.jp/em/support/cancel.html	
4	（株）ラネット	・BIC 5G LTE SERVICE	無線インターネット専用サービス（※2）	http://bic-emobile.jp/support/cancel.php	
5	SBパートナーズ（株）	・SBパートナーズ通信サービスのデータ専用サービス	無線インターネット専用サービス（※2）	http://www.softbank.jp/partners/guides/buy/cancellation/	平成29年2月27日

出典：総務省（http://www.soumu.go.jp/main_sosiki/joho_tsusin/d_syohi/shohi.htm）

※1 法人契約その他の電気通信事業法施行規則第22条の2の7第1項第1号から第4号までに掲げる契約により提供されるもの、プリペイドサービス及び特定商取引に関する法律第2条第1項に規定する訪問販売又は同条第3項に規定する電話勧誘販売を行うものを除きます。

※2 期間拘束付サービスになります。

※3 PHSサービスを除きます。

また、確認措置契約および確認措置契約の締結に付随して電気通信事業者が有償継続役務の提供契約を締結したり、その媒介等をした契約その他の確認措置契約の対象となる電気通信役務の提供に付随して締結された契約であって総務大臣が告示で指定した契約を合わせて「関連契約」と定義している（事業法省令22条の2の7第1項5号ロ）。

　平成28年総務省告示第152号第2項では、「関連契約」とは、確認措置契約の締結に付随して、電気通信事業者または当該締結の媒介等をした媒介等業務受託者により締結された次の契約としている。

　　(ア)　利用者（消費者）の移動端末設備の売買契約（自社割賦販売および個別信用購入あっせんによる販売を含む）であって、次のいずれかのもの
　　　　(a)　その確認措置契約の通信端末として利用されるもの
　　　　(b)　端末等の売買契約が確認措置契約に基づく電気通信サービスの料金やその他の提供条件に関連しているもの
　　(イ)　上記(ア)の売買契約の締結に伴い締結される個別信用購入あっせんやその他の契約の代金に相当する額の支払いに関する契約（販売与信に関する契約）
　　(ウ)　その確認措置契約または上記①または②の契約のいずれかが解除されると役務提供が受けられなくなる有償継続役務契約であって、その確認措置契約の締結に付随して電気通信事業者が締結または媒介等をしたもの

② 適用されない契約

　初期契約解除の対象とならない契約である、次の各契約は確認措置においても対象とはなっていない。

　　(ア)　法人契約
　　(イ)　自動契約
　　(ウ)　都度契約
　　(エ)　一定の変更契約・更新契約

　これらの具体的な意義については、初期契約解除の適用が除外される契約に関する解説（**(4)** イ〔265頁〕）のとおりである。

③ 確認措置の認定の要件

　電気通信事業者が確認措置の認定を受けるためには、次の要件が必要であ

278　▶第4章 電気通信事業に関わる法と消費者

る（事業法省令22条の２の７第１項５号）。

(ア)　電気通信事業者が、利用場所状況（移動電気通信役務の提供を受けることができる場所に関する状況のこと）および遵守状況（その利用者の利益の保護のための法令等の遵守に関する状況のこと）を確認できる措置を講じているものであること

(イ)　移動電気通信役務の提供開始日から起算して８日以上の期間に、その利用者が利用場所状況および遵守状況の確認をすることができること

(ウ)　利用場所状況が十分でないと判明したときは、関連契約を解除できること

(エ)　総務大臣が別に告示する条件を満たす基準であって、電気通信事業者が予め定めたものにその遵守状況が適合しないときは、利用者が関連契約を解除できること

(オ)　(ウ)または(エ)の解除に伴い利用者が支払うべき金額が次の(a)および(b)に定める額とこれに対する法定利率による遅延損害金の合計額を超えないこと

    (a)　その関連契約により提供された役務の対価に相当する額（工事費用と事務処理手数料は含まない）

    (b)　その関連契約により販売され、または貸与された端末設備その他の物品が返還されないときは、その物品の販売価格に相当する額

(カ)　提供条件概要説明により、確認措置を講じている旨および確認措置の適用に関する条件その他必要な事項が説明されること

ウ　確認措置による解除の要件

①　解除が認められる事由

(ア)　最低８日間、利用場所状況および遵守状況を確認できる措置が講じられていない場合

(イ)　利用場所状況について十分でないことが判明した場合

(ウ)　遵守状況に書面交付義務違反がある場合または提供条件概要説明により、当該確認措置を講じている旨および当該確認措置の適用に関する条件その他必要な事項が説明されていない場合（説明義務違反がある場合）

第３節　事業法の消費者保護ルール　**279**

以上のうち、(イ)および(ウ)については、事業者が解除可能な具体的場合の基準を定めて総務大臣の認定を受ける必要があるので、認定を受けている電気通信事業者の場合には認定を受けた内容を確認することで、その具体的な事由を把握することができる。

　また、告示152号3項は、遵守状況を検証等することができる対象について事業法26条（説明義務）と26条の2（書面交付義務）としか規定していないので、他の禁止行為違反の場合（例えば、事業法27条の2第1号の不実告知や故意による事実の不告知）は含まれていない。しかし、不実告知や故意による事実の不告知に違反する行為が、説明義務違反にも該当する場合は、確認措置による解除事由（遵守状況の違反）に該当し、解除ができる場合がある。

② 　確認措置による解除の方法・手続

　確認措置による解除の方法や手順、手続については、確認措置による解除の申出にかかる期間が最低限8日以上の期間が必要である点は、事業法省令22条の2の7第1項5号イに規定があるが、その他の解除の方法、手順または手続については、確認措置の内容が契約書面の記載事項とされている（事業法省令22条の2の4第2項3号ロ・ニ）。

　したがって、契約書面に記載されている内容が、確認措置による契約解除の条件となると解されるので、その記載にしたがった解除権行使が必要となる。

エ　確認措置による解除の効果

① 　確認措置による解除の対象となる契約

　前述のとおり、確認措置契約と関連契約の解除が可能である。

② 　解除の効果

　(ア)　確認措置契約および関連契約の解除

　これらの契約は、初めに遡って契約が効力を失うことになる。

　その結果、将来の電気通信役務の対価の支払義務がなくなることは当然であるが、過去に提供済みの役務の対価については、民法の原則では不当利得の規定に従って考えることになるが、確認措置の認定の要件のなかに、この点について特別のルールを定めるよう規定されている。

　関連契約も解除されるので、通信端末等の売買契約の解除では、利用者は受領した通信端末の返還義務があるが、他方、電気通信事業者等はその代金

の返還義務がある。

　また、個別クレジットの場合にも、この契約が解除されるのでクレジット会社は既払金の返還義務がある。

　㈠　利用者の負担額の上限

　確認措置契約や関連契約が確認措置による解除をされた場合には、確認措置の認定の要件として次のとおりの条件が盛り込まれていることを必要としている関係で、電気通信事業者はこれを超えて利用者に請求をすることができないと解される。

　（a）　提供された役務の対価（事業法省令22条の2の7第5号ニ⑴）に相当する額を超えて請求できない　　提供された役務の対価のなかには、工事費用や事務手数料は含まれないので、これらの請求もできない。この点は、初期契約解除の場合よりも利用者に有利である。

　初期契約解除は理由を必要としない契約解除であるのに対し、確認措置による解除では利用場所状況および遵守状況に問題のある場合に限り（その意味では理由のある）解除が認められる制度であることから、電気通信事業者の側に非難に値する行為があるにもかかわらず、提供済みの役務の対価以上の経済的負担を利用者にさせるのは相当ではないからである。

　（b）　購入したり貸与された端末機器を返還できない場合は代金相当額（同号ニ⑵）

　（c）　(a)および(b)についての法定利率の遅延損害金（同号ニ柱書き）

▶第5章
放送法と消費者

第1節　放送法の概要
1　放送法の構成

　放送法は、わが国における放送事業に関する基本法であり、次のとおり、第1条から第193条まで、枝番の条文も含めると合計202ヶ条の条文からなる法律である。

> 第1章　総則（第1条・第2条）
> 第2章　放送番組の編集等に関する通則（第3条—第14条）
> 第3章　日本放送協会
> 　第1節　通則（第15条—第19条）
> 　第2節　業務（第20条—第27条）
> 　第3節　経営委員会（第28条—第41条）
> 　第4節　監査委員会（第42条—第48条）
> 　第5節　役員及び職員（第49条—第63条）
> 　第6節　受信料等（第64条—第67条）
> 　第7節　財務及び会計（第68条—第80条）
> 　第8節　放送番組の編集等に関する特例（第81条—第84条）
> 　第9節　雑則（第85条—第87条）
> 第4章　放送大学学園（第88条—第90条）
> 第5章　基幹放送
> 　第1節　通則（第91条・第92条）
> 　第2節　基幹放送事業者
> 　　第1款　認定等（第93条—第105条）
> 　　第2款　業務（第106条—第116条）
> 　　第3款　経営基盤強化計画の認定（第116条の2—第116条の6）
> 　第3節　基幹放送局提供事業者（第117条—第125条）
> 第6章　一般放送
> 　第1節　登録等（第126条—第135条）

282　▶第5章 放送法と消費者

第2節　業務（第136条—第146条）
第7章　有料放送（第147条—第157条）
第8章　認定放送持株会社（第158条—第166条）
第9章　放送番組センター（第167条—第173条）
第10章　雑則（第174条—第182条）
第11章　罰則（第183条—第193条）
附則

　放送法は、第1章に目的規定と用語等の定義を規定した総則を置き、第2章では放送法の目的達成のために重要な原則を放送番組の編成等に関する通則として定め、第3章でNHKに関する規定、第4章で放送大学に関する規定をしたうえで、第5章から第8章までにおいて、いわゆる民放に関する規定を置いている。

　すなわち、第5章で基幹放送、第6章に一般放送を規定し、放送事業をこの2つに分類したうえで、第7章で基幹放送、一般放送を通じて有料放送に関する規定を置いている。

　また、放送会社の経営形態に関する認定放送持株会社については第8章で規定している。

　そして、第9章において放送番組センターに関する規定を、第10章で雑則、第11章で刑事罰に関する規定を置いている。

　以下では、これらの放送法の規定について概説をするが、本章も消費者（利用者・国内受信者）の観点から放送サービスの問題を扱うので、事業法の場合と同様に、消費者保護と直接関係のない放送法の規定の解説は、必要な限度にとどめている。

2　放送法の趣旨・目的

（1）目的規定（放送法1条）

　放送法1条は、放送法の目的について「次に掲げる原則に従つて、放送を公共の福祉に適合するように規律し、その健全な発達を図ることを目的とする」とし、従うべき原則として次の①から③を規定している。

　　①　放送が国民に最大限に普及されて、その効用をもたらすことを保障すること。

　　②　放送の不偏不党、真実および自律を保障することによって、放送に

よる表現の自由を確保すること。

③　放送に携わる者の職責を明らかにすることによって、放送が健全な民主主義の発達に資するようにすること。

放送法は、放送事業に関するいわゆる「業法」であるが、同法1条の目的規定の書きぶりは、電気通信事業法など他の業法とは趣が大分異なっている。

放送法が、その目的を上記①から③のように規定しているのは、「放送」には憲法21条で保障されている言論・出版の自由、表現の自由を支える極めて重要な役割があり、また、多種多様な情報、意見を提供し、広く流通させることにより、民主主義社会における主権者たる国民の選択の基盤を提供するという非常に重要な機能があることによる。

放送法は、「放送」がこのような役割や機能を果たし、公共の福祉に適合するように規律して、その健全な発達をするために2条以下の規定を設けているが、1条の目的規定は、2条以下の規定が上記の①から③の原則に依拠して規定されているものであることを述べている。

したがって、放送法1条の挙げる3つの原則は、放送法の各条文の解釈に当たっても拠るべき原則とされる必要がある。

(2) 受信者の利益保護

放送法1条が規定する同法の目的は上記のとおりであり、放送サービスの提供を受ける相手方である受信者の利益保護については、直接、これに言及していない。

放送法1条の挙げる原則が、国民があまねく放送を利用できることを保障していることや、放送による表現の自由の確保については、受信者も憲法の保障する表現の自由等を享受する立場にあることを踏まえると、放送法1条の目的では直接言及はないものの、同条の趣旨には受信者の利益保護が含まれていると考えられる。

しかし、放送法1条では「放送」をサービス取引として捉え、正面から放送サービスの提供を受ける者の権利、利益の保護が目的として規定されている訳ではない。

通信と放送の融合を目指した平成22年の放送法等の改正前において、単行法として存在していた有線テレビジョン放送法や電気通信役務利用放送法では、これらの法律の目的として受信者の利益を保護することが盛り込まれて

いたが、上記の改正によってこれらの法律が放送法に統合されものの、放送法1条の目的規定にはこれらの法律の目的規定と同様の受信者の利益保護の文言を追加する改正はされなかった[*1]。

　このような経緯を踏まえると、受信者の利益保護は放送法の目的には含まれていないという理解も可能であろう。しかしながら、放送法はそもそもNHKおよび地上波アナログ放送しか存在していなかった時代に制定され、この当時には、放送サービスという役務提供取引における取引の相手方の利益保護を観念できない実態を前提にして放送法の規律が組み立てられていたのに対し、その後、有料放送が広く一般化した実態を踏まえて、有料の役務提供取引である有線テレビジョン放送や電気通信役務利用放送の規律のために新たに制定されたこれら法律の目的に受信者の保護が規定されたという経緯や、放送法でも有料の衛星放送の普及を踏まえた改正がなされてきた経緯を考慮すると、平成22年改正による統合により、放送法1条の文言の修正がなされなかったとしても、放送法1条の目的規定のなかにはこの統合の以前から受信者の利益保護が趣旨として含まれていたと考えるべきであろう。

第2節　放送法の規律の枠組み

1　放送法の対象

　放送法が、規律の対象としているのは放送事業である。

　放送事業は、「放送」を業として行うことである。

　「放送」、「放送事業」および「放送事業者」の意義と種類については、**第3章第2節**で解説したので、該当部分の説明を参照されたい。

2　規律の枠組み

（1）開業規制

ア　放送法の規制

①　放送法は、放送事業を「基幹放送」と「一般放送」に分け、基幹放送を業として行うには総務大臣の「認定」を必要とし（放送法93条）、一般放送についてはその放送の形態と規模等により「届出」で足りるものと「登録」が必要なものに分けている（放送法126条、133条）。

[*1] 放送法逐条解説26頁。

基幹放送や一般放送の意義や内容、登録や届出の相違なども、**第3章第2節3**で説明したので該当箇所を参照されたい。

②　これに対し、NHKについては、必ず行うべき放送業務（必須業務）として、(ア)特定地上基幹放送局を用いて行われる国内基幹放送（放送法20条1項1号）、(イ)NHK以外の者が電波法の規定により免許を受けた基幹放送局を用いて行われる衛星基幹放送（同項2号）、(ウ)邦人向けおよび外国人向け国際放送（同項4号）、(エ)邦人向けおよび外国人向け国際衛星放送（同項5号）が規定（法定）されている*2。

　ここからNHKも基幹放送事業者に該当するので、放送法93条の総務大臣の「認定」を受けることが必要となる。しかし、NHKは放送法で行うべき放送業務が法定されているので、NHKの場合は、放送法93条の「認定」は、基幹放送業務それ自体を行わせることができるか否かという点ではなく、NHKが行うべきとされている放送業務の適正な実施の確保の観点からの審査を目的としている。そのため放送法24条では、放送法93条の「認定」を受けられるための要件のなかから、同条1項4号（表現の自由ができるだけ多くの者によつて享有されることが妨げられないと認められる場合）、同項5号（認定することが基幹放送普及計画に適合することその他放送の普及および健全な発達のために適切であること）および同項6号（いわゆる「外資規制」）の要件は除外されている。

イ　電波法の規制

　放送には、電気通信の送信方式の相違に応じて、無線（電波）による放送と有線による放送があるが、無線放送については放送法の規律に加え、無線通信に関する基本法である電波法の規制にも服し、無線による放送を行うためには総務大臣から無線局の免許を受ける必要がある（電波法4条1項1号）。

　また、無線局の設備の操作またはその監督を行うには総務大臣の免許を受けた無線従事者でなければならないので（電波法39条）、実際に無線局の設備を操作し、管理しながら放送の電波を発信するには、免許を有する無線従事者を雇用する等して行う必要がある。

▶··

＊2 NHKでは、国内基幹放送についてはいわゆる「ハードとソフトの一致」するもののみ規定され、衛星基幹放送については「ハードとソフトの分離」する放送が認められている。しかし、同様に「ハードとソフトの分離」している「移動受信用地上基幹放送」は「基幹放送」には含まれているが（放送法2条2号・14号）、NHKの行うべき業務としては規定されていない（放送法逐条解説98頁）。

286　▶第5章 放送法と消費者

この点も、**第3章第2節1（1）**で解説したので、該当箇所を参照されたい。

ウ　放送局に関する放送法と電波法の規律の関係

通信と放送の融合を目指した平成22年の放送法等の改正前は、放送法の「放送」は無線による放送に限定されていたので、放送事業者は電波法に基づき総務大臣から必ず放送のための無線局である「放送局」の免許を受ける必要があり、また、電波法に基づく放送局の免許を受けた放送事業者は、放送法上も放送事業者として放送事業を行うことができるとされていた。

このような制度の仕組みは、無線局によって電波を送信して放送する事業（ハード面）と、その電波に乗せて放送する番組の編成にかかる事業（ソフト面）が一致しており、両方を1つの事業と捉えて免許制のもとで事業が行われることとされていたので「ハードとソフトの一致」が前提の制度と捉えられていた。

しかし、上記の改正後は、放送事業におけるハードとソフトの分離がなされ、放送法の規律する放送事業（番組を制作、編制等して放送する業務）と、これらの放送コンテンツを無線や有線によって送信することに関する規律（事業法に基づく電気通信や電波法の無線局〔放送局〕に関する規律）とが分離された。そのため、無線を利用する放送を行う場合には、番組などのコンテンツを制作、編集し、それを電気通信の方法で送信（放送）する業務については放送法に基づく認定または登録が必要であり、放送のための電気通信の送信を無線で行う場合は、電波法に基づく放送局（無線局）の免許の双方を取得することが必要となっている。

平成22年改正前のハードとソフトの一致の制度も一部で残されており、電波法に基づき特定地上基幹放送局の免許を受けた特定地上基幹放送事業者（電波法6条2項、放送法2条22号）については、別途の認定を必要とせず、放送法上の基幹放送事業者として取り扱うこととされている（放送法2条23号、93条）。

この点も、**第3章第2節3**で説明したので、該当箇所を参照されたい。

エ　放送事業者の種類

放送法の規定する放送事業者には、次のものがある。

なお、放送事業者の種類については、**第3章第2節3**でも説明したので、該当箇所を参照されたい。

第2節 放送法の規律の枠組み　*287*

① 基幹放送事業者

基幹放送事業者は、放送の伝送方式としては無線を用いる事業者であるが、総務大臣の認定を受けた「基幹放送事業者」と、電波法に基づき自己の地上基幹放送の業務に用いる放送無線局の免許を受けた「特定基幹放送事業者」（放送法2条22号、93条1項本文）の2種類がある。

また、基幹放送事業者には次の3つの種別がある。

　㋐　地上基幹放送事業者（放送法2条1号参照）

　㋑　衛星基幹放送事業者（同条13号参照）

　㋒　移動受信用地上基幹放送事業者（同条14号参照）

② 一般放送事業者

基幹放送事業者以外の放送事業者が「一般放送事業者」である（放送法2条3号参照）。

一般放送事業者には、登録事業者と届出事業者の2つの種別がある。

　㋐　登録一般放送事業者

登録一般放送事業者には、無線を利用する「衛星一般放送事業者」（放送法施行規則〔以下「放送法省令」という〕133条1項1号）と[*3]、有線を利用する「有線一般放送事業者」があるが、有線の場合は1つの有線放送施設につながっている引込端子の数が501以上のラジオ放送[*4]以外の放送である（放送法省令133条1項2号）。

有線一般放送事業者は、ラジオ放送以外の放送であるから、文字放送も含め有線テレビジョン放送および電気通信役務利用放送によるテレビジョン放送が該当するが、ラジオ放送のうち多重放送[*5]を受信し、これを再放送することも登録一般放送事業に含まれる（放送法省令133条1項2号括弧書き）。

　㋑　届出一般放送事業者

届出一般放送事業者は、有線の放送に限られ、有線ラジオ放送およびその端子が500以下の有線テレビジョン放送、電気通信役務利用放送の事業者で

▶ ……………………………………………………………………………………………

[*3] 登録の申請に際し記載すべき衛星一般放送の種類として、放送法省令135条1号は、①テレビジョン放送、②ラジオ放送および③その他を規定しており、衛星一般放送にはテレビ放送に限らず、ラジオ放送等も含まれる。

[*4] 「ラジオ放送」とは音声その他の音響を送る放送であって、テレビジョン放送および多重放送に該当しないものをいうとされている（放送法64条1項括弧書き）。

[*5] 「多重放送」とは、テレビ放送の電波のすき間を利用して、副音声（主音声と異なる音声）を送信したり、テレビ画像の走査線のすき間を利用して文字放送を行ったりすることである。

288　▶第5章 放送法と消費者

ある。

（2） 業務規制

ア　放送番組の編集等に関する通則

　放送法は、すべての放送事業者に適用される通則として、次の①から⑦の規定を置いている。

①　放送番組編集の自由と放送番組の編集における義務

　放送法は「放送番組は、法律に定める権限に基づく場合でなければ、何人からも干渉され、又は規律されることがない」と規定する一方（放送法3条）、放送事業者の放送番組の編集に当たっては、次のとおりでなければならないとしている（放送法4条1項）。

  ㈠　公安および善良な風俗を害しないこと

  ㈡　政治的に公平であること

  ㈢　報道は事実を曲げないですること

  ㈣　意見が対立している問題については、できるだけ多くの角度から論点を明らかにすること

　また、放送事業者は視覚障害者に対して影像を説明するための音声、音響による放送番組、聴覚障害者に対して音声その他の音響を説明する文字等による放送番組を設ける努力義務も規定している（放送法4条2項）。

　放送番組の編集におけるこれらの義務は、放送法1条が規定する目的を実現するためによるべき原則（**第1節2（1）①から③**）を踏まえたものである。

②　番組基準の策定と公表

　放送事業者は、教養番組、教育番組、報道番組、娯楽番組等に区分した放送番組の種別および放送の対象者に応じた放送番組の編集の基準（番組基準）を定め、これに従った番組の編集をしなければならないとし（放送法5条1項）、番組基準を定めた場合および変更した場合には、省令で定めるところにより公表する義務がある（同条2項）。

　なお、この放送法5条の規定および下記の③の放送番組審議機関に関する同法6条から7条の規定は、経済市況、自然事象およびスポーツに関する時事に関する事項その他省令で定める事項のみを放送事項とする放送または臨時かつ一時の目的のための放送を専ら行う放送事業者には、適用されない（放送法8条）。

第2節 放送法の規律の枠組み　**289**

③　放送番組審議機関

　放送事業者は、放送番組の適正を図るため、放送番組審議機関を置く義務がある（放送法6条）。

　この審議機関の職務については、放送事業者の諮問に応じ、放送番組の適正を図るため必要な事項を審議し、これについて放送事業者に対して意見を述べることができるとしている（放送法6条2項）。

　その他、この審議機関の組織等については、放送法7条が規定している。

④　訂正放送等

　放送事業者が真実でない事項の放送をし、その放送により権利の侵害を受けた本人またはその直接関係人から、放送日から3ヶ月以内に請求されたときは、放送事業者は、遅滞なく放送した事項が真実でないかどうかを調査し、真実でないことが判明したときは、判明した日から2日以内に、その放送をした放送設備と同等の放送設備により、相当の方法で、訂正または取消しの放送をしなければならないと規定されている（放送法9条1項）。

　訂正放送等は、権利侵害を受けた者らからの請求のあった場合のみならず、放送事業者自らが真実でない事項を発見したときも同様とされている（同条2項）。

　なお、この訂正放送等の措置をとったことは、被害者が民法の不法行為等に基づき損害賠償請求を行うことには影響を及ぼさない（同条3項）。

⑤　番組保存義務

　上記④の措置を実行あらしめるために、放送事業者は、番組の放送後3ヶ月間（④の訂正、取消放送の請求があった放送では6ヶ月を超えない範囲内でその事案が継続する期間）、放送番組を保存する義務がある（放送法10条）。

⑥　再放送

　放送事業者は、他の放送事業者の同意を得なければ、他の放送事業者がした放送を受信し、その再放送をしてはならないと規定されている（放送法11条）。

⑦　広告放送の識別のための措置

　放送事業者は、スポンサーから広告の対価を得て広告放送を行う場合には、受信者がそれが広告放送であることが明らかに識別できるようにする義務がある（放送法12条）。

　ここにいう「広告」には、他の事業者の営業に関する広告に限らず、政党等の政治団体、宗教団体やその他の非営利の主体の広告も含まれる。

放送事業者が識別措置を行う必要があるのは「広告放送」についてである。放送事業者が編制した番組の制作がスポンサーの提供する広告費によって賄われているとしても、番組それ自体は「広告放送」には該当しない。通常「タイム広告」「スポット広告」や「パーティシペイティング広告」などとよばれているものが「広告放送」に該当する[*6]。

　しかしながら、商品やサービスを番組のなかで取り上げてもらい、放送で商品やサービスの宣伝をしてもらうために、その商品の製造者、販売者やサービス提供者から対価を得て放送している場合には、その内容や態様によっては、放送法12条の「広告放送」に該当する場合もあると解される。

　このように番組中で取り上げられる商品等の紹介が、実質的には広告であるにもかかわらず、それが明示されていない場合は、いわゆる「ステルスマーケティング」の一種とみることができる。

　アメリカでは、連邦取引委員会（FTC）が、2009年にFTC法に基づくガイドラインを改訂し、「広告における推奨及び証言の利用に関する指針」（Guides Concerning the Use of Endorsements and Testimonials in Advertising）を策定して、商品またはサービスの推奨者と、広告主やメディアに対し、マーケッターや広告主との間の重大な関係の有無および金銭授受の有無などを開示する義務があることを明確にした。

　また、FTCは、2015年12月22日には「欺まん的な広告形式に関する法執行指針」（Enforcement Policy Statement on Deceptively Formatted Advertisements）を定め、このなかで「金銭を受け取っていながら、公平な消費者や専門家の独立した意見であるかのように装って推奨表現をすること」（paid endorsements offered as the independent opinions of impartial consumers or experts）が違法であることを明示している。

　さらに、EUでは「不公正取引行為指令」（Unfair Commercial Practices Directive）において、アメリカのFTC法と同様に、一般規定として「不公正な取引行為は禁止される」としたうえで、「誤認惹起的行為」「誤認惹起的不作

＊6　特定のスポンサーが番組全体を提供している場合に、その番組中に当該スポンサーの広告放送を流すものが「タイム広告」であり、番組と番組の間の時間（ステイションブレイク）に流す広告が「スポット広告」とよばれる。また、1つの番組を複数の事業者がスポンサーとなって共同して提供する場合が「パーティシペイティング広告」である。「広告放送」の意義については放送法逐条解説83頁を参照。

為」は不公正な取引方法に該当するとし、「商品の販売を促進するためにメディアの論説記事を利用し（ただし、事業者が販売目的で支払いを行った場合に限る）、かつ、このことを消費者が明確に認識できるように記事内容においてまたは画像若しくは音声により示さないこと（記事広告）」が誤認惹起的不作為に当たることを明示している。

　以上のようなステルスマーケティングに関するアメリカや EU の規制に比べ、このような形態の広告に関するわが国の法律上の規制は不十分である[*7]。放送法においても、広告放送の識別義務の内容について、ステルスマーケティングへの対応も可能とするように、整備すべきではないかと考える。

　なお、視聴者は広告放送の内容が誤認を惹起させるものであったり、誇大等の内容を含むものである場合には、公益社団法人日本広告審査機構（JARO）に苦情申立てをすることができ、申立てを受けた JARO において、申立ての内容の調査と審査を行い、問題がある場合には広告主に対し、警告、要望、提言を行うことがある[*8]。

イ　日本放送協会（NHK）等に関する規定

　放送法は、第 3 章として放送法15条から87条において NHK の設立およびその管理・運営に関する基本的な規定を置き、第 4 章として放送大学学園に関する規定を置いている。

　NHK の受信契約および受信料については、放送法64条が規定している。

ウ　基幹放送事業者に関する規定

①　業務の開始および休止の届出義務

　認定基幹放送事業者が「認定」を受けたときは、遅滞なく、業務の開始の期日を総務大臣に届け出る義務があり、また、基幹放送の業務を 1 ヶ月以上休止するときおよびそれを変更するときは、休止期間を総務大臣に届け出る義

[*7] ステルスマーケティングについては、日本弁護士連合会が「ステルスマーケティングの規制に関する意見書」（2017年 2 月16日）を公表している（https://www.nichibenren.or.jp/library/ja/opinion/report/data/2017/opinion_170216_02.pdf）。同意見書では景品表示法 5 条 3 号の内閣総理大臣の指定のなかに「商品又は役務を推奨する表示であって次のいずれかに該当するもの」として、①「事業者が自ら表示しているにもかかわらず、第三者が表示しているかのように誤認させるもの」、②「事業者が第三者をして表示を行わせるに当たり、金銭その他の経済的利益を提供しているにもかかわらず、その事実を表示しないもの。ただし、表示の内容または態様からみて金銭の支払その他の経済的利益が提供されていることが明らかな場合を除く」との事項を追加することを求めている。

[*8] JARO の苦情処理プロセスについては、http://www.jaro.or.jp/ippan/index.html 参照。

務がある（放送法95条）。

② 業務廃止時の届出義務

認定基幹放送事業者が、その業務を廃止するときは、その旨を総務大臣に届け出る義務がある（放送法100条）。

③ 放送番組の編集等

基幹放送事業者は、放送番組の編集に当たって、特別な事業計画によるものを除くほか、教養番組または教育番組ならびに報道番組および娯楽番組を設け、放送番組の相互の間の調和を保つようにしなければならないと規定されている（放送法106条）。

④ 災害の場合の放送

基幹放送事業者は、暴風、豪雨、洪水、地震、大規模な火事その他による災害が発生し、または発生するおそれがある場合には、その発生を予防し、またはその被害を軽減するために役立つ放送をするようにしなければならないとされている（放送法108条）。

⑤ 学校向け放送における広告の制限

基幹放送事業者は、学校向けの教育番組の放送を行う場合には、その放送番組に学校教育の妨げになると認められる広告を含めることが禁止されている（放送法109条）。

⑥ 放送番組の供給に関する協定の制限

基幹放送事業者は、特定の者からのみ放送番組の供給を受けることとなる条項を含む放送番組の供給に関する協定を締結してはならないと定められている（放送法110条）。

わが国の放送法制が、受信料収入を基盤として全国的に放送を展開するNHKと、地域に基盤を置いて広告料収入等によって運営されている基幹放送事業者という2本建ての体制を前提にしている一方、東京に基盤を置く全国ネットワークの在京キー局の資金力や番組編成や番組制作上の影響が大きいことを踏まえて、協定を結ぶことで地方の基幹放送事業者に対する支配力を及ぼしたり、番組提供等において排除することを禁止する趣旨からのものとされている[9]。

---

[9] 放送法逐条解説288頁。

第2節 放送法の規律の枠組み　293

⑦　設備の維持

　認定基幹放送事業者は、その放送に用いる基幹放送設備を放送法省令（放送法省令第4章第5節第1款）で定める技術基準（基幹放送設備の損壊または故障により、基幹放送の業務に著しい支障を及ぼさないようにすることおよび基幹放送の品質が適正であるようにするよう定められる）に適合するように維持すること（放送法111条）および特定地上基幹放送事業者は、その放送業務に用いる電気通信設備省令で定める同様の技術基準に適合するように維持しなければならない義務がある（放送法112条）。

⑧　重大事故の報告義務

　認定基幹放送事業者の基幹放送設備に起因する放送の停止その他の重大な事故であって省令で定めるものが生じたとき、または、特定地上基幹放送事業者の放送局等設備に起因する放送の停止その他の重大な事故であって省令（放送法省令124条、125条）で定めるものが生じたときは、これら放送事業者は、いずれも、その旨をその理由または原因とともに、遅滞なく、総務大臣に報告する義務がある（放送法113条）。

エ　基幹放送局提供事業者に関する規定

① 提供義務等

　基幹放送局提供事業者の認定基幹放送事業者等に対する提供義務が定められており、基幹放送局提供事業者が基幹放送局設備の提供に関する契約の申込みを受けたときは、正当な理由がなければ、これを拒んではならないとされている（放送法117条）。

　放送事業者間の提供義務であり、受信者に対する義務ではない。放送局の設備を有していない放送事業者がこれら設備を利用して放送事業が行えるようにするための基盤となる制度として、提供義務等を規定しているものである。

② 役務の提供条件の届出義務

　上記の①の提供契約に基づく役務（放送局設備供給役務）の料金その他の省令（放送法省令92条）で定める提供条件については、その実施前および変更時における総務大臣への届出義務があり、基幹放送局提供事業者は、届出に係る提供条件以外の提供条件で放送局設備供給役務を提供してはならないとされている（放送法118条）。

放送事業者間の放送局の設備の利用に関する契約条件につき、策定と届出義務および届出された提供条件による提供義務を定めたものである。

③ 設備の維持義務

認定基幹放送事業者の場合と同じく、基幹放送局提供事業者についても、基幹放送局設備を省令（放送法省令第4章第5節第1款）で定める技術基準に適合するように維持する義務がある（放送法121条）。

④ 重大事故の報告義務

基幹放送局提供事業者についても、認定基幹放送事業者の場合と同じく、基幹放送局設備に起因する放送の停止その他の重大な事故であって省令（放送法省令125条3項から5項）で定めるものが生じたときは、その旨をその理由または原因とともに、遅滞なく、総務大臣に報告する義務がある（放送法122条）。

オ 一般放送事業者に関する規定

① 業務の開始および休止の届出

登録一般放送事業者についても、「登録」を受けたときは、遅滞なく、業務の開始期日を総務大臣に届け出る義務があり、また、業務を一月以上休止するときおよび休止期間を変更するときは、その休止期間を総務大臣に届け出る義務がある（放送法129条）。

② 業務廃止の届出義務

一般放送事業者が、一般放送の業務を廃止したときは、遅滞なく、その旨を総務大臣（小規模施設特定有線一般放送事業者では都道府県知事）に届け出る義務があり、法人が合併以外の事由により解散したときも同様の届出義務がある（放送法135条）。

③ 設備の維持義務

登録一般放送事業者についても、他の放送事業者と同様の趣旨から登録に係る電気通信設備を省令（放送法省令第4章第2節第1款第1目）で定める技術基準に適合するように維持する義務がある（放送法136条）。

④ 重大事故の報告義務

登録一般放送事業者にも、登録に係る電気通信設備に起因する放送の停止その他の重大な事故であって省令（放送法省令156条、157条）で定めるものが生じたときは、その旨をその理由または原因とともに、遅滞なく、総務大臣

に報告する義務がある（放送法137条）。

⑤　受信障害区域における再放送義務

　有線テレビジョン放送を行う登録一般放送事業者のうち、省令で定める区域の全部または大部分において放送を行う者として総務大臣が指定する者は（放送法省令160条から163条）、受信障害が発生している区域があるときは、正当な理由がある場合を除き、受信障害が発生している区域において、基幹放送普及計画により放送がされるべきものとされるすべての地上基幹放送を受信し、そのすべての放送番組に変更を加えないで同時に再放送をする義務がある（放送法140条）。

カ　有料放送事業者に関する規定

① **有料放送**

　「有料放送」については放送法147条に定義があり、単に取引条件として放送役務の提供を受けるために対価の支払いが必要な基幹放送であるだけではなく「契約により、その放送を受信することのできる受信設備を設置し、当該受信設備による受信に関し料金を支払う者によって受信されることを目的とし、当該受信設備によらなければ受信することができないようにして行われる放送をいう」とされている（放送法147条1項括弧書き）。

　つまり、有料放送事業者との契約に基づき設置した受信設備でなければ、その放送を受信できないような方法でなされる有料放送（例えばスクランブル放送やセットトップボックスを設置して視聴する放送）であるものが、「有料放送」ということになる。

　なお、放送法の有料放送に関する規定は、民間放送事業者の放送を対象として導入されたものであり、特定の契約者との関係でのみ放送信号をデコードして視聴できるようにする方式の放送は、あまねく全国に放送を普及させることを目的として設立、運営されている日本放送協会（NHK）の使命（放送法15条）に反するので、NHKが行うことを予定していないと解されている[10]。

　したがって、放送法147条1項括弧書きの解釈としても、NHKの受信料の性質が同項括弧書きにいう「料金」とは異なる性質のものと解されていること、およびNHKの放送はあまねく全国に放送するものとされているので契

▶ ⋯⋯
＊10 放送法逐条解説375〜376頁参照。

約に基づき特定の契約者との関係だけでスクランブルを解除して視聴させるような方式ですることは予定されていないので、放送法上も「有料放送」には該当せず、同法の第7章の消費者保護規定も適用されないことになる[*11]。

しかし、NHKも消費者契約法上は「事業者」（消契法2条1項から3項）であるから、消費者である視聴者との受信契約の締結や締結された契約条項については、消費者契約法の適用があるのは当然である。

② 有料放送事業とその規制

放送法は、上記①の有料放送を行う事業（有料放送事業）に関し、下記の(ア)から(ク)の規定を置いている。これらについては、**第3節**において詳しく解説する。

(ア) 有料基幹放送契約約款の届出・公表等の義務（放送法147条）

(イ) 役務の提供義務（放送法148条）

(ウ) 有料放送業務の休廃止に関する周知義務（放送法149条）

(エ) 提供条件の説明義務（放送法150条）

(オ) 書面交付義務（放送法150条の2）

(カ) 苦情等の処理義務（放送法151条）

(キ) 有料放送事業者等の禁止行為（放送法151条の2）

(ク) 媒介等業務受託者に対する指導義務（放送法151条の3）

キ 有料放送管理業務に関する規定

① 有料放送管理業務の届出義務

放送法は、有料放送事業に関するいわゆる「プラットフォーム事業」として「有料放送管理業務」を規定している（放送法152条）。

有料放送管理業務とは、「有料放送の役務の提供に関し、契約の締結の媒介

[*11] NHKの場合は、本文に述べた「あまねく」義務との関係で、放送法の「有料放送」の定義から外れると解されるが、他方、「有料放送」の対価と放送法64条に規定するNHKの受信料とは異なるものなのかなど、放送法64条1項の規定の趣旨と意義をどう捉えるかに関係して、NHKの受信料の法的性質についても考え方に争いがある（河野弘矩「NHK受信契約」遠藤浩ほか監修『現代契約法大系第7巻』（有斐閣・1984年）245～246頁、松本恒雄「締約強制の私法上の効果──放送法32条1項における受信契約を素材とした公私協働論に向けて」川村正幸先生退職記念論文集『会社法・金融法の新展開』（中央経済社・2009年）427頁、谷江陽介「締約強制規定の私法上の効力──放送受信契約締結場面（放送法64条1項）を中心として」名法254号（2014年）524、537頁など参照）。しかし、NHK（あるいは総務省）が採用している考え方では、受信料はNHKを運営するための特殊な負担金であり、実際の視聴の有無にかかわらず支払義務があるものと捉えられている（放送法逐条解説375～376頁）。これを前提にすると放送法147条1項にいう「有料放送」とNHKの放送は異なる性質のもとの考えることになる。

等を行うとともに、当該契約により設置された受信設備によらなければ当該有料放送の受信ができないようにすることを行う業務」と定義し、省令で定める数（有料放送事業の区分ごとに「10」とされている：放送法省令176条）以上の有料放送事業者のために有料放送管理業務を行う有料放送管理業務については届出制としている（放送法152条）。

有料放送管理業務は、放送法の定義からすると、次の２つの業務を行う事業者ということになる[12]。

(ア) 有料放送役務の提供契約の締結の媒介等の業務

(イ) 締結した契約により設置された受信設備でなければ契約した有料放送の受信ができないようにすることを行う業務

有料放送役務の提供契約の締結の「媒介等」の意義は、放送法150条において「有料放送事業者及び有料放送事業者から有料放送の役務の提供に関する契約の締結の媒介、取次ぎ又は代理……の業務」と定義されているので、有料放送役務の提供契約の媒介、取次ぎまたは代理を業として行うことを意味する。

媒介は、有料放送事業者と有料放送の受信者との間に立って、有料放送役務の提供契約の成立に尽力する行為であり、この場合は有料放送事業者からみると顧客となる受信者を獲得してもらい、契約は有料放送事業者と受信者との間で直接締結されることになる。

取次ぎは、自己の名をもって有料放送事業者とその受信者の計算において、法律行為（有料放送役務の提供契約）を引き受ける行為であり、有料放送役務の提供契約を引き受けるのは有料放送管理業務を行う事業者であるが、その取引上の効果（経済的な効果）は、それぞれ有料放送事業者と受信者に帰属することになる。

また、代理は、本人（この場合は有料放送事業者）のためにすることを示して（顕名）、有料放送役務の提供契約の成立に必要な申込み、承諾の意思表示を行うことである。代理の場合は、有料放送管理業務を行う者が行った意思表示の効果が、本人である有料放送事業者に直接生じ、有料放送事業者と受信

---

[12] 2017年６月末現在、衛星放送に関する有料放送管理業者は「スカパー JSAT 株式会社」のみであり、有線放送では「有線一般放送日本デジタル配信株式会社（JDS）」および「ジャパンケーブルキャスト株式会社（JC-HITS）」の２社である。

者との間で有料放送役務の提供契約が成立する。

次に、上記(イ)の業務は、CAS（Condition Access System）のことであり[13]、放送電波にスクランブルをかけて、契約した受信者の場合にはそれを解除する機能やサービスを提供することで、契約受信者以外が有料放送を視聴することができないようにする業務である。

放送法は、有料放送事業者および有料放送事業者から有料放送の役務の提供に関する契約の締結の媒介、取次ぎまたは代理の業務およびこれに付随する業務の委託を受けた者（放送法150条では「媒介等業務受託者」と定義されているので、以下これに倣う）について、有料放送の提供条件の説明義務等を課しているが（放送法150条など）、有料放送管理事業者もこの媒介等業務受託者に含まれる。

しかし、有料放送管理事業者の場合は、委託を受ける有料放送事業者の数が10以上であることと、上記(イ)の業務（スクランブル放送等）の業務を行う者である点において、媒介等業務受託者とは異なる。委託を受ける有料放送事業者の数が9以下であっても媒介等業務受託者に該当するし、また、上記(イ)の業務を行わない場合でも媒介等業務受託者に該当する。

② **有料放送管理業務の廃止等の届出義務**

有料放送管理事業者が有料放送管理業務を行う事業の全部を譲渡等により他者に承継させた場合、有料放送管理業務を廃止したり、法人である有料放送管理事業者が合併以外の事由で解散したときは、いずれの場合も、遅滞なく、その旨を総務大臣に届け出る義務がある（放送法153条、154条）。

③ **有料放送管理業務の実施に係る義務**

有料放送管理事業者は、有料放送管理業務およびこれに密接に関連する業務に関し、省令で定めるところにより、業務の実施方針の策定および公表その他の適正かつ確実な運営を確保するための措置を講じなければならないと定められている（放送法155条）。

この点については、放送法省令182条が有料放送管理事業者は、有料放送管理業務に関し、有料放送管理事業者が媒介等業務の委託をする場合における放送法省令175条の5第3項に規定する同等の措置および次の(ア)から(ウ)の措

---

[13] 地デジでも使用されている「CASカード」も、このような機能を有するカードである。

第2節 放送法の規律の枠組み **299**

置を講じなければならないとしている。

   (ア)　国内受信者等に対し、有料放送役務提供契約の相手方および料金その他の提供条件ならびにその変更の内容を明らかにする措置

   (イ)　国内受信者等の苦情および問合せを適切かつ迅速に処理する措置

   (ウ)　上記の(ア)および(イ)のほか、有料放送管理業務の適正かつ確実な運営を確保するために必要な措置

　また、放送法省令182条は、有料放送管理事業者は、上記の(ア)から(ウ)の措置を含む業務の実施方針を策定しなければならないとし、同実施方針を策定したときおよび変更したときは、遅滞なく、公表することを義務づけている。

(3) 放送法の規定する放送役務提供契約に関する規定（民事的ルール）

　放送法は、放送役務提供契約に関する民事的ルールとして、有料放送役務の提供契約について書面による解除（初期契約解除制度：放送法150条の3）を規定している。

　また、民事ルールに関係するものとしては、放送法64条1項がNHKの受信契約および受信料について規定しているが、この規定が直接に民事効を規定したものとみるか、あるいは行政法上の義務規定とみるかについては、前述したとおり、NHKの受信料の法的性質にも関連して、考え方に争いがある。

第3節　放送法の消費者保護制度

1　はじめに

　第2節においては、放送法が規定する放送事業者に対する行政上の規制（規律）および民事的ルールの概要を述べて来たが、本節では、以上のうち、消費者保護に関する行政上および民事上のルールについて説明する。

　放送法における消費者保護に関する行政上および民事上のルールは、「有料放送」の場合についてのみ規定されている。

　これは、既述（第3章第2節2（1）イ）のとおり、無料の放送においては放送事業者と消費者間に契約関係を観念するのは難しい点と、無料放送においては、無料放送のサービス提供に関して受信者である消費者に財産的な意味で権利・利益の侵害が想定されることはほとんどないと考えられることによる。

　そのため、放送法で消費者保護に関する規定が置かれているのは、「有料放

送」に関する第7章の各規定のなかであり、具体的に前記（**第2節2（2）カ**）の(ｱ)から(ｸ)のとおりの行政上のルールと、民事ルールとして初期契約解除権（放送法150条の3）が規定されている。

なお、NHKの受信契約および受信料に関する放送法64条の規定および契約によらない有料放送の受信の禁止の規定（放送法157条）は、必ずしも消費者保護のための規定ではないが、消費者が放送役務の提供を受ける場合の契約に関連する問題であるので、本節において取り上げることにする。

2　消費者保護に関する行政上のルール

（1）有料基幹放送契約約款の届出・公表等の義務

ア　有料基幹放送契約約款の作成・届出義務

放送法は、有料基幹放送について有料放送事業者に対し「有料基幹放送契約約款」の作成義務等を規定している（放送法147条1項）。

① 有料放送事業者

有料基幹放送契約約款の作成義務を負うのは「有料放送事業者」である（有料放送については、**第2節2（2）カ①**参照）。

有料放送事業者は、有料放送を行う放送事業者であるが、有料基幹放送契約約款の作成義務を負う有料放送は「基幹放送」（放送法2条2号）を意味することになる。

② 契約約款の内容

有料基幹放送契約約款の内容は、有料基幹放送の役務に関する料金その他の提供条件について定めたものであるが、少なくとも、次の(ｱ)から(ｵ)の事項が規定されている必要がある（放送法省令172条2項）。

(ｱ)　役務に関する料金

(ｲ)　国内受信者に役務に関する料金以外の金銭を負担させる場合は、その名称、内容および負担額

(ｳ)　有料放送事業者およびその国内受信者の責任に関する事項

(ｴ)　以上の(ｱ)から(ｳ)以外で、国内受信者の権利または義務に重要な関係を有する事項があるときは、その事項

(ｵ)　有料基幹放送契約約款を実際に使用して契約締結をしようとする期日

③　作成義務等がある場合

　放送法が有料放送事業者に策定義務および公表、届出義務を課しているのは、有料基幹放送の役務を国内受信者に提供する場合である。国内受信者は、有料放送事業者との間で国内に設置する受信設備により有料放送の役務の提供を受ける契約を締結する者を意味する（放送法147条1項括弧書き）。

　以上の要件を満たす場合には、有料放送事業者は「有料基幹放送契約約款」を定め、その約款を実際に使用する前に総務大臣に対する届出が義務づけられているし、これを変更しようとするときも同様の届出義務がある。

　なお、変更に関する届出では、変更を「しようとするとき」と規定されているので（放送法147条1項）、変更後の約款の使用を開始する前に、届け出る義務がある。

イ　有料基幹放送契約約款の公表・掲示義務

　有料基幹放送の役務を提供する有料放送事業者は、総務大臣に届け出た有料基幹放送契約約款を公表し、掲示する義務がある（放送法147条3項）。

　公表は、有料基幹放送契約約款を実際に使用し始めた日（実施日）から、放送事業者の事務所において掲示するだけでなく、インターネットを利用して公表しなければならない（放送法省令173条）。

　また、掲示に関しては、国内にある営業所その他の事業所において公衆の見やすいように掲示しておかなければならない義務がある（放送法147条3項）。

ウ　有料基幹放送契約約款による提供義務

　有料基幹放送の役務を提供する有料放送事業者は、総務大臣に届け出た有料基幹放送契約約款に規定されている以外の提供条件により、国内受信者に対し有料基幹放送の役務を提供してはならないとされている（放送法147条2項）。

　したがって、有料放送事業者は有料基幹放送契約約款に規定されていない料金その他の対価での提供はできないし、また、受信者ごとに個別に放送役務の提供条件を変えて、提供することもできないと解される。

（2）有料放送役務の提供義務

　有料放送事業者は、正当な理由なく、国内に設置する受信設備により同事業者の有料放送を受信しようとする者に対し、有料放送の役務の提供を拒んではならないと規定し（放送法148条）、有料放送事業者に有料放送役務の提供

義務を課している。

（3）有料放送業務の休廃止に関する周知義務

　有料放送事業者が、有料放送の役務を提供する業務の全部または一部を休止し、または廃止しようとするときは、休止または廃止しようとする有料放送の国内受信者に対し、休廃止について周知させる義務を課している（放送法149条）。

　周知の方法等については、省令により、都度契約に係る有料放送の役務を提供する業務の休止または廃止する場合を除き、予め相当な期間を置いて、次の①から⑤のいずれかの方法で、有料放送の役務を提供する業務を休止し、または廃止しようとする旨を知れたる国内受信者に対して適切に周知させなければならないとしている（放送法省令174条）。

　　①　訪問
　　②　電話
　　③　郵便、信書便、電報その他の手段による書面の送付
　　④　電子メールの送信
　　⑤　電子計算機に備えられたファイルに記録された情報を電気通信回線を通じて国内受信者の閲覧に供する方法であって、当該国内受信者が休止し、または廃止しようとする有料放送の役務の提供を受ける際に当該情報が表示されることとなるもの

　これらの周知の方法や態様については、事業法の事業の休廃止の場合と同旨であるから、**第4章第3節2（6）**（248頁）を参照されたい。

（4）説明義務（放送法150条）

ア　説明義務の法定

　放送事業における競争枠組みの変化に伴い、有料放送サービスに関する消費者からの苦情やトラブルが増加してきたことから、通信と放送の融合を目指した平成22年の放送法改正に際し、既に平成14年改正で導入されていた事業法と同様に、放送法にも契約締結前の提供条件の説明義務が法定された（**第1章第2節4**参照）。

　放送法の規定する説明義務も、事業法の場合と同様の内容となっており、説明義務を負う主体は有料放送事業者および媒介等業務受託者（以下、両事業者を合わせていうときは「有料放送事業者等」という）であり、有料放送事業者

等が有料放送の役務の提供に関する契約の締結または媒介等をしようとするときは、省令で定めるところにより、当該有料放送の役務に関する料金その他の提供条件の概要を消費者に説明する義務を負うこととしたものである（放送法150条）。

イ　説明義務の対象

①　説明義務の対象となる放送役務

　放送法が説明義務の対象としているのは「有料放送」である（放送法150条）。

　有料放送には、基幹放送では、㋐衛星基幹放送および㋑移動受信用地上基幹放送があり、一般放送には、㋒衛星一般放送および㋓有線一般放送があるが、㋐から㋓のいずれもその役務提供に関する契約の締結または媒介等をしようとするときは説明義務が課されている。

②　説明義務の対象から除外される契約

　説明義務の対象となる有料放送の役務でも、放送法150条ただし書は「当該契約の内容その他の事情を勘案し、当該提供条件の概要について国内受信者に説明しなくても国内受信者の利益の保護のため支障を生ずることがないと認められるものとして総務省令で定める場合は、この限りでない」としており、放送法省令175条8項が説明義務の対象から除外されるものとして、次の㋐から㋒の契約の場合を規定している。

　㋐　都度契約（放送法省令175条8項1号、171条の2第18号）

　有料放送を視聴しようとする都度、契約を締結して放送役務の提供を受ける場合であり、例えば、PPV（ペイ・パー・ビュー）で1つの試合を単位にスポーツ番組を視聴する場合などがこれに該当する（総務省の「有料放送分野の消費者保護ルールに関するガイドライン」平成28年4月〔以下「放送法ガイドライン」または「放送法GL」と略記する〕10頁）。

　都度契約は、プリペイドの場合もポストペイの場合も両方あり得るが、いずれも説明義務の対象から除外されると解される。しかし、同じプリペイド型の有料放送サービスでも、前払いで視聴権付ICカードを購入し、これを受信機に装着することで一定期間は継続的に放送の視聴可能となるような場合は、都度契約には該当しないと解される（放送法GL10頁）。

　㋑　法人契約（放送法省令175条8項2号、171条の2第19号）

　法人契約の意義と説明義務から除外される趣旨は、事業法の説明義務の場

304　▶第5章 放送法と消費者

合と同旨であるので、本書の事業法における説明義務の箇所を参照されたい（第4章第3節2（1）カ〔190頁〕）。

㈡　一定の要件を満たす変更・更新契約等（放送法省令175条8項3号から5号）

　既に締結されている有料放送役務の提供契約の一部の変更または有料放送役務の提供契約の更新を内容とする契約（変更・更新契約：放送法省令171条の2第15号）の場合は、当初の契約締結に際し説明済みの「基本説明事項」（放送法省令171条の2第23号：基本説明事項の内容は後述する）に変更がない場合は、同じ事項を改めて説明する必要はないので、説明義務の対象から除外されている（放送法省令175条8項3号）。

　また、基本説明事項に変更がある場合でも、変更内容が「期間制限・違約金付自動更新契約」（放送法省令171条の2第17号）に該当する場合を除き、変更内容が次の(a)から(d)にすべての範囲にとどまる場合は、説明義務の対象から除外される（放送法省令175条8項3号イからニ）。

　(a)　軽微変更（放送法省令175条8項3号イ）　　契約内容の変更がごく軽微な変更であって、受信者の利益保護に支障を来すことがない場合である（放送法省令171条の2第32号）。受信者の住所変更のような場合がそれに該当する（放送法 GL10頁）。

　(b)　有料放送事業者からの申出による変更であって受信者に不利とならない場合（同号ロ）　　典型例は、有料放送事業者の方から契約変更の申出があり、料金の値下げのみを行う変更契約である。しかし、内容が受信者に不利とならない変更であっても、有料放送事業者の申出ではなく受信者からの申出による変更の場合は、説明義務の除外には該当しない（放送法 GL11頁）。一般的にみても、受信者は有料放送役務の提供条件や契約条件に不馴れなことが多く、正しく説明されないと誤って変更の申出をしてしまうことで、その利益を損なうこともあり得るからである。

　(c)　受信設備の数の変更（同号ハ）　　受信設備を別の部屋でも使えるように1台から2台に増やしたり、逆に台数を減らす場合のように受信設備の数の変更をする場合である（放送法 GL11頁）。

　しかし、この変更の申出は受信者からなされた場合である必要があり、有料放送事業者からの申出によりこの変更を行う場合は、説明義務の対象から除外されない。

なお、受信設備の数ごとに受信料金を設定している場合（「台数別料金」の場合：放送法省令171条の2第33号）は、台数の変更に伴い料金も変更されることになる。この場合は、料金の変更を含めて変更があったとみられるとしても、説明義務の対象から除外されると解されている（放送法GL11頁）。

　(d)　チャンネル（放送番組）の変更（放送法省令175条8項3号ニ）　視聴するチャンネル（放送番組）を変更する場合は、説明義務の対象から除外されるが、これも受信者からの申出による場合に限られる。

　また、チャンネル（放送番組）の変更に伴い、番組別料金（放送法省令171条の2第34号）や番組名（放送法省令171条の2第35号）が変更されることにより、結果として受信料金等も変更される場合があるが、この場合もチャンネル変更の場合と同視され、説明義務の除外に該当する。有料多チャンネルサービス契約において、契約している単チャンネルやパックの変更をする場合がその例である（放送法GL11頁）。この変更も、受信者からの申出による場合に限られ、有料放送事業者からの申出による場合は、説明義務は免除されない（放送法GL11頁）。

　なお、この放送法省令175条8項3号ニの変更は、同一の受信設備上におけるチャンネル相互間での変更に限定されており、異なる受信設備間の変更の場合（東経110度CSデジタル放送のチャンネルから東経124/128度CSデジタル放送のチャンネルへ変更する場合など）は説明義務の除外には該当しない（放送法GL11頁）。

③　変更・更新契約と同視し得る契約

　放送法ガイドラインは、形式的には変更契約や更新契約には該当しないが実質的にはこれと同視し得ると認められる契約の場合にも、上記の②の(a)から(d)と同様に取り扱い、説明義務の対象から除外されるとしている（放送法GL11～12頁）。

　このような場合の典型例として放送法ガイドラインは、(ア)契約単位がCASカード毎になっている場合と、(イ)東経110度CSデジタル放送のように、同一の有料放送管理事業者のプラットフォーム上で多数のチャンネルが提供されており、かつ、チャンネル毎にその提供主体である有料放送事業者が異なるケースを挙げている。

　(ア)のケースにおいては、上記②の(c)のように別の部屋で視聴できるよう2

台目の契約を行う場合は、形式的には新規契約に当たる場合があるが、この場合も上記②の(c)の変更・更新契約と同様に取り扱うこととし（放送法省令175条8項4号）、(イ)の場合は、上記②の(d)のように受信者が同一プラットフォーム上でのチャンネル変更の場合であり、契約主体の変更を伴うので形式的には新規契約に当たる場合があるが、この場合も上記②の(d)の変更・更新契約と同様に取り扱い（同項5号）、説明義務の例外となるとしている（放送法GL12頁）。

しかし、他方で、毎年、あるスポーツのシーズンに合わせて契約を締結する受信者が、そのシーズン終了後に一旦受信契約を完全に解約し、時期のシーズン開始に際して新規に契約するようなケースは、上記の②の(a)から(d)の変更・更新契約と同視し得るものとは認められず、説明義務が適用されると説明されている（放送法GL12頁）。

④ オプションサービスの説明義務

放送法も、事業法と同様にいわゆるオプションサービスについては、一定のもの（有料放送事業者が締結しまたは媒介等をする付加的な機能に係る有償継続役務提供、または有償継続役務の提供に関する付随契約）は、契約書面の記載事項とされているが（放送法省令175条の2第1項5号）、説明義務の対象とはなっていない（放送法省令175条）。

実際に有料放送役務の提供契約がなされる場面では、オプションサービスの契約についても勧誘され、オプションサービスの契約も一緒に締結される場合が非常に多い。

しかし、放送法も事業法と同様に、契約書面の記載事項となっているオプションサービスであっても、説明義務の対象とはしていないことから、契約締結後になって説明を受けていないオプションサービスや、不十分な説明や誤った説明等により消費者が誤認して契約してしまい、後日になってから不要なオプションサービスと気付いたり、解約に伴って違約金等を請求されて苦情やトラブルになることも少なくない。

このようなオプションサービスのなかには、放送事業者が「オプション」と称しているサービスであっても、それぞれが独立して有料放送サービスと評価できるものもある。この場合は、それぞれが別個の有料放送役務の提供契約を締結しまたは媒介等をする場合である以上、個別に説明義務が生じる

ことは当然である。

このような整理を踏まえて放送法ガイドラインでは、(ｱ)有料衛星放送など において、多チャンネルのベーシック・パックとは別にオプション・チャン ネルの視聴を追加サービスとして提供する場合は、それぞれが個別の契約と 観念できるので、すべての放送サービスについて説明義務があるとしている （放送法 GL12頁）。

これに対し、(ｲ)多チャンネル放送サービスと電話サービスやインターネッ ト接続サービスなど種類の異なる役務提供を組み合わせた、いわゆる「トリ プルプレイ・サービス」を提供する場合や、(ｳ)リアルタイムの有料放送サー ビスとビデオ・オン・デマンドサービス（VOD）を組み合わせて提供するなど のケースでは、これらの組み合わせられたサービス提供の内容が、そもそも 放送法の適用対象外のサービスである場合には、放送法ガイドラインは、同 法による説明義務の対象とはならないとしている（放送法 GL12頁）。しかし、 組み合わせられたサービスの種類、内容によっては、別途、事業法の説明義 務の対象となるもの（上記では電話やインターネット接続サービス）もあるので、 これらの場合には事業法に基づく説明が義務づけられている。

なお、無料の放送役務についてはそもそも説明義務の対象ではないので、 無料のオプションサービスについても説明義務は課されていないが、当初の 一定期間（例えば、1週間なり1ヶ月）は無料であるが、その期間が経過すれ ば有料となる放送サービスは、説明義務の対象から外れる無料の役務提供と は解されない。

ウ　説明義務の主体

説明義務を負っている主体は、有料放送事業者および有料放送事業者から 有料放送の役務の提供に関する契約の締結の媒介等の業務およびこれに付随 する業務の委託を受けた者（媒介等業務受託者）である（放送法150条本文括弧 書き）。

媒介等は、媒介、取次ぎおよび代理を含むが、これら行為の意義について は、前述の有料放送管理業務における媒介等の説明（**第2節2（2）キ**）を参 照されたい。

媒介等の業務の委託は、有料放送事業者から直接委託を受けた者に限らず、 「二以上の段階にわたる委託を含む」とされているので（放送法150条本文括弧

書き）、二次の代理店や取次店はもちろんさらに多段階の委託構造をもつ場合における、下位の代理店や取次店も媒介等業務受託者に該当し、説明義務を負っている。

エ　説明の相手方

　有料放送事業者および媒介等業務受託者が説明すべき相手方は、契約締結またはその媒介等をしようとする国内受信者であり、国内受信者には「有料放送の役務の提供を受けようとする者を含む」とされているので、まだ、契約締結していない受信者を含むことは当然である。

　なお、法人等は、放送法150条の条文上は説明義務の対象者には含まれるが、これらの者との契約が説明義務の対象から除外される法人等との契約（放送法省令175条8項2号）に該当するので、説明義務は課されないことになる（放送法 GL9頁）。

オ　説明をしなければならない時期

　放送法150条が「有料放送の役務の提供に関する契約の締結又はその媒介等をしようとするときは」説明しなければならないとし、また、放送法省令175条1項本文が「提供条件概要説明は、有料放送役務提供契約の締結又はその媒介等が行われるまでの間に」行わなければならないと規定しているので、有料放送事業者および媒介等業務受託者は、消費者（国内受信者）と何らかの接触関係に入った段階から、契約が成立するまでの間はもちろん、媒介や取次の場合には、意思表示が合致して契約が成立する前の段階において、消費者（国内受信者）から契約の申込みの意思表示を受け付けたり、あるいは承諾の意思表示を受け付けるまでの間に説明をしなければならないものと解する。

カ　説明事項

①　提供条件概要説明

　有料放送事業者等が説明すべき事項は、放送法150条によれば「有料放送の役務に関する料金その他の提供条件の概要」である。説明すべき具体的な事項の内容および説明の方法などは放送法省令で規定されているが、放送法省令171条の2第7号は放送法150条が義務づけている説明のことを放送法省令は「提供条件概要説明」と定義し、放送法省令175条において提供条件概要説明の内容を規定している。

第3節　放送法の消費者保護制度　**309**

したがって、有料放送事業者等は、有料放送役務の提供契約の締結または
媒介等の行うについては、放送法省令175条にしたがって提供条件概要説明
を行う義務が課されているということになる。

② **基本説明事項**

　提供条件概要説明は、省令が定める「基本説明事項」（放送法省令175条1項
および2項に規定する事項のことである：放送法省令171条の2第23号）について
行わなければならない（放送法省令175条1項・2項）。

　基本説明事項は、有料放送事業者等が少なくとも説明をしなければならな
い事項として、放送法および省令が規定するものである。受信者の認識、理
解を得やすくするために、基本説明事項に付加したり、あるいは放送法、省
令の規定する事項をより具体的に説明することが望ましい対応であることは
当然である。

　また、基本説明事項の内容は、一部を除き書面交付義務に基づき交付すべ
き契約書面の記載内容にもなっている（放送法150条の2、放送法省令175条の
2）。

③ **基本説明事項の内容**

　提供条件概要説明として説明すべき基本説明事項は、次のとおりと規定さ
れている（放送法省令175条1項・2項）。

　㋐　有料放送事業者に係る次の事項（放送法省令175条1項1号）

　　(a)　氏名または名称　　有料放送事業者の氏名（個人の場合）や名称（法人
の場合）である。受信者が契約の相手方である有料放送事業者がどのような
者であるかを正しく認識できるように、個人では戸籍上の氏名、法人では法
人の登記上の商号、名称を表示する必要がある。

　　(b)　苦情および問合せの連絡先等　　受信者が通常利用し得る手段、方法
で連絡がとれる連絡方法、連絡先の特定に必要な情報である。郵便物等を配
達してもらうための住所、電話、ファックスの番号、電子メールのアドレス、
ウェブページの URL などの説明が必要である。

　電話による場合の連絡先については、受付時間帯の説明が必要である（放
送法 GL14頁）。

　なお、放送法および省令が、これらの事項を説明すべき事項としたのは、
単にこれらの連絡先を表示させることに目的があるのではなく、実際に苦情

や問合せの際に有料放送事業者と連絡がとれることが目的であるから、例えば電話の場合に受け付け回線数が少なく、何度かけても話し中で通話ができないなど、実際の連絡がとれなかったり困難な連絡先を説明しても、説明義務を果たしたことにはならない。

その意味では、有料放送事業者が苦情や問合せの業務を第三者に委託して受付をさせる場合に、その受付業務を行っている委託先を連絡先として説明することが説明義務違反となるとは解されないが、その場合でも受信者からの連絡が容易にとれる状態の委託業務の遂行をさせていなければ、説明義務に反すると解される（放送法GL14頁も同旨と解される）。

　㈠　媒介等業務受託者に係る次の事項（同項2号）

　　ⓐ　有料放送役務提供契約の締結の媒介等を行うものである旨　　有料放送事業者から媒介、取次の委託を受けてまたは有料放送事業者を代理して契約締結を行うことの説明である。

　　ⓑ　媒介等業務受託者の氏名または名称　　有料放送事業者の場合と同じ事項の説明が必要である。

　　ⓒ　媒介等業務受託者の業務に係る苦情および問合せの連絡先等　　媒介等業務受託者の場合は、自ら行っている媒介等の業務に関する苦情、問合せの連絡先の説明義務がある。なお、有料放送事業者が媒介、取次または代理させた有料放送役務の提供に関し、自ら媒介等業務受託者の業務の方法について苦情および問合せを処理することとしている場合では、有料放送事業者が自分自身の連絡先等の説明義務があるので、媒介等業務受託者の説明義務の対象から除かれている（同項2号括弧書き）

　㈡　提供される有料放送の役務の内容（同項3号）

　受信者が提供を受けることができる放送役務の具体的内容について、少なくとも次の事項を説明する義務がある。

　　ⓐ　名称（放送法省令175条1項3号イ）　　有料放送事業者が付する放送役務の名称である。

　　ⓑ　提供を受けることができる場所（同号ロ）　　移動受信用地上基幹放送では、受信者が移動しながら受信することが前提にされているので、受信する場所によって利用ができなかったり、利用に支障が生じる（画面、音声が途切れるなど）ことがあるが、このような場合があることや、その受信可能性の

第3節 放送法の消費者保護制度　**311**

程度、地理的範囲（受信可能エリア）等を説明する必要がある。

　なお、事前にこれらの事項や状況の説明を確定的に行うことが困難である場合には、利用できる場所等についての制限事項の説明が必要である（放送法GL15頁）。

　　ⓒ　災害放送に係る制限がある場合には、その内容（同号ハ）　　基幹放送事業者には、災害放送義務があるので（放送法108条）、暴風、豪雨、洪水、地震、大規模な火事その他による災害が発生し、または発生するおそれがある場合には、その被害を軽減するために役立つ放送をするようにしなければならないとされている。

　受信者にとっては、災害時等に防災対策や避難行動に出るか否かの決定をする際に災害放送が重要な情報源となるので、災害放送の受信に制限がある場合は、その説明が義務づけられている。

　　ⓓ　対象とする受信者層を限定するための制限がある場合には、その内容（同号ニ）　　基幹放送事業者の認定を受ける際、放送する番組に成人向け番組が含まれる場合には、その番組の放送役務の提供契約に際し、受信者が視聴可能な年齢以上であることを確認したうえで契約締結することに加え、いわゆる「ペアレンタルロック」とよばれる機能により、保護者による青少年の視聴を制限する措置を講じることが、認定の審査において求められている（放送法GL15〜16頁）。

　このような措置により、放送を受信して視聴できる制限がある場合には、その制限について説明する義務がある。

　　ⓔ　ⓒおよびⓓに掲げるもののほか、有料放送の役務の利用に関する制限がある場合には、その内容（同号ホ）　　その他の制限がある場合には、その内容を説明する義務がある。

　㈐　国内受信者に適用される有料放送の役務に関する料金（同項4号）

　契約した有料放送役務の提供の対価として、個々の受信者に支払い義務が生じる料金である。通常は、次のⓐからⓒなどであり、料金プランで示される料金の種類や内容および金額が説明の対象である。

　　ⓐ　月額料金
　　ⓑ　料金割引（複数台数契約の場合の割引、チャンネル組合せ契約の場合の割引等）

312　▶第5章 放送法と消費者

ⓒ　初期契約のみに生じる料金（事務手数料など）

㈪　国内受信者が通常負担する必要がある有料放送の料金に含まれていない経費があるときは、その内容（同項5号）

　有料の放送役務の提供との間で、直接の対価関係がない費用であっても、通常その放送を視聴するために必要となる費用であり、工事費や視聴用機器（セットトップボックスなど）のレンタル料や設置費用などである。

㈫　期間を限定した割引の適用期間や適用条件等（同項6号）

　有料放送役務の対価である料金および工事費、視聴用機器のレンタル料などの上記㈩および㈪の経費について、期間を限定してその全部または一部を割引（減免）するときは、その減免が実施される期間およびその他の条件の説明が必要である。

　料金の金額自体は、放送法省令175条1項4号、5号において説明義務の対象として規定されているが、これらの割引が適用される期間や適用を受けるための条件（例えば複数チャンネルの契約をした場合にのみ割引が受けられる等）がある場合には、その内容を説明する義務がある。

　この説明義務は、期間限定の場合に限るものであるが、最初の契約期間中は割引になるが、契約期間が到来して契約を更新する場合には、割引が適用されなくなる場合も本条1項6号の説明義務の対象に含まれる（放送法GL16〜17頁）。

　具体的に説明すべき事項としては、割引が適用される期間（始期および終期、期間表示では「契約日から1年間」など）および適用される範囲（月額料金、機器レンタル料など料金等の項目のうち、どの項目が割引となるのか）あるいは適用される対象（ある特定のあるいは一定の種類の放送サービスの提供に限定されているなど）その他の条件がある場合にはその条件の具体的内容（割引を受けられる申込期限、他社の契約からの乗換えが条件など）の説明が必要である（放送法GL17頁）。

　また、利用開始後に一定の期間を経過した後にキャッシュバック等が提供される場合があるが、この場合も事業法の場合と同様に、そのキャッシュバックが料金やその他の費用の割引に相当する場合は、キャッシュバックを受け取るための条件（メールやウェブページ等から一定の情報を受け取る必要があるなど）を説明する必要がある。

第3節　放送法の消費者保護制度　**313**

㈠　契約解除、契約変更の連絡先等と方法（同項7号）

　国内受信者から契約の変更または解除をする場合の連絡先等および方法の説明が必要である。

　この場合の連絡先等が、苦情および問合せの連絡先等と同一である場合は、その旨（解除、変更の連絡先は苦情問合せ先の連絡先等と同一であること）の説明をすれば足りる。

　なお、契約の解除や変更の手続に、ID、パスワードが必要だったり、有料放送事業者が定める書式や様式を必要とする場合には、その旨とその内容を説明する必要がある（放送法GL17頁）。

㈢　契約解除、契約変更の条件等（同項8号）

　受信者からの申出による契約の変更または解除をする場合に、その条件等に関する定めがあるときは、次の(a)から(d)の事項を説明する義務がある。

　(a)　契約の変更または解除をすることができる期間の制限があるときは、その内容　　例えば、契約締結後の一定期間内であれば無料で解約できるが、それを過ぎると解約に伴う違約金等が発生したり、あるいは一定の期間を経過しないと無料解約はできず、それ以前の解約の場合には所定の違約金等の支払いが必要となる場合には、それらの内容を説明する義務がある（放送法GL17頁）。

　(b)　契約の変更または解除に伴う違約金の定めがあるときは、その内容　　受信者からの申出により、契約を解除、解約したり変更した場合に、違約金や債務不履行による損害賠償の予定等、名称は問わず受信者に支払義務のある金員があれば、これらの支払義務があることと、その金額または算定方法を説明する義務がある（放送法GL17頁）。

　(c)　契約の変更または解除があった場合において有料放送の役務の提供のために有料放送事業者または媒介等業務受託者が貸与した受信設備の返還または引取りに要する経費を国内受信者が負担する必要があるときは、その内容　　例えばセットトップボックス（STB）等のレンタルの場合に、有料放送の受信契約の解除・解約や変更により、受信者がこれら機器等の返還のための経費を負担する必要がある場合には、費用負担の義務があることと、その金額または算定方法を説明する義務がある（放送法GL17〜18頁）。

　(d)　(a)から(c)までに掲げるもののほか、契約の変更または解除の条件等に関す

314　▶第5章 放送法と消費者

る定めがあるときは、その内容

㈹　初期契約解除に関する事項（同項9号）

　有料放送役務提供契約が書面解除を行うことができるものである場合は、書面解除に関する事項について説明義務がある。

　ここにいう「書面解除」とは、放送法省令171条の2第9号により放送法150条の3第1項の規定による有料放送役務の提供契約の書面による解除をいうとされているので、初期契約解除による解除のことを意味する。

　説明すべき内容は、「書面解除に関する事項」とされているので、放送法150条が規定する初期契約解除ができることはもとより、その趣旨、要件および効果、解除の方法を説明する必要があり、契約書面の交付を受けた日から起算して8日以内にその契約を解除できること、解除をした場合にはそれまでに提供を受けた放送役務の対価の返還は受けられないが、違約金等の支払いは必要ないことなどの説明が必要である。

　説明義務は、契約締結前の段階での説明を問題にするので、その受信者との間に具体的に契約が成立した後の段階ではないから、締結した契約を初期契約解除した場合の個別の効果については契約締結後でないと確定しない。

　そのため、放送法ガイドラインでは、説明義務としてはこれらの事項の詳細は契約書面に記載されている旨の説明が最低限必要であるとしている（放送法 GL18頁）。

　初期契約解除により解除する場合の方が、通常の中途解約をした場合よりも受信者に不利益となる場合もあるが、このような場合には、初期契約解除による場合の方が不利益となる旨と当該不利益の内容を説明する義務がある（放送法 GL18頁）。

　また、事業法の場合と同じく、有料放送事業者の乗換えを勧誘したことにより締結された契約の初期契約解除において、初期契約解除した後に乗換元の放送事業者との契約に復帰するには、新規契約となって事務費用や工事費が必要となるなどの不利益が発生する場合には、これらの不利益事項は説明義務の対象としては規定されていないものの、有料放送事業者等が故意に重要事実を秘匿して勧誘した場合に該当することがあり、その場合は禁止行為違反（放送法151条の2第1号）となる。

④　有料放送管理事業者の場合の説明義務の特例（放送法省令175条 2 項）

　有料放送管理事業者（プラットフォーム事業者）は、多数のチャンネルで構成されるチャンネル放送を束ねたうえでチャンネルパック商品にして、受信者との間で契約締結の媒介等を行っている場合が少なくない。

　このような場合に、各チャンネルごとに異なるすべての有料放送事業者の名称等の説明をする必要があるとすると、かなり煩瑣な説明が必要であり、有料放送管理事業者ばかりか受信者にとっても説明がかえって複雑で分かりにくいものとなるおそれがある。

　そのため、有料放送管理事業者が媒介等により放送役務を提供する場合には、消費者の権利利益の保護の観点からも、有料放送事業者とは異なった規律をすることが合理的といえ、前述の多チャンネルパックを有料放送管理事業者が媒介等するような場合は、放送役務の提供や契約の締結において受信者と直接相対している有料放送管理事業者の名称等の説明をする方が、混乱も少なく分かりやすい説明となる。

　このような趣旨から、有料放送管理事業者が有料放送役務の契約締結の媒介等を行う場合には、事業者の氏名または名称の説明（放送法省令175条 1 項 1 号イ）および事業者の連絡先等の説明（同号ロ）については、有料放送事業者の名称等ではなく、媒介等を行う有料放送管理事業者の名称等を説明することができるとされている。

　また、この特例にしたがって説明をする場合は、媒介等業務受託者（代理店、取次店等）の名称等の説明は、有料放送管理事業者が二次代理店以下に再委託を行っている場合に限り、二次代理店以下の名称等を説明すれば足りるとされている（放送法省令175条 2 項後段の読替規定）。

⑤　変更・更新契約の説明義務

　㋐　通常の変更・更新契約の場合

　事業法の場合と同様に放送法でも、新たに有料放送役務の提供契約の締結をする場合に限らず、既に締結されている契約の変更や更新の契約の場合であっても説明義務が課されている。

　しかし、変更契約や更新契約の場合には、既に締結されている契約の一部を変更したり、あるいは従前の契約と同じ条件で期間満了後も継続させることを内容とする契約であるので、放送法は、更新契約や変更契約については

基本説明事項の変更がある場合について、変更しようとする事項の説明義務を課している（放送法省令175条3項）。

　したがって、変更契約や更新契約の場合は、次に述べる期間制限・違約金付自動更新契約に該当する場合ない限り、前述した「基本説明事項」中の変更しようとする事項についてのみ説明する義務がある。変更しない事項について、改めて説明する必要はない。

　(イ)　期間制限・違約金付自動更新契約の場合

　これに対し、変更契約や更新契約であっても「期間制限・違約金付自動更新契約」に該当する場合の説明義務については、放送法は事前の「通知義務」という形式で通知をする義務を有料放送事業者等に課しており、通常の更新や変更の場合と異なった取扱いをしている（放送法省令175条4項）。

　「期間制限・違約金付自動更新契約」は、放送法省令171条の2第17号により、既契約のうち、国内受信者から更新しない旨の申出がない限り更新されるものに係る当該更新後の変更・更新契約であって、契約の変更または解除をすることができる期間の制限があること、および、その期間の制限に反した場合における違約金の定めがあることのいずれにも該当するものをいうと定義されている。

　契約に期間制限があり、その期間中は自由な変更、解除が制限されており、制限期間中に解除や変更をした場合には違約金を支払う必要があることが契約条項に規定されている契約の場合には、違約金等の支払いを要せずに解除や変更ができる期間を知らずに徒過してしまい、その後の解除等によって違約金の請求を受けて苦情やトラブルとなることが少なくないことを踏まえ、放送法でも事業法の期間拘束付き自動更新契約の場合と同様に、期間拘束付き自動更新契約についての通知義務を課したものである[14]。なお、当初の契約期間のみ解約等の制限があり、期間満了後は期間拘束がない契約となる場合には、期間制限・違約金付自動更新契約に該当しない。

　期間制限・違約金付自動更新契約において、事前の通知が必要な事項は次のとおりである（放送法GL27頁）。

▶ ....

[14] 放送法では、事業法と異なり事前の通知義務が課される期間制限・違約金付自動更新契約に該当するための違約金の支払いについては、1ヶ月の基本料金を超える金額の違約金である必要はなく、違約金を払わずには解除、変更ができない場合はすべて含まれる（放送法省令171条の2第17号ロ）。

(a)　受信者からの更新しない旨の申出（契約解除手続）がない限り、契約が締結される旨（放送法省令175条4項1号柱書）

　(b)　自動更新されると再び契約期間が拘束され、その拘束期間内に契約解除した場合には違約金が発生する旨（同項1号イ・ロ）

　(c)　契約の拘束期間（同項2号前段）　　契約が拘束される期間の長さであり、例えば「2年」「3年」などとの通知をする必要がある。

　(d)　違約金の額（同項2号後段）　　契約期間の拘束に違反して契約を解除した場合において、受信者が支払わなければならない違約金の具体的な金額である。

　(e)　受信者からの更新しない旨の申出を行うための連絡先等および方法（同項3号）　　違約金なしで契約解除できる期間に解除手続を行うための連絡先等およびその方法に関する事項である。違約金なく契約の解除が可能な具体的な期間を通知する必要がある。通常は、日付をもって「○月○日まで違約金なしで契約解除可能」等の通知が必要である。

　(f)　自動更新されることに伴い、基本説明事項に変更がある場合は、変更される基本説明事項（同項4号）　　例えば、自動更新の機会を捉えて、有料放送事業者が料金を変更する場合は、その事実と内容を通知のなかで説明する義務がある。

キ　説明の方法

①　説明の意義と説明の程度

　放送法150条および放送法省令175条は、有料放送事業者等に対し提供条件概要説明を義務づけているが、「説明」の意義それ自体については、定義規定等を置いていない。

　事業法の説明義務で述べたとおり（**第4章第3節2（1）キ③**〔206頁〕）、「説明」とは、利用者（消費者）に対し、説明の対象となる事項についての情報を提供することにより、その意味・内容を認識させ、理解させることを意味し、この場合、単なる認識や理解では足りず、利用者（消費者）に対し有料放送役務の提供を受ける契約に係る提供条件の概要について、必要かつ十分な情報を提供することによって、利用者が有料放送役務の提供契約の締結において合理的で適正な自己決定がなし得る程度のものでなければならない。

　この点、放送法ガイドラインでも、説明の意義について「単に有料放送事

業者等が説明すべき事項に関する情報を、何らかの手段で消費者が入手できる状態とする、あるいは何らかの手段で伝達するだけでは不十分であり、消費者が当該事項に関する情報を一通り聴きあるいは読むなどして、その事項について当該消費者の理解が形成されたという状態におくことをいう」としており、事業法ガイドラインとほぼ同一の意味としている（放送法GL19頁）。

放送法における説明義務における「説明」についても、事業法における場合と同じであるので、上記の該当部分の解説を参照されたい。

② 「適合性の原則」に従った説明

放送法でも、放送法省令175条1項から5項に規定されている提供条件概要説明は、「国内受信者等の知識および経験並びに当該有料放送役務提供契約を締結する目的に照らして、当該国内受信者等に理解されるために必要な方法および程度によるものでなければならない」とされ、「適合性の原則」に従った説明が義務づけられている（放送法省令175条6項）。

放送法の説明義務の履行における「適合性の原則」の適用を考える場合に考慮する事情として規定されているのは、国内受信者等の知識または経験ならびに契約の締結目的である。

放送法における適合性の原則に従った説明についても、事業法の場合と同じであるので、該当箇所（**第4章第3節2（1）キ③⑷〔208頁〕**）を参照されたい。

なお、期間制限・違約金付自動更新契約に係る提供条件概要説明の場合には「適合性の原則」に従った説明に関する放送法省令175条6項の規定は適用されていない（放送法省令175条7項）。

③ 説明の手段、方法

⑺ 説明書面による場合（原則的な説明手段・方法）

事業法と同様に、放送法でも提供条件概要説明は、説明書面を交付して行わなければならないとされており（放送法省令175条5項）、説明書面を予め準備し、それを交付したうえでその書面に沿って口頭で説明することが必要とされている（放送法GL20頁）。

説明書面を用いて説明する場合については、事業法と同旨であるので、この点も**第4章第3節2（1）キ③**（206頁）を参照されたい。

なお、説明書面を用いて説明する場合の考え方については、放送法ガイドラインでは、説明書面は、対面による直接交付のほか、郵送等により行うこ

とも可能であるが、説明義務の履行は、契約締結の前に行う必要があるので、郵送の場合は説明書面の交付も受信者からの契約締結前に行う必要があるとしている（放送法 GL20頁）。

　また、対面による説明では、原則として、説明書面の交付のみではなく口頭説明も併せて行う必要があるとしているが、他方で説明義務の対象ではないオプションサービスの勧誘を控えたうえで、次の@からⒸの方法をとれば、必ずしも口頭による説明が必要とならない場合もあると考えられるとしている（放送法 GL21頁）。

　　　@　平均的な消費者が内容を読めば直ちに、極めて容易かつ確実に理解できるような方法で説明事項のみを記載した書面を準備してある場合であって、

　　　ⓑ　消費者に対して、口頭で「当該書面に説明事項が記載されていることから書面中に記載された個々の説明事項を読んで提供条件の概要を理解していただきたい旨」「書面を読んで不明な点がある場合には、質問をしていただければ口頭による説明を行う旨」を伝え、

　　　Ⓒ　@の書面を当該消費者の面前に示す形で交付するというような方法をとることにより、消費者が十分に理解できる場合

　しかし、これらの方法による説明は、あくまで例外であって例外は厳格に解すべきであるのが法解釈の原則であるから、安易に口頭による説明を省くことを認めるのは相当ではないと考えられる。

　⑴　電磁的方法等による場合

　放送法も、事業法と同じく説明義務の履行に必要な説明書面の交付による方法に代えて、電磁的方法による説明ができることとしている（放送法150条、放送法省令175条5項）。

　説明書面に代わる電磁的方法の種類および内容については、放送法省令175条5項は国内受信者等が、次のいずれかの方法により説明することに了解したときは、書面ではなくこれらの電磁的方法によって行うことができるとしている。

　　　@　説明事項を記録した電子メールを送信する方法であって、国内受信者等が当該電子メールの記録を出力することによる書面を作成することができるもの

ⓑ 電子計算機に備えられたファイルに記録された説明事項を電気通信回線を通じて国内受信者等の閲覧に供する方法であって、当該国内受信者等がファイルへの記録を出力することによる書面を作成することができるもの

ⓒ 国内受信者等がファイルへの記録を出力することによる書面を作成することができない場合に、電子計算機に備えられたファイルに記録された説明事項を電気通信回線を通じて国内受信者等の閲覧に供する方法であって、次のいずれかに該当するもの

　⑷ 説明をした後、遅滞なく、説明書面を当該国内受信者等に交付するもの

　㋺ 当該ファイルに記録された説明事項を、当該ファイルに記録された日から起算して3ヶ月を経過する日までの間、消去し、または改変できないものであり、かつ、その期間にわたって当該国内受信者等がこれを閲覧することができるようにするもの

ⓓ 説明事項を記録した磁気ディスク、シー・ディー・ロムその他の記録媒体を交付する方法

ⓔ ダイレクトメールその他これに類似するものによる広告に説明事項を表示する方法

ⓕ 電話により説明事項を告げる方法（説明をした後、遅滞なく、説明書面を国内受信者等に交付する場合等に限る）

　説明義務の履行において電磁的方式をもって代替することに関する放送法のルールは、事業法とほぼ横並びであり、詳細は事業法における電磁的方式の代替に関する説明を参照されたい（第4章第3節2（1）キ③㋨〔211頁〕）。

　なお、放送法省令175条5項の規定は、期間制限・違約金付自動更新契約に係る提供条件概要説明の場合には適用されない（放送法省令175条7項）。

（5）書面交付義務（放送法150条の2）

ア　書面交付義務の導入の趣旨

　放送法では、従前、有料放送役務の提供契約について契約書面の作成、交付は義務づけられていなかった。

　そのため、電気通信サービスの場合と同様に有料放送の受信者が、いかなる内容の契約を締結したのかを後日、改めて確認することが困難だったり、

有料放送役務に付随して提供されるオプションサービスなどの付随契約の内容についても、いかなる契約を締結したのか、その内容や契約条件はどうなっているのかを確認することが難しい場合が少なくなかった。

そして、有料放送サービスの契約を締結した消費者との間で、締結された契約の内容等をめぐって苦情やトラブルも発生していたこともあり、平成27年改正において、事業法と同様に放送法についても、有料放送役務の提供契約が成立した場合には、遅滞なく、その契約の相手方たる受信者に対し、成立した契約の内容を明らかにする契約書面を作成し、交付する義務が課されることとなったものである（放送法150条の2）。

このように、放送法における契約書面の交付義務についても、事業法における書面交付義務導入と同様の趣旨、目的（**第4章第3節2（2）ア**〔212頁〕参照）のために導入されたものである。

イ　書面交付義務の主体

放送法は、契約書面の交付義務を負う主体は「有料放送事業者」としている（放送法150条の2）。有料放送および有料放送事業者の意義は、前述のとおり（**第2節2（2）カ**〔296頁〕）である（放送法147条）。

説明義務の場合と異なり、有料放送役務の提供契約の契約当事者は、有料放送事業者であるから、書面交付義務の主体としては、媒介等業務受託者には契約書面の交付義務は課されていない。しかし、実際に契約書面の交付をする事務（業務）を行うのは媒介等業務受託者である場合が多いので、媒介等業務受託者を通じて行われる契約書面の交付については、媒介等業務受託者に対する指導等の措置の内容として、適切な業務執行等に関する有料放送事業者による指導等の義務がある（放送法151条の3）。

ウ　書面交付義務を負う場合

①　契約書面交付義務

有料放送事業者が、契約書面の交付義務を負うのは「有料放送の役務の提供に関する契約が成立したとき」である（放送法150条の2第1項）。

有料放送契約の申込みがなされただけの段階では、まだ契約は成立していないので、この段階では書面交付義務は発生しない。例えば、媒介等業務受託者の社員が、受信者から有料放送役務の提供契約に係る申込書類に署名、捺印して預かり、有料放送事業者にその申込書を提出しているが、まだ、有

料放送事業者が承諾をしていない間は、契約は成立していない。しかし、これを承諾して契約を成立させたときは、遅滞なく交付する義務がある。

放送法150条が説明義務の対象とする契約も「有料放送の役務の提供に関する契約」であるので、書面交付義務の対象となる契約も説明義務の対象となる契約と同じである。

② 契約書面交付義務の対象となる契約の種類

放送法150条の2は、有料放送の役務の提供に関する契約が成立したときは、有料放送事業者は、遅滞なく「総務省令で定めるところにより、書面を作成し、これを国内受信者に交付しなければならない」と規定し、これを受けて放送法省令175条の2が書面に記載すべき事項として有料放送役務提供契約（＝有料放送の役務の提供に関する契約：放送法省令171条の2第3号）および付随契約の内容を明らかにするための事項を挙げているので、締結された有料放送役務提供契約（放送法省令175条の2では「対象契約」と表記）とその付随契約が書面交付義務の対象とされている。

既述のとおり、放送法でも付随契約については、説明義務の対象とはされていないが、契約書面の交付義務においては、本体の契約とともに書面に記載して交付すべき事項とされている。この点は、事業法の場合と同様である。

また、契約書面の交付義務の対象となるのは新規の契約だけでなく、更新契約や変更契約の場合も原則として書面交付義務の対象とされている（放送法150条の2、放送法省令175条の2第4項）。

③ 契約書面交付義務の適用除外

㋐ 説明義務の対象から除外されている契約の場合

一方、放送法150条の2第1項ただし書では「当該契約の内容その他の事情を勘案し、当該書面を国内受信者に交付しなくても国内受信者の利益の保護のため支障を生ずることがないと認められるものとして総務省令で定める場合は、この限りでない」と規定されており、これを受けて放送法省令175条の2第7項が、説明義務の対象から除外される契約（放送法省令175条8項各号）については、書面交付義務の対象からも除外されることを規定している。

説明義務の対象から除外されている契約には、既に解説したとおり、ⓐ都度契約（放送法省令175条8項1号、171条の2第18号）、ⓑ法人契約（放送法省令175条8項2号、171条の2第19号）、ⓒ一定の要件を満たす変更契約、更新契約

など（放送法省令175条 8 項 3 号から 5 号）があり、これらの契約については、書面交付義務の対象からも除外される。

　これら説明義務が除外される場合については、前述の解説（**2（4）イ②**）を参照されたい。

　また、契約書面の交付義務においては、説明義務の場合と異なり期間制限・違約金付自動更新契約に関する特別の取扱いは適用されない（放送法省令175条の 2 第 7 項 1 号後段による条文の読替え）。

　(イ)　契約書面に相当する書面を事前に交付した場合

　有料放送事業者が、説明義務を履行すべき段階において、放送法が規定する交付義務の対象となる契約書面に相当する内容が記載され、同法の規律にしたがって作成された書面が既に有料放送事業者から交付されている場合には、改めて契約書面を作成、交付する必要はない（放送法省令175条の 2 第 7 項 2 号）。

　しかし、放送法に基づく初期契約解除（放送法150条の 3 ）の対象となる契約の場合には、このような例外は認められておらず、契約の締結後において改めて別途契約書面の作成、交付義務がある。

　したがって、この場合、事前交付書面しか交付されていない場合は、初期契約解除の要件との関係では、書面が交付されていないものとして扱われ、解除期間の始期がスタートしていないことになる。

　このような相当の書面を事前に交付した場合の取扱いについて書面交付義務の例外を認めた趣旨と内容は、事業法の場合と同様である。

④　交付の態様（遅滞なく）

　契約書面の交付の態様について、放送法150条の 2 第 1 項は「遅滞なく」交付することを義務づけている。

　「遅滞なく」の意義は、事業法の解説の箇所（**第 4 章第 3 節 2（2）ウ⑤**〔216頁〕）を参照されたい。

エ　交付すべき契約書面の記載事項

①　契約書面の記載事項

　契約書面には、対象契約および付随契約の内容を明らかにする事項（放送法省令175条の 2 第 1 項柱書）として、次の(ア)の基本説明事項、および、(イ)から(カ)の追加的記載事項を記載しなければならない（同項・ 4 項）。

324　　▶第 5 章　放送法と消費者

(ア) 基本説明事項（媒介等業務受託者の氏名・名称、連絡先等に関する事項は除く）（放送法省令175条の2第1項2号から4号、171条の2第23号）

　基本説明事項の具体的内容は、次の(a)から(i)のとおりである。この内容については、説明義務の解説で述べたので、該当箇所を参照されたい（**2（4）カ**）。

　(a)　有料放送事業者の名称等

　(b)　有料放送事業者の連絡先等

　(c)　有料放送管理事業者に係る特例　　有料放送事業者が、上記(a)、(b)の有料放送事業者の名称等や連絡先等に代えて有料放送管理事業者の名称や連絡先等を記載する場合は、受信者が法律上の契約相手方であるそれぞれの有料放送事業者の名称や連絡先等を確認できるようにする必要があり、その方法として、契約有料事業者の一覧をウェブページで掲載した上、交付する契約書面にこれらが閲覧できるウェブページの URL 等のアクセス可能情報およびその説明を併せて記載する義務がある（放送法省令175条の2第2項）。

　(d)　次の事項を含む有料放送の役務の内容

　　ⓐ　役務の名称

　　ⓑ　放送役務の提供を受けることができる場所

　　ⓒ　災害放送に係る制限

　　ⓓ　対象とする受信者層を限定するための制限（ペアレンタルロック等）

　　ⓔ　その他の利用制限

　(e)　有料放送の役務に関する料金

　(f)　その他の経費

　(g)　期間限定の割引の適用期間等の条件

　(h)　契約解除・契約変更の連絡先等および方法

　(i)　違約金額、その他契約解除・契約変更の条件等

(イ)　契約特定情報

　有料放送役務の提供契約の成立年月日、受信者の住所、氏名および契約者番号など、受信者が有料放送事業者に対する問合せをする際などに用いることで、当該契約を特定できる事項の記載が必要である（放送法省令175条の2第1項1号、同171条の2第29号）。

㈡　料金支払の時期、方法

　放送の受信料金の支払いの時期や方法を記載する必要がある（放送法省令175条の２第１項３号）。口座振替なのか、請求書払いなのか等の内容を記載するべきで、支払時期については、口座振替の場合は「毎月○日引き落とし」などと日にちを特定して具体的に記載するか、あるいは「毎月15日までに引き落し見込み」等とある程度特定した見込みについて記載する必要がある（放送法GL32頁）。

㈣　サービス提供開始の予定時期

　有料放送役務の提供開始時期の記載が必要である（放送法省令175条の２第１項４号）。

　実際には、「○月○日提供開始予定」のように日にちを特定して記載するか、または「提供開始のための工事についてはおおむね○日以内に実施し、工事日は別途御連絡します」等と、有料放送役務の提供を開始できる見込みの時期を記載する必要がある。なお、提供見込みを記載する場合であっても、初期契約解除が適用される移動受信用地上基幹放送の場合は、提供開始日が初期契約解除可能な期間の確定にかかわるため、具体的な日についての記載（○日後見込み、○月○日見込み等）をすることが必要である（放送法GL32頁）。

㈥　付随有償継続役務（オプションサービス）の内容を明らかにするための
　　次の事項（放送法省令175条の２第１項５号、171条の２第36号）
　㈎　名称（放送法省令175条の２第１項５号イ）
　㈏　料金その他の経費（同号ロ）
　㈐　期間限定の割引の条件（同号ハ）
　㈑　契約解除・契約変更の条件等（同号ニ）
　㈒　有料放送の役務の本体部分と契約解除、契約変更の連絡先等および
　　　方法が異なる場合はその連絡先等および方法（同号ホ）

　これらは、いわゆる「オプションサービス」に関する事項として、最低限、記載すべき事項である。

　ただし、契約書面に記載する義務があるのは「付随有償継続役務」の契約についてであり、この契約の意義は、有料放送役務の提供契約の締結に付随して有料放送事業者が契約締結または媒介等する有償継続役務等のことである（放送法GL33頁）。契約に基づく給付の種類、性質は異なるが、基本的に

326　▶第５章 放送法と消費者

は事業法の場合の「有償継続役務」（事業法省令22条の２の４第１項５号）と同旨である。

「有償」の継続的役務である必要があるので、「無償」や１回きりの契約や利用の都度契約を必要とするものは含まれない。しかし、一定期間は無償であってもその期間が経過すると有償となるものは、書面に記載が必要なオプションサービスに該当する（放送法 GL33頁）。この点も事業法の場合と同様である。

なお、オプションサービスと称していても、それ自体、他の書面交付義務の対象となる有料放送の役務が一体的に販売されたり、一体的に販売される他業種の役務については、それぞれその役務に適用される書面交付義務の問題として処理されることになる。

オプションサービスの書面記載事項については、事業法の場合とほぼ同様であるので、事業法の解説部分も参照されたい（**第４章第３節２（２）エ**〔217頁〕）。

㋕　**書面の内容を十分に読むべき旨**（放送法省令175条の２第１項７号）

契約書面の冒頭部分に「契約内容に関する重要なお知らせです。十分にお読みください」のような記載をする必要がある（放送法 GL31頁）。

②　**対象契約の料金その他の費用の減免の場合の図示**（放送法省令175条の２第３項１号）

有料放送役務の提供について、他の契約を締結する等を条件として、期間を限定して料金等の割引をする場合は、これら割引に関する事項は「基本説明事項」に該当するので、説明義務の対象となっていることは、既に解説した。

放送法は、契約書面の交付義務においても、これらの割引に関する事項を書面記載事項としているが、割引期間中や割引期間終了後の料金やその他の経費が、実際にどのように変化、変更されるのかおよびその支払総額の計算方法について、契約書面に図示することが義務づけられている。放送法ガイドラインは、この点について【**図表23**】のような表示例を紹介している（放送法 GL33頁）。

【 図表23 】　割引の仕組みについて図示例

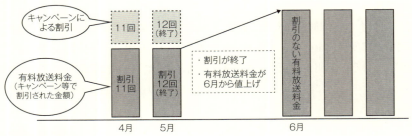

出典）放送法GL33頁

オ　契約書面の体裁、態様

　事業法の契約書面の交付義務の場合と同じく、放送法の書面交付義務でも紙媒体での書面の交付が原則であるが、放送法施行令に規定する方法で受信者の承諾を得た場合には情報通信技術を利用する方法で交付することが可能とされている（放送法施行令4条、5条）。

　また、放送法でも事業法と同じく、契約書面の体裁については JIS（日本工業規格）の「Z8305」に規定する8ポイント以上の大きさの文字および数字を用いなければならないとされている（放送法省令175条の2第6項）。

　なお、初期契約解除妨害がなされた後のいわゆる「不実告知後書面」の場合を除き、特定商取引法の契約書面の場合と異なり、初期契約解除についての事項を赤字、赤枠で記載することまでは規定されていない。

　契約書面の体裁、態様については、事業法とほぼ同様であるので、事業法の解説（第4章第3節2(2)オ〔225頁〕）を参照されたい。

カ　更新・変更契約の場合の書面交付義務

　有料放送役務の提供契約が変更されたり、契約が更新された場合でも、契約内容に変更があった場合は、その変更された部分については新たな契約の締結と同じと評価し得るので、放送法が「有料放送の役務の提供に関する契約が成立したとき」に書面交付義務を規定していることを形式的に当てはめると、これらの内容が変更される変更契約や更新契約でも有料放送事業者には変更後の契約書面の交付義務があるといえる。

　しかしながら、変更契約や更新契約は、締結した有料放送役務の提供契約

の内容を一部についての変更にとどまることがほとんどであることから、放送法は事業法の場合と同様に、変更や更新の契約の場合にはすべての事項について記載した書面を交付することは必要とせず、次の事項を記載した書面を交付すれば足りるとしている（放送法省令175条の2第4項）。

　　①　既に締結されている有料放送役務提供契約に係る契約特定情報（放送法省令175条の2第4項1号）　　契約の成立年月日、受信者の住所、氏名および契約者番号など既契約（放送法省令171条の2第16号）を特定できる事項である。

　　②　基本記載事項のうち、変更をされた内容（放送法省令175条の2第4項2号）　　基本記載事項は、前述エ①㋐の事項である。

　　③　初期契約解除が可能な契約である場合は初期契約解除制度に関する事項（放送法省令175条の2第4項3号、同条1項6号）

　　④　書面の内容を十分に読むべき旨（放送法省令175条の2第4項3号・同条1項7号）

　なお、放送法ガイドラインは、変更されていない部分まで記載して変更や更新契約に係る書面を交付する義務はないとするが、オプションサービスの含め変更後の全体の契約内容を確認できるようにするため、受信者向けのポータルサイト等で情報を更新したり、要望に応じて新規契約時と同様の書面を交付すること等が望ましいとしている（放送法 GL39頁）。

キ　情報通信技術を利用する方法（電子交付方法）

　放送法は、事業法と同様に有料放送役務の提供契約の成立時に交付すべき書面は、紙媒体のものでなく、電子的な方法を利用して書面の交付に代えることと認めている（放送法150条の2第2項）。

　電子的な方法により書面の交付に代えることができる要件および効果は、事業法の場合とほとんど横並びであるので、これらの点については事業法の解説（**第4章第3節2（2）キ**〔230頁〕）を参照されたい。

ク　契約書面の記載例

　以上解説してきた有料放送役務の提供契約の締結に係る書面交付義務に関しては、放送法ガイドラインが、交付義務のある契約書面の記載例として、【**図表24**】を例示している。

【 図表24 】 契約書面の例

ご契約の内容

契約内容に関する重要なお知らせです。十分にお読みください。

契約事業者：(株)○○○ケーブルテレビ

(■有料放送事業者の氏名又は名称)

※印の事項については、同封の別紙もご覧下さい。

契約者情報 (■契約特定情報)	契約者番号	＊＊＊＊＊＊＊＊＊＊
	契約成立年月日	平成○年○月○日
	契約者名	△△　△△
	住所　等	東京都千代田区・・・
サービスの名称・内容 (■有料放送役務の内容)	・スタンダードパック(70ch)（※） ・○○専門チャンネル(オプションチャンネル) 【別紙記載(例)】 災害時等には、通常番組が中断され災害放送に切り替わる場合があります。 一部の番組では視聴年齢制限が設けられています。	
サービスの料金・経費 (■受信者に適用される料金・料金に含まれていない経費の内容)	特記ない限り消費税込みとなります。	
	スタンダードパック	月額　○,○○○円
	○○専門チャンネル	月額　○,○○○円
	セットトップボックス(STB)　レンタル料	月額　○○○円
	工事費	月額　○,○○○円 (総額○,○○○円を24ヶ月分割)
	事務手数料	○,○○○円(初回のみ)
■契約変更・解約の条件等 (違約金の額)	・ご利用期間は2年間です。期間内に解約された場合、違約金○,○○○円が発生します。違約金なしで解約可能な期間は○年○月～○月の2ヶ月間で、その間に解約のお申し出をいただかない場合は、2年間更新されます。（※） ・上記金額のほか、解約時には、工事費の残額が一括で請求されます。（※） ・ご解約の際、レンタル機器の返却に要する送料(○,○○○円程度)は、お客様のご負担となります。（※）	
■期間限定の割引の実施期間その他割引条件	キャッシュバック予定額	○,○○○円
	利用開始後12ヶ月目にキャッシュバックのご案内をお送りします。（※）	
	受信機セット割引	月額割引額　○,○○○円
	対象受信機購入により、3ヶ月間は料金合計から上記金額を割引します。割引が終了した後は、割引のない料金が適用されます。（※） 注：別紙において割引の仕組みの図示が必要。	
■契約変更・解約の連絡先及び方法	・○○○○(株)カスタマーセンター 　電話：0120—123—＊＊＊＊ 　(受付時間：平日9:00～19:00、土日祝日9:00～17:00) 　ウェブページ：http://www.xxx.co.jp/customer ・ウェブページで契約変更・解約を行う場合には、別途送付するID、パスワードが必要です。当該ID及びパスワードをお忘れの際には上記カスタマーセンターまでお問い合わせ下さい。	

330　▶第5章 放送法と消費者

■有料オプションサービスの内容	タブレットレンタルサービス	月額○.○○○円、24ヶ月未満での解約の場合、契約期間に応じて解約費用が発生します(※)
	生活サポートサービス	月額○○○円、当初1ヶ月無料、解約費用なし(無料期間内に解約されなかった場合には、料金が発生します。)(※)
	・連絡先 　△△(株)お客様サポート室 　電話:0120―456―**** 　(受付時間:平日9:30〜20:00、土日祝日9:30〜18:00) 　ウェブページ: http://www.xxx.co.jp/customersupport ・ウェブページで契約変更・解約を行う場合には、別途送付するID、パスワードが必要です。当該ID及びパスワードをお忘れの際には上記カスタマーセンターまでお問い合わせ下さい。	
■サービス提供開始の予定時期	工事が完了次第、ご利用いただけます。工事日については、別途ご案内をお送りします。工事の目安の時期については、お問い合わせ下さい。	
■初期契約解除制度の案内	本契約により締結した有料放送サービスは、初期契約解除制度の対象です。(※) 1. 本書面をお客様が受領した日から起算して8日を経過するまでの間、書面により本契約の解除を行うことができます。この効力は書面を発した時生じます。 2. この場合、お客様は①損害賠償もしくは違約金その他の金銭等を請求されることはありません。②ただし、本契約の解除までの期間において提供を受けた有料放送サービスの料金、事務手数料及び既に工事が実施された場合の工事費は請求されます。この場合における②の金額は、本書面に記載した額となります。③また、契約に関連して弊社が金銭等を受領している際には当該金銭等(上記②で請求する料金等を除く。)をお客様に返還いたします。 3. タブレットレンタルサービスに加入している場合は、初期契約解除とは別途で解約手続きが必要です。 4. 事業者が初期契約解除制度について不実のことを告げたことによりお客様が告げられた内容が事実であるとの誤認をし、これによって8日間を経過するまでに契約を解除しなかった場合、本契約の解除を行うことができる旨を記載して交付した書面を受領した日から起算して8日を経過するまでの間であれば契約を解除することができます。 5. 【本件についてのお問い合わせ先・書面を送付いただける宛先】 　〒○○○―○○○○ 　東京都江東区・・・△△(株)カスタマーセンター 　(電話:03―◇◇◇―□□□) 　＜書面による解除の記載例＞	
■料金の支払い時期・方法に関する説明	お支払い方法:クレジットカード一括払い 　毎月○日に請求させてたいいただきます。	
■有料放送事業者の連絡先 (電話連絡先の場合は受付時間帯を含む)	・○○○○(株)サポートダイヤル 　電話:0120―777―**** 　(受付時間:平日9:00〜20:00、土日祝日9:00〜18:00) 　ウェブページ: http://www.xxx.co.jp/dialsupport	

出典)放送法 GL37〜38頁

ケ　書面交付義務違反に対する措置

　放送法は、有料放送事業者が書面交付義務に違反して書面を交付しなかっ
たり、記載事項や記載方法および書面の交付方法についての義務に違反した
場合は、是正措置命令の対象としている（放送法156条3項3号）。

　なお、書面交付義務は行政上の規制であるので、これに違反したからといっ
て直ちに、締結された有料放送役務の提供契約が無効となったり、取り消さ
れたりすることはないが、その違反の内容、程度または態様によっては、い
わゆる取締法規に違反する行為によって締結された契約の私法上の効力論で
指摘されているような要件ないし事情があれば、契約が無効とされる場合も
考えられる*15。

　また、契約書面の交付は、初期契約解除との関係では解除権行使の始期と
なっている。

（6）禁止行為（放送法151条の2）

ア　禁止行為の法定

　放送法は、事業法と同様に有料放送事業者または媒介等業務受託者に対し、
行ってはならない禁止行為を定め（放送法151条の2）、これら事業者が禁止行
為違反に該当する行為を行った場合には、総務大臣から違反行為を正すため
是正措置命令が発せられる（放送法156条3項1号）。

イ　禁止行為の内容

　有料放送事業者または媒介等業務受託者が禁止されるのは、①不実告知、
②故意による事実の不告知、および③契約締結をしない旨の意思表示をした
者に対する継続勧誘、再勧誘を行うことである。

①　不実告知

　不実告知は、勧誘当時の客観的事実に反する事項を告げる行為であり、こ
の事実は有料放送役務の提供契約について国内受信者の判断に影響を及ぼす
こととなる重要なものである必要がある。

---

*15　取締法規違反の行為により締結された契約の効力については、①取締法規の趣旨・目的、②違反
行為に対する社会的・倫理的非難の程度、③取引の安全、④当事者の信義・公平を害するおそれな
どの要素を総合考慮して、契約を無効にするか否かを判断するとの考え方が通説といわれている。
しかし、近時では取引利益（特に消費者などを相手方とする取引では相手方の利益）保護の法令の
場合には、積極的に法令違反の行為により締結された契約の効力を否定する方向で総合考慮される
との見解も有力に主張されている（山本敬三『民法講義Ⅰ総則〔第3版〕』（有斐閣・2011年）268頁
以下、大村敦志『契約法から消費者法へ』（有斐閣・1999年）177頁以下参照）。

332　▶第5章　放送法と消費者

有料放送事業者などが、告げている事実が客観的な事実に反していることについての認識は必要ではないし、この点を知らないことについて過失がない場合でも不実告知に該当する。

また、事業法の不実告知と同様に、いわゆる動機にわたる事実について不実告知をした場合でも、その事実が国内受信者の判断に影響を及ぼすものであれば、不実告知に該当する（放送法 GL57頁）。

② 故意による事実の不告知

故意による事実の不告知とは、有料放送事業者等が有料放送役務の提供契約に関して、国内受信者の判断に影響を及ぼすこととなる重要なものについて、認識しながら敢えてその事実を契約締結の相手方に告げないことをいう。

この場合には、不実告知と異なり、重要事項の存在についての認識とその事実を告げないことの認容が要件となっている。

③ 契約締結の拒絶の意思を表示した者に対する継続勧誘の禁止

勧誘を受けた者が契約を締結しない旨の意思を表示したにもかかわらず、その勧誘を継続する行為も禁止されている。禁止される行為には、勧誘の継続だけでなく、一旦、引き下がって改めて勧誘する再勧誘も禁止されている。

また、拒絶の意思は契約締結を拒絶することに限られず、勧誘そのものを継続することを拒絶された場合も含まれる。

継続勧誘・再勧誘が禁止されるのは、勧誘の相手方が契約締結しない旨や勧誘を受けることを拒絶する旨の意思表示をしたことが必要である。

この意思表示は、必ずしも言葉で表示する必要はなく、身振り等も含め勧誘している側からみて客観的に認識し得る表現手段であればよい。また、拒絶の意思表示の内容も「いりません」「契約しません」「不要です」等と直接契約締結する意思がないことや勧誘を受ける意思がないことを表現するものに限らない。「そろそろ夕飯の支度をしないといけないので」とか「子どもが帰宅する時間ですから」など、勧誘している者の退去を促す内容の意思表示でも、契約締結意思や勧誘を受ける意思がないと判断するに十分である。

なお、放送法ガイドラインでは、再勧誘が禁止されるか否かは、拒絶の意思表示の内容によるとしているが（放送法 GL61頁）、一般論としてはそう考えることは可能であるが、具体的に再勧誘を拒絶しているか否かは、上記のとおり、間接的な表現や意思表示でも必要十分というべきであるし、むしろ、

継続勧誘を断っている意思が読み取れる以上、原則として再勧誘も断っていると判断されるべきである。

そうではなくて、その時点での継続勧誘を断っているが、その後の再勧誘は断っていないという意思であったか否かは、有料放送事業者または媒介等業務受託者が立証すべき事実と解する。

ウ 例外

契約締結の拒絶の意思を表示した者に対する継続勧誘の禁止は、法人契約の締結の勧誘および軽微変更に係る勧誘においては、適用されないこととされている（放送法省令175条の4）。

エ 禁止行為違反の効果

有料放送事業者または媒介等業務受託者が禁止行為を行った場合には、総務大臣から是正措置命令が発せられることがあるが（放送法156条3項1号）、書面交付義務と同じく、民事効を直接規定する条項はない。

しかし、放送法の不実告知違反や故意による事実の不告知は、消費者契約法4条1項1号の不実告知あるいは同条2項の不利益事実の不告知に該当する場合も少なくないといえるので、これらの行為に該当する場合には、国内受信者が有料放送役務の提供契約の申込みの意思表示の取消しが可能である。

民法上の効果としても、契約の相手方の意思表示に錯誤が認められたり、詐欺による取消しが認められる場合もあり得る。また、禁止行為違反の勧誘によって締結された契約が、取締法規に違反して締結された契約の効力が否定される場合の1つとして無効とされる場合もあり得ることは、書面交付義務のところでも述べたとおりである。

さらに本条違反の勧誘行為により、国内受信者の判断が歪められて契約を締結させられた場合などは、それによって損害が生じていれば不法行為（民法709条）に基づく損害賠償請求が可能となることもあろう。

(7) 苦情処理義務

ア 放送法においても、事業法と同様に有料放送事業者および有料放送管理事業者は「有料放送の役務の提供に関する業務の方法または料金その他の提供条件についての国内受信者からの苦情及び問合せについては、適切かつ迅速にこれを処理しなければならない」として、受信者からの苦情、問合せに

対する適切かつ迅速処理の義務を課している（放送法151条）。

イ　義務の主体と対象となる役務

①　義務の主体

　苦情処理義務を負うのは有料放送事業者および有料放送管理事業者である。

②　対象となる役務

　苦情処理義務の対象となる役務は、有料放送役務であり、説明義務や書面交付義務の対象と重なっているが、苦情処理義務については説明義務や書面交付義務と異なり、法人契約や都度契約など説明義務や書面交付義務では適用除外とされているものも対象となっている（放送法GL55頁）。

ウ　苦情処理義務の内容

　苦情を適切かつ迅速に処理する義務である。

　基本的には苦情を受け付けること、受け付けた内容を調査、分析して、その結果に応じた処理、対応または対策を講じることである。

　苦情を解決することまで含めて放送法151条が義務としている訳ではない。

　しかし、そもそも苦情の受付電話回線の数が不足していて、電話をかけても常に話し中で、苦情の申出すら事実上できないような場合は、本条違反といえるし、受け付けたものの苦情に対する対応をせず、そのままかなりの期間放置しておくことも本条違反である。

　なお、放送法ガイドラインは、苦情等の処理に関し【望ましい例】および【不適切な例】として次のような場合を挙げている（放送法GL55～56頁）。

　【望ましい例】

　　①　電話窓口を開設すること。

　　②　電話窓口は、録音された自動音声のみならず、オペレータによる対応を行うこと。また、自動音声での操作を求める場合には、例えばいずれの操作段階でもオペレータの呼出しを可能とするなど、簡易な操作でオペレータにつながるように対応を行うこと。

　　③　電話窓口は、平日は、なるべく長時間受け付けること。

　　④　苦情および問合せを受けた内容について、調査や確認等の必要がある場合でも、できるだけ短期間に何らかの回答をすること。

　　⑤　電話による連絡先、オペレータの人数、回線数、受電率（応答率）、回線の混雑状況、苦情等の件数および内容の傾向、苦情等の業務への

反映状況など、苦情等の処理の体制の整備状況や運営状況について、インターネットのウェブページ等で対外的に明らかにするなど、透明性を高め消費者の信頼を得るための取組みを行うこと。

【不適切な例】

①　苦情および問合せに対する対応窓口を設けていない。

②　苦情および問合せに対する対応窓口が設けられていても、その連絡先や受付時間等を消費者に対して明らかにしていない。

③　苦情および問合せに対する対応窓口が明らかにされていても、実際にはその対応窓口がほとんど利用できない（例えば、電話窓口に頻繁に電話してもつながらない場合やメール相談窓口にメールで繰り返し相談しても連絡がない場合）。

④　消費者が真摯に問合せをしているにもかかわらず、長期間放置している（例えば、特に調査や確認等の必要のない問合せ内容に対して、正当な理由なく、2〜3日を越える期間回答をしないでいる場合、調査や確認等を1週間程度で終えることができる問合せ内容に対して、正当な理由なく、回答を遅滞させている場合、1週間程度で終えることができる調査や確認等について正当な理由なく1ヶ月以上の期間をかける場合など）。

⑤　消費者から契約解除の申出があったにもかかわらず、正当な理由なく当該申出を相当期間放置して、その手続を行わない。

エ　苦情処理義務違反

　本条の苦情処理義務に違反した場合には、総務大臣から是正措置命令が発令されることがある（放送法156条3項2号）。

(8) 媒介等業務受託者に対する指導等の措置義務

ア　放送法における媒介等業務受託者に対する指導等の義務

　放送法でも、事業法の電気通信事業者の指導等の義務と同様に同法151条の3において、有料放送事業者対する媒介等業務受託者に対する指導等の義務を規定している。

　放送法では、既に説明したように、有料放送事業者から媒介等の委託を受けて有料放送役務の提供契約締結の媒介、代理、取次を行う媒介等業務受託者との関係における指導等の問題と、放送法152条に基づき届出をした有料放送管理事業者（プラットフォーム事業者）が管理・運営するプラットフォー

336　▶第5章 放送法と消費者

ムに参加する事業者に対する関係での指導等の問題と種類の異なる階層構造
が存在する。

　放送法151条の３の規定する指導等の義務は、前者の場合（プラットフォー
ム事業者とプラットフォーム参加者間ではない場合）について、有料放送事業者
の指導等の義務を規定している。

　これに対し、有料放送管理事業者の指導等の義務は、放送法155条が有料放
送管理業務とこれに密接に関連する業務に関しては、総務省令で定めるとこ
ろにより、業務の実施方針の策定および公表その他の適正かつ確実な運営を
確保するための措置を講じなければならないと規定し、これを受けた放送法
省令182条１項が有料放送管理事業者に対し、①放送法省令175条の５第３項
に規定する同等の措置に加え、②国内受信者等に対し、有料放送役務提供契
約の相手方および料金その他の提供条件ならびにその変更の内容を明らかに
する措置、③国内受信者等の苦情および問合せを適切かつ迅速に処理する措
置、④上記②と③のほか、有料放送管理業務の適正かつ確実な運営を確保す
るために必要な措置を講じることを義務づけている。

　したがって、放送法が有料放送事業者に対して義務づけている媒介等業務
受託者に対する指導等の義務の内容は、実質的には有料放送管理事業者（プ
ラットフォーム事業者）が管理・運営するプラットフォームに参加する事業者
との間でも、同様の指導等の義務が課されていると解され、以下の**ウ**で述べ
ることは有料放送管理事業者にも妥当するといえる（放送法 GL63頁）。

イ　指導等の義務の主体

　放送法151条の３で指導等の義務を負うのは、媒介等業務を委託する有料
放送事業者である。

　有料放送事業者が媒介等の委託を行う構造には、かなり複雑なものがあり、
第一次代理店や取次店、その下の第二次代理店等そしてその更に下の第三次、
第四次……と下位の受託等業務受託者が存在することも少なくない（これら
の階層の構造については、事業法における指導等の義務の解説の箇所で掲載した
【図表17】〔241頁〕と同様であるので、この図を参照されたい）。

　このような階層の下に位置する媒介等業務受託者についても、有料放送事
業者の指導等の義務の対象となる事業者である（この点も事業法の解説〔**第4
章第3節2（4）**〔242頁〕を参照されたい）。

第３節 放送法の消費者保護制度　*337*

ウ　指導等の義務の内容

放送法151条の3を受けて放送法省令175条の5第1項が規定する義務の内容は次のとおりである。

① 媒介等業務を適切かつ確実に遂行する能力を有する者へ委託すること（放送法省令175条の5第1項1号）

② 責任者の選定（同項2号）

③ 媒介等業務の手順等に関する文書（マニュアル）の作成等（同項3号）

　(ア) 手順等の文書（マニュアル）の作成をすること

　(イ) 媒介等業務受託者および媒介等業務を担当する者に対する研修等を行うこと

④ 監督措置（同項4号）

　(ア) 媒介等業務の実施状況を定期的または必要に応じて確認すること

　(イ) 媒介等業務が的確に遂行されているかを検証し、必要に応じ改善させる等の対応をとること

なお、媒介等業務受託者に対する指導等の義務の内容も、事業法と横並びであるので、事業法の解説を参照されたい（この点も事業法の解説〔**第4章第3節2（4）**［242頁］〕を参照されたい）。

3　民事ルール

（1）放送法の民事ルール

ア　放送法の規定する民事ルール

放送法は、放送事業に関するいわゆる業法であり、有料基幹放送契約約款に関する行政規制が民事効に関連はしているものの、これまで正面から民事効を規定する条項は置かれていなかった。

しかし、平成27年の放送法改正により、事業法と同様に、有料放送役務の提供契約について直接民事効を生じさせる初期契約解除権が新たに規定された。

イ　契約に基づく有料放送役務の提供

有料放送役務は、有料放送事業者と国内受信者との間の契約に基づき提供され、電気通信役務の提供の場合と同様に、両者間の法律関係は、契約に基づく民事上の法律関係である。

有料放送役務の提供契約の成立、その効力および料金その他の提供条件に

ついては、事業法と同様に、放送法は直接規律することはせず、契約自由の原則に委ねている。

したがって、有料放送役務の提供契約は、通常、国内受信者からの申込みを受け、有料放送事業者がこれを承諾することによって成立する。

ウ　約款に基づく契約

放送法は、有料放送役務の提供に関する受信者と放送事業者との間の契約に関係しては、放送法147条が行政規制として有料基幹放送事業者に対する有料基幹放送契約約款の作成と公表義務および総務大臣に対する届出義務を規定し（放送法147条1項、放送法省令172条、173条）、さらに同約款によらないで放送役務を提供することを禁止している（放送法147条2項）。

放送法が規定する有料基幹放送契約約款の策定、公表および届出義務の具体的内容は既述のとおりであり（2（1））、事業法と異なり総務大臣の「認可」約款ではないことから、総務大臣による有料基幹放送契約約款に対する規律は事業法の場合よりも弱い。

しかしながら、契約約款を総務大臣に届出させることにより、行政指導などを通じて契約約款の規定の是正を図ったり、公表を通じて広く社会の批判等を受けることを通じて、約款の適正化が図られることとなるので、放送法の契約約款の公表、届出義務も国内受信者の保護のための法的規律の1つといえる。

いずれにしても、有料放送事業者と消費者（受信者）間の有料放送役務の提供に関する契約の内容、条件等は、これら約款に規定されている条件等が契約内容となる[16]。

また、放送法64条3項はNHKと視聴者間で締結されるNHKの受信契約の条項については、予め総務大臣の認可を必要とし、変更の場合も同様と規定しており[17]、放送法はNHKの受信契約の契約条項（放送受信規約）につい

---

[16] 有料基幹放送事業者の作成した有料基幹放送契約約款は、各事業者のウェブページに掲載されている。代表的なものを挙げると、スカパーは https://www.skyperfectv.co.jp/top/legal/yakkan/、WOWOW は http://www.wowow.co.jp/term/term_iptv.html である。
[17] 放送法64条1項を受けて放送法省令23条は、NHKの放送受信規約に最低限定めるべき事項として、①受信契約の締結方法、②受信契約の単位、③受信料の徴収方法、④受信契約者の表示に関すること、⑤受信契約の解約および受信契約者の名義または住所変更の手続、⑥受信料の免除に関すること、⑦受信契約の締結を怠った場合および受信料の支払いを延滞した場合における受信料の追徴方法、⑧協会の免責事項および責任事項、および⑨契約条項の周知方法を規定している（同省令1号から9号）。

第3節 放送法の消費者保護制度　**339**

て総務大臣による認可制を採用することで、NHK の受信契約の内容に間接的に介入している。

　以上の有料基幹放送事業者が作成する有料基幹放送契約約款や、認可を受けた NHK の放送受信規約は、民事上は普通契約約款の性質をもつと考えられ[18]、これら放送事業者と受信者間の放送役務の提供契約の内容は、これら約款によって規律されることになる。

　しかし、放送法はその他の有料放送事業者と国内受信者との間の民事上の法律関係については契約自由の原則に任せており、平成27年の同法改正までは放送事業者と受信者間の契約（民事）上の法律関係には放送法は直接介入しないという立場であった[19]。

(2) 放送役務提供契約の初期契約解除

ア　初期契約解除制度の趣旨と導入根拠

　初期契約解除制度（放送法150条の3）は、契約書面の交付日から起算して8日以内であれば、理由を必要としないで有料放送事業者との間の有料放送役務の提供契約の解除を認めるものである。

　このような解除権が導入された根拠は、有料放送役務の提供契約の内容が、提供されるサービスとしても、提供される放送番組が多数である一方、これら多数の番組の提供の仕方、条件が複雑であって分かりづらかったり、これらの提供の仕方や組合せ等により料金の金額や計算方法等が変わり、さらに複雑で分かりにくい実態があることから、契約締結に際して行われる説明義務による対応だけでは、契約の相手方（消費者）にとって理解が困難であるという有料放送役務の特質を踏まえて、契約締結から一定の期間の理由を必要としない解除を認めたものである。

　また、有料放送役務の提供契約の締結過程についても、他のサービスの勧誘（例えば光回線など電気通信サービスの勧誘）とセットになって行われる実態もあり、これらの勧誘とともに放送役務の提供契約の勧誘も訪問販売や電話勧誘販売などによって行われている場合が多々ある。これらの勧誘においては不意打ち的な勧誘もなされやすく、契約の相手方（消費者）の認識や理解が

---

[18] 松本・前掲注11) 419頁。
[19] NHK の受信契約等に関する規定が、民事効（民事ルール）を規定したものか否かについては、見解が分かれている。この点は、前掲注11) の各論文参照。

340　▶第5章 放送法と消費者

不十分のまま契約の申込みや締結に至ってしまい、後日、苦情や紛争につながりやすいという実態もあったことから、事業法と横並びで放送法にも初期契約解除解除制度が導入されたものである。

イ　対象となる契約

　放送法150条の3が初期契約解除の対象としている契約は、有料放送事業者と国内受信者との間で締結された次に掲げる有料放送役務の提供契約である。

　　①　移動受信用地上基幹放送を契約の対象とする有料放送の役務

　　②　移動受信用地上基幹放送を契約の対象とする有料放送の役務以外の有料放送の役務

　これらの具体的な内容は、料金その他の提供条件および利用状況を勘案して国内受信者の利益を保護するため特に必要があるものとして総務大臣が告示で指定することとされており、総務大臣告示（平成28年第193号）では、次の役務が指定されている。

　　㋐　移動受信用地上基幹放送を契約の対象とする有料放送の役務（その提供に先立って対価の全部を受領するものを除く）（上記告示第1項）

　　㋑　衛星基幹放送を契約の対象とする有料放送の役務（同告示第2項1号）

　　㋒　衛星一般放送を契約の対象とする有料放送の役務（同項2号）

　　㋓　有線一般放送を契約の対象とする有料放送の役務（同項3号）

　以上の㋐から㋓の各役務の意義と内容については、**第3章第2節**において解説済みであるので参照されたい。

ウ　除外される契約

①　書面交付義務が適用されない契約

　放送法150条の3の要件のうえでは対象となる放送役務の提供契約であっても、書面交付義務が適用されない契約（次の㋐から㋒の契約）は、初期解除制度の対象から除外されている。

　㋐　都度契約

　有料放送を受信する都度、契約を締結して役務提供を受ける契約である（放送法150条の3、放送法省令175条の3第1項1号、175条の2第7項1号、175条8項1号）。

第3節 放送法の消費者保護制度　**341**

(イ)　法人等契約

　契約を締結した者が法人その他の団体である場合には、本条の初期契約解除制度の適用は除外されている（放送法150条の3、放送法省令175条の3第1項1号、175条の2第7項1号、175条8項2号）。

(ウ)　変更・更新契約（書面交付義務の対象ではないもの）

　期間制限・違約金付自動更新契約を除く変更契約、更新契約のうち、基本説明事項に変更がない場合については、そもそも書面交付義務の対象から除外されており、これらの場合は初期契約解除の対象からも除外される（放送法150条の3、放送法省令175条の3第1項1号、175条の2第7項1号、175条8項3号）。

　基本説明事項であっても、ⓐ軽微変更、ⓑ国内受信者にとって不利とはならない有料放送事業者からの申出による変更、ⓒ国内受信者からの申出による受信設備数の変更およびこれに伴う台数別料金の変更、およびⓓ国内受信者からの申出による視聴する放送番組の変更とこれに伴う番組別料金および番組名の変更は基本説明事項から除かれるので、これらの変更では変更された内容を記載した契約書面交付の義務はなく初期契約解除の対象からも除外される（放送法省令175条8項3号）。

② 　書面交付義務が適用される変更・更新契約のうち一定の要件を満たすもの

　上記(ウ)に挙げた書面交付義務の除外に該当しなければ、変更契約、更新契約でも契約書面の交付義務の対象となる契約もあるが、これらの契約でも次の場合には初期契約解除の対象からは除外されている。

(ア)　変更・更新される事項が次の事項に変更を生じさせないもの

　　ⓐ　有料放送の役務に関する料金（放送法省令175条1項4号）

　　ⓑ　期間を限定した割引を適用する期間等の条件（同項6号）

　　ⓒ　契約解除、契約変更の条件等（同項8号）

(イ)　上記(ア)に該当しても、変更内容が次の場合

　　ⓐ　軽微変更（放送法省令175条8項3号イ・171条の2第32号）

　　ⓑ　受信者にとって不利とならない変更（放送法省令175条の3第1項2号後段括弧書きの読替えによる放送法省令175条8項3号ロ）

342　▶第5章 放送法と消費者

エ　初期契約解除の要件

①　初期契約解除の対象となる契約を締結したこと

　いかなる契約が放送法150条の３の対象となっているかは、前述したとおり、移動受信用地上基幹放送、衛星基幹放送、衛星一般放送および有線一般放送を契約の対象とする有料放送の役務提供契約である。

②　解除の対象となる有料契約放送役務提供を受ける国内受信者が法人その他の団体ではないこと

　法人その他の団体が、初期契約解除の対象となる役務の契約当事者である場合には、初期契約解除の適用除外とされている。

③　放送法150条の２に規定する契約書面が交付されてから起算して８日以内であること

　初期契約解除権の行使期間は、契約書面の交付から「８日間」とされており、この期間は事業法と同様に初日を算入して計算する（放送法150条の３）。

　また、解除権行使の始期をスタートさせるのは、放送事業者による契約書面の交付であるが、この契約書面は放送法150条の３が「前条第１項の書面を受領した日」から起算してと規定していることから、文理上も放送法150条の２および同条から委任されている放送法省令175条の２に規定されている記載事項および交付の態様を満たした書面である必要がある。

　したがって、契約書面の交付がされていない場合は当然のこと、これら規定を遵守していない契約書面が交付されたとしても放送法150条の３の要件を満たしているとは解されないので、これらの場合は初期契約解除の始期はスタートせず、その後、契約書面の交付要件が満たされてから８日間経過するまで初期契約解除が可能と解される（不備書面法理）。

　この点は、事業法の初期契約解除の解説で述べたとおりである（**第４章第3節３（４）ウ**〔266頁〕）。

　なお、初期契約解除の始期については、移動受信用地上基幹放送の場合は特例が規定されており、契約書面の交付と実際の放送サービスの利用開始時とを比較して、遅い方から解除権の行使の始期が始まることとされている（放送法150条の３第１項括弧書き）。

④　契約解除の意思表示

　初期契約解除も契約の解除である以上、解除の意思表示が必要である。

放送法150条の3は、この解除の意思表示は「書面により当該契約の解除を行うことができる」と規定している。

しかし、「書面」によらなければ解除の効果が発生しないと断定するのは相当ではなく、口頭による解除の意思表示も否定されていないと解すべきである。この点も、事業法の初期契約解除について説明したとおりである（**第4章第3節（4）エ**〔269頁〕）。

なお、放送法の初期契約解除についても「発信主義」がとられており、契約解除の通知を発したときに解除の効果が生じるものとされている（放送法150条の3第4項）。

オ　解除の効果

① 基本的効果

初期契約解除がなされると、有料放送役務の提供契約は契約締結の時点に遡って無効となる。いわゆるオプションサービスの契約については、本体の有料放送役務の提供契約を前提にし、その契約が存続していることでオプションサービスが提供されるような関係にあるものについては、本体の有料放送役務の提供契約の初期契約解除により、同時に解除の効果が及ぶと解される（放送法 GL46頁）。

解除により契約が遡及的に無効となると、履行済みのサービスや対価等がある場合には、それぞれ原状回復すべき義務が生じるが、放送法では解除までに提供された有料放送役務の対価およびそれまでに有料放送事業者が解除された契約に関連して受領した金銭については特則が置かれている。

変更契約や更新契約が初期契約解除により解除された場合にも、原則として変更契約や更新契約が遡及的に無効となる。この場合、変更・更新の対象となった従前の契約の全体が解除されるのではないので[20]、有料放送事業者は変更・更新前の契約の状態に復する義務を負うことになろう（放送法 GL51頁）。

② 解除の原状回復に関する特則

放送法150条の3第5項は、有料放送事業者が初期契約解除された契約に

▶ ···

[20] 変更や更新契約の内容によっては、変更・更新の対象となった元の契約の重要な部分の変更等の場合であり、変更・更新後の契約が存在しなければそもそも契約目的を達成できないような関係にある場合には、元の契約にも解除の効果が及ぶと解される場合もあるのではないかと考えられる。

344　▶第5章 放送法と消費者

関連して金銭等を受領しているときは、国内受信者に対し、速やかに、これを返還しなければならないと規定しているが、他方、同項ただし書において、契約解除までの期間において提供を受けた有料放送の役務の対価およびその他の解除された契約に関して国内受信者が支払うべき金額として総務省令で定める額については、有料放送事業者の返還義務を免除している。

　したがって、これらの対価については、初期契約解除がされたとしても国内受信者が支払義務を負う。

　有料放送事業者が請求し得る提供済みの有料放送役務の対価以外の金額については、省令において、ⓐ有料放送役務の対価、ⓑオプションサービスの対価、ⓒ工事費およびⓓ契約締結費用ならびにこれらに対する法定利率の遅延損害金を規定している（放送法省令175条の3第6項1号から3号）。

　ⓐは解除までの間に提供された有料放送の料金相当の金額であり、ⓑのオプションサービスの対価については、有料放送の役務の提供に付随して提供された有償継続役務であって解除に伴って提供が中止されたものの対価相当額である。なお、ⓒとⓓに含まれるものは、それぞれⓒとⓓの規定において請求できる金額として規定されているので、ⓐからは除外される（放送法省令175条の3第6項1号）。

　ⓒは、有料放送事業者が、有料放送役務の提供に必要な工事をした場合において、現に要した費用の額が金額の上限となる。なお、この金額を初期契約解除後に有料放送事業者が請求できるためには、その算定方法を予め契約約款等に定め、かつ、インターネットの利用その他の方法により公表している場合に限られる（放送法省令175条の3第6項2号）。

　ⓓの契約締結費用についても、有料放送役務提供契約の締結に現に要した費用の額である必要があり、これを上限として有料放送事業者は請求し得ることになる。なお、ⓒと同様に、その費用の算定の方法を予め契約約款等に定め、かつ、インターネットの利用その他の方法により公表している場合に限られる（放送法省令175条の3第6項3号）。

③　違約金等の請求の否定

　有料放送事業者は、初期契約解除により有料放送役務の提供契約が解除された場合には、国内受信者に対し、契約解除に伴って、損害賠償または違約金の請求、その他の金銭の支払いや財産等の交付を請求することができない

と規定されている（放送法150条の3第4項）。

カ　不実告知により初期契約解除が妨害された場合の措置

①　初期契約解除の不実告知による妨害と解除可能期間

　有料放送事業者または媒介等業務受託者が放送法151条の2第1号の不実告知の禁止に反して、初期契約解除に関する事項につき不実告知をしたことにより、国内受信者が告知された内容が事実であると誤認したことによって、契約書面の交付後8日間を経過するまでの間に解除を行わなかった場合は、契約解除できる期間の進行がとどまり、新たに有料放送事業者が省令所定の内容を記載した書面（「不実告知後書面」とよばれる）を、省令の規定に従って交付した日から起算して8日を経過するまで、初期契約解除が可能とされている（放送法150条の3第1項括弧書き）。

②　解除権行使期間の進行が止まる行為

　解除権の行使期間が止まる行為は、初期契約解除に関する事項についての不実告知である。

　有料放送役務の提供契約それ自体についての不実告知は、禁止行為として行政処分（是正措置命令）の対象となる違法行為であるが、初期契約解除権の進行をとめる不実告知は、初期契約解除に関して事実と相違する事項を告げる行為である。

　例えば、初期契約解除ができる契約であるにもかかわらず、初期契約解除はできない契約と告げる行為などが典型例であるが、解除できる期間は2週間であると告げることにより、8日間を経過してもまだ解除可能と誤認しているうちに8日間を徒過してしまったような場合も含まれる。

　行為の内容は「不実告知」であるので、同じ禁止行為である故意による重要事項の不告知は含まれないし、契約締結または勧誘を拒絶する意思を表示した相手方に対する継続勧誘、再勧誘の禁止行為違反もこれには含まれない。

③　再進行の要件

　不実告知により一旦進行が停止した初期契約解除権の行使期間を再進行させるには、省令にしたがって不実告知後書面を交付しなければならないとされている。停止後の解除権行使期間は、不実告知後書面の交付と説明告知後8日間と解される。

　放送法省令175条の3第2項では、次の事項を記載した書面（不実告知後書

346　▶第5章 放送法と消費者

面）の交付が必要と定められている。

(ア)　不実告知後書面の内容を十分に読むべき旨（放送法省令175条の3第2項5号）

(イ)　不実告知後書面の受領日から8日間は初期契約解除が可能である旨（同項4号イ）

(ウ)　初期契約解除の意思表示の書面を受信した時に初期契約解除の効力が生じる旨（放送法省令175条の3第2項4号ロ、放送法150条の3第3項）

(エ)　初期契約解除に伴い受信者が支払わなければならない額（対価請求額）に法令上の限度が設けられている旨（放送法省令175条の3第2項4号ロ、放送法150条の3第4項）

(オ)　事業者に受領済みの金銭等がある場合には、対価請求額の限度を超えた部分を返還する義務がある旨（放送法省令175条の3第2項4号ロ、放送法150条の3第5項）

(カ)　初期契約解除手続の標準的な方法（解除通知の書面の送付宛先の住所等：放送法省令175条の3第2項4号ハ、175条の2第1項6号ニ）

(キ)　初期契約解除に伴い受信者が支払うべき金額の算定方法（放送法省令175条の3第2項4号ハ、175条の2第1項6号ヘ）

(ク)　特定解除契約がある場合は、その旨およびその解除に関する事項（放送法省令175条の3第2項4号ハ、175条の2第1項6号ト）

(ケ)　有料放送の役務の名称、料金その他の経費（放送法省令175条の3第2項3号イ、175条第1項第3号イ、同項第4号および第5号）

(コ)　オプションサービス（付随有償継続役務）の名称、料金その他の経費（放送法省令175条の3第2項3号ロ、175条の2第1項5号イおよびロ）

(サ)　事業者の名称・連絡先等（放送法省令175条の3第2項2号、175条第1項1号）

　　　なお、有料放送管理事業者が契約締結の媒介等を行っている場合には、書面交付義務の場合と同様に、有料放送管理事業者の名称・連絡先等の記載をもって代えることができる（放送法省令175条の3第3項、175条の2第2項）。

(シ)　契約特定情報（放送法省令175条の3第2項1号、171条の2第29号）

不実告知後書面は、単に交付すればよいのではなく、有料放送事業者は、

不実告知後書面を交付した後直ちに、受信者がその不実告知後書面を見ていることを確認したうえで、上記の(イ)から(オ)の事項を告げなければならないとされている（放送法省令175条の3第5項）。

なお、この事項告知は、総務省の放送法ガイドラインでは電話での告知も含むとしているようであるが（放送法GL52頁）、国内受信者が不実告知後書面を見ていることを確実に確認することは対面でないと簡単ではない点も踏まえれば、原則として面前で口頭で行うことが必要と解すべきである。

また、不実告知後書面の上記の(イ)から(オ)の事項の記載は、赤枠で囲み赤字で記載することが義務づけられている（放送法省令175条の3第4項）。

キ　強行規定

初期契約解除の要件および効果に関する規定に反する特約については、国内受信者に不利なものは無効とされている（放送法150条の3第6項）。

（3）NHK の受信契約および受信料

NHK の受信契約および受信料については、放送法64条が規定している。

この規定の趣旨と内容については、項を改めて解説する。

4　契約によらない有料放送の受信の禁止

（1）禁止の趣旨・目的

放送法157条は、「何人も、有料放送事業者とその有料放送の役務の提供を受ける契約をしなければ、国内において当該有料放送を受信することのできる受信設備により当該有料放送を受信してはならない」と規定する。

放送法では、「有料放送」とは、例えばスクランブル放送のように有料放送事業者との契約に基づき設置した受信設備でなければ、その放送を受信できないような方法でなされるものを規定しているので（放送法147条1項括弧書き）、契約により受信者が契約者に制限されているだけでなく、技術的にも契約した受信者以外の者が受信できないような処理がなされているものを意味する。

しかし、これらの技術的な処理を不正に解除する等により、契約に基づかないで受信料金の支払いもせずに、無断で視聴する行為も少なからず行われていることから、放送法157条は、有料放送事業者との間で有料放送の役務提供を受ける契約をしなければ、国内においてその有料放送事業者の有料放送を受信することのできる受信設備により有料放送を受信することを禁止した

348　▶第5章 放送法と消費者

ものである。

放送法157条が規定するのは、契約によらない受信行為の禁止であり、NHK との受信契約に関する放送法46条1項のように、有料放送事業者との間の契約締結を義務づける規定ではない。また、放送法147条1項括弧書きの「有料放送」には、NHK の放送は含まれないことは、既に解説したとおりであるから、NHK との間の受信契約を締結せずに NHK の放送を受信する行為は、放送法64条1項に違反する行為ということは可能であるが、同法157条違反にはならない[21]。

（2）禁止の対象

ア　禁止の対象となる者

放送法157条の禁止の対象は、まず、禁止される者は「何人も」と規定されており、禁止される者に限定はされていない。

したがって、一般の消費者はもとより事業者等を含め、すべての者が含まれる。

イ　禁止の対象となる行為

禁止される行為は、国内において契約によらずに有料放送事業者の放送が受信できる設備によってその放送事業者の有料放送を受信する行為である。

有料放送には、無線による場合と有線による場合の両方を含む[22]。

国内における行為に限られているが、これは放送自体は電波を使う場合もあるので国境を越えて外国で受信されることもあり得るが、放送法自体がわ

▶ ....

[21] 東京高判平25・10・30判時2203号34頁の判例評釈である錦織成史「NHK のテレビジョン放送受信契約の締結に応じない者に対する受信料支払請求のために、まず契約の承諾の意思表示を命じる判決を得ることが必要か」リマークス50号（2015）16頁では、「協会と受信契約を結ばないまま協会の放送を受信することは、放送法157条違反であり、受信行為は、禁止規範に違反な行為である」と論じられている。しかし、NHK と受信契約を締結せずに NHK の放送を受信する行為が、同法64条1項の関係で禁止規範違反の行為と評価することは可能としても、放送法157条との関係ではそう評価し得ないように思われる。同条が禁止の対象としている行為は、NHK の放送とは異なる種別の有料放送役務として放送法上規定されている「有料放送」を契約に基づかずに受信する行為である。同判例評釈では放送64条と157条の文言のずれ（受信機設置と受信のずれ）をも考慮しているとはいえ、重要なのは禁止に違反する行為をしたか否かではなく、禁止規範が対象とする放送役務の種類、性質である。既述のとおり、放送法の「有料放送」概念は、提供に際しスクランブル等の処理を行って契約締結をした者に限り受信可能であることを仕組みのうえでも前提にしている有料放送であり、いわゆる「あまねく」放送義務がある NHK の場合、このような処理をすることは NHK の業務遂行上の原則に反することから、こと放送サービスの提供に対して支払われるものとしては、有料基幹放送の場合と NHK の放送は区別して放送法によって扱われている。放送法157条は、前者の放送の無断受信を対象としており、後者の無断受信を対象とはしていないと考えられる。

[22] 放送法逐条解説397頁。

が国の主権の及ばない外国における受信まで効力を及ぼすことができないからである。

受信行為は、有料放送事業者の放送を受信できる設備によって、その事業者の放送を受信することであるから、自ら受信可能な設備を設置して受信する場合を意味する。受信可能な設備には、技術的にスクランブル信号を無効にするような回路等を組み込んだり、付加したりする場合に限らず、不正に入手したSTB（セットトップボックス）を接続したり、不正に手にいれたC-CASカードを受信装置に挿入して受信する場合も含まれる。

したがって、契約を締結していない他者がこのような設備を設置して有料放送を視聴している際に、たまたまその場でその放送を一緒に見ていたからといって、本条に違反するとは解されない。

(3) 本条違反の効果

本条に違反した場合の罰則等の法的効果については、放送法には規定が置かれていない。

したがって、本条違反の行為については放送法上は何ら制裁が規定されてはおらず、また、不正受信行為それ自体が刑法等の刑罰法規に直ちに違反するとは解されない[*23]。

しかし、本条違反の行為は、放送法によって法律上禁止されており、それにもかかわらずこれに違法する行為を行った場合は、少なくとも民事上は不法行為の違法性を基礎づける事由となるので、違反者は有料放送事業者に生じた損害を賠償する責任があると解される。

5 NHKの受信契約と受信料

(1) NHKの受信料に関する放送法の規律の構造

ア 放送法64条1項は、NHKの放送を受信できる装置を設置した者に対し、NHKとの間での受信契約を「締結しなければならない」と規定し、さらに、受信装置の設置者とNHKとの間で締結される受信契約に使用される契約条項については、予め総務大臣の認可を受けなければならず、変更しようとするときも同様に認可を必要としている（同条3項）。

総務大臣の認可したNHKの受信契約の条項は、「日本放送協会放送受信

▶
[*23] 放送法逐条解説398頁。

350　▶第5章 放送法と消費者

規約」（後掲。以下「受信規約」という）とよばれているが、受信規約は普通契約約款と考えられるので、受信契約が締結された場合には、受信規約に規定された条項がNHKとの間の受信契約の内容となり、受信装置の設置者とNHKとの間は、この契約に基づく民事上の法律関係として取り扱われる。

イ　他方で放送法は、受信装置を設置し、NHKの放送が受信可能な状態でありながら放送法64条1項の締結義務に違反してNHKと受信契約を締結しない場合に、受信装置を設置した者に対し、刑事罰はもとより行政上も民事上も何らの制裁措置も規定していないし、受信料の徴収（取立て）に関する規定も置いていない*24。

　この点は、NHKと受信契約を締結した受信者が契約に基づく受信料の支払いをしない場合についても同様であり、受信契約が締結されている場合も最終的には受信契約に基づき、民事訴訟として債務名義を得たうえで強制執行により取り立てることになる。

　また、受信契約を締結していない受信装置の設置者に対する不法行為に基づく損害賠償や、設置者が放送の受信によって得た利得についての不当利得返還請求に関しても、これらの賠償金や不当利得金を徴収・取り立てるための手続その他の手段、方法についての特段の規定も置いていない。

ウ　このように、放送法は受信装置の設置者に対し、「しなければならない」と規定することでNHKとの間で受信契約を締結する何らかの義務を課す一方、義務違反については刑事、行政および民事法上はいかなる法的な効果も定めておらず、義務が履行されて契約が締結された場合には、契約約款である受信規約が契約条項となり、総務大臣の「認可」を通じて同受信規約により契約の内容となる条項の適正を図るという建付けになっている。

　そうすると、放送法64条1項の締結義務違反の場合の法的効果は、放送法は何らの規定もしていないので、その法的効果は解釈によって決せざるを得ない。この場合、NHKの受信料を法律的性質を踏まえて、締結義務の性質および内容をどのように捉えるかによって結論が分かれる。

---

*24 下水道法20条1項は「公共下水道管理者は、条例で定めるところにより、公共下水道を使用する者から使用料を徴収することができる」と規定し、公共下水道管理者に徴収権を認めている。また、地方自治法に基づけば地方公共団体に支払うべき使用料を滞納した場合には、地方税の滞納処分の例により処分することが認められており（地方自治法231条の3第3項）、未納の水道料金は差押え等により強制的に取り立てられることになるが、このような規定は放送法には存在しない。

第3節 放送法の消費者保護制度　**351**

（2）受信契約の締結義務

ア　締結義務の性質と違反の効果

①　学説と判例の対立

　放送法64条1項は、NHKの放送を受信することが可能な受信設備を設置した者に対し、NHKとの放送受信契約を「しなければならない」と規定しているが、同条が規定する締結義務（「締約義務」と表記する論説もあるが本書では「締結義務」と表記する）が民事効を規定したものか否かおよびその違反の場合の効果については、大別すると、(a)法的義務を否定する見解と、(b)法的義務を肯定する見解とに分かれる。

　放送法64条1項の民事効を肯定するのは裁判例のみといっても過言ではなく[25]、学説の大多数は民事効を認めることに否定的である[26]。その意味では、判例の見解と学説が真っ向から対立しており、この状況は「根本的断絶」とも評されている[27]。

　学説と判例の根本的な見解の対立の背景には、NHKの公共的性格を踏まえ、大多数の受信装置の設置者がNHKとの間で受信契約を締結して受信料の負担をしている一方、受信設備を設置してNHKの放送が受信できる状況を作り出しておきながら、受信料の負担を免れるような行為は非難されるべきであり、誠実な視聴者との公平を図るには契約法理からは説明に窮する（法理論的な整合性に問題がある）としても、結果からみた価値判断としては正しいと考えるか（判例の見解）、そうではなくて、市民社会の基本である民事法（民法）のなかでも最も基本的な原則である「契約自由の原則」に忠実に法律

▶ ....

[25] 河野・前掲注11）は、放送法64条1項が民事効を規定したものであると解し、契約締結を拒否する受信設備の設置者に対しては、受信契約の「申込の意思表示」を求める訴えにより契約関係を発生させることができると論じている。このほかに元郵政官僚でNHK理事の歴任者（NHK放送文化研究所「放送研究と調査」2011年11月号39頁）の論考である、荘宏『放送制度論のために』（日本放送出版協会・1963年）256頁も同旨の考え方を述べている。しかし、荘論文はいわばNHKの身内の主張と評価されるし、また、これらの論文は1963年から1984年当時のものであり、その後、NHKの放送が地上波も含めてデジタル化されたことを前提としていない点だけを考えても、現在でも同様にいえるかどうかは疑問がある。このほかに、園部敏＝植村栄治『交通法・通信法〔新版〕』（有斐閣・1984年）365頁が「現行法の下では、契約締結及び受信料支払いの強制につき行政上の手段は認められておらず、民事訴訟によることになる」と論じているので、前提として、受信契約の締結について規定した当時の放送法32条1項が民事効を認めた規定と解しているといえるくらいである。

[26] 谷江・前掲注11）524頁参照。なお、錦織・前掲注21）は、放送法64条1項違反の責任の契約法ではなく不法行為法により判断するべきとし、放送法64条1項を不法行為法上の禁止命令規範と捉え、同項の違反は同項の命令規範の保護目的内の損害を賠償する義務を課すのと等しいとして不法行為による損害賠償請求を認める。

[27] 平野裕之「NHKとの受信契約締結義務をめぐって」新・判例解説 No.5（2016）75頁（LEX/DB 文献番号25541338）。

352　▶第5章 放送法と消費者

を解釈適用すべきであるし、ひいては憲法で保障された個人の自己決定権（憲法13条）や居住・営業の自由（憲法22条）を合理的な根拠なく制限することが許されるのか、という原理的な価値を守ることを重視する（学説の見解）かの対立であると思われる。

　端的にいえば、契約法の原則を少し曲げても不正や不公平を正すべきだと考えるか、あるいは不正や不公平があってもそれは法改正等の手段で対応すべきであって、そのことで法制度における原理的な価値や考え方を曲げて解釈することはできないと考えるかの対立であろう[28]。だからこそ、物事を原理・原則に忠実に思考する学説と、個別の事案の解決の妥当性を重んじる実務（裁判所の判断）との間で、その前提となる考え方や立場の相違を反映して、この問題の結論が真っ向から衝突しているといえる。

②　学説（法的義務否定説）

　法的義務を否定する(a)の見解（学説）では、論者により放送法64条1項の法的義務を認めない理由付けが異なっている。代表的な学説には次のようなものがある。

　㋐　放送法64条1項の規定の趣旨を義務づけのない行政規範と捉えることで、そもそも民事効を規定したものではないとする見解（松本恒雄説）

　この見解は、放送法は、NHKの組織法であるとともに、放送行政に関する業法であるからその性質は行政法であることを前提に、放送法64条1項が締結（締約）強制を規定しているとしても、その違反の場合に承諾の意思表示なく契約の成立を認めることは民法法理（申込みと承諾の意思表示が双方必要であり、それが一致して始めて契約が成立すること等）からして無理があり、また、民法の大原則である契約自由の制限であることの説明が付かないし、行政上の義務としても違反の場合の制裁等の効果が規定されていないことなどから、国民の努力義務を定めた訓示規定としかみられないとする[29]。

　㋑　憲法秩序との整合性がない（憲法違反であること）から私法上の効力は認められないとする見解

　この見解は、ⓐ放送法64条1項の締結強制規定の効力は、契約締結の自由

---

28 例えば、内山敏和「NHK受信契約の成立（東京高判平25・10・30、東京高判平25・12・18）」現代消費者法24号（2014年）99頁は「契約という法形式を利用する以上は、原理を枉げてまで強制的な契約の成立を認めることも妥当ではない」としている。

29 松本・前掲注11）。

の制限であるから、このような制限が認められるためには、その根拠と限界が問われなければならず、契約締結の自由は憲法22条の営業の自由および同法29条の財産権の保障に根拠があり、国家がその自由の制限に介入することの可否は「比例原則」の枠組みで判断すべきであり、介入の正当性の根拠である適合性、必要性および均衡性についての検討が必要であって、放送法64条1項は均衡性の要件を満たさないので、正当性に欠け、憲法秩序との整合性がない（憲法違反であること）から私法上の効力は認められないとする見解と（谷江陽介説）[30]、ⓑNHKとの受信契約の締結義務を定めた放送法の規定は、放送法制定当時（旧放送法32条1項）は私法上の義務を規定したと解しても不合理はなかったが、法も時代に合わせて解釈も変わり、現在ではスクランブル放送によってNHKと受信契約しなければ視聴できない形にすることが可能であるから、NHKとの間で受信契約をしない自由が保障されていない形で契約の締結強制をする放送法64条1項は憲法違反であり、効力を認めることはできないとする見解（平野裕之説）[31]がある。

㈡　民法理論との整合性から放送法64条1項が民事法上契約締結義務を受信者に課したものとは解せないとする見解（内山敏和説）

この見解は、NHKの放送は受信装置を設置すればフリーライドが可能である一方、受信を望まない者には押し付けられた放送であるという特殊性を踏まえ、受信料の法的性質が放送の対価と捉えても受信装置の設置者に不当利得の成立が認められるか否かは疑問が残るし、対価ではなく特殊な負担金として捉えた場合は、受益者負担の原則からみて負担の拠出を強制できるか否かは私的自治の原則からみて十分な正当化根拠が必要であり、さらに放送法64条1項を行政上の義務づけと考えて、同法の義務に違反した場合の私法上の効力論として検討した場合も、行政目的の趣旨だけをもって契約が成立する方向で同効力論を根拠に締結強制をすることはできないとして、放送法64条1項は民事上の締結義務を課したものとは考えられないとする見解である[32]。

▶・・

[30]　谷江・前掲注11）および同准教授の「放送法64条1項違反の私法上の効力──締約強制および取締法規違反の効力論を中心として」東海45号（2011年）49頁。

[31]　平野・前掲注27）および同教授の「放送法64条1項と民法414条2項但書──契約と制度と私的自治」法研87巻1号（2014年）1頁。

[32]　内山・前掲注28）。内山論文では、放送法64条1項の規定の性質（行政法規か否か）については明示されていない。

354　▶第5章 放送法と消費者

これらの学説は、いずれも放送法64条１項の民事上の効力を否定するので、受信装置を設置した者に対し、NHKとの受信契約の締結を強制することはできず、受信契約に基づく訴訟によって受信料を請求することはできないことになる。

　NHKとしては、他の企業と同様に営業活動によって受信機を設置した者に契約の締結を丁寧に説得することを通じて、契約締結を促すべきことになる[33]。

③　判例（法的義務肯定説）

　NHKの受信料の支払いをめぐる事案に関する判例は、前述したとおり、放送法64条１項の法的効果については、ことごとく民事上の契約締結義務を認める立場をとっている。

　NHKの受信料の支払いが問題となった裁判例には、平成24年以降に公刊物等に掲載されたものを挙げると次の各判決がある（【図表25】）。

【 図表25 】　NHKの受信料に関する裁判例一覧表

番号	裁判所	判決年月日	掲載判例集等	NHKの申込みのみで契約成立肯定	意思表示を命じる判決の確定で契約成立	契約締結義務以外の争点	備　考
①	旭川地裁	平24・1・31	判時2150号92頁	―	―	受信契約の無効（信義則違反、消費者契約法10条違反、憲法19条違反）、受信料債権の消滅時効期間	契約有り。時効期間５年 控訴審
②	東京高裁	平24・2・29	判時2143号89頁	―	―	CATV受信者の締結義務、受信料債権の消滅時効期間	契約有り。時効期間５年 上告審（控訴審：横浜地判 平23・6・8判時2128号76頁）
③	札幌高裁	平24・12・21	判時2178号33頁	―	―	受信料債権の消滅時効期間	①の上告審。時効期間５年
④	横浜地裁	平25・2・22	LEX/DB 文献番号25505124	―	―	同上	時効期間５年
⑤	東京高裁	平25・6・20	LEX/DB 文献番号25505125	―	―	同上	④の控訴審。時効期間５年

▶

[33]　内山・前掲注28）98頁。

第３節　放送法の消費者保護制度　**355**

⑥	横浜地裁相模原支部	平25・6・27	判時2200号120頁	×	○		
⑦	東京地裁	平25・7・17	判時2210号56頁	×	○		
⑧	東京地裁	平25・9・20	LEX/DB 文献番号25501706	×	○		
⑨	横浜地裁川崎支部	平25・9・20	LEX/DB 文献番号25501707	×	○		
⑩	東京地裁	平25・10・10	判タ1419号340頁	×	○		
⑪	東京高裁	平25・10・30	判時2203号34頁	○	○		⑥の控訴審。設置者が申込みを受ければ承諾の意思表示なく通常必要と考えられる相当期間（長くて2週間）経過した時点で受信契約が成立する
⑫	横浜地裁相模原支部	平25・11・13	判例集未登載	○	○		谷江・前掲注11）525頁以下
⑬	横浜地裁川崎支部	平25・11・22	判例集未登載	○	○		同上
⑭	東京高裁	平25・12・18	判時2210号50頁	×	○		⑦の控訴審
⑮	東京地裁	平26・1・29	LEX/DB 文献番号25517695	×	○		
⑯	東京地裁	平26・2・7	LEX/DB 文献番号25518201	—	—	受信契約の締結の有無、日常家事代理の成否、憲法違反	受信者の妻の代理による契約締結を認めた
⑰	東京地裁	平26・2・16	LEX/DB 文献番号25524029	—	—	受信契約の締結の有無、憲法違反	受信者による契約締結を認めた
⑱	東京地裁	平26・3・3	LEX/DB 文献番号25518476	×	○		
⑲	最高裁	平26・9・5	判時2240号60頁	—	—	受信料債権の消滅時効期間	⑤の上告審。時効期間5年
⑳	東京地裁	平26・10・9	LEX/DB 文献番号25522412	×	○		
㉑	東京地裁	平27・1・19	LEX/DB 文献番号25524496	—	—	受信契約の申込みの有無、受信料債権の最後の弁済期の趣旨	
㉒	東京地裁	平27・10・29	LEX/DB 文献番号25541338	×	○		
㉓	東京地裁	平28・3・9	LEX/DB 文献番号25534113	○	○		設置者が申込みを受ければ相当期間（1週間が相当）経過後には承諾の意思表示なく受信契約が成立する

㉔	東京地裁	平28・7・20	TKC ローライブラリー新・判例解説 Watch◆民法（財産法）No. 124	—	—	NHK の放送が受信できないフィルター付きテレビの設置と受信契約の解約	解約を否定
㉕	さいたま地裁	平28・8・26	判時2309号48頁	—	—	ワンセグ機能付き携帯電話機の携帯は「設置」に該当するか	携帯は「設置」に該当せず
㉖	東京高裁	平28・9・21	判時2330号15頁	×	○		㉓の控訴審
㉗	奈良地裁	平28・9・23	LEX/DB 文献番号25543802	—	—	放送法4条1項各号違反が受信料の支払拒絶しうる抗弁となるか	契約有り
㉘	東京地裁	平28・10・27	LEX/DB 文献番号25536965	—	—	家具付賃貸物件入居者が「受信設備を設置した者」に該当するか	「受信設備を設置した者」に該当しない
㉙	東京地裁	平29・3・29	LEX/DB 文献番号25448740	○	○		設置者が申込みを受ければ承諾の意思表示なく受信契約が成立する
㉚	水戸地裁	平29・5・25	LEX/DB 文献番号25448703	—	—	㉕と同じ	携帯は「設置」に該当する
㉛	東京高裁	平29・5・31	LEX/DB 文献番号25448736	—	—	㉘と同じ	㉘の控訴審。「受信設備を設置した者」に該当する

　上記の「NHK の受信料に関する裁判例一覧表」（以下、この**5**の項では「一覧表」という）のとおり、放送法64条1項が民事上の法的義務を規定したものか否かが正面から争点となった事案（⑥〜⑮、⑱、⑳、㉒、㉓、㉖および㉙）は、すべて民事上の義務を規定したものと判断されているし、この点が正面から争点となっていない事案（①〜⑤、⑯、⑰、㉑、㉔、㉕、㉗、㉘、㉚および㉛）においても、民事上の義務であることが前提とされていると考えられる。

　判例が民事上の義務を肯定する根拠は、これらの訴訟で NHK が主張している根拠をほぼそのまま承認するものとなっている。NHK が主張する根拠は、放送法15条が「公共の福祉のために、あまねく日本全国において受信できるように豊かで、かつ、良い放送番組による国内基幹放送を行う」こと等を目的としていることを前提にして、ⓐ受信料の支払義務の内容は、省令に定められた基準を満たしたうえ、総務大臣の認可を受けたものでなければならないとされ、契約内容の決定に厳格な手続が必要とされていること、ⓑ受

第3節 放送法の消費者保護制度　*357*

信料は NHK にとって唯一の自主的財源であり、受信料の確保ができなければ NHK の運営が成り立たないこと、ⓒ受信者間の公平かつ公正な負担が必要とされること、ⓓ NHK の受信料の性質が、放送役務とは対価関係に立たない特殊な負担金であることなどである＊34。

　一覧表のうち、最高裁判決 ⑲ の争点は、受信契約が締結されている場合を前提にして、NHK の受信料債権の消滅時効期間をどう解すべきかが争点であり、この判決が法律審の判断であることを踏まえると、最高裁は放送法64条１項の義務の性質については判断を下していないということができる。

　しかしながら、一覧表の⑭の控訴審判決について当事者双方からなされた上告受理申立てが最高裁で受理され、その後、事件が大法廷に回付されて口頭弁論が開かれ、2017（平成29）年12月６日に最高裁の判決が言い渡されることとなっている。放送法64条１項が NHK との間で受信契約を締結すべき民事上の義務を規定したものか否かなどについて判断する、この最高裁判決が学説および実務に与える影響は大きい。

　放送法64条１項が民事効を規定したものと解する(b)の見解においても、放送法64条１項の違反の民事効をどのように捉えるかについては、判例の考え方が分かれている。

　すなわち、NHK から放送受信契約の申込みがなされたにもかかわらず、受信装置を設置しながら受信契約を締結していない者との関係で、(b-1)放送法64条１項に基づき直接、受信契約の成立を認めるもの（形成権説）と（上記の判例のうち⑪〜⑬、㉓および㉙）、(b-2)同項の規定は NHK から放送受信契約の申込みがあった場合に承諾義務を規定したものであり、同項違反の場合は受信契約の締結に必要な承諾の意思表示（民法414条２項ただし書）を求めることができるにとどまり、この意思表示を命じる判決が確定することで放送受信契約が成立すると解するもの（承諾義務説：上記の判例のうち⑥〜⑩、⑭、⑮、⑱、⑳、㉒および㉖）に分かれている。

　また、(b-1)の見解においても、受信設備の設置者に NHK が受信契約の締結の申込みをした場合に、設置者の承諾の意思表示なしに直ちに契約の成立を認めるものと（㉙）、申込みの意思表示が設置者に到達してから一定の期間

＊34　谷江・前掲注11）524頁。

►第５章 放送法と消費者

を経過した後に契約の成立を認めるもの（⑪は長くて2週間、㉓は1週間）がある[35]。

④　私見

放送法64条1項は、学説が論じるように、民事効を定めた規定とは解されないと考える。

本書で繰り返し指摘しているとおり、放送法それ自体は放送事業に関する業法であって行政法規と観念されてきた法律であった。放送法64条1項についても、学説が指摘するとおり、放送法の制定過程におけるNHKの受信料の取扱いに関する法律案の変遷を前提にすると[36]、当初、直接支払義務を規定する案が検討され、その後、契約締結の擬制、そして現行放送法64条1項と同じく「締結しなければならない」との条文が採用されて放送法が制定されている。

このように、当初案では直接支払義務を規定することや法律で契約の成立を擬制する規定を置くことで、放送法の規定に民事効をもたせることが検討されたものの、その後、現行の規定のとおりの文言をもって放送法が成立したことからすれば、この規定により民事効をもたせることは断念されたと考えざるを得ず、そうすると同条の違反をもって直ちに契約が成立したり、あるいは受信料の支払義務が生じる規定としては立法されなかったといわざるを得ない。したがって、現在の放送法64条1項の規定が「締結しなければならない」としている意義は、行政上の規範として契約の締結行為を行うべきことを規定したものと考えるべきである。

また、民法の契約法理の基本原則からすれば、契約が成立するためには申込みの意思表示と承諾の意思表示の双方が必要であるだけでなく、その一致（合致）も必要であるから、NHK側からの受信契約の申込みがなされても、受信設備の設置者側の承諾の意思表示がなければ契約が成立すると解することはできない。

放送法64条1項が行政法上の義務づけとして捉えた場合には、この義務づけに違反した場合の私法上の効果の検討が必要であることは、学説も指摘す

▶
[35]　一覧表の判例のうち、⑫および⑬は判決文を入手できていないので、詳細は判明していない。
[36]　谷江・前掲注11）528頁および平野・前掲注27）の解説参照。なお、放送法の制定過程における法案の内容と変遷については、当時の資料を分析して論じた村上聖一「放送法・受信料関係規定の成立過程——占領期の資料分析から」放送研究と調査2014年5月号32頁を以下参照。

第3節 放送法の消費者保護制度　**359**

るとおりである[37]。

　この場合、放送法64条１項に違反して受信装置を設置しながら契約の承諾の意思表示をしない場合に契約の成立を認めるとすると、契約を無効とするのではなく有効とする方向で取締法規の私法上の効力論を援用することになる。確かに法論理としては取締法規に違反した場合の契約の効力を否定する方向のみならず、契約の効力を肯定する方向でこの法理を用いる場合の２つの議論の方向があるとはいえ[38]、消費者の利益保護が問題となる場面では、取締法規が命じる行政法上の義務づけは消費者が不当な内容の契約の締結を余儀なくされることで消費者が損害を受けることを防止することに規制目的があることから、取締法規の私法上の効力論は、保険契約などの例外を除き契約を無効とする方向で法理が展開されてきている。

　NHK の受信契約の場合は、憲法13条の幸福追求権に根拠がある個人の自己決定権を契約法において敷衍する契約自由の原則（契約締結の自由）を制約する義務であることも踏まえると、NHK の受信契約を有効とする方向で、取締法規の私法上の効力論を用いることには違和感を感じるし[39]、実際にも契約自由の原則の第一の原則ともいえる、契約を締結するか否かの自由を制限するものであることから、放送法64条１項の違反をもって NHK の受信契約が成立するとの方向で取締法規の効力論を用いるべきではない。

　また、NHK の受信料が、NHK の提供する放送役務の対価ではなく、役務の提供がなされたか否かとは直接の関係のない特殊な負担金の性質を持つものだとしても、他の法令がこのような性質をもつ負担金の支払いをしない場合について、直接、負担金の徴収をなし得る規定を置いているのに対し[40]、放送法にはこのような趣旨の規定は皆無であることを踏まえると、法的な根拠なく契約の締結（申込みと承諾の合致）によらずに、支払義務を肯定することには大きな問題がある。

　さらに、特殊の負担金であることを根拠に、契約によらずに、直接、受信料

＊37　松本・前掲注11）436頁、内山・前掲注28）97頁参照。
＊38　松本・前掲注11）436頁は、ベクトルは逆の方向を向いているとはいえ、両者は表裏の問題という。
＊39　内山・前掲注28）97頁。なお、取締法規の私法上の効力を否定する条文上の根拠が、民法90条から91条に求められていることも（大村敦志『契約法から消費者法へ』（東京大学出版会・1999年）163頁（第２章第２節）以下参照）、同法理は取締法規の命令に違反した法律行為の無効を導き出すための法理であって、有効を導き出す法理と解することには消極的にならざるを得ないと考える。
＊40　この点については、谷江・前掲注30）49頁が詳しく分析している。

の支払義務を導き出すことは法律上の明文の根拠もない以上困難であるし、放送法64条1項が受信装置の設置者に対し意思表示を行うことを義務づけた民事効を規定したものと考えることについても、平野裕之説が指摘するとおり、現在の放送の実際を踏まえれば、契約を締結した者だけに放送役務の提供をすることが技術的にも可能な状況にある以上、契約によらずに役務提供を「押しつける」ことになる同条の規定は、国民の自己決定を制限するものであって、憲法上も多大な疑義がある。

　NHKの主張する前記ⓐの手続保障がされているとの根拠は、契約締結そのものの義務づけを締結された契約内容から基礎づけるもので論理的に整合性がないと思えるし、同様にⓑおよびⓒの根拠も必要性の理由という意味で価値判断上の根拠であって、契約法理からみた論理的な根拠としては説得力が弱い。契約締結の民事法上の義務化の必要性が高いのであれば、正面からそのような制度となっていたはずであるし、またそうすべきである。

　そうすると、学説が論証しているとおり、少なくとも現行の放送法64条1項を前提にする限り、この規定を根拠にして受信契約の締結をしていない者に対し、契約の成立を強制し、それを前提に受信料の支払い請求をすることはできないものと解する。受信契約の締結義務について最高裁が大法廷でいかなる判断を下すにせよ、NHKの受信料の負担については、広く国民が分担すべきであると考えるが、その負担の在り方や負担をする場合の方法は、そもそも契約という方法に基づき負担を求めるのが適切なのか否か、あるいは契約を利用するとしても、契約の締結における手続、受信装置を設置しながら契約を締結していない場合の措置等も含めて、国会での議論を踏まえて明確に放送法のなかに規定することにより対応すべきである[41]。

イ　NHKの放送を受信することのできる「受信設備」の「設置」

① 受信設備

　放送法64条1項は、「協会の放送を受信することのできる受信設備を設置した者」に受信契約を「締結しなければならない」と規定するので、そもそも同条の適用があるのは、NHKの放送を受信することのできる受信設備を設置した場合であり、受信契約の締結義務を負う者は設置者である。

＊41 松本・前掲注11）443頁も同旨。

放送法64条1項に規定されている「受信設備」は、NHKの放送をアンテナ（空中線）により電波を受信して、放送される内容を人の視覚または（および）聴覚で認識できる状態とすることが可能な機能または構造を有する機器・装置を意味するが、放送法省令21条は放送法64条1項の「受信設備」には、「放送を受信する受信機に連接する受話器、拡声器および受像管を含む」としているので、受信装置の本体に限らず、これに接続しているスピーカーやイヤフォン、画像表示用のディスプレイなども含まれる。

　放送法20条1項は、NHKの放送業務について、中・短波およびテレビジョン放送を内容とする国内基幹放送では「特定地上基幹放送局を用いて行われるものに限る」とし（同項1号）、衛星基幹放送では「基幹放送局を用いて行われる衛星基幹放送に限る」としているので（同項2号）、電波を利用した放送のみを規定している。そうすると放送法64条1項の受信設備は電波が受信できる設備に限られることになるが、他方、同条4項はNHKの放送を受信し、内容に変更を加えずに同時にその再放送をする放送は、NHKの放送とみなし、放送法64条1項から3項の規定が適用されるとしており、同条4項の「放送」は放送法2条1号の定義からして無線に限らず、有線の電気通信による場合も含まれるので、結局のところ、上記の再放送を受信可能な装置を設置した者は、NHKとの間で受信契約の締結義務があることになる。

　また、同項ただし書は、受信契約の締結義務の例外として、ⓐ放送の受信を目的としない受信設備、またはⓑ音声その他の音響を送る放送であって、かつ、テレビジョン放送および多重放送に該当しない受信設備、もしくは、ⓒ多重放送に限り受信することのできる受信設備のみを設置した者を規定している。

　ここからすると、一般に利用されているラジオ受信機、テレビジョン受信機が放送法64条1項の「受信設備」に該当することは当然であるが、これ以外にもアンテナで電波を受信して視聴する設備か、ケーブルや光回線など有線による電気通信を利用して視聴する設備かにかかわらず、上記のとおりの機能をもつ装置、機器はすべて含まれるので、かなり広い範囲の機器がこれに該当するといえる（一覧表の②の判決はケーブルテレビも「受信設備」に該当することを認めている）。

　他方、放送法64条1項ただし書は、「放送の受信を目的としない受信設備

362　▶第5章　放送法と消費者

又はラジオ放送若しくは多重放送に限り受信することのできる受信設備のみを設置した者については、この限りでない」と規定し、NHK の放送を受信可能な機能、構造の装置であっても、音声などの音響を送る放送であって、テレビジョン放送および多重放送[42]に該当しないラジオ放送と多重放送のみが受信可能な装置は除外されている。

また、放送の受信を目的としない受信設備も除外されているが、「放送の受信を目的としない」ものの例として挙げられているのは、電波監視用の受信設備、公的機関の研究開発用の受信設備、受信評価を行うなどの電波監理用の受信設備である[43]。

なお、市販のテレビ受像機に NHK の放送だけ見られないようにする装置を接続したり、組み込む等した装置を設置した場合についても、NHK は「協会の放送を受信することのできる受信設備」と主張しており、これの沿う裁判例もある。例えば、東京地判平28・7・20（一覧表㉔）は、NHK の放送だけが映らないようにするカットフィルターを自宅の壁の中に埋め込んで、アンテナケーブルと接続する配線工事を行ったことで、NHK の放送が受信できなくなったことを理由に NHK 受信規約9条1項の「受信機を廃止すること等」により契約を要しない場合に当たるので受信契約が解約されたと主張したが、受信者の意思次第でフィルターの取り外しが可能であるから、解約の効力は認められないとしている。

② 受信設備の「設置」

放送法64条1項は、受信設備を「設置」した者に契約を締結する義務を負わせているのであり、受信設備がその機能、構造上、NHK の放送を受信できるものであっても、そのような装置を「設置」したといえる場合でなければ、契約を締結すべき義務はない。

この点で問題となるのは、ワンセグの受信機能の付いた携帯電話機やスマホの利用が放送法64条1項の規定する NHK の放送を受信できる受信設備の

▶ ....

[42] 多重放送の意義は、前掲注5）のとおり。
[43] 放送法逐条解説175頁。同書では、電気店に店頭に陳列された受信設備も「放送の受信を目的としない受信設備」の例として挙げている。おそらく販売目的のものだからとの判断であろうが、販売目的の設置でも当該装置により放送の受信状態がどのようなものかを確認するために放送を受信することは同じであるから、いささか整合性に欠けるのではないかと考える。同書が難視聴の解消のために住民が設置した受信装置は「協会の放送を受信することができる受信設置」には該当するが、契約締結義務はないとしているのも同様であり、例外については受信装置の内容、その用途、設置の目的や態様を踏まえて、除外される場合を明確にすべきである。

第3節 放送法の消費者保護制度　363

「設置」に該当するか否か、および家具付きの賃貸物件を契約し入居した者が、備え付け家具の中に含まれているテレビを賃借人が放送法64条1項の「設置」をしたといえるか否かである。

　前者については、これを否定する裁判例（一覧表㉕）と肯定する裁判例（同㉚）があるが、㉕の判決が詳細に判示しているとおり、放送法における「設置」の文言は統一的に理解すべきであるし、また、そもそも放送法は携帯電話機やスマホなどの移動端末で放送を受信する「移動受信用地上基幹放送」（放送法2条14号）はNHKの法定業務（「必須業務」ともよばれることもある：放送法20条1項）には含めておらず、放送法上、当然にNHKが行うべき業務とは解せないことも踏まえると、ワンセグの受信機能付きの携帯端末を使用することは、放送法64条1項の「設置」には該当しないと解する。

　なお、NHKの現行の受信規約では「携帯用受信機」も受信料の支払いが必要な「受信機」に含めて規定しているが（同規約1条2項）、放送法64条1項がかりに民事効を規定したものと解した場合でも、携帯用受信機の場合は「設置」に該当しない以上、契約の締結義務を規定した同条同項を根拠に「設置」していない「受信機」に係る受信料の支払い義務を導くことは困難である。

　次に、家具付きの賃貸物件を契約し入居した者が、備え付け家具の中に含まれるテレビについては一覧表の㉘およびその控訴審判決である㉛で争われた。一審（一覧表㉘）は「設置」には該当しないとしたが、控訴審（一覧表㉛）は逆に、「設置」には物理的に受信装置を設置した者だけでなく「その者から権利の譲渡を受けたり承諾を得たりして、受信設備を占有使用して放送を受信することができる状態にある者も含まれる」と判示して、家具付き賃貸物件の備え付け家具の中に含まれるテレビを使用する入居者も「設置した者」に含まれるとしている。

　しかしながら、㉛の判決のような考え方をとると、NHKの受信規約は受信契約が「世帯」ごとを基本として締結されることを前提にしているので、実際の行為としてはテレビを購入し賃貸物件内に設置したのは賃貸人であることから、テレビ付きの賃貸物件の賃貸人も同時に受信契約の締結が必要になり、1台の受信機に複数の契約が必要となる事態も生じることになってしまう。また、入居者からみるとその物件に入居する限り、付属しているテレビだけ除外して契約することは困難であり、その場合、居住の自由（憲法22条）

との関係で問題も生じる。さらに、賃貸業者の場合には多数一括割引（受信規約5条の2）を受けられるが、入居者の場合はこのような割引が受けられないので、受信設備の「設置者」は賃貸人であると解し、賃貸人に受信契約を締結させ、その分を入居者に転嫁する方が入居者の負担が軽減する。さらに、入居者がNHKとの間で受信契約を解約するために部屋に設置されているテレビ受信機を撤去したり、廃棄することは賃貸人の財産権の侵害であり、他者の同意ない限り自らの意思だけでは適法に行うことができないものであるから、NHKと受信契約を締結する他の契約者の場合と比べても解約の自由が大きく制限されることになる。加えて、家具付きの賃貸物件の場合には、その多くが日にち単位や週、月単位で契約するものが多く、使用期間も比較的短いものが多いことからすれば、ホテルや旅館に備え付けのテレビ受信機でNHKの放送を受信する場合は宿泊者が「設置者」とは解されないことと平仄が合わない。

　以上の理由から、家具付きの賃貸物件の場合は、賃貸人が受信装置の「設置者」に該当することはあっても、入居者が「設置者」に該当すると解すべきでないと考える。

（3）NHKの受信契約の内容

ア　受信契約の締結

①　契約締結の方式

　NHKとの間の受信契約も民事上の契約であり、契約締結の方式や方法については、既述のとおり、放送法は特段の規定を置いていないので、契約法の原則どおり、申込みの意思表示と承諾の意思表示が合致したときをもって成立する。

　しかし、放送法64条1項が民事上の義務を規定したものと考える判例の立場からすれば、NHKから契約の申込みを受けても契約の締結をしない設置者の場合は、直接契約の成立を肯定する立場では、NHKの申込みの意思表示が到達した時点あるいは判例のいう一定期間経過後に契約が成立することになるし、承諾（または申込み）義務を定めたと考える立場では、NHKとの間で受信契約の承諾の意思表示を命じる判決が確定した日に契約が成立することになる。

　任意に受信契約を締結する場合、契約締結に必要な意思表示の方式につい

ては民法の原則からすれば特段の決まりがある訳ではないが、NHK の放送
受信規約では、受信設備の設置者は「放送受信契約書」（契約書の記載事項は受
信規約 3 条 1 項 1 号から 5 号）を提出することで契約の締結を行うべき旨を規
定し（同条 1 項）、契約の変更の場合も同様としている（同条 2 項）。

　受信設備を設置した者が自身で NHK との受信契約を締結したのではなく、
夫婦の一方が他方の名義で契約を締結した場合に、NHK との受信契約の締
結が民法761条の「日常家事に関して」債務を負担した場合に当たるか否かが
争われたケースがいくつかあるが、裁判所はいずれも日常家事代理が成立す
ることを認めている（東京高判平22・ 6 ・29判時2104号40頁、札幌高判平22・11・
5 判時2101号61頁）[*44]。

②　受信規約の定める受信契約の成立時

　以上のとおりの民法の原則からすれば、NHK との間の受信契約の成立時
点は、意思の合致なく契約の成立を認める判例の立場でも NHK が契約締結
の申込みの意思表示を行い、これが相手方に到達した時点、あるいはそこか
ら一定期間経過した時点に契約が成立することとなるし、また、承諾義務を
認める判例の考え方に立っても判決が確定した時に契約が成立することにな
る。また、任意に契約の締結がなされた場合には、意思表示の合致した時に
成立し、契約成立の時点が意思表示を基準にした時点より前に遡ることはな
いと考えられる。

　しかしながら、受信規約では、受信契約の成立日について「受信機の設置
の日に成立するものとする」と規定し（受信規約 4 条 1 項）、受信契約の成立
日が受信設備の設置の日まで遡及することを認める規定を置いている。受信
規約をもって受信契約日を受信機の設置の日に遡及させることは、成立した
契約の効力（具体的には受信料債権の発生日）を遡及させることとは論理的に
同じではなく、請求権の発生日を成立した契約の効力として遡及させること
はあり得るが、成立日を成立した契約の効力として遡及させることは論理的
整合性に問題があるように思われる。

　一覧表の裁判例の多くは、放送法64条 1 項の民事効を認めているので、受
信契約が成立した以上は受信規約 4 条 1 項および 9 条に基づき、この点（成

▶··

[*44] これらの判決は上告および上告受理申立てがなされたが、上告棄却および上告不受理となって
　　いる（最決平23・ 5 ・31LEX/DB 文献番号25471220）。

366　▶第 5 章 放送法と消費者

立日がいつかの問題と請求権の発生日がいつか）はあまり問題にせずに、受信設備の設置日に遡及して受信料の支払いを命じている。

　しかし、学説は、放送受信規約の規定をもって受信契約の成立日を受信設備の設置日に遡及させてこの日から受信料の支払義務を認める判例の見解には反対している[*45]。

イ　NHK の受信契約の内容

①　受信規約に基づく契約

　NHK が総務大臣の認可を受けて作成した NHK の「受信規約」は普通契約約款としての効力が認められるので、NHK との間で締結された受信契約の内容は同規約に従って契約条件が定められることになる。

②　契約種別と契約単位

　受信規約では、契約の種別として、「地上契約」「衛星契約」および「特別契約」の 3 種類の契約を定め（受信規約 1 条）、受信契約は、住居および生計をともにする者の集まりまたは独立して住居もしくは生計を維持する単身者を 1 つの世帯と捉え、世帯ごとに行うものとされている（受信規約 2 条 1 項・3 項）。なお、世帯構成員の自家用自動車も住居の一部とみなすことにしているので、テレビ付きのカーナビなどは世帯で契約した受信契約に含まれる（同条 3 項）。なお、事業所等の場合は受信装置の設置場所ごとに受信契約を行うものとされている（同条 2 項）。

③　受信料の支払い

　受信料については、受信規約 4 条 1 項が受信契約が受信機を設置した日に成立するとしていることを前提にして、受信機を設置した月から受信規約に基づき解約された月の前月までの間、受信契約 1 つごとに、契約種別と支払区分（口座振替、クレジットカード等継続払、または継続振込）ごとに定められている基準に従って支払う義務があるとしている（受信規約 5 条）。

　また、放送受信料の支払いは、第 1 期（4 月および 5 月）、第 2 期（6 月および 7 月）、第 3 期（8 月および 9 月）、第 4 期（10月および11月）、第 5 期（12月

＊45 谷江・前掲注11）538頁以下では放送法の契約締結義務の規定に関する制定過程の経緯を踏まえ、法律案で断念された契約締結の擬制を超えて契約そのものを擬制したうえで支払義務を課しており、この規約を根拠にして実質上の支払義務が正当化されるのは疑問と論じているし、平野・前掲注27）78頁は、受信規約は契約約款に過ぎず、契約が成立するかどうか、いつ成立するかを規定できるか疑問とし、放送法64条 1 項が受信機設置により当然契約の成立を認める方式にしなかったため、それを解釈で実質的に実現することは無理ではなかろうかとする。

および1月)、第6期(2月および3月)という2ヶ月を1つの期として、その期の受信料はその期において一括して支払うこととされている(受信規約6条1項)。なお、6ヶ月分または1年分をまとめて支払うことも可能とされている(同条2項)。

④ 受信契約の解約

NHK は、放送法64条1項は民事上の契約締結義務を定めたものとの前提で、受信契約の解約についても、受信規約に解約の自由を制限する規定をおいている。

すなわち、受信規約では、NHK との間の受信契約の解約が可能なのは「放送受信契約者が受信機を廃止すること等により、放送受信契約を要しないこととなったとき」に限定し、また、解約をするためには、ⓐ放送受信契約者の氏名および住所、ⓑ放送受信契約を要しないこととなる受信機の数、ⓒ受信機を住所以外の場所に設置していた場合はその場所、ⓓ放送受信契約を要しないこととなった事由を直ちに NHK の放送局への届出を必要とし(受信規約9条1項)、さらに NHK が上記の各事項に該当する事実の確認ができたときにはじめて届出日をもって解約の効果が生じるとしている(同条2項)。

受信規約が規定する解約の制限は、契約関係の入口(契約の成立)について放送法64条1項が民事上も契約締結義務を規定したことを前提にして、契約関係の出口(解約)においてもこの義務を貫徹させようとする目的があると理解できる。

しかしながら、放送役務の提供契約は、継続的役務提供契約であるから、民法の原則では準委任契約と同じく解約は自由が原則であり、相手方(NHK)に不利益な時期ではない限り、損害賠償の必要なく解約できる(民法651条)。その意味では、NHK の受信規約の規定する解約に関する規定は、民法の原則に比べて解約の自由を大きく制限するものである。この場合、契約締結義務という後ろ盾がない場合には、受信規約の定める解約規定は消費者契約法10条に違反するといえる。

受信契約の解約に関する問題も、結局のところ、放送法64条1項の趣旨をどのように捉えるかによって考え方が異なる問題であり、これまで述べてきたとおり、NHK の受信料の負担にかかる制度全体のなかで解決策を考える必要がある。

⑤　受信料の免除

　受信料の免除については、放送法64条 2 項が「あらかじめ、総務大臣の認可を受けた基準によるのでなければ、前項本文の規定により契約を締結した者から徴収する受信料を免除してはならない」と規定しており、NHK が自由な判断で受信料の支払いを免除することはできず、免除の基準について総務大臣の認可を必要としている。

　同項の受信料免除の基準の認可申請については放送法省令22条が規定しており、NHK に対し、受信料免除の基準、受信料免除の理由、受信料の免除が事業収支に及ぼす影響に関する計算または説明および実施しようとする期日を記載して総務大臣に認可申請すべきことを規定し、この申請に基づき認可を受けた基準として NHK は「日本放送協会放送受信料免除基準」を定めている[46]。

　この免除基準によると、全額免除の対象となるのは、社会福祉施設、学校（小・中学校、義務教育学校、中等教育学校、特別支援学校および幼稚園）、生活保護などの公的扶助受給者、市町村民税非課税の障害者、社会福祉事業施設入居者、災害被災者であり、半額免除の対象となるのは、視覚・聴覚障害者、重度の障害者、重症の戦傷病者となっている[47]。また、免除事由については、1 年ごと（公的扶助受給者、市町村民税非課税の障害者についての受信規約10条 4 項の調査）または 2 年ごと（社会福祉施設、学校、社会福祉事業施設入居者および半額免除者の同調査）に行われるものとされている。

(4) 受信料請求権の消滅時効

　NHK との間の受信契約から生じる受信料債権の消滅時効期間をめぐり、NHK は短期消滅時効の適用はないとして争っていたが、最判平26・9・5（一覧表⑲）は NHK の受信料は、定期給付債権（民法169条）に当たり、その消滅時効の期間は 5 年間と解すべきとした。

　なお、この最高裁の事案は既に発生している受信料債権（支分権たる債権）の消滅時効が争われたものである。既発生の受信料債権ではなく、各支払期日ごとに発生する NHK の受信料債権（定期金債権）自体の消滅時効について

---

[46] https://pid.nhk.or.jp/jushinryo/kiyaku/nhk_menjyokijyun_h290401.pdf
[47] これらの具体的な内容は「日本放送協会放送受信料免除基準」の別表 1 から別表 4 に規定されている（前掲注46）参照）。

は、民法168条1項後段の「最後の弁済期」の意義をNHKの受信料の場合にどう解釈、適用すべきかも争われているが、東京地判平27・1・19（一覧表㉑）は、時効の起算点は受信料の最後の弁済があったときではなく、契約上の最後の弁済期であると判断している。

(5) 受信契約の未（非）締結者の受信料相当の不当利得・損害賠償金の支払義務

ア 不当利得・損害賠償金の支払義務

　学説は放送法64条1項の民事効を否定し、受信設備を設置している者がNHKとの間で受信契約の締結に応じていない場合でも、受信契約の成立を強制する手段がないことから、これらの者がNHKとの間で受信契約を締結していない以上、契約に基づく受信料の請求はできないので、これらの者がNHKの放送を受信している（あるいは受信できる状態にある）場合には、これらの者が受けている利得を不当利得あるいは不法行為の損害賠償金としてNHKに支払義務があるか否かの検討が必要となる。

　また、民事上の契約締結義務を認めたと解する判例の立場でも、受信契約の成立までの間のNHKの放送の視聴による利得等について、受信契約に基づかずに得た利得の返還、または放送法64条1項に違反した違法な行為に基づきNHKが被った損害賠償として支払を請求し得ると考えることは可能である。

　したがって、いずれの見解に立つにしても、受信契約の締結をせず、受信設備を設置した者については、不当利得返還請求の可否または不法行為に基づく損害賠償の請求の可否が問題となる。

イ 契約に基づかない放送の受信と不当利得

　受信契約に基づかずにNHKの放送を受信した場合あるいは受信可能な設備を設置している場合に、NHKはそのような者が受信契約を締結した場合に得られた受信料相当額の損失（得べかりし利益の逸失）を受けており、反面、設置者は受信料相当額の支払いを免れているので、法律の根拠なく「利得」をしたとみることも可能である。

　現に一覧表の㉖の判決は、放送法64条1項に基づき意思表示を命じる判決の確定により受信機の設置の日に遡って成立した受信契約に基づき受信料の支払義務を負う一方、口頭弁論終結前に受信装置の撤去により契約締結すべ

きであったのにもかかわらず、設置から撤去までの間に支払いを免れた受信料相当の金員を不当利得しているとしてその返還を命じている。

しかし、放送法64条1項で問題にされている受信契約によって支払うべき受信料は、NHKの提供する放送役務の「対価」ではなく「特殊な負担金」とNHKは主張しており、同条の民事効を認める判例の立場でも、この点は共通しているとみられる。受信料が「役務提供の対価」ではなく「特殊な負担金」と考えられているのは、NHKの主張するように受信料が唯一の自主財源であり、NHKの存立と運営の財政的基盤を賄う目的から支払いが必要とされるものであることが理由の1つとされているが、少なくとも「契約」という方式をもってこの「負担」を求める以上は、NHKの提供する放送役務とこれに対して支払われる負担との対応関係がいかなる性質のものであるかが重要である。

そもそも、NHKの放送は、いわゆる「あまねく義務」との関係もあり、本来、誰でも視聴できる性質のものであり、また、NHKの受信規約のうえでも現実の放送の受信や番組の視聴をするか否かとは関係のない受信可能な装置の設置をもって支払義務が発生するとの構成がとられている。

そうであるとすると、実際にNHKの放送を受信したか否かや番組を視聴したか否かは受信料の支払義務の発生や内容、金額とは直接結び付いていない。NHKの受信料は、このような意味で放送役務の提供との対価関係がないと考えられるのであるし、だからこそ「対価」ではない別の目的の負担金として理解されている。

この点を前提にすると、受信契約に基づかずにNHKの放送を受信し、視聴したからといって、このことと対価関係にない受信料相当の利得を得ていると評価し得るか否かはかなり疑問である[48]。

ましてや、受信もせず、視聴もせずに単に受信可能な設備を「設置」しているだけで、受信料の支払義務が生じるのだとすれば、これを契約という仕組みで説明する限り、契約当事者間の給付の均衡は認められず、装置の設置をもってNHKの受信料相当の利得を得ているとは評価できないのではないかと思われる。

▶ ....
[48] 松本・前掲注11)、谷江・前掲注11)、内山・前掲注28)。

判例は、このような場合でも放送法64条１項の民事上の効果として契約締結を義務づけたものだとの解釈を前提に、民事上の義務履行を強制される立場にある受信可能な設備の設置者は、義務を履行すれば支払いが必要な金員の支払いを免れているのだから利得と評価できるとの考え方に立っているといえる。しかしながら、判例の大多数が認める民事効は、契約締結の意思表示をすべき義務であって（直接、契約を成立させることまで認めるのは少数である）、この場合、意思表示を命じる判決の確定をもって、始めて契約が成立する以上、契約が成立するまでの間の支払義務を契約約款に過ぎないNHKの放送受信規約のみを根拠に導き出すことは難しいのではないかと考える。

　したがって、この点も放送法の改正等の立法により解決すべき問題といえ、放送法の解釈だけで結論を出すのは相当ではない。

ウ　放送法64条１項に違反して受信契約を締結せずに受信設備を設置する行為と不法行為

　受信設備を設置しながら、放送法64条１項に違反してNHKとの間で受信契約を締結せずに、受信料の支払いを免れている行為が、民法709条の不法行為となるか否かについては、かかる行為がNHKの権利ないし法律上保護された利益を侵害しているか否か（違法性要件）およびこの行為によりNHKに損害が発生しているか否か（損害要件）の点が充足されるのか否かが問題となる。

　大多数の国民が受信設備を設置すればNHKとの間で放送受信契約の締結に応じている事実があることを前提にして、放送法64条１項の規定を民事上の契約締結義務を規定したものとの解釈をとるとすれば、この締結義務違反行為はNHKの法的に保護された利益を侵害すると評価することも可能であり、違法性が認められることになる[49]。

　しかし、放送法64条１項の規定は行政上の訓示規定であると捉えたり、憲法違反あるいは民事法の法理から法的効力がないと考える立場からは、同条に違反して受信設備を設定しながら受信契約を締結することを拒絶する行為が、NHKの法律上保護された利益を侵害するとみることは難しくなる。

　また、上記イの不当利得の成否においても述べたが、NHKの受信料の性質

▶ ………………………………………………………………………………………………
＊**49** 錦織・前掲注21）は、このような見解といえる。

372　▶第５章 放送法と消費者

が放送役務の対価ではなく、特殊な負担金だとしても、契約にしろ法律の規定にしろ、特殊な負担金の法的支払い義務が設置者に認められることを前提にして、初めてNHKがこのような義務に基づき得べかりし利益を失ったと評価できることになるから、やはり受信設備の設置者に、かかる設備の設置をした場合に法的に強制されるような義務（契約締結義務ないし負担金支払義務）が認められる場合には、不法行為の要件たる損害が認められるが、そうではない場合には、誰でも受信できるNHKの放送を受信することあるいはそのような放送を受信可能な装置を設置することをもって、NHKに損害が発生したとはいえないことになる。

　このような結論は、多くの国民がNHKと受信契約を締結していることを前提にすると公正ではないし不公平であるといえるので、現行の放送法64条1項の規定を前提にした解釈ではなく、このような場合も含めて、放送法が規定するNHKの設立目的に適合するような、負担の在り方を総合的に検討、議論し、放送法の改正を含めて立法的に解決する必要があるし、そのような対応が合理的であると考える。

日本放送協会放送受信規約

　放送法（昭和25年法律第132号）第64条第1項の規定により締結される放送の受信についての契約は、次の条項によるものとする。
（放送受信契約の種別）
第1条　日本放送協会（以下「NHK」という。）の行なう放送の受信についての契約（以下「放送受信契約」という。）を分けて、次のとおりとする。
　地上契約…地上系によるテレビジョン放送のみの受信についての放送受信契約
　衛星契約…衛星系および地上系によるテレビジョン放送の受信についての放送受信契約
　特別契約…地上系によるテレビジョン放送の自然の地形による難視聴地域（以下「難視聴地域」という。）または列車、電車その他営業用の移動体において、衛星系によるテレビジョン放送のみの受信についての放送受信契約
2　受信機（家庭用受信機、携帯用受信機、自動車用受信機、共同受信用受信機等で、NHKのテレビジョン放送を受信することのできる受信設備をいう。以下同じ。）のうち、地上系によるテレビジョン放送のみを受信できるテレビジョン受信機を設置（使用できる状態におくことをいう。以下同じ。）した者は地上契約、衛星系によるテレビジョン放送を受信できるテレビジョン受信機を設置した者は衛星契約を締結しなければならない。ただし、難視聴地域または列車、電車その他営業用の移動体において、衛星系によるテレビジョン放送のみを受信できるテレビジョン受信機を設置した者は特別契約を締結するものとする。
（放送受信契約の単位）
第2条　放送受信契約は、世帯ごとに行なうものとする。ただし、同一の世帯に属する2以上の住居に設置する受信機については、その受信機を設置する住居ごととする。
2　事業所等住居以外の場所に設置する受信機についての放送受信契約は、前項本文の規定にかかわらず、受信機の設置場所ごとに行なうものとする。
3　第1項に規定する世帯とは、住居および生計をともにする者の集まりまたは独立して住居もしくは生計を維持する単身者をいい、世帯構成員の自家用自動車等営業用以外の移動体につい

ては住居の一部とみなす。
4 第2項に規定する受信機の設置場所の単位は、部屋、自動車またはこれらに準ずるものの単位による。
5 同一の世帯に属する1の住居または住居以外の同一の場所に2以上の受信機が設置される場合においては、その数にかかわらず、1の放送受信契約とする。この場合において、種類の異なる2以上のテレビジョン受信機を設置した者は、衛星契約を締結するものとする。

（放送受信契約書の提出）
第3条 受信機を設置した者は、遅滞なく、次の事項を記載した放送受信契約書を放送局（NHKの放送局をいう。以下同じ。）に提出しなければならない。ただし、新規に契約することを要しない場合を除く。
(1) 受信機の設置者の氏名および住所
(2) 受信機の設置の日
(3) 放送受信契約の種別
(4) 受信することのできる放送の種類および受信機の数
(5) 受信機を住所以外の場所に設置した場合はその場所
2 放送受信契約者がテレビジョン受信機を設置しまたはこれを廃止すること等により、放送受信契約の種別を変更するときは、前項各号に掲げる事項のほか、変更前の放送受信契約の種別を記載した放送受信契約書を放送局に提出しなければならない。
3 第1項または第2項の放送受信契約書の提出は、書面に代えて電話、インターネット等の通信手段を利用した所定の方法により行なうことができる。この場合においても、第1項または第2項に規定する事項を届け出るものとする。
4 前項による放送受信契約書の提出があった場合、NHKは、書面の送付等により提出内容を確認するための通知を行なうものとする。

（放送受信契約の成立）
第4条 放送受信契約は、受信機の設置の日に成立するものとする。
2 放送受信契約の種別の変更の日は、その変更にかかる受信機の設置の日、またはその廃止等に伴う前条第2項もしくは第3項の提出があった日（ただし、NHKにおいて提出された放送受信契約書の内容に該当する事実を確認できたときに限る。）とする。
3 NHKは、受信機の廃止等に伴う前条第2項または第3項の放送受信契約書の内容に虚偽があることが判明した場合、その放送受信契約書の提出時に遡り、放送受信契約の種別の変更がされないものとすることができる。

（放送受信料支払いの義務）
第5条 放送受信契約者は、受信機の設置の月から第9条第2項の規定により解約となった月の前月（受信機を設置した月に解約となった放送受信契約者については、当該月とする。）まで、1の放送受信契約につき、その種別および支払区分に従い、次の表に掲げる額の放送受信料（消費税および地方消費税を含む。）を支払わなければならない。
＜表略＞
　この表において「口座・クレジット」とは第6条第3項に定める口座振替またはクレジットカード等継続払をいい、「継続振込等」とは同条同項に定める継続振込または同条第4項に定めるその他の支払方法をいう。
2 特別契約を除く放送受信契約について沖縄県の区域に居住する者の支払うべき放送受信料額（消費税および地方消費税を含む。）は、前項の規定にかかわらず、当分の間、別表1に掲げる額とする。
3 放送受信契約の種別に変更があったときの当該月分の放送受信料は、変更後の契約種別の料額とする。ただし、当該月に2回以上の契約種別の変更があったときの放送受信料は、各変更前および各変更後の契約種別のうち、次の順位で適用した契約種別の料額とする。
(1) 衛星契約
(2) 地上契約

（多数契約一括支払に関する特例（多数一括割引））
第5条の2 ＜略＞
（団体一括支払に関する特例（団体一括割引））
第5条の3 ＜略＞
（同一生計支払に関する特例（家族割引））
第5条の4 住居に設置した受信機についての放送受信契約を締結している者が、本条の特例を受けることなく放送受信料を支払う場合で、その放送受信契約者またはその者と生計をともにする者が別の住居に設置した受信機について放送受信契約を締結し、当該契約について所定の手続きを行なうときは、当該契約について、放送受信料額から、第5条に定める放送受信料額

の半額を減じて支払うものとする。ただし、本条の特例は、いずれの放送受信契約についても第6条第3項に定める支払方法により放送受信料を支払う場合にのみ適用する。

2　NHK は、前項の所定の手続きにあたり、申込書記載の内容を確認できる資料の提出を放送受信契約者に求めることができる。放送受信契約者が要求された資料を提出しない場合、もしくは当該資料によって申込書記載の内容を確認できない場合には、NHK は、前項に定める特例を適用しないことができる。

3　第1項に定める特例を適用された放送受信契約者は、申込書記載の内容に変更が生じたときは、直ちに、その旨を放送局に届け出なければならない。

4　NHK は、申込書記載の内容に虚偽があることまたは前項の届け出がないことが判明した場合、申込書の提出時または申込書記載の内容に変更が生じたと認められる時に遡り、第1項に定める特例を適用しないことができる。

（事業所契約に関する特例（事業所割引））
第5条の5　＜略＞
（放送受信料の支払方法）
第6条　放送受信料の支払いは、次の各期に、当該期分を一括して行なわなければならない。
　　第1期（4月および5月）
　　第2期（6月および7月）
　　第3期（8月および9月）
　　第4期（10月および11月）
　　第5期（12月および1月）
　　第6期（2月および3月）

2　放送受信契約者は、前項によるほか、当該期の翌期以降の期分の放送受信料を支払うことができる。ただし、当該期以降6か月分または12か月分の放送受信料を一括して前払するときは、期別の支払いによらないことができる。

3　放送受信料は、次に定める口座振替、クレジットカード等継続払または継続振込により支払うものとする。この場合の手数料は NHK が負担する。
　(1)　口座振替　NHK の指定する金融機関に設定する預金口座等から、NHK の指定日に自動振替によって行なう支払いをいう。
　(2)　クレジットカード等継続払　NHK の指定するクレジットカード会社等との契約に基づき、クレジットカード会社等に継続して立て替えさせることによって行なう支払いをいう。
　(3)　継続振込　NHK の指定する金融機関、郵便局またはコンビニエンスストア等において、NHK が定期的に送付する払用紙を用いて、NHK の指定する支払期日までに継続して払込むことによって行なう支払いをいう。

4　前項に定めるほか、放送受信料は、NHK の指定する金融機関等を通じてまたは NHK の指定する場所で支払うことができる。また、重度の障害により継続振込による支払いが困難な者等、別に定める要件を備えた放送受信契約者は、その者の住所またはその者があらかじめ放送局に申し出た場所で支払うことができる。（これらの支払い方法を「その他の支払方法」という。）

5　放送受信契約者が口座振替により放送受信料を支払おうとする場合は、NHK が定める放送受信料口座振替利用届をあらかじめ NHK に提出しなければならない。

6～13　＜略＞
（メッセージの表示）
第7条　NHK は、受信機（衛星系によるテレビジョン放送を受信できるものに限る。以下この条において同じ。）を設置した者にその設置の旨を NHK に連絡するよう促す文字（以下「設置確認メッセージ」という。）を当該受信機の画面に表示する措置をとることができる。

2　NHK は、受信機を設置した者から以下の各号に掲げる事項の連絡を受けた場合には、当該受信機の画面に設置確認メッセージを表示しない措置をとるものとする。
　(1)　受信機の設置者の氏名および住所
　(2)　受信機に使用する集積回路内蔵型カード（以下「IC カード」という。）のカード識別番号（以下「ID 番号」という。）
　(3)　受信機を第1号の住所以外の場所に設置した場合はその場所

3　前項の規定にかかわらず、以下の各号のいずれかに掲げる理由により、NHK において前項各号に掲げる事項の1に該当する事実を確認できない場合には、NHK は第1項の措置をとることができるものとする。
　(1)　前項の連絡を受けた事項の内容が事実に相違すること
　(2)　前項の連絡の後、受信機に使用する IC カードの ID 番号を変更したこと
　(3)　前項の連絡の後、放送受信契約を締結するまでの間において、同項第1号の住所または同項第3号の場所に変更が生じたこと

第3節 放送法の消費者保護制度　　**375**

4　第1項および前項の措置は、第3条第1項ただし書に規定する場合および放送受信契約が解約となった者が再び受信機を設置した場合についても、とることができるものとする。

5　NHK は、第2項の措置をとった受信機を設置した者が、この規約に定める放送受信契約を締結しない場合には、放送受信契約の締結を案内する文字（以下「契約案内メッセージ」という。）を当該受信機の画面に表示する措置をとることができる。

6　NHK は、前項の措置をとった受信機を設置した者が、この規約に定める放送受信契約を締結した場合には、契約案内メッセージを表示しない措置をとるものとする。

（氏名、住所等の変更）

第8条　放送受信契約者が放送局に届け出た氏名または住所を変更したときは、直ちに、その旨を放送局に届け出なければならない。受信機設置の場所を変更したときも、同様とする。

2　前項の届け出が行なわれない場合において、NHK が公共機関への調査等により放送受信契約者が放送局に届け出た住所等の変更を確認できたときは、NHK は、当該放送受信契約者が変更後の住所等を放送局に届け出たものとして取り扱うことができるものとする。この取り扱いをした場合、NHK は、当該放送受信契約者にその旨を通知するものとする。

（放送受信契約の解約）

第9条　放送受信契約者が受信機を廃止すること等により、放送受信契約を要しないこととなったときは、直ちに、次の事項を放送局に届け出なければならない。
(1)　放送受信契約者の氏名および住所
(2)　放送受信契約を要しないこととなる受信機の数
(3)　受信機を住所以外の場所に設置していた場合はその場所
(4)　放送受信契約を要しないこととなった事由

2　NHK において前項各号に掲げる事項に該当する事実を確認できたときは、放送受信契約は、前項の届け出があった日に解約されたものとする。ただし、放送受信契約者が非常災害により前項の届け出をすることができなかったものと認めるときは、当該非常災害の発生の日に解約されたものとすることがある。

3　NHK は、第1項の届け出の内容に虚偽があることが判明した場合、届け出時に遡り、放送受信契約は解約されないものとすることができる。

（放送受信料の免除）

第10条　放送法第64条第2項の規定に基づき、免除基準に該当する放送受信契約については、申請により、放送受信料を免除する。ただし、災害被災者の放送受信契約については、申請がなくても、期間を定めて免除することがある。

2　前項本文による免除の申請をしようとする者は、免除を受けようとする理由、放送受信契約の種別ならびにテレビジョン受信機の数およびその設置の場所を記載した放送受信料免除の申請書に、理由の証明書および受信機の設置見取図を添えて、放送局に提出しなければならない。

3　第1項本文により、放送受信料の免除を受けている者は、免除の事由が消滅したときは、遅滞なく、その旨を放送局に届け出なければならない。

4　NHK は、免除基準に定めるところにより、定期的に、第2項に定める免除を受けようとする理由の証明書を発行する者への照会等により、第1項本文により放送受信料の免除を受けている者にかかる免除の事由が存続していることを調査するものとする。

5　NHK は、免除の事由が存続していることを確認するため、第1項本文により放送受信料の免除を受けている者に対し、免除の理由の証明書の提出を求めることができる。

6　NHK は、第4項または前項によっても免除の事由が存続していることを確認できない場合、その者の放送受信契約については、放送受信料を免除しないものとする。

（放送受信料の精算）

第11条　放送受信契約が解約となり、または放送受信料が免除された場合において、すでに支払われた放送受信料に過払額があるときは、これを返れいする。この場合、第5条第1項または第2項に定める前払額による支払者に対し返れいする過払額は、次のとおりとする。
(1)　経過期間が6か月に満たない場合には、支払額から経過期間に対する放送受信料額を差し引いた残額
(2)　経過期間が6か月以上である場合には、支払額から経過期間に対し支払うべき額につき、第5条第1項または第2項に定める前払額により支払ったものとみなして算出した額を差し引いた残額

2　放送受信契約の種別、前条の適用または第5条の2から第5条の5までの特例の適用に変更があった場合において、すでに支払われた放送受信料に過払額または不足額があるときは、精算して、返れいしまたは追徴する。

3　放送受信料が支払われた期間の放送受信料について、その料額の改定があったときは、改定額により精算して、返れいしまたは追徴する。

4　本条第1項から第3項までの返れいについて、NHKは、その額を翌期以降の期分の放送受信料（第5条第1項または第2項に定める前払額による支払者については、次回以降の前払期間分の放送受信料）の支払いに充当することができる。

（放送受信契約者の義務違反）

第12条　放送受信契約者が次の各号の1に該当するときは、所定の放送受信料を支払うほか、その2倍に相当する額を割増金として支払わなければならない。

（1）　放送受信料の支払いについて不正があったとき

（2）　放送受信料の免除の事由が消滅したにもかかわらず、その届け出をしなかったとき

（支払いの延滞）

第12条の2　放送受信契約者が放送受信料の支払いを3期分以上延滞したときは、所定の放送受信料を支払うほか、1期あたり2.0％の割合で計算した延滞利息を支払わなくてはならない。

（NHKの免責事項および責任事項）

第13条　放送の受信について事故を生じた場合があっても、NHKは、その責任を負わない。

2　地上系によるテレビジョン放送を月のうち半分以上行なうことがなかった場合は、特別契約を除く放送受信契約について当該月分の放送受信料は徴収しない。

3　衛星系によるテレビジョン放送を月のうち半分以上行なうことがなかった場合の当該月分の放送受信料は、衛星契約のときは地上契約の料額とし、特別契約については、当該月分の放送受信料は徴収しない。

（放送受信者等の個人情報の取り扱い）

第13条の2　NHKは、放送受信契約の事務に関し保有する放送受信者等（放送受信者等の個人情報保護に関するガイドライン（平成29年4月27日総務省告示第159号。以下「ガイドライン」という。）第3条第2号に規定する放送受信者等をいう。）の氏名および住所等の情報（以下「個人情報」という。）については、個人情報の保護に関する法律（平成15年法律第57号）、個人情報の保護に関する基本方針（平成16年4月2日閣議決定）およびガイドラインに基づくほか、別に定めるNHK個人情報保護方針およびNHK個人情報保護規程に基づき、これを適正に取り扱うとともに、その取り扱いの全部または一部の委託先に対し、必要かつ適切な監督を行なう。

2　前項の個人情報の取り扱いについては、放送受信契約の締結と放送受信料の収納のほか、免除基準の適用、放送の受信に関する相談業務、NHK共同受信施設の維持運営、放送やイベントのお知らせ、放送に関する調査への協力依頼をその利用の目的とする。

（規約の変更）

第14条　この規約は、総務大臣の認可を受けて変更することがある。

（規約の周知方法）

第15条　この規約およびこの規約の変更は、官報によって周知する。

付則

（施行期日）

1　この規約は、平成29年5月30日から施行する。

第6章
電波法と消費者

第1節　電波法の概要

1　電波法の構成

電波法は電波の利用にかかわる基本法であり、次のとおり、第1条から第116条まで、枝番の条文も含めると合計309ヶ条の条文からなる法律である。

第1章　総則（第1条—第3条）

第2章　無線局の免許等
　　第1節　無線局の免許（第4条—第27条の17）
　　第2節　無線局の登録（第27条の18—第27条の34）
　　第3節　無線局の開設に関するあっせん等（第27条の35、第27条の36）

第3章　無線設備（第28条—第38条の2）

第3章の2　特定無線設備の技術基準適合証明等
　　第1節　特定無線設備の技術基準適合証明および工事設計認証（第38条の2の2—第38条の32）
　　第2節　特別特定無線設備の技術基準適合自己確認（第38条の33—第38条の38）
　　第3節　登録修理業者（第38条の39—第38条の48）

第4章　無線従事者（第39条—第51条）

第5章　運用
　　第1節　通則（第52条—第61条）
　　第2節　海岸局等の運用（第62条—第70条）
　　第3節　航空局等の運用（第70条の2—第70条の6）
　　第4節　無線局の運用の特例（第70条の7—第70条の9）

第6章　監督（第71条—第82条）

第7章　審査請求および訴訟（第83条—第99条）

第7章の2　電波監理審議会（第99条の2—第99条の14）

第8章　雑則（第100条—第104条の5）

第9章　罰則（第105条—第116条）

2　電波法の趣旨・目的

「電波」は、同じ周波数の電波を同時に送信するとお互いに干渉したり、混信したりして適正な利用ができない性質を有することから、電波法は「電波の公平且つ能率的な利用を確保する」ために、放送局その他の無線局（アマチュア無線も含む）について免許制を採用し、無線局の監督、設備、無線局を運営する無線従事者の資格等を定め、無線局の運用等についての規律を定めることなどによって、公共福祉を増進することを目的として制定された法律である（電波法1条）。

3　電波法と消費者

「電波」は電気通信および放送の双方において利用されている重要な技術的インフラであり、電気通信サービスおよび放送サービスを利用する場面では、消費者も電波法との関わりがあることは当然である。

しかしながら、以上のように電波法は電波を利用する場合の基本的なルールを定めたものであるので、かなり技術的な内容を多く含むものであることから、アマチュア無線の免許を取得して自分でアマチュア無線を行っている者以外には、一般の消費者が直接電波法と関わりをもつことはそれほど多くない。

本章では、消費者と電波法のこのような関係を踏まえて、消費者が電波法との関係で関わりをもつ事項に絞って解説をすることにする。

第2節　電波の利用の基本原則

1　免許制

電波の物理的な性質から、電波を利用する者がそれぞれ好き勝手に電波を送信して通信や放送を行おうとすると、干渉や混信により適正な利用はできなくなり、また、合理的な利用も阻害される。

そのため、電波の利用に関しては厳格な規則にしたがって利用を行わせる必要から、電波法は、電波（300万メガヘルツ以下の周波数の電磁波：電波法2条1号）を利用して符号を送受信したり（無線電信：同条2号）、音声その他の音響を送受信する（無線電話：同条3号）ための電気的な通信設備（無線設備：同条4号）を用いて電波の送受信を行うには、電波法の規定する例外（電波法4条1項各号、同条2項）に該当しない限り、これらの設備とその設備の操作を

第2節 電波の利用の基本原則　　**379**

行う者の総体を意味する「無線局」（電波法2条5号）の免許を総務大臣から受けることを義務づけている（電波法4条）。

　免許または登録を受けずに、無線局を開設したり、運用する行為（電波法4条1項、27条の18第1項）は、刑事罰の対象となっている（電波法110条1号・2号）。

　無線局とは、電波法の定義に従うと、無線設備という電波を用いて通信する機器（ハード面）とそれを運営する行為（ソフト面）を総合したものとして捉えられており、このような意味で無線局における無線設備の操作またはその監督を行う者（無線従事者：電波法2条6号）についても免許制を採用している[*1]。

　道路上を自動車を運転して走行することに例えると、公道を走行できる自動車であるためには、道路運送車両法に基づき定められた保安基準等を満たした自動車でないと「車検」を受けることができず公道を走行できないが、この車検に相当するのが無線局の免許とみることができ、実際に自動車を運転して公道を走行するには道路交通法に基づき自動車の運転免許が必要であり、運転免許に相当するのが無線従事者免許と理解すると分かりやすい。

　なお、電波の受信のみを目的とするものは無線局に含まないので（電波法2条5号ただし書き）、無線の受信機を設置して他人の電波の受信のみをすることは免許なく行うことができる。ただし、罰則は規定されていないものの、受信のみを行う者であっても特定の相手方に対して行われる無線通信を傍受してその存在もしくは内容を漏らし、またはこれを窃用してはならないとされている（秘密の保護：電波法59条）。

　電波法の定める無線局および無線従事者に関する免許制については、**第3節**で述べるような例外が定められている。

2　利用できる周波数の割り当て

　無線局の免許を得れば、どのような周波数において、どのような電波を利用してもよい訳ではなく、免許毎に利用できる周波数が指定される。

　また、無線局には無線局ごとに呼出符号または呼出名称が指定される（電波法4条の2）[*2]。

▶ ··

*1 無線従事者の資格の種類については「http://www.tele.soumu.go.jp/j/ref/material/capacity/」を参照。
*2 例えば、NHKのラジオ第1放送の呼び出し符号は「JOAK」であるし、筆者が昔免許を受けたアマチュア無線局の呼び出し符号は「JH1DXA」である。

第**3**節　消費者の利用する無線機器と電波法

1　消費者の利用する無線機器

　日常生活では、携帯電話、スマホ、PHS、コードレス電話、無線LANあるいはETCなど、身近なところで多数の無線機器が利用されている。

　これらの無線機器も電波を利用して通信を行っているので、電波法による規制の対象となることは当然であるが、これらの機器についてもすべて無線局の免許を必要とし、操作や運営に無線従事者の免許を必要とすることは非現実的であるし、日常生活の利便性を著しく阻害する。

　そこで、電波法はこれらの無線機器については、無線機器それ自体についての技術的な認証制度を前提にして、認証を受けた無線機器を使用する場合には免許制の対象から除外することで、日常生活での無線機器の利用を円滑かつ合理的にできるようにしている。

2　免許制の例外

　無線局に該当する無線設備の開設、運用に該当するものであっても、電波法は次の3つの場合には免許を要せず、無線局を開設、運用できるとしている（電波法4条1項・2項）。

（1）発射する電波が著しく微弱な無線局で総務省令で定めるもの

　発射する電波が著しく微弱な無線局で総務省令で定めるものについては、無線局の免許なく無線設備の開設、運用ができる（電波法4条1項1号）。

　著しく微弱な無線局として省令が定めるものは、周波数帯毎に異なるが、例えば周波数帯が322MHz帯以下の場合は、無線局の無線設備から3メートルの距離において、その電界強度が毎メートル500マイクロボルト以下の場合とされている（電波法施行規則6条1項1号）。

（2）CB（Citizen Band）無線

　いわゆる「CB無線」とよばれている無線局であり、利用する電波が26.9MHzから27.2MHzまでの周波数の電波を使用し、かつ、空中線電力（アンテナから空中に発する電力のこと）が0.5ワット以下の無線局のうち総務省令で定めるものであって適合表示無線設備のみを使用するものは、無線局の免許なく無線設備の開設、運用ができる（電波法4条1項2号）。

　「CB無線」の場合は、電波法第3章の2の各規定に基づき特定無線設備の技術基準適合証明を予め総務大臣から受けている無線機器を使用する場合に

限り、無線局の免許を必要とせずに利用できる。

　家電量販店などの電気店で販売されているレジャーや業務用のトランシーバーがこれに該当する。

(3) 携帯電話機やスマホなどの無線機器を利用する場合

　空中線電力が１ワット以下である無線局のうち総務省令で定めるものであって、電波法４条の２の規定により指定された呼出符号または呼出名称を自動的に送信し、または受信する機能その他総務省令で定める機能を有することにより他の無線局にその運用を阻害するような混信その他の妨害を与えないように運用することができるもので、かつ、適合表示無線設備のみを使用するものも、無線局の免許なく無線設備の開設、運用ができる（電波法４条１項３号）。

　この規定は、携帯電話機やスマホなどの移動体通信機器の利用を念頭に置いたものである。

　携帯電話機やスマホも、無線通信ができる設備を操作して、通信を行う行為であるので、無線局の開設、運用に該当する行為である。そのため電波法の原則からすると無線局の免許および無線従事者の免許が必要であるが、これらの資格を必要とすると携帯電話やスマホを利用した移動通信サービスの利便性は著しく損なわれる。

　そこで、これらの無線通信の機器については、予め総務大臣の定める技術的基準に適合した機器を使用する限り、無線局免許も無線従事者の免許も必要なくこれら機器を使用できるようにする制度がとられている。

　このような制度は、無線局機器に関する基準認証制度とよばれ、小規模な無線局に使用するための無線局であって総務省令で定めるものを「特定無線設備」といい（電波法38条の２の２第１項１号）、特定無線設備は、電波法に基づく技術基準に適合していることを示す表示（技適マーク）が付されている場合には、電波法４条１項３号により無線局の免許が不要とされている。

　どのような設備が特定無線設備に該当するのかについては、特定無線設備の技術基準適合証明等に関する規則２条１項各号に規定されている[*3]。なお、

＊3 電波法38条の２の２第１項１号により、特定無線設備のうち電波法に基づく技術基準に適合していることを示す表示（技適マーク）が付されていることで、無線局の免許が不要となる設備については総務省のウェブページ（http://www.tele.soumu.go.jp/j/sys/equ/tech/type/index.htm）を参照されたい。

382　▶第６章 電波法と消費者

この制度は携帯電話機やスマホのみならず、無線LAN端末やコードレス電話も対象となっている。

この基準に適合している無線局機器に貼られている「技適マーク」の例は【図表26】のとおりである。

なお、技適マークに関しては、東京オリンピックへの対応として、平成27年の改正において、外国から日本国内に持ち込まれる携帯電話機やスマホについては、本国の法律に基づきわが国の技適マークと同等の認証を受けたことを証するマークが貼られている機器については、日本に入国後90日以内は、無線局の免許を必要とせずに利用ができることとする改正がなされている。

【 図表26 】

▶第7章

電気通信・放送サービスに適用される
その他の法律と消費者

第1節　はじめに

1　関連する法律

　ここまで電気通信サービスと放送サービスに関し、消費者が利用者であったり受信者であったりする場合を中心に、電気通信事業法および放送法とその関連法の内容について解説してきた。

　他方、電気通信サービスも放送サービスも、役務（サービス）取引としてみた場合、他にも適用される法律が多数ある。

　電気通信サービスや放送サービスの消費者取引に関連する主な法律には、業法等では、①不当景品類及び不当表示防止法（以下「景表法」という）、②特定商取引法（以下「特商法」という）、③割賦販売法（以下「割販法」という）、④携帯電話不正利用防止法などがあり、民事法としては、⑤民法、商法はもちろん、⑥消費者契約法（以下、条文の引用では「消契法」とする）の適用も問題となる。

　本章では、これらの関連する法律が電気通信サービスと放送サービスの取引にどのように適用されるのかの概要を解説する。

　なお、紙幅の都合もあるので、これらの法律の具体的な内容等については、それぞれの法律の標準的な解説書などを参照されたい[*1]。

▶
────────────────────────────────────
[*1] 解説書等としては、①景表法については大元慎二編著『景品表示法〔第5版〕』（商事法務・2017年）。②特定商取引法については消費者庁取引対策課・経済産業省商務流通保安グループ消費経済企画室編『平成24年版 特定商取引に関する法律の解説』（商事法務・2014年）、齋藤雅弘＝池本誠司＝石戸谷豊『特定商取引法ハンドブック〔第5版〕』（日本評論社・2014年）。③割賦販売法については経済産業省商務情報政策局取引信用課編『平成20年版 割賦販売法の解説』（一般社団法人日本クレジット協会・2009年）、後藤巻則＝池本誠司『割賦販売法』（勁草書房・2011年）。④消費者契約法については消費者庁消費者制度課編『消費者契約法逐条解説〔第2版補訂版〕』（商事法務・2015年）。なお、平成28年改正を踏まえた同逐条解説の改訂版は、http://www.caa.go.jp/policies/policy/consumer_system/consumer_contract_act/annotations.html を参照。日本弁護士会連合会消費者問題対策委員会編『消費者契約法コンメンタール〔第2版増補版〕』（商事法務・2015年）。⑤消費者三法（消費者契約法、特定商取引法および割賦販売法）をまとめて解説する逐条解説書とし

384　　▶第7章 電気通信・放送サービスに適用されるその他の法律と消費者

2　法適用の考え方

（1）基本的考え方

　事業法および放送法は、それぞれ電気通信役務、放送役務を定義して、これら役務の提供事業を規律しているが、上記の①から⑥の法律を含め、電気通信サービスや放送サービスに関連する法令の適用の有無を考える場合は、電気通信事業者や放送事業者が提供するサービスにおいて現実に行われる行為、取引の種別、内容に応じてそれぞれの法令の趣旨、目的および適用要件から個別に判断していくことになる。

（2）販売の方法または形態と法適用

　法適用の基本的考え方は、このようにアドホックなものにならざるを得ないが、消費者取引関連の法律の多くでは、取引対象となる商品、権利または役務の販売方法や販売形態を捉えて、法適用のルールを決めているものが少なくない。

　このようなものも含めて、法適用の基本的な考え方を整理しておいた方がよいものには景表法、特商法および割販法があり、民事法としては消費者契約法がある。

ア　景表法

　景表法は、規制対象とする「景品類」と「表示」の種類を規定し、事業者の行う業務の種類や内容は問わず、事業者自らが供給する商品または役務の取引について提供する「景品類」や事業者が行う「表示」が、景表法の規定する「景品類」や「表示」に該当するか否かで法適用の対象を画している（景表法2条1項・3項・4項）。

　電気通信事業者や放送事業者の場合に当てはめれば、これら事業者が自己の供給する電気通信サービスや放送サービスについて提供する景品類や広告として用いる表示が、景表法の適用対象となる。

イ　特商法

　事業法と放送法では、電気通信サービスや放送サービスの販売形態（取引類型）と法適用の有無は基本的には無関係であり、取引対象（電気通信役務

ては後藤巻則＝齋藤雅弘＝池本誠司『条解消費者三法』（弘文堂・2015年）。⑥携帯電話不正利用防止法については安冨潔『刑事法実務の基礎知識　特別刑法入門』（慶應義塾大学出版会・2015年）などがある。また、特定電子メール法については、齋藤＝池本＝石戸谷・前掲の迷惑メール規制の部分を参照。

第1節 はじめに　**385**

または放送役務）の種類・性質で法適用の有無、範囲を決めている。これに対し特商法は、商品・権利の販売、役務の提供の販売形態（取引類型）をもって法適用の有無、範囲を画しているし、取引対象については「商品」と「役務」は原則としてすべてのものを対象としている一方、政令により特商法の適用が除外されるものが定められているし（特商法26条1項8号ニ）、「権利」については「特定権利」（特商法2条4項）に限定して適用対象としている。

　他方、特商法26条1項8号ニに基づき特商令は電気通信役務および放送役務を提供する取引を適用除外としているので（特商令5条：別表第二の10項、32項）、特商法が適用対象としている取引類型である「訪問販売」、「電話勧誘販売」や「通信販売」による電気通信や放送サービスの取引は、特商法の適用が除外される場合がほとんどとなっている。しかし、後述のとおり、これらのサービス取引のために必要な端末機器の販売やビデオ・オン・デマンド（VOD）のサービスは適用除外とはなっていないので、これらの取引が訪問販売や電話勧誘販売で行われた場合には、特商法が適用される。

ウ　割販法

　割販法は、商品、権利または役務の取引が行われる際に、支払いを繰り延べて先に商品・権利の引渡しや役務提供を認めるという形態で購入者に与信を与える（販売信用）取引を規律した法律である。

　割販法の適用関係は、このような販売信用の形態、具体的には「割賦販売」「ローン提携販売」および「信用購入あっせん」ごとに異なっている。割賦販売とローン提携販売では、販売する商品、権利および役務については政令指定制がとられており、また、販売信用に用いられる契約の種類と契約条件で法適用の有無が決められている。

　これに対し、信用購入あっせんでは、カードを使用する包括信用購入あっせんでは販売信用取引の対象について政令指定等の制限はないが、カードを使用しない個別信用購入あっせんでは、特商法と同様に商品・役務について原則としてすべてが対象となるが、特商法の適用対象とする5つの取引類型（訪問販売、電話勧誘販売、連鎖販売取引、特定継続的役務提供および業務提供誘引販売取引）であることを前提にして、適用される割販法の規定は、特商法施行令が適用除外とする販売や役務提供には適用されない。また、権利について

は、割販法でも政令指定制がとられている。

したがって、電気通信サービスや放送サービスにおいては、いかなる類型の販売信用でサービス提供や商品の対価の支払いについて与信を受けるかによって、それぞれ割販法の適用の有無が異なるし、また、電気通信サービスや放送サービスという役務それ自体の販売信用の場合と、これらの役務提供を受けるために必要な端末機器や受信装置などの「商品」についての販売信用の場合であるかによって、政令で除外されるものか否かをめぐり、結論が異なる場面が少なくない。

エ　消費者契約法

消費者契約法は、締結される契約の当事者の属性をもって、法適用の有無を決めており、取引の目的となるものが何であるかは同法の適用上は無関係である。電気通信サービスと放送サービスの場合は、法人その他の団体や事業としてまたは事業のために契約を締結する場合でなければ、消費者契約（消契法2条1項から3項）に該当し、同法の適用がある。

したがって、一般の消費者が契約当事者となる電気通信サービスの提供契約や有料放送役務の提供契約は、消費者契約であるから消費者契約法の適用を受ける。

第2節　電気通信サービス・放送サービスと景表法
1　景表法の規制対象

景表法は、事業者に対し、一般消費者の利益を保護するため、その自主的かつ合理的な選択を阻害するおそれのある行為として同法が規定する「表示」を禁止し、また「景品類」の提供を制限または禁止している（景表法1条）。

景表法の適用対象となる事業者には、商業、工業、金融業その他の事業を行う者が含まれるので（景表法2条2項）、電気通信事業者も放送事業者もこれに含まれる。

景表法が規制対象とするのは、「景品類」と「表示」である（景表法2条3項・4項）。

①　景品類とは、顧客誘引のために事業者が商品、役務の提供に付随して相手方に提供する物品、金銭等の経済的利益であって内閣総理大臣告示により指定するものであり、誘引手段が直接、間接、くじによる

か否かは問わないものとされている（景表法2条3項）。

② 表示とは、顧客誘引のための手段として、事業者がその供給する商品または役務の内容または取引条件その他これらの取引に関する事項について行う広告その他の表示であって内閣総理大臣が指定するものである（景表法2条4項、平成21年8月28日公正取引委員会告示第13号「不当景品類及び不当表示防止法第2条の規定により景品類及び表示を指定する件」）。

2 景表法の規制内容

(1) 景品類に対する規制

景表法は、内閣総理大臣の定めた価格の最高額または総額、種類、提供の方法等についての制限に違反する景品類を提供することを禁止している（景表法3条）。

具体的には、上限が次のとおり定められている。

① 懸賞の場合は、取引価額の20倍（上限10万円）（平成8年公正取引委員会告示第1号）

② 総付（懸賞によらない）場合は、取引価額の2割（最低200円）（平成28年内閣府告示第123号）

③ 6業種（新聞、雑誌および不動産の3つと医療関係の3業種）については業種別の定めが告示でなされている

したがって、電気通信事業者や放送事業者の提供する景品類も、上記の制限内でなければならない。

(2) 表示に対する規制

ア 不当表示の禁止

景表法は「不当表示」を禁止しているが（景表法4条）、景表法の「表示」の意義については前述のとおりであり、内閣総理大臣が指定する表示にはインターネット上の広告も含まれる（前記の平成21年公取委告示第13号）。

電気通信事業者、放送事業者の行うテレビ、新聞、雑誌の広告や電車の吊り広告、駅の看板・ディスプレイの広告の不当表示はもちろん、インターネット上の広告における不当表示も対象である。

イ 不当表示の種類

不当表示の種類には、①優良誤認表示、②有利誤認表示、および③内閣総

388 ▶第7章 電気通信・放送サービスに適用されるその他の法律と消費者

理大臣の指定する表示がある（景表法5条1号から3号）。

① 優良誤認表示

優良誤認表示は、商品または役務の品質、規格その他の内容について、一般消費者に対し、実際のものよりも著しく優良であると示し、または事実に相違して当該事業者と同種もしくは類似の商品もしくは役務を供給している他の事業者に係るものよりも著しく優良であると示す表示であって、不当に顧客を誘引し、一般消費者による自主的かつ合理的な選択を阻害するおそれがあると認められるものである（景表法5条1号）。

通信スピード（電気通信サービスの場合）、利用可能エリアや提供するサービスの品質や内容（電気通信サービスおよび放送サービスの場合）について他の事業者より著しく優良であると示し、不当に顧客を誘引するような表示がこれに該当するが、電気通信サービスの取引において、優良誤認表示に該当するとして、消費者庁から措置命令を受けた事例には次のものがある。

㋐ KDDIによる75Mbpsの高速通信が可能なエリアに関する優良誤認表示の例（平成25年5月21日消費者庁措置命令）[2]

この事案は、自社のウェブサイトやカタログにおいて、あたかもiPhone 5を含む対象役務に対応する機種を使用した場合、対象役務の提供開始時から政令指定都市等の都市部において、受信時の最大通信速度が75Mbpsのサービスを利用でき、また、平成25年3月末日までに全国のほとんどの地域において75Mbpsサービスを利用できるようになるかのような表示をしていたが、実際には提供開始の時点において、iPhone 5を使用した場合に75Mbpsサービスを利用できる地域は極めて限られており、表示時点において、平成25（2013）年3月末日までに全国のほとんどの地域において75Mbpsサービスを提供する計画があったのは、Android搭載スマートフォンで通信できる電波の周波数帯域に限られており、iPhone 5が送受信できる周波数帯域については同等のサービスの提供計画はなく、同日時点においてiPhone 5を使用した場合に75Mbpsサービスの利用可能地域は、実人口カバー率14%の地域に限られていたことをもって、優良誤認表示に該当するとされた。

㋑ イー・アクセスによる75Mbpsの高速通信が可能なエリアに関する優

▶ ....
*2 消費者庁「KDDI株式会社に対する景品表示法に基づく措置命令について」（2013年5月21日）（http://www.caa.go.jp/representation/pdf/130521premiums.pdf）。

第2節 電気通信サービス・放送サービスと景表法　**389**

良誤認表示の例（平成24年11月16日消費者庁措置命令）＊3

　週刊誌の広告においてイー・アクセスは「［EMOBILE LTE エリア］東名阪主要都市人口カバー率99％（2012年6月予定）」、「速っ！通信速度最大75Mbps」と表示したが、実際には、表示時点において、平成24（2012）年6月末日までに、下り最大の通信速度が75Mbpsとなる基地局を東名阪主要都市における人口カバー率が99％になるように開設する計画はなく、また、平成24（2012）年6月末日時点では下り最大の通信速度が75Mbpsとなる基地局は極めて限られており、特に東名阪主要都市においては、東京都港区台場およびその周辺地域に7局が開設されているのみであったことをもって、優良誤認表示に該当するとされた。

② 有利誤認表示

　有利誤認表示は、商品または役務の価格その他の取引条件について、実際のものまたは当該事業者と同種もしくは類似の商品もしくは役務を供給している他の事業者に係るものよりも取引の相手方に著しく有利であると一般消費者に誤認される表示であって、不当に顧客を誘引し、一般消費者による自主的かつ合理的な選択を阻害するおそれがあると認められるものである（景表法5条2号）。

　通話・通信の料金、放送受信料やその他の費用あるいはこれら料金等の割引期間や割引率などについて著しく有利であると一般消費者に誤認させる表示がこれに該当するが、電気通信サービスの取引において、有利誤認表示に該当するとして、消費者庁から措置命令を受けた事例には次のものがある。

　㋐ ニフティの WiMAX サービスの比較広告および月額費用等に係る有利誤認表示の例（平成24年6月7日消費者庁措置命令）＊4

　（a）　比較広告　　ニフティが自社ウェブサイトにおいて平成23（2011）年4月27日から平成24（2012）年1月31日まで、自社および他社が提供する「Flat年間パスポート」と称する WiMAX サービスのプラン（以下「Flat 年間パスポートプラン」という）の料金等を記載した一覧表を掲載したが、同一覧表において、株式会社ヤマダ電機が提供する Flat 年間パスポートプランには電子メー

＊3 消費者庁「イー・アクセス株式会社に対する景品表示法に基づく措置命令について」（2012年11月16日）（http://www.caa.go.jp/representation/pdf/121116premiums_1.pdf）。
＊4 消費者庁「ニフティ株式会社に対する景品表示法に基づく措置命令について」（2012年6月7日）（http://www.caa.go.jp/representation/pdf/120607premiums_1.pdf）。

390　▶第7章 電気通信・放送サービスに適用されるその他の法律と消費者

ルサービスが付属していない旨を表示した。しかし、実際には株式会社ヤマダ電機は、平成22（2010）年12月15日以降、Flat 年間パスポートプランの無料オプションサービスとして電子メールサービスを提供していた。

　（b）　月額費用に関する表示　　ニフティが自社ウェブページにおいて、平成23（2011）年4月5日から平成24（2012）年1月31日まで「ノートPCにもスマートフォンにもこのアイテム1つでネットに繋げる」、「光ファイバーやADSLの代わりに……」と記載のうえ、「『@nifty WiMAX Flat 年間パスポート』なら、月額3,591円」と表示し、また、平成23（2011）年12月14日から平成24（2012）年1月31日まで「自宅と外出用の回線を『@nifty WiMAX（ワイマックス）』だけにするととても節約できるうえに、タブレットが3G回線よりもはるかに高速になります」、「タブレットも自宅も"まとめて"WiMAX回線」と記載の上、「@nifty WiMAX（3,591円）のみ/月」、「@nifty WiMAX（ワイマックス）Flat 年間パスポート3,591円」と表示した。しかし、実際には、ニフティが提供する光ファイバー回線または電話回線を利用したインターネット接続サービスと併用して Flat 年間パスポートプランを利用した場合の月額費用が3,591円であり、Flat 年間パスポートプランのみを利用した場合の月額費用は、3,853.5円であった。

　（c）　登録手数料の二重価格表示　　ニフティは、自社ウェブページにおいて「Flat 年間パスポートプラン」では平成22年（2010）12月1日から平成24（2012）年1月31日まで、「Step」と称する WiMAX サービスのプランでは平成22（2010）年10月1日から平成24（2012）年1月31日まで Flat 年間パスポートプランおよび Step プランの登録手数料について「2,835円→キャンペーンにより0円」と表示していたが、実際には Flat 年間パスポートプランおよび Step プランの提供を開始して以降、それぞれのプランにおいて登録手数料2,835円が必要なものとして提供したことはほとんどなかった。

　以上の@の比較広告、ⓑの費用表示の広告および©の二重価格表示について、消費者庁は有利誤認表示に該当するとしている。

　㈡　GMO インターネットの月額料金の割引に関する優良誤認表示の例（平成29年3月22日消費者庁措置命令）[*5]

▶ ………
＊5 「GMO インターネット株式会社に対する景品表示法に基づく措置命令について」（2017年3月22日）（http://www.caa.go.jp/policies/policy/representation/fair_labeling/pdf/fair_labe

GMO インターネットが、自社ウェブサイトにおいて、平成27（2015）年 9 月 1 日から平成28（2016）年 2 月25日までの表示期間を区切った期間ごとに、「月額料金 永年 1,877円（税込み）」「今なら！ 最大 6ヶ月無料！！」「キャンペーン期間：2015年 9 月30日（水）まで」「◇対象：GMO とくとく BB　イー・アクセス ADSL　サービスをお申込みの方」「◇期間：2015年 9 月30日（水）まで」と表示して（なお、期間ごとにキャンペーン期間の表示は異なっている）、あたかもそれぞれの表示内容に記載された期間の期限までに対象役務の提供を申し込んだ場合に限り、対象役務の月額料金を最大 6ヶ月間無料とするかのように表示していた。しかし、実際には上記の記載の期限後に申込みをした場合にも、対象役務の月額料金を最大 6ヶ月無料としていたことが有利誤認表示に該当するとされた。

(ウ)　ソフトバンクの Apple Watch の購入に係る取引条件の有利誤認表示の例（平成29年 7 月27日消費者庁措置命令）[*6]

ソフトバンクが自社ウェブサイトにおいて、「いい買い物の日 Apple Watch キャンペーン」、「いい買い物の日2016年11月 3 日（祝・木）〜11月13日（日）おトクドッカーン！ Apple Watch（第 1 世代）が！スペシャルプライスで買えるのは今だけ！本体価格11,111円表示価格は税抜です」「期間中、対象の Apple Watch が11,111円でご購入いただけるキャンペーンです。ソフトバンクの Apple Watch　取り扱い店舗にて、ご購入いただけます」等と記載し、これを取り扱う店舗およびキャンペーン対象の Apple Watch（第 1 世代）の一覧を掲載したウェブページへのリンクを掲載することにより、あたかも同表示の期間中、ソフトバンクの掲載する485店舗において、Apple Watch（第 1 世代）が税抜き11,111円で販売するかのような表示をした。しかし、2016年11月 3 日の「いい買い物の日　Apple Watch　キャンペーン」の初日に、上記485店舗において Apple Watch（第 1 世代）を準備しておらず、それぞれの店舗で取引に応じることができないものであったことが有利誤認表示に該当するとされた。

▶ ....

ling_170322_0001.pdf）。
*6「ソフトバンク株式会社に対する景品表示法に基づく措置命令について」（2017年 7 月27日）（http://www.caa.go.jp/policies/policy/representation/fair_labeling/pdf/fair_labeling_170727_0001.pdf）。

③　内閣総理大臣が指定する表示

　商品または役務の取引に関する事項について一般消費者に誤認されるおそれがある表示であって、不当に顧客を誘引し、一般消費者による自主的かつ合理的な選択を阻害するおそれがあると認めて内閣総理大臣が指定するものである（景表法5条3号）。

　清涼飲料水や不動産広告、有料老人ホームなどについて6つの指定がされているが、平成29（2017）年10月31日現在、電気通信サービスや放送サービスに関する指定はない*7。

ウ　「著しく」優良・有利

　景表法の表示規制では、優良誤認表示でも有利誤認表示でも、「著しく」優良、有利と誤認される表示であることが要件となっている（景表法5条1項・2号）。

　ここにいう「著しく」とは「誇張・誇大の程度が社会一般に許容されている程度を超えていることを指しているものであり、誇張・誇大が社会一般に許容される程度を超えるものであるかどうかは、当該表示を誤認して顧客が誘引されるかどうかで判断され、その誤認がなければ顧客が誘引されることは通常ないであろうと認められる程度に達する誇大表示であれば『著しく優良であると一般消費者に誤認される』表示に当たる」と解されている（東京高判平14・6・7判夕1099号88頁）。

（3）景表法の規制

　景表法は、同法違反の場合に措置命令（景表法7条）および課徴金納付命令（景表法8条）という行政処分を規定している。

ア　措置命令

　消費者庁長官（政令により内閣総理大臣から権限の委任を受けている）は、景表法4条の景品類の規制違反や同法5条の不当表示規制の違反があった場合には、違反事業者に対し、次のような内容の措置命令をすることができる（景表法7条1項）。なお、この命令は、事業者が既にその違反行為を行っていない場合でもすることができる（同項本文後段）。

▶ ....

*7　消費者庁の解説「表示規制の概要」のうち「商品・サービスの取引に関する事項について一般消費者に誤認されるおそれがあると認められ内閣総理大臣が指定する表示（5条3号）」（http://www.caa.go.jp/representation/keihyo/hyoji/hyojigaiyo.html）参照。

第2節　電気通信サービス・放送サービスと景表法　**393**

① 不当表示を行っていたことの公示

② 再発防止措置

③ 不作為命令

措置命令に違反した事業者には、2年以下の懲役または300万円以下の罰金（併科あり：景表法36条2項）が課され（同条1項）、法人の場合は3億円以下の罰金（景表法38条1項1号）が課される。

イ　不実証広告規制

品質、規格等の優良誤認表示違反（景表法5条1号）については、これに該当するか否かを判断するため必要があると認めるときは、内閣総理大臣（消費者庁長官）はその表示をした事業者に対し、期間を定めて、表示の裏づけとなる合理的な根拠を示す資料の提出を求めることができるとされ、資料の提出を求められた事業者がその資料を提出しないときは、事業者の表示は景表法の優良誤認表示（同号）に該当するとみなされる（景表法7条2項）。

違反事実の立証責任を証拠の提出責任という方法で転換したものと考えられる。

ウ　課徴金納付命令

優良誤認表示および有利誤認表示については、これら違反行為を行った事業者に対して、消費者庁長官は課徴金の納付を命令しなければならないとされている（景表法8条、33条1項）。

課徴金の額は、違反事業者の行った課徴金対象行為に係る課徴金対象期間に取引をした課徴金対象行為に係る商品または役務の売上額の3％相当の金額である。

また、違反事業者が消費者に返金をした場合には、課徴金の額からその返還額を減額することも認められている（景表法10条、11条2項）。

(4) 差止め請求

事業者が景表法に違反した場合は、適格消費者団体（消契法2条4項）に差止請求権が認められている（消契法12条、景表法30条）。

第3節　電気通信サービス・放送サービスと特商法

1　特商法の規制概要と電気通信サービス・放送サービス

特商法は、購入者等の損害の防止と利益保護を図るために特定商取引（訪

問販売、通信販売および電話勧誘販売、連鎖販売取引、特定継続的役務提供、業務提供誘引販売取引ならびに訪問購入）を公正にし、商品等の流通および役務の提供を適正かつ円滑にする等の目的で、特定商取引の事業者に対し行為規制をかけると同時に、クーリング・オフ、過量販売解除、不実告知等の禁止違反の勧誘によって誤認して行った意思表示の取消し、中途解約権等の民事効を規定した法律である。

特商法の適用の有無は、本章の冒頭で整理したとおり、同法の規定する各取引類型に該当する取引であるか否かによって決められるが、他方で取引類型ごとに適用対象となる商品、権利または役務が異なっている。

電気通信サービスや放送サービスにおいても、電気通信サービス、放送サービス自体やこれらサービスに必要な通信機器や受信装置の販売が、特商法の規定する訪問販売、電話勧誘販売または通信販売で行われることもある。

この場合、事業法や放送法の規制を受けることは当然として、消費者の立場で考えると、特商法の規定しているクーリング・オフや意思表示の取消権などの民事効を定める規定の適用があるか否かは重要な論点である。

2 訪問販売、通信販売および電話勧誘販売による電気通信と放送サービスの取引

（1）訪問販売

ア 訪問販売の要件

特商法は、「営業所等」以外の場所で、申込みを受け、契約を締結して行う商品または指定権利の販売と有償の役務提供を「訪問販売」と定義している（特商法2条1項1号）。

このほかに、営業所等における取引の場合でも、「特定顧客」とよばれる営業所等以外の場所で呼び止めて営業所等に同行させた顧客（いわゆる「キャッチセールス」）や、販売目的を秘匿して呼び出された顧客または有利条件を告知されて呼び出された顧客については[8]、営業所等以外の場合と同様に「訪問販売」に該当するものとされている（同項2号）。

したがって、電気通信サービスや放送サービスの取引が、営業所等以外の場所で契約の申込みを受け付けたり、契約が締結されて提供される場合は特

▶ ....

[8] なお、呼出類型（販売目的秘匿と有利条件告知）ごとに呼出手段も特定されている（特商令1条1号・2号）。

第3節 電気通信サービス・放送サービスと特商法　**395**

商法の訪問販売に該当するし、キャッチセールスの場合や電気通信サービスや放送サービスの取引をさせる目的を秘匿したり、有利条件を告げてビラ、パンフレット、電話等で呼び出して営業所等で契約させる場合も訪問販売に該当する。

　特商法の規定する「営業所等」の意義は、特商法施行規則（以下「特商則」という）1条が具体的に定めており、①営業所、②代理店、③露店、屋台店その他これらに類する店、④このほか、一定の期間にわたり、商品を陳列し、当該商品を販売する場所であって、店舗に類するもの、⑤以上の①から③のほか、一定の期間にわたり、購入する物品の種類を掲示し、当該種類の物品を購入する場所であって、店舗に類するもの、⑥自動販売機その他の設備であって、当該設備により売買契約または役務提供契約の締結が行われるものが設置されている場所が営業所等に該当すると規定されている。

　したがって、電気通信サービスや放送サービスの契約の申込みをした場所や、契約を締結した場所がいわゆる「店舗」や「営業所」「代理店」に該当する場合は訪問販売に該当しないが、これらの場所での取引でも「特定顧客」の場合は訪問販売に該当する。

　これに対し、例えば店舗の近くの路上にテーブルを並べて携帯・スマホの契約を受け付けるような場合は、そのような場所は「営業所等」ではないので訪問販売に該当するし、キャッチセールスで呼び止めて店舗に同行したり、販売目的を秘匿したり、有利な条件を告知してダイレクトメールや電話などで店舗（携帯ショップ等）に呼び出して取引した場合も訪問販売に該当する。

　なお、有料の衛星放送やビデオ・オン・デマンド（VOD）を視聴できるカードを自動販売機で購入する取引は上記⑥に該当するので、「営業所等」による取引であるから訪問販売には該当しない。

イ　訪問販売に対する特商法の規制と民事効

①　行政規制

　訪問販売に該当すると、販売業者または役務提供事業者には、勧誘に際して氏名・名称および販売目的を明示する義務（特商法3条）、勧誘を受ける意思の確認義務（特商法3条の2第1項）、契約を締結しない旨の意思を表示した者に対する再勧誘、継続勧誘の禁止（同条2項）、申込書面・契約書面の交付義務（特商法4条、5条）があり、不実告知、重要事項の不告知等の禁止

396　▶第7章 電気通信・放送サービスに適用されるその他の法律と消費者

（特商法6条）、指示対象行為の禁止（特商法7条）等の規制を受け、これらに違反すると主務大臣から指示または業務停止命令の行政処分を受ける（特商法7条、8条）。

② 民事効

訪問販売について特商法は、クーリング・オフ（特商法9条）、過量販売解除（特商法9条の2）、不実告知・重要事項不告知違反の勧誘によって誤認して行った意思表示の取消し（特商法9条の3）および損害賠償額の制限（特商法10条）などの民事効を規定しているので、電気通信サービスや放送サービスの取引が訪問販売で行われた場合には、これらの民事法上の権利を行使して、これらサービスの提供に必要な端末機器の販売契約やビデオ・オン・デマンドのサービスの提供契約などの解除や取消し等が可能である。

なお、禁止される勧誘行為やクーリング・オフなど特商法が規定する強行規定の使用等について、適格消費者団体に差止請求権も認められている（特商法58条の18）。

（2）電話勧誘販売

ア 電話勧誘販売の要件

電話勧誘販売とは、販売業者または役務提供事業者が、電話をかけまたは政令で定める方法で電話をかけさせ[*9]、その電話で取引を勧誘し、その勧誘の影響が残っている状態で勧誘を受けた者が「郵便等」という手段で契約の申込みしたり、契約の締結をする取引である（特商法2条3項）。

事業者からかかってきた電話のやりとりのなかで、契約の申込みや締結をすることは必ずしも必要な要件ではなく、勧誘の電話を一旦切った後で勧誘されたことの影響が残っている間に、消費者の側から郵便等によって申込みをしたり、契約を締結した場合であればよい。勧誘がなされたことと郵便等による契約の申込みや承諾の意思表示との時間的な間隔は、概ね1ヶ月程度は勧誘の影響が続くと考えられているので、電話勧誘がなされてから1ヶ月程度の間に郵便等で申込みや契約の締結をしている場合には、特商法の電話勧誘販売に該当する。

▶ ....

[*9] 電話勧誘販売において電話を「かけさせる」場合については、特商令2条が、訪問販売の場合と同様に販売目的を秘匿して電話をかけさせる場合と有利条件を告知してかけさせる場合を規定している。

電話勧誘販売における申込みや契約締結の手段である「郵便等」の意義は、特商法の通信販売の場合の「郵便等」と同じである。「郵便等」の意義は特商則2条が、①郵便または信書便、②電話機、ファクシミリ装置その他の通信機器または情報処理の用に供する機器を利用する方法、③電報および④預金または貯金の口座に対する払込みとしているので、電話で勧誘を受けて、これらの方法で申込みや承諾の意思表示をすることは電話勧誘販売に該当する。

　②のなかには、インターネットを介してPCや携帯・スマホで行う場合も含まれる。例えば光回線サービスや衛星放送サービスの契約について電気通信事業者や放送事業者またはこれらの代理店、取次店から電話で勧誘された場合、その電話で契約の申込みや承諾をする場合が電話勧誘販売に該当するのは当然であるし、その契約について後日事業者から送付されてきた申込書を郵送で返送したり、ファックスしたりする場合はもちろん、インターネットを利用して電子メールで返事をしたり、事業者のウェブサイトにアクセスして、ネット上で申込みや契約の締結を行う場合も電話勧誘販売に該当する。

イ　電話勧誘販売に対する特商法の規定と民事効

①　行政規制

　電話勧誘販売に該当すると、販売業者または役務提供事業者には、勧誘に際して氏名・名称および販売目的を明示する義務（特商法16条）、契約を締結しない旨の意思を表示した者に対する再勧誘、継続勧誘の禁止（特商法17条）、申込書面、契約書面や前払式電話勧誘販売の場合の承諾書面の交付義務（特商法18条、19条、20条）があり、不実告知、重要事項の不告知等の禁止（特商法21条）、指示対象行為の禁止（特商法22条）等の規制を受け、これらに違反すると主務大臣から指示または業務停止命令の行政処分を受ける（特商法7条、8条）。

②　民事効

　特商法は電話勧誘販売についても、訪問販売と同様に、クーリング・オフ（特商法24条）、過量販売解除（特商法24条の2）、不実告知・重要事項の不告知違反の勧誘によって誤認して行った意思表示の取消し（特商法24条の3）および損害賠償額の制限（特商法25条）などの民事効を規定しているので、電気通信サービスや放送サービスの取引が電話勧誘販売で行われた場合には、これらの民事法上の権利を行使して、訪問販売と同様に端末機器の販売契約やビ

デオ・オン・デマンドのサービス提供契約の解除や取消し等が可能である。

　また、電話勧誘販売の場合も、禁止される勧誘行為やクーリング・オフなどの強行規定の使用等について適格消費者団体に差止請求権も認められている（特商法58条の20）。

（3）通信販売

ア　通信販売の要件

　特商法は、通信販売については、販売業者または役務提供事業者が郵便等により売買契約または役務提供契約の申込みを受けて行う商品もしくは指定権利の販売または役務の提供であって電話勧誘販売に該当しないものをいうとしており（特商法2条2項）、契約の申込みという意思表示の手段、方法をもって取引類型を定義している。

　「郵便等」の意義は、（2）の電話勧誘販売の場合と同じであり、前記の（2）の①から④の方法で、契約の申込みを行い、それによってなされる取引はすべて通信販売である。

　商品の場合にはカタログショッピングが典型であるが、現在ではネットショッピングも通販の大きな部分を占めている。

　電気通信サービスや放送サービスの場合も、電気通信事業者や放送事業者のウェブページにアクセスして、そこに必要事項を記入して、クリックして申込みや契約締結を行う場合も通信販売に該当する。

イ　通信販売に対する特商法の規定と民事効

①　行政規制

　通信販売に該当すると、販売業者または役務提供事業者には、通信販売業者の広告における表示義務（特商法11条）、誇大広告等の禁止（特商法12条）、予め請求・承諾のない電子メール広告の送信禁止（迷惑メール規制：特商法12条の3）、前払式通信販売の場合の承諾書面の交付義務等（特商法13条）があり、指示対象行為の禁止（特商法14条1項）、顧客の意思に反する申込みの受付の禁止（同条2項）等の規制を受け、これらに違反すると主務大臣から指示または業務停止命令の行政処分を受ける（特商法14条、15条）。

②　民事効

　特商法は、通信販売の場合は訪問販売、電話勧誘販売の場合と異なり、民事効としては法定返品権のみ規定している（特商法15条の2）。ただし、法定

第3節 電気通信サービス・放送サービスと特商法　**399**

返品権の対象となるのは商品と権利の販売契約に限られており、役務提供の場合は、この権利の対象ではない。したがって電気通信サービスや放送サービスそれ自体は役務であるので、仮にこれらのサービス取引が特商法の適用除外とされていない場合でも、法定返品権の対象とはなっていない。しかし、通信端末機器やテレビその他の放送受信機器などの商品は、法定返品権の対象となる。

このほか通信販売の場合は、誇大広告等の禁止に違反する行為について適格消費者団体に差止請求権が認められている（特商法58条の19）。

（4）その他の取引類型

特商法は、以上のほかに特定継続的役務提供、連鎖販売取引および業務提供誘引販売取引、訪問購入を適用対象としているが、電気通信サービスや放送サービスの場合には、これらの取引類型に該当することは、ほとんど考えられない。

3　電気通信サービス・放送サービスの適用除外

（1）特商法の適用除外

特商法は、訪問販売、通信販売および電話勧誘販売について取引対象が商品および役務の場合には、原則としてすべての商品、役務を同法の適用対象とするものの、例外的に特商法の適用を除外する商品および役務を政令で指定している（特商法26条1項8号ニ、特商令5条の別表第二）。

権利については、既述のとおり「特定権利」を適用対象としており、特定権利は施設利用権および役務提供を受ける権利については政令指定されたもののみが対象であるし（特商法2条4項1号）、それ以外の特定権利は社債や株式等であるので（同項2号・3号）、電気通信サービスや放送サービスの提供を受ける権利の取引は特商法の対象とはなっていない。

（2）電気通信サービス・放送サービスの適用除外

特商法は、特商令5条の別表第二で規定する商品の販売や役務の提供である場合には、特商法の適用をすべて排除し（特商法26条1項8号ニ）、同別表第二では、放送法に基づく放送事業者の放送役務の提供および事業法に基づく電気通信事業者の役務提供について、【図表27】のとおり除外する旨を規定している。

したがって、放送役務と電気通信役務の提供の場合は、電気通信役務や放送役務の提供に係る契約が訪問販売や通信販売、電話勧誘販売によって行わ

400　▶第7章 電気通信・放送サービスに適用されるその他の法律と消費者

【 図表27 】　特商令による適用除外

法律名	販売・提供主体	適用除外対象取引	取引の種別	特商令5条「別表第二」
放送法	放送法2条26号に規定する放送事業者	基幹放送事業者および一般放送事業者が行う放送法2条1号に規定する役務の提供	放送役務の提供	10項
事業法	事業法2条5号に規定する電気通信事業者	事業法9条の登録電気通信事業者および同法16条1項の届出電気通信事業者が行う同法2条4号に規定する役務の提供	他人の需要に応ずるために提供される電気通信役務の提供	32項

出典）筆者作成

れた場合であっても、特商法の規定は適用されないことになる。

　具体的には、事業法が適用対象としているような電話サービス、携帯電話サービス、光回線サービス、インターネット接続サービス等（第3章第1節3参照）は適用除外であるし、放送法でもケーブルテレビの放送、地デジの再放送、有料の衛星放送等（第3章第2節1〜3、第5章第2節2（1）エ参照）は、いずれも特商法の適用除外となっている。

　しかしながら、特商法は放送役務一般や電気通信役務一般を適用除外としているのではなく、上記の表のとおり、それぞれ、適用除外となる役務提供の主体が放送法2条26号に規定する放送事業者、事業法2条5号に規定する電気通信事業者と限定されているし、除外される役務提供も特商令が具体的に特定して規定している。

　特商法の除外の対象となる放送事業者には、放送法上「基幹放送事業者」と「一般放送事業者」があるが、前者は総務大臣の認定を受けた基幹放送事業者と放送局の免許を受けて放送する特定地上基幹放送事業者の種別があり、一般放送事業者は登録一般放送事業者と届出一般放送事業者であるので、特商法の適用が除外されるのは、いずれも認定、免許、登録、届出に係る放送事業者の提供する役務を意味している。そうすると、放送法による認定、免許、登録または届出の必要のない映像等の配信事業者の行う役務の提供は、上記の一覧表の適用対象外取引に該当しないので特商法が適用されることになる[10]。消費者（受信者）にとっては放送法の免許、登録等の必要のない映像等

▶ ……………………………………………………………………………………………………
＊10 総務省は、インターネットの通信プロトコルを用いた音声や画像、動画の配信は、通信プロトコル上「個別送信要求」が必要である点で放送法の「放送役務」に含まれないとしているので、これ

の配信サービス（役務）と放送法の「放送役務」との区別は難しいが、具体的には「ノン・リニアサービス」とよばれるビデオ・オン・デマンド（VOD）、ニコニコ動画やYouTubeなどのインターネット上の動画配信、インターネットで配信する「Radiko」「らじる★らじる」などのサイマルサービスは「放送役務」には該当しない。

　これに対し、視聴者からの個別送信要求が必要ではない「リニア・サービス」とよばれるIPTV（IPマルチキャスト技術[11]により電気通信回線を用いたテレビ放送）のサービス（番組放送や地デジの再放送など）は、放送法の「放送役務」に含まれるので[12]、特商法の適用除外となる。

　また、事業法の場合も同様であり、特商法が適用除外としているのは、登録または届出が必要となる電気通信事業者が行う電気通信役務の提供であるから、例えば光回線の契約の勧誘時に同時にまとめて加入を勧誘されることが多いビデオ・オン・デマンド（VOD）のサービスは、放送法の「放送役務」に該当しないだけでなく、サービス提供を行う事業者と契約者との間は事業法の電気通信（事業法2条1号）ではあるものの、これは「他人の需要に応じて」他人間で行われる通信の媒介ではないので、事業法の上では登録も届出も必要ない電気通信である。

　特商法の適用除外となるのは、上記の表のとおり、他人間の通信の媒介を業とすることについて登録、届出を必要とする事業者が提供する役務であるから、ビデオ・オン・デマンドでは、ビデオを視聴するためのリクエスト信号（個別送信要求）も、提供事業者から送られてくる画像データも契約当事者間における直接の通信であるので、事業法上は登録も届出も必要のない役務提供であるから、特商法の適用除外ではない。

▶..

　らのサービス（例えば本文で指摘したビデオ・オン・デマンドのサービスなど）については特商法の適用除外には該当しないことになる。
[11] インターネットの通信プロトコルであるTCP/IPでデータを送信する技術の1つであり、1対1のデータ送信（ユニキャスト）に対し、1対多のデータ通信の方式の1つである。1対多のデータ通信方式には「ブロードキャスト」とよばれる方式と「マルチキャスト」とよばれる方式があり、前者は1つのサーバーのレイヤー（階層）の下（サブネット）に位置するグループのサーバーすべてに一斉にデータ通信が行われるのに対し、後者は下位のレイヤーのグループのうちマルチキャストグループに指定されているサーバーのみとの間でデータ通信が行われる方式である。配信事業者が画像や音声のコンテンツデータの配信を行うサーバーを設置し、配信業者と契約した者のPCなどの端末機器をこの配信事業者のサーバーのサブネット上のマルチキャストグループに指定することによって、インターネットを介して契約者のみが放送が受信できる仕組みのものである。
[12] 鈴木ほか『概論』88、240、248頁。放送法逐条解説34頁。

402　▶第7章　電気通信・放送サービスに適用されるその他の法律と消費者

したがってビデオ・オン・デマンドのサービスの取引は、これが訪問販売や電話勧誘販売、通信販売で行われた場合には、特商法のそれぞれの取引類型に即して同法の適用があり、訪問販売や電話勧誘販売の場合にはクーリング・オフや過量販売解除、不実告知等の場合に誤認してなされた意思表示を取り消す権利が認められる。

4　電気通信サービス・放送サービスに必要な機器の取引と特商法

　以上に対し、電気通信サービスや放送サービスの提供それ自体ではなく、これらのサービスの提供を受けるために必要な機器は、特商法では「商品」に該当するので、これらの装置や機器は特商法の適用除外にはならない。したがって、放送サービスや電気通信サービスの勧誘と一緒に販売されるこれらの機器等の契約（販売契約やレンタル契約など）が訪問販売や電話勧誘販売、通信販売による場合は特商法が適用され、消費者は特商法の規定するクーリング・オフおよび不実告知などの場合の取消権や法定返品権などの民事効を主張することができる場合が多い。

　そうすると、電気通信サービスや放送サービスの提供契約と同時にこれらのサービス提供を受けるために必要な端末機器等の物品の販売などがされた場合には、電気通信サービスと放送サービスそれ自体の契約については特商法の適用はないので、消費者が望まない契約である場合には、それぞれ事業法や放送法に基づく初期契約解除により対応するか、事業法の確認措置解除を主張するか、あるいは消費者契約法に基づく意思表示の取消しの主張をすることになる。他方、携帯端末やセットトップボックスなどの物品については、特商法に基づくクーリング・オフや意思表示の取消しが可能な場合が少なくない。

　なお、前述したとおり、事業法が導入した確認措置制度の適用のある取引では、電気通信サービスの契約の確認措置解除により、端末の売買契約やクレジット契約にも解除の効果が及ぶこととされている（第4章第3節3（5）エ〔280頁〕参照）。

第4節　電気通信サービス・放送サービスと割賦販売法

1　電気通信サービス・放送サービス取引と販売信用

　電気通信サービスや放送サービス取引においても、これらサービスの対価

の支払いやサービス提供に必要な端末機器等の販売代金の支払いにおいて、クレジットカードが利用されたり、個別信用購入あっせん（個別クレジット）が利用されている。

この場合、電気通信事業者や放送事業者との間の電気通信サービスや放送サービスの提供契約の解除や取消し、契約の無効などをめぐって紛争となる場合、この取引の代金の支払いのために利用された販売信用（クレジットカードによる決済や個別クレジット決済）の取引がどうなるかは消費者にとって大きな問題である。

特に、電気通信サービスの取引では、携帯電話機やスマホ自体の販売価格が数万円から十万円を超えるものとなっており、電気通信サービスの契約締結時に端末機器の購入代金を一括して支払うことは消費者にとって負担が大きく、繰り延べて支払えるクレジット（販売信用取引）が多く利用されるのは当然であるし、さらに携帯電話会社（大手キャリア）は、顧客の獲得のために端末機器の購入代金を様々な方法で割り引いたり、キャッシュバックにより消費者の負担を少なくする営業政策をとり続け、過当な販売競争を繰り広げていることもあって、なおさら、電気通信サービスの取引においては販売信用の利用が顕著となっている。

本書の**第2章**で述べたとおり、携帯電話サービスにおける携帯電話機の販売と携帯電話の通信サービスの分離プランが導入された直後は、携帯電話会社が販売する携帯電話機を自社割賦による分割払いで販売する方法が主流であったが、その後、携帯電話会社が顧客の囲い込みのために行っている割引やキャッシュバック、ポイント付与と携帯端末の購入者との間で直接携帯端末のクレジット代金と相殺や通算ができるようにするために、電気通信サービスに係る販売信用取引における取引当事者の関係は、通常、【**図表28**】のとおり、電話会社が個別信用購入あっせん業者となる形態をとることがほとんどとなっている。

そのため電気通信サービスの販売では、電気通信サービスの提供をする携帯電話会社が販売信用取引のうえでは個別購入あっせん業者になり、また、携帯ショップや家電量販店などが電気通信サービスの販売の代理店・取次店として販売を担当するだけでなく、携帯端末機器の販売も担当し、かつ代理店・取次店は販売信用取引における携帯電話会社の加盟店となっている。つ

404 ▶第7章 電気通信・放送サービスに適用されるその他の法律と消費者

【 図表28 】 移動通信サービス取引と個別信用購入あっせん

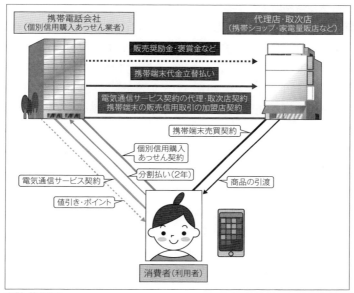

出典）筆者作成

まり、電気通信サービスの取引（役務取引）とその利用に必要な端末取引（物品の販売取引）が二重構造となっている実態がある。

さらに、代理店・取次店には携帯電話会社から多額の販売奨励金や褒賞金が支払われているし、契約した消費者（利用者）にも、通信料金や端末機器の割引、キャッシュバックや料金等の決済に利用できるポイントの付与等による負担の軽減や利益供与が行われている。これらの金員等の支払いや利益供与は携帯電話会社との電気通信サービスの契約が有効に成立し、契約が継続していることを前提になされる場合がほとんどであるので、同契約の解除や取消し、無効の場合にはこれらの割引、ポイント付与に関する精算も問題となり、販売信用が利用された場合には、割引が受けられなくなったり、ポイントの精算等の必要から消費者が思わぬ負担を余儀なくされる場合もある。

このような問題について網羅的に検討するのは、紙幅の都合もあるので困難であるが、割販法の適用が問題となる点について、その概要を取り上げておくことにする。

2 割賦法の規制概要と電気通信サービス・放送サービス

(1) 割販法が規制対象とする販売信用の形態

割販法が規制対象とする販売信用の形態には、既述のとおり「割賦販売」（割販法2条1項）「ローン提携販売」（同条2項）および「信用購入あっせん」（同条3項・4項）があり、これらの各販売信用においてはローン提携販売は「カード等」を利用するものに限定されているが[*13]、その他の販売信用の場合は「カード等」を利用するものと利用しないものがある。なお、ローン提携販売は現状ではほとんど利用されていないので、本書では説明を省略する。

割販法は「カード等」については、①カードその他の物、②番号、③記号または④その他の符号と定義している（割販法2条1項2号）。カード等による販売信用では、カード等を予め交付（クレジットカードなどの有体物の場合）または付与（番号・記号、その他の符合の場合）しておき、販売信用を受ける取引の際に、カード等の交付・付与を受けた者が与信を受ける相手方に対してカードを提示したり、番号・記号、その他の符号を通知したり、あるいは交付された物（チケット類など）と引換えに商品の購入等の与信取引を行う方法である。カード等を利用する場合は、通常「包括方式」とよばれ、利用しないものは「個別方式」とよばれる。

また、割賦代金の支払条件に関し、①カード等を利用して予め定められた時期までに購入した商品につき、②その商品代金の合計額を基礎として予め定められた方法により算出して得た金額を、③予め定められた期間ごとに支払うものとする支払方法と支払時期に関する特約が付された販売信用（リボルビング方式）についても規定されている（割販法2条1項2号、同条2項2号、同条3項2号）。

(2) 割賦販売

ア 割賦販売の要件

割賦販売は、取引の対象および代金の支払いについて次の①から③の条件を満たすものであり（割販法2条1項）、簡単にいうと、販売業者との間の売買契約や役務提供契約の目的物および代金の支払条件が、次の①から③に該

[*13] ローン提携販売は、現在ではほとんど利用されておらず、電気通信サービスや放送サービスの販売信用において利用されている実態があるとは聞かないので、本書では割賦販売および信用購入あっせんに絞って説明する。

406 ▶第7章 電気通信・放送サービスに適用されるその他の法律と消費者

当するものが割賦販売である。その意味で、割賦販売は「自社割賦」ともよばれている。

① 取引の対象は政令指定された商品・権利の販売または役務の提供であること
② 代金の支払いが2ヶ月以上の期間にわたること
③ 代金の支払いは3回以上に分割して受領すること

割賦販売でもカード等を利用しない個別方式とカード等を利用する包括方式の2つの方式がある。

割販法が政令指定する「商品」には、電気通信サービスや放送サービスに関連するものとしては「電話機及びファクシミリ」（割販法施行令〔以下「割販令」とする〕1条1項：別表第一の34項）、「ラジオ受信機、テレビジョン受信機」（同35項）および「パーソナルコンピュータ」（同41項）が指定されているので、携帯電話機やスマホ、テレビ・ラジオの受信機は割販法の適用される商品である。これに対し、割販法が政令指定する「権利」および「役務」には、電気通信役務も放送役務も含まれていないので（割販令1条1項から3項：別表第一の二から三）、役務提供取引としては割賦販売には該当しないことになる。

イ 割販法の割賦販売に対する規制と民事効

① 行政規制

割賦販売では、割賦販売業者に対し、販売条件の表示義務（割販法3条）、書面交付義務（割販法4条）等が課されている。

② 民事効

民事効としては、20日以上の期間を定めた書面による催告によるも割賦代金の支払いがされない場合でないと契約解除が制限されること（割販法5条）や、契約解除に伴う損害賠償等の額の制限（割販法6条）が置かれている。また、割賦代金の支払いが完了するまでは指定商品の所有権が販売業者に留保されたものと推定する規定もある（割販法7条）。

なお、割賦販売においては、消費者と販売業者間の直接の取引であるので、販売業者との間で特商法や消費者契約法、民法等に基づき契約の解除や取消し、無効の主張ができるので、信用購入あっせんの場合のような抗弁の対抗規定は置かれていない。

（3）信用購入あっせん
ア　信用購入あっせんの要件

　信用購入あっせん（クレジット）は、次の①から④の要件を満たす販売信用である（割販法2条3項・4項）。

① 　特定の販売業者・役務提供事業者が行う購入者への商品・権利の販売、役務提供であること（販売業者と与信業者の密接関連性の要件）

　いわゆる「加盟店契約」が締結されている場合が典型であるが、必ずしも契約が締結されていなくても、信用購入あっせん業者（クレジット会社）と販売事業者との間に密接な牽連関係があれば足りる。

② 　その販売・役務提供を条件とした与信であること（与信と販売・役務提供の条件関係の要件）

③ 　販売代金相当額をその販売業者に交付していること（交付の要件）

　この販売代金相当額の交付は、販売業者等以外の者を通じて販売業者等に交付する場合が含まれるので（割販法2条3項1号・2号および同条4項の各括弧書き）、例えば、一旦、消費者の預金口座に立替払い金を入金し、消費者がそれを引き出して自分で販売業者に支払いに行っても「交付」に該当する。

④ 　販売業者に交付された金額を購入者から2ヶ月以上先の予め定められた時期までに受領すること（支払い〔与信〕期間の要件）

　いわゆる「マンスリークリア」のクレジット利用を除外する趣旨である。

　信用購入あっせんも、カード等を使用する包括方式と使用しない個別方式の2つがあるが、いずれもカード等の使用の点を除き、割販法の適用要件は、以上のとおりである。

　また、信用購入あっせんでは、取引の対象に関する適用要件については、個別信用あっせんでは「権利」のみ政令指定制がとられており、商品および役務の取引については、政令指定制はとられていないので、割販法が別途適用除外としていない限り、すべての商品と役務の販売信用取引が適用対象となる。これに対し、包括信用購入あっせんではすべての商品・権利および役務が適用対象となっている。したがって、電気通信役務と放送役務を対象とする取引では、個別方式、包括方式のいずれの場合でも信用購入あっせんに該当するが、個別信用購入あっせんについて規定されている民事効については、特商法の規定する訪問販売、電話勧誘販売等の5つの類型の取引におけ

る個別信用購入あっせんにのみ適用されるので、この関係で電気通信役務と放送役務の提供の取引は、個別信用購入あっせんの適用対象ではないことになる。

イ　割販法の信用購入あっせんに対する規制と民事効

①　行政規制

　㋐　包括信用購入あっせん

　包括信用購入あっせんに対する行政規制としては、取引条件表示義務（割販法30条1項・2項）、取引条件について法定事項の広告義務（同条3項）、支払能力調査義務（割販法30条の2第1項本文）、特定信用機関利用義務（同条3項）、調査記録作成保存義務（同条4項）、過剰与信の禁止（割販法30条の2の2本文）、書面交付義務（割販法30条の2の3第1項から3項）、与信業務適正化措置義務（割販法30条の5の2）などが規定されている。

　これらの義務に違反すると、業務改善命令の対象となる（割販法30条の5の3）。

　㋑　個別信用購入あっせん

　個別信用購入あっせんに対する行政規制としては、販売業者の取引条件表示義務（割販法35条の3の2第1項）、同じく取引条件について法定事項の広告義務（同条2項）、支払能力調査義務（割販法35条の3の3第1項本文）、特定信用機関利用義務（同条3項）、支払能力調査記録作成保存義務（同条4項）、過剰与信の禁止（割販法35条の3の4本文）、特商法の5つの類型の取引（訪問販売、電話勧誘販売など）における加盟店の行う勧誘行為の調査義務（割販法35条の3の5第1項）、加盟店の勧誘行為調査記録保存義務（同条2項）、不適正勧誘取引に対する与信の禁止（割販法35条の3の7本文）、販売業者の契約書面交付義務（割販法35条の3の8）、特商法の5つの類型の取引における書面交付義務（割販法35条の3の9）などが規定されている。

　個別信用購入あっせんでも、これらの義務に違反すると、業務改善命令の対象となる（割販法35条の3の21）。

②　民事効

　㋐　抗弁の対抗

　信用購入あっせんでは、包括・個別を問わず、信用購入あっせんの方法で商品や権利を購入したり、役務提供の契約を締結した場合、商品や権利の販

売業者や役務提供事業者に対して生じている事由をもって、信用購入あっせん業者（クレジット会社）に対抗することができる（割販法30条の4、35条の3の19）。

　したがって、割販法が適用される信用購入あっせんに該当する場合は、電気通信事業者や放送事業者あるいはこれらの代理店、取次店との間の商品の販売契約や役務の提供契約について主張できる事由をもって、信用購入あっせん業者（クレジット会社）からのクレジット代金の支払請求に対抗することができる。例えば、携帯電話機やスマホ、無線ルーター等の端末機器に瑕疵があり、全く使用できない場合や正常に動作しない場合には、売買契約の債務不履行や瑕疵担保責任に基づき契約を解除することで販売業者に対する代金支払義務が消滅したことをクレジット会社に対抗できる。また、これらの契約が、特商法のクーリング・オフ、過量販売解除権の行使により解除されたり、同法や消費者契約法に基づく不実告知等を理由とする意思表示の取消しがなされた場合も、同様に販売業者に対する代金支払義務の消滅を対抗できる。民法の規定に基づく契約の無効・取消し（錯誤無効、詐欺・強迫による取消し）の場合も同様である。

　さらに、電気通信役務の提供契約や放送役務の提供契約が事業法や放送法に基づく初期契約解除により解除された場合も、初期契約解除の効果として支払義務のあるものは除き、これらの役務の対価の支払義務が消滅するので、この事由をクレジット会社に対抗できる。

　また、前掲の【図表28】のように、電気通信事業者（携帯電話会社）自身が個別信用購入あっせん業者となって、代理店、取次店が販売した通信端末などの代金を立替払いし、後日、携帯電話契約者から立替金の分割払いを受ける場合にも同様であって、携帯電話機、スマホ、無線ルーター等の端末機器の販売において、販売を行った携帯電話会社の代理店や取次店の勧誘に不実告知があって特商法や消費者契約法に基づき意思表示が取り消されたり、クーリング・オフや過量販売解除によって契約が解除された場合も、携帯電話会社からの端末機器等の立替金の支払請求に対抗することができる。

　㈣　個別信用購入あっせん関係受領契約（クレジット契約）の解除・取消し
　割販法は個別信用購入あっせんの場合には、同取引が特商法の5つの取引類型（訪問販売、電話勧誘販売、連鎖販売取引、特定継続的役務提供および業務提

410 ▶第7章 電気通信・放送サービスに適用されるその他の法律と消費者

供誘引販売取引）によって行われた場合には、個別信用購入あっせん関係受領契約（クレジット契約）をクーリング・オフしたり（割販法35条の３の10）、過量販売解除したり（割販法35条の３の12）、不実告知等の禁止行為違反の勧誘によって誤認して行った意思表示の取消しを認めている（割販法35条の３の13）。

電気通信事業者（携帯電話会社）自身が訪問販売や電話勧誘販売によって販売した場合に限らず、その代理店、取次店がこれらの取引類型によって販売した場合も含まれる。

したがって、このような場合はクレジット契約そのもののクーリング・オフや解除、取消しが認められることになり、解除や取消しがなされた場合にはクレジット会社に対するクレジット代金の支払義務がなくなるだけでなく、既払金の返還も請求できることとされている（前記各条項）。

(ウ)　損害賠償等の額の制限

個別信用購入あっせん業者は、クレジット契約が割販法の規定するクーリング・オフや過量販売解除以外の事由により解除された場合は、クレジット契約において損害賠償額の予定や違約金の定めがある場合でも、その契約による支払総額に相当する額に加え、法定利率による遅延損害金の額を加算した金額を超える額の金銭の支払請求はできないこととされている（割販法30条の３第１項、30条の３の18）。

信用購入あっせんの取引対象が、電気通信サービスや放送サービスに関連するものである場合も同様である。

(エ)　確認措置解除の場合のクレジット契約の解除

事業法省令22条の２の７第１項５号に規定する確認措置契約の場合は、初期契約解除の対象にはならないが、電気通信役務の提供を受けることができる場所に関する状況（利用場所状況：同号本文）が十分でないことが判明した場合、および利用者の利益の保護のための法令等の遵守に関する状況（法令遵守状況：同号本文）が電気通信事業者の定めた基準に適合しない場合には、既述のとおり（**第４章第３節３（５）エ**〔280頁〕）、電気通信役務の提供契約だけでなく、端末機器の販売契約やその代金の支払いのための個別信用購入あっせん関係受領契約（クレジット契約）の解除も可能である（平成28年総務省告示第152号第２項２号）。

第４節 電気通信サービス・放送サービスと割賦販売法　*411*

3 抗弁の対抗、契約解除・取消しと電気通信事業者の対応

電気通信サービスの料金等の支払いは、口座引落等になっていたり、電気通信事業者に対するクレジット代金等として利用者に請求がされる場合が大多数である。また、電気通信事業者はこれらの請求事務を自ら行わずに、取立代行を行う別会社に請求事務や決済事務を委託しているものが多くなっている。

また、携帯電話やスマホなどの携帯端末を割賦販売や電気通信事業者の個別信用購入あっせんで購入した場合、電気通信事業者から毎月届く請求には、①通話料、②パケット料などの携帯電話サービス提供の対価だけでなく、③携帯電話等の端末代金の割賦払金やクレジット代金が含まれており、それぞれの請求権の性質は異なっている*14。そのため、口座引き落としの場合、これらがまとめて利用者の預金口座やクレジット会社との決済口座から引落とされるため、そのうち一部の支払いに対する抗弁や支払義務の不存在、消滅が主張できる場合であっても、個別の決済が難しいという事情もある。

さらに、電気通信事業者の販売する電気通信サービスやそれに付随する端末機器の販売は代理店、取次店に任せて行っている一方で、締結された契約に問題があり、契約の解除やその意思表示の取消しや無効の主張に関する手続や対応については、代理店や取次店には権限がないと主張して、事実上、消費者からの請求を受け付けない場合も少なくないし、消費者からの請求や抗弁に理由がある場合でも、電気通信事業者からの請求や口座引落を停止しない場合も少なくない。

そのため、消費生活センター等への苦情や相談の原因となっている実態もある。

▶ ....

*14 異なる性質の請求がまとめてされることで問題が生じるのは利用者が破産した場合である。携帯電話の購入代金の割賦払い金は一般の破産債権であるから、破産手続のなかでしか権利行使ができない。携帯電話会社は債権届出を行い、破産配当によって弁済を受けることしかできない。これに対し、携帯電話の基本料金や通話料金、パケット料金は、破産法55条に規定する「継続的給付を目的とする双務契約」に基づく請求権であるから、携帯電話会社は契約者が破産手続開始の申立て前の通話料等について弁済がないことを理由としては、破産手続開始後に携帯電話サービスの履行を拒むことができないし（同条１項）、破産者が破産手続開始の申立て後破産手続開始前に利用した携帯電話の基本料金や通話、パケット通信の料金の請求権は財団債権とされているので（同条２項）、携帯電話の割賦金と異なり、破産財団から優先的に支払を受けることができる。また、破産手続開始決定後に使用された分については、破産手続開始決定の効力は及ばないので、引き続き支払いを請求することができる。このように、携帯電話の割賦金請求権と携帯電話サービスの利用にかかる請求権では、その性質も異なるし、破産の場合には効力も取扱いも異なる。

このような対応は大きな問題であり、本書でこれまで解説してきたとおりの電気通信サービスの取引ないし契約関係の規律の在り方と内容を踏まえれば、契約者を獲得することには一生懸命であるが、解約処理や取引の解消に関する問題について非常に消極的ともいえる現実があることは改める必要があるのではないかと思われる。

特に、信用購入あっせんが関係する場合には信用情報の内容や取扱いに大きな影響があり、法律上も理由がある主張や正当な主張であっても、電気通信事業者の対応の問題から、いわゆる「ブラック情報」として利用者（消費者）の信用情報が取り扱われてしまうこともあるので、抗弁の主張や解約、解除等への誠実な対応が強く求められる。

第5節 携帯電話不正利用防止法
1 携帯電話不正利用防止法の趣旨・目的

携帯電話が犯罪等に不正に利用されることを防止するため携帯電話不正利用防止法（以下「不正利用防止法」という）が平成17年に制定され、同法では通話が可能な携帯電話サービスの提供を内容とする契約の締結時において携帯電話会社等に本人確認措置を講じることを義務づけ、また、通話が可能な端末設備等の譲渡や賃貸に関する措置等を定めている。

2 携帯電話不正利用防止法の適用対象

携帯電話不正利用防止法が適用対象とするのは、電気通信役務（事業法2条3号）のうち無線通信により音声、その他の音響を送り、伝え、または受けることが可能な携帯電話サービス（携帯音声通信役務：不正利用防止法2条2項）である。したがって、音声通話のできない移動無線端末により行うサービス（データ通信）は対象とはなっていない[15]。しかし、このような端末でも、インターネットに接続することで LINE や skype 等の通話アプリによって、事実上、音声通話が可能であるので、不正利用防止法の目的からすると、現在の規制対象は十分とはいえないのではないだろうか。

なお、不正利用防止法は、携帯音声通信役務の提供契約の相手方の属性を問題にしていないので、消費者も同法の適用を受ける。

----

[15] 逆に、携帯電話不正利用防止法があったため、音声通話が可能な携帯端末（携帯電話、スマホなど）のお試しサービスの導入に、大手携帯キャリアは消極的にならざるを得ない事情もあった。

3　携帯電話不正利用防止法の規制

（1）契約締結時の本人確認義務等

　携帯音声通信役務の提供をする事業者（携帯音声通信事業者：不正利用防止法2条3項）は、携帯音声通信役務の提供契約を締結する際、運転免許証の提示を受ける方法その他の総務省令で定める方法で、契約を締結しようとする相手方の「本人特定事項」（自然人の場合は氏名、住居および生年月日、法人の場合は名称および本店または主たる事務所の所在地）の確認が義務づけられている（不正利用防止法3条）。

　本人確認の方法については、不正利用防止法の省令3条から5条において詳細に規定されている。

（2）本人確認記録の作成義務等

　携帯音声通信事業者が、本人確認を行った場合は、総務省令で定める方法により「本人確認記録」の作成義務があり（不正利用防止法4条1項）、この記録は役務提供契約の終了日から3年間の保存義務がある（同条2項）。

　本人確認記録の作成については、不正利用防止法の省令7条が作成方法は「書面又はマイクロフィルムによる方法」と規定しており、記録事項については同省令8条が詳細に規定し、また、みなし契約の場合の例外について同省令9条は携帯音声通信役務の提供契約を締結したこととなる他の事業者の記録作成をもって代えることを認めている。また、本人確認のために提出された書類の写しは、役務提供契約が終了した日から3年間書面またはマイクロフィルムによって保存する義務がある（同省令10条）。

（3）譲渡時の本人確認義務等

　携帯音声通信事業者は、通話可能な端末機器または契約者特定記録媒体（音声通話SIMのことであり、端末機器とまとめて「通話可能端末設備等」という）の譲渡や携帯音声通信役務の提供契約上の地位の承継に基づき、契約者の名義を変更するに際も、前記（1）の場合と同様に運転免許証の提示を受ける方法その他の総務省令で定める方法によって、譲受人等の本人特定事項の確認（譲渡時本人確認）をする義務がある（不正利用防止法5条）。

（4）媒介業者等による本人確認等

　不正利用防止法は、携帯音声通信事業者は、本人確認または譲渡時本人確認を、その携帯音声通信事業者のために役務提供契約の締結の媒介、取次ぎ

414　▶第7章 電気通信・放送サービスに適用されるその他の法律と消費者

または代理を業として行う者（媒介業者等）に行わせることができるとしている（不正利用防止法6条1項）。

この場合、携帯音声通信事業者は本人確認等を行わせる媒介業者等に対し必要かつ適切な監督をする義務がある（不正利用防止法12条）。

(5) 譲渡時の携帯音声通信事業者の承諾

自分が契約者となっている役務提供契約に係る通話可能端末設備等を他人に譲渡しようとする場合、親族または生計を同じくしている者に対する譲渡の場合を除き、予め携帯音声通信事業者の承諾を得る必要がある（不正利用防止法7条1項）。

また、承諾を求められた携帯音声通信事業者は、譲受人等につき譲渡時本人確認を行った後または不正利用防止法6条1項の規定により媒介業者等が譲渡時本人確認を行った後でなければ、この承諾をしてはならないと規定されている（同条2項）。

(6) 契約者確認

携帯音声通信事業者に対し、警察署長が一定の場合（不正利用防止法違反や詐欺罪などの犯罪に携帯電話が使用された場合など）に契約者確認を求めることができ（不正利用防止法8条1項）、確認を求められた携帯音声通信事業者は、当該契約者に契約者の確認を求めることができるとされている（不正利用防止法9条1項）。

(7) 貸与業者の貸与時の本人確認義務等

通話可能端末設備等の貸与業者（有償での貸与を業とする者）は、通話可能端末設備等の貸与契約を締結する場合は、貸与の相手方について、前記(1)と同様の事項の確認を行わずに、通話可能端末設備等を貸与の相手方に交付することが禁止されている（不正利用防止法10条1項）。

(8) 携帯音声通信役務等の提供の拒否

携帯音声通信事業者は、次の①から⑤の場合には、携帯音声通信役務の提供およびその通話可能端末設備等により提供される携帯音声通信役務以外の電気通信役務の提供（SMSや電子メールなど）を拒絶できることが規定されている（不正利用防止法11条）。ただし、①、②および④の場合は、その相手方または代表者等がそれぞれ本人確認や本人特定の要請に応じるまでの間に限りサービスの提供を拒絶できることとされている。

① 相手方または代表者等が本人確認に応じない場合
② 譲受人等または代表者等が譲渡時に本人確認に応じない場合
③ 譲渡時の携帯音声通信事業者の承諾なく通話可能端末設備等が譲渡された場合
④ 契約者または代表者等が携帯音声通信事業者からの本人特定事項の確認に応じない場合
⑤ 貸与業者による貸与において本人確認が行われずに通話可能端末設備等が交付された場合

（9）罰則

不正利用防止法の規定する義務に違反した場合には、罰則が科されている（不正利用防止法19条から26条）。

▶第8章
電気通信・放送サービスと民事法

第1節 はじめに

　第7章では、電気通信および放送サービスに関する消費者取引について、事業法と放送法以外の法律にかかわる問題を中心に説明してきた。

　本章では、電気通信サービスも放送サービスも契約に基づいて提供されるものであることを踏まえ、消費者と電気通信事業者、放送事業者との間の取引に関し、消費生活センターなどに寄せられた苦情・相談の事例において民法および消費者契約法などの民事法上の解釈、適用が問題となっている論点を中心に解説する。

第2節 電気通信・放送サービスの提供と契約
1 電気通信・放送サービスの提供契約
（1）契約の種類・性質

　電気通信事業は電気通信役務を、放送事業は放送役務を提供する事業であり、これらの役務は法律的には「契約」に基づいて提供されるものである。

　これらサービスの提供契約の内容は、電気通信では電気通信事業者が利用者に対して電気通信役務を提供し、利用者がこれに対して基本料金や通信料金などの対価を支払う有償の双務契約である[1]。また、放送の場合には、放送事業者が放送役務を受信者に提供し、受信者がそれに対し基本料金や受信料などの対価を支払う有償の双務契約である[2]。

　いずれも、前述した「電気通信役務」あるいは「放送役務」という無形の役

---

[1] 最判平13・3・27民集55巻2号434頁も、この点について「加入電話契約は、いわゆる普通契約約款によって契約内容が規律されるものとはいえ、電気通信役務の提供とこれに対する通話料等の支払いという対価関係を中核とした民法上の双務契約である」とする。
[2] 放送役務の提供では、放送サービスそれ自体の対価に加え、放送により提供されるコンテンツ（多くが著作権の対象となる著作物等）の利用の対価も含まれているとみることもできる。

第2節 電気通信・放送サービスの提供と契約　*417*

務提供を目的とする契約であり、また、通常、役務提供は継続してなされるものであるので、民法上は準委任契約（民法656条）の性質をもつ契約と解され、委任に関する規定（民法643条から655条）が準用される[*3]。

(2) 契約約款による契約の締結

ア　契約約款による契約締結

　消費者と電気通信事業者、放送事業者との間の契約は、契約約款に基づき締結される。その意味では「附合契約」の１つである。電気通信では、基礎的電気通信役務提供事業者および指定電気通信役務提供事業者（特別電気通信役務提供事業者もこのなかに含まれる）の通信サービスの場合には、総務大臣に届け出られた契約約款による契約締結が義務づけられていることは前述（第４章第１節４（２））のとおりである（事業法19条、20条、25条）。

　放送においても、有料放送事業者との間の契約は届出義務のある有料基幹放送契約約款に基づいて締結されるし、NHKとの間の受信契約は認可約款であるNHK放送受信規約に基づき締結される。

　これらの契約約款は、最判平13・３・27（前掲注１））も判示するとおり普通契約約款と解される。

イ　電気通信サービスの契約約款の種類

　電気通信サービスの契約約款には、事業者ごとおよび電気通信サービスの種類ごとに様々なものがある[*4]。

①　固定（加入）電話会社の契約約款の種類を挙げると、例えばNTT東日本が制定している契約約款では、消費者が契約当事者となることが多いものとしては、次のとおりの種類の契約約款がある。

　　(ｱ)　電話サービス契約約款（固定〔加入〕電話、着信用電話、公衆電話の契約約款）

[*3] 旧公衆電気通信法のもとにおける加入電話加入契約は「典型契約の１つである賃貸借や請負の要素を含んだ不典型契約であり、混合契約である」と解されていたが（詳解＜下巻＞112頁以下）、この考え方は、アナログの加入者回線を使用した固定電話サービスであって電話機の買取制が導入されていない時代の考え方であり、現在の電気通信サービス提供契約の種類、性質がこれと同様とは考えられないことは第４章の注30）でも述べたとおりである。

[*4] 主な電気通信事業者の契約約款は下記のウェブページを参照。
　　①　http://www.ntt-east.co.jp/tariff/index.html（NTT東日本）
　　②　http://www.ntt-west.co.jp/tariff/yakkan/（NTT西日本）
　　③　http://www.nttdocomo.co.jp/corporate/disclosure/agreement/（NTTドコモ）
　　④　http://www.kddi.com/corporate/kddi/kokai/keiyaku_yakkan/（KDDIおよびau）
　　⑤　https://www.softbank.jp/biz/terms/（ソフトバンク）

(イ)　総合ディジタル通信サービス契約約款（ISDN、ディジタル公衆電話の契約約款）

(ウ)　IP 通信網サービス契約約款（フレッツ・ISDN、フレッツ ADSL、フレッツ光）

(エ)　音声利用 IP 通信網サービス契約約款（ひかり電話等）

② 携帯電話会社の場合も、例えば NTT ドコモの契約約款では、消費者が契約当事者となることが多いものを挙げると、次のような種類の契約約款がある。

(ア)　FOMA サービス契約約款

(イ)　Xi サービス契約約款

(ウ)　無線 IP 通信網サービス契約約款

(エ)　国際電話サービス契約約款

(オ)　IP 通信網サービス契約約款

(カ)　音声利用 IP 通信網サービス契約約款

ウ　放送サービスの契約約款の種類

NHK 放送受信規約については既述のとおりであるが（**第 5 章第 3 節 5**〔350頁〕）、有料基幹放送事業者の契約約款の例としては、次のようなものがある[*5]。

① **スカパー JSAT 株式会社**

(ア)　衛星基幹放送に係る有料基幹放送契約約款（スカパー！有料放送契約約款）

(イ)　衛星一般放送に係る有料一般放送契約約款（プレミアムサービス有料放送契約約款）

(ウ)　スカパー！プレミアムサービス光契約約款

② **株式会社 WOWOW**

有料放送サービス約款「IPTV 同時再送信用」

エ　契約約款と契約内容

電気通信や放送サービスの契約は、このような契約約款により締結がされるので、消費者が契約約款の個々の条項の内容を認識していなくても、契約

▶ ....

*5 主な有料基幹放送事業者の契約約款は下記のウェブページを参照。
　① https://www.skyperfectv.co.jp/top/legal/yakkan/（スカパー）
　② http://www.wowow.co.jp/term/term_iptv.html（WOWOW）

第 2 節 電気通信・放送サービスの提供と契約　**419**

約款に規定されている条項のとおりの内容で契約が締結されることになる。

平成29年の民法改正（平成29年法律第44号）において、新たに「定型約款」に関する条項（改正民法548条の2～4）が民法に規定されることとなったが、電気通信サービスや放送サービスの取引は、改正民法548条の2第1項にいう「定型取引」に該当すると解される。消費者は電気通信事業者や放送事業者が定めた上記のとおりの契約約款を契約の内容とする旨の合意をして契約を締結している場合（同項1号）がほとんどであるし、また、電気通信事業者や放送事業者は予めこれらの契約約款を契約内容とする旨を消費者に示している（同項2号）と考えられる。

したがって、改正民法の施行後においても、消費者がこれらの契約約款の個々の条項の内容を認識して合意をしていなくても、これら契約約款の条項が、電気通信事業者や放送事業者との間の電気通信サービス提供契約や放送サービス提供契約の内容となることはこれまでと同様である[6]。

2 電気通信サービス提供契約の効力をめぐる問題

（1）契約約款の合理性と契約の効力

ア 回線契約者の通信料金の支払義務条項

① 他人の無権限利用の場合の契約名義人の支払義務

電気通信サービスの契約約款につきしばしば消費者との間で紛争となるのは、電気通信サービスの利用料金の支払義務を負う者が、実際に通信サービスを利用した者ではなくその通信回線の契約名義人とされている点である。

この点については、過去にはダイヤルQ2のサービスを回線契約者の承諾なく利用した場合に、その通話料の支払いをめぐって紛争が多発し（第2章第1節1（2）参照）、近時では携帯電話機やスマホを紛失したり盗まれた結果、回線契約者ではない第三者がこれら端末機器を不正に使用して、通話やデータ通信を行った場合の通話料やパケット料の支払義務をめぐって、紛争が起きている。

通信サービスの利用料金の負担者については、例えば、固定電話の通話料

---

[6] 改正民法548条の2第2項は、定型約款による契約の例外として、定型約款の条項のうち相手方の権利を制限し、または相手方の義務を加重する条項であって、その定型取引の態様およびその実情ならびに取引上の社会通念に照らして信義誠実の原則（民法1条2項）に反して相手方の利益を一方的に害すると認められるものについては、定型約款の条項であっても契約内容とならないことを規定している。

420 ▶第8章 電気通信・放送サービスと民事法

についてNTT東日本の電話サービス契約約款71条では「契約者又は公衆電話の利用者は、次の通話について、当社が……算定した通話に関する料金……の支払いを要します」と規定し、通話の区別として「契約者回線から行った通話（その契約者回線の契約者以外の者が行った通話を含みます。）」は「その契約者回線の契約者」が支払いを要する者であると規定されている。

　また、携帯電話の場合も、例えばNTTドコモのFOMAサービス契約約款66条やXiサービス契約約款50条にも、ほとんど同様の規定が置かれている。他の携帯電話会社の契約約款でも同様の条項が規定されている（前掲注4）の各社の契約約款を参照）。

　そのため、ある契約者の回線からなされた通信は、その回線契約者以外の者が利用したとしても、その回線契約の名義人に通信料金の支払義務があることになるので、その第三者が無権限で不正にその契約者回線を利用したとしても、やはりその契約者回線の契約名義人に通信料金の支払義務が認められてしまう。

　また、法律上は意思能力がない幼児が電話機をおもちゃにして遊んでいた際に、番号ボタンを押して電話をかけてしまった場合にも回線契約者にその通話料の支払義務があることになるし、飼い猫が電話機の上を歩いたため、受話器が外れて番号ボタンを押してしまったことで電話がかかってしまった場合も同様である。

　この点は、民法によれば逆の結論が原則である。例えば名義を勝手に使用して契約を締結しても、名義を使われた人に帰責事由（落ち度）がなければ、名義人が契約上の責任を負うことはない[7]。電気通信サービスの契約約款ではこの原則と例外が逆転しており、さらに契約約款の規定のうえでは例外すら認められていない。

② みなし契約

　ある電気通信事業者と回線契約をした消費者が、直接は契約を締結していない他の電気通信事業者の通信サービスを利用した場合にも、その回線契約をした契約名義人に他の電気通信事業者から提供された通信サービスの対価

---

[7] 盗んだ健康保険証を使って消費者金融業者の店舗で、その保険証の名義人になりすましてお金を借りたとしても、名義を勝手に使われた金銭消費貸借契約上の名義人が貸金の返還義務を負うことがないのが民法の原則であることと同じである。

の支払義務があるとされる。このような契約関係は「みなし契約」とよばれている。

例えばNTT東日本電話サービス契約約款89条では「加入電話契約……の申込みの承諾を受けた者……〔加入電話契約者等〕は、別記35に定める電気通信事業者が……それぞれ定める契約約款の規定に基づいて、その電気通信事業者と別記35に定める電話等利用契約を締結したこととなります。ただし、加入電話契約者等からその電気通信事業者に対してその電話等利用契約を締結しない旨の意思表示があったときは、この限りでありません」と規定し、これを受けた同契約約款の別記35では、他の電気通信事業者との電話等利用契約の締結契約について、契約相手となる電気通信事業者と締結する電話等利用契約が列挙されている。同別記中のエヌ・ティ・ティ・コミュニケーションズ株式会社の箇所では同社の「電話等利用契約」が、KDDI株式会社では同社の「第2種一般電話等契約」が、そしてソフトバンク株式会社では同社の「第2種中継電話等契約」や「国際電話利用契約」が「みなし契約」に該当するとされている。

したがって、NTT東日本と固定電話の回線契約を締結した者は、別に他の電話会社との間で電話の回線契約を締結していなくても、自分の回線からエヌ・ティ・ティ・コミュニケーションズやKDDI、ソフトバンクの加入契約者との間で通話ができるし、その場合、これらの電話会社との間でもそれぞれの会社の契約約款に従って通話料の支払義務が生じる。

この点も民法の原則からすれば、そもそも契約を締結していない相手方のサービスの提供を受けることはできないものであるし、たまたまそのような相手方からサービスの提供を受けても、受けたサービスの価格に相当する利得を不当利得として返還する必要があることは別にして、契約も締結していない以上は契約に基づくサービス提供の対価の支払義務を負うことはない。

しかし、電気通信サービスでは、以上のような「みなし契約」が認められていることから、自分自身が直接契約を締結していない電気通信サービスの提供事業者との間でも「みなし契約」に基づき通信サービスの利用料金の支払義務があることになる。

イ　回線契約者の支払義務条項の合理性と効力

上記のアの①のとおり、回線契約名義人にその回線を誰が使用したのかに

かかわらず支払義務を定める契約約款が有効とすると、通信回線が無権限で利用がなされた場合には消費者に非常に不利益な結論となるが、判例はこのような条項は合理的であり無効とはならないとしている。

すなわち、ダイヤルＱ２の利用に伴う通話料について回線契約名義人の支払義務が争点となった最判平13・3・27（判タ1072号101頁）において最高裁は、「加入電話契約者は、加入電話契約者以外の者が当該加入電話から行った通話に係る通話料についても、特段の事情のない限り、上告人に対し、支払義務を負う。このことは、本件約款118条１項の定めるところであり、この定めは、大規模な組織機構を前提として一般大衆に電気通信役務を提供する公共的事業においては、その業務の運営上やむを得ない措置であって、通話料徴収費用を最小限に抑え、低廉かつ合理的な料金で電気通信役務の提供を可能にするという点からは、一般利用者にも益するものということができる」と判示して、電話サービスを誰が使用したのかを問わずに通話料について回線契約者が負担すると規定していた当時のNTTの契約約款の規定は合理的であり、無効とはならないとした。

この判決が、電気通信サービスの提供一般について契約約款上の契約名義人の利用料金の支払義務についての考え方を示したものであると解されるとすると、固定電話以外の携帯電話サービスや情報通信サービスにおける契約者回線の無権限利用の場合にもこの法理が妥当する。

しかしながら、この判決の射程距離（判決の法理が妥当する事案や範囲）については広く捉えるべきではない。最高裁の上記の判断はダイヤルＱ２の通話料に関する事案の判断であるから、通常は建物内や施設内に設置される固定電話の利用について同サービスにおける契約約款に基づく通話料の支払義務について判断したものである。固定電話サービスではない情報通信サービスや移動通信サービスを含め、電気通信サービスの利用料金に関する契約約款に基づく契約名義人の支払義務条項すべてについて妥当するかどうかは、携帯電話やその他の移動通信サービスの場合には、異なる事情も考慮すべきであり、別な考え方もあり得る。

特に、固定電話では回線契約者自身が、その契約者回線の通信端末を管理、支配することは容易であり、他人が無権限で利用することを排除するのはそれほど困難ではない。また、固定電話では通常は家庭内に通信端末が設置さ

第２節 電気通信・放送サービスの提供と契約　*423*

れており、家の外に持ち出して使用することはできず、通常は家族が家庭内で利用するものであるという利用の形態を前提にすれば、契約名義人以外がその端末を利用して通信をしたとしても、契約名義人の推定的な承諾があると考えられる場合がほとんどであろう。

だとすれば、固定電話の場合には全く第三者が不正に固定電話を利用するケースは、例えば泥棒が家に忍び込んでその家の電話を使って通話したような極めて例外的な場合に限定されるし、また、子どもの友人が遊びにきた際に、契約名義人である親が使用を禁じるような利用（アダルト番組やツーショットダイヤルの利用など）をした場合は、親の監督権限の行使に不十分な点があったとみることもできるから、契約名義人に多少なりとも落ち度が認められてもやむを得ない事情もある。

これに対し、移動通信サービスの場合には、通信端末の紛失や盗難が起きやすく（固定通信端末ではまずあり得ない[8]）、その場合は、第三者によってその端末機器で契約者回線を利用して容易に通信が行われてしまうので、固定電話の場合よりは契約者回線の管理、支配には困難な面もあり[9]、契約名義人が第三者による不正利用を排除し得るか否かについては事情が異なる[10]。

この事情を重く捉えるとすると、帰責事由を問わずに契約名義人が無権限利用がされた場合の通信料金の支払義務を負うとする契約約款の条項は消費者契約法10条に該当し、無効と判断される場合もあり得るのではないだろうか（上記の最高裁判決は、この点については判断していない）。

特に、前掲最判平13・3・27が出されてから既に16年以上が経過しているし、その間の電気通信サービスの利用の形態や技術進歩が著しいことも前提にすれば、判例は携帯電話など移動通信サービスの利用にかかる回線契約者

8 端末機器だけ盗難にあっても、その機器で契約者回線に接続し通信サービスを利用できるかどうかは別問題であるが、移動通信端末の場合には、端末機器の占有管理とその端末機器による契約者回線の利用は一体であるから、端末機器の窃盗や紛失の場合には、他人による不正利用と端末機器の占有の移転は直結する。

9 近時、被害の相談が増えているIP電話の回線が乗っ取られてしまう場合（総務省「第三者によるIP電話等の不正利用対策について（要請）」(2015年7月7日)(http://www.soumu.go.jp/menu_news/s-news/01ryutsu03_02000096.html)）には、端末機器の占有や管理とは無関係に電話回線が第三者によって不正利用されてしまうので、その意味ではIPネットワークを利用する通信においては、固定電話も携帯電話もそれほど相違はないということも可能である。

10 もちろん、移動端末（携帯電話機）にセキュリティロックをかけることにより、盗難や紛失の場合に第三者の不正利用を防ぐことができるが、携帯電話機の機能は複雑であるし、操作もそう簡単ではないことから、これらのロック機能が備わっていることが、直ちに、契約名義人による通信端末の管理、支配や契約者回線の不正利用の防止の点において固定電話と同じ状況にあると評価することはできないのではなかろうか。

の支払義務条項の効力については、まだ判断していないというべきである。

　また、携帯電話やスマホの場合は、ID、パスワードによって通信端末機器それ自体のロックに加え、当該契約者回線を利用することについても契約名義人が制限（ロック）をかけることが可能となっている。しかし、このようなセキュリティも最近のハッキング技術の進歩によって脆弱性が増していることは、前掲注9）で指摘したようなIP電話の乗っ取りの被害が発生していることからも理解できる。

　このような現状を踏まえると、契約名義人に全く落ち度がない場合や、落ち度があったとしてもそれほど非難に値しない状況下において第三者が同名義人の回線を不正利用した場合にまで、すべての責任を回線契約者に負わせることは、民法の原則からして相当とはいえない。そうすると、なおさらすべての電気通信サービスの契約約款について同じ結論で判例の法理が確立していると解すべきではない。

ウ　みなし契約に関する消費者紛争

　みなし契約に関し、しばしば消費者からの苦情や紛争となるのは、国際電話の利用を望んでいない契約者であっても、契約締結時等に敢えてその利用を排除する意思表示をしない限り、自動的に契約をしていない電話会社（例えば、エヌ・ティ・ティ・コミュニケーションズやKDDI、ソフトバンク）の国際電話の利用ができてしまい、予期しない国際電話の通話料（得てして高額な場合が多い）の支払請求をされてしまう点である。

　第2章第1節1（2） で紹介した、国際ダイヤルＱ２の被害に遭った消費者が国際電話の通話料の請求を受けるようなケースや、海外旅行中に携帯電話機やスマホを紛失したり盗難に遭って、通信端末が無権原で利用されて国際電話の通話やパケット通信がされてしまうケースがその例である。

　みなし契約を排除するには、契約約款上は積極的にみなし契約を排除する意思表示が必要とされており、このような意思表示をしない限り当然にみなし契約が成立し、知らずに利用してもみなし契約に基づく通信料金の支払義務が生じる。例えば、携帯電話で国際電話サービスを利用する意思がない場合は、携帯電話会社のショップ等で携帯電話サービスを申し込む際に、申込書のなかに国際電話サービスの利用をしない旨のチェックを付ける等の手続が用意されているが、販売店等に説明不足があったり、消費者が理解できて

第2節 電気通信・放送サービスの提供と契約　**425**

いなかったりして、このチェックをせずに申込みをしてしまうと、国際電話の利用をする意思がなくても、契約上は利用する契約をしたもののとみなされてしまい、上記のような事態も生じ得る[*11]。

　事業法に規定する説明義務の誠実な履行等はもとより、契約時における分かり易く丁寧な説明を徹底することにより、消費者の理解を深め、予期せぬ利用にならないような対応が必要であるが、実際に「みなし契約」を前提にして不正利用をされた場合の通信料金の支払義務に関する紛争については、契約約款それ自体の合理性がないことを前提に無効を主張して争うことは、前記の最高裁の判例法理からしてもかなり難しいのが実情である。

　しかし、後述のとおり、消費者契約法等に基づき支払義務を争える場合もあり得ると考えられる。

（2）電気通信・放送サービスの契約約款に対する規制

ア　消費者向け契約約款の必要性

　電気通信サービスや放送サービスにおいて利用される契約約款は、認可約款であったり届出が必要な契約約款もあり、その場合は総務大臣によるチェックが可能な制度となっていることから、契約約款の内容については行政による一定の適正と公正が担保されているといえる。

　しかし、他方で契約約款は事業法ないし放送法に基づき登録・届出や認定が必要な事業に関し、事業者が作成する契約約款であるので、これらの法律の基本的な規制の在り方を反映するものとなっている。

　例えば、電気通信サービスの利用においては、そもそも事業法が「利用者」という概念でしか電気通信事業者が電気通信サービスの提供の相手方とする者を規定していないし（事業法1条）、放送法は放送を受信したり視聴したりする相手方について同法全体を通じて定義する規定はおいておらず、有料放送の相手方については「国内受信者」（放送法147条）、NHKの受信契約におい

[*11] 国民生活センターが受け付けた相談でも、国内のみで使用できる機種を選んで携帯電話を購入し、海外旅行でカメラとして利用するために携帯電話を持って行ったが、旅行中にそれが盗まれてしまったので、現地の警察に被害届を出したが、海外で使われることはないと思い、電話会社には日本に帰ってから約10日後（電話を盗まれてから12日後）に連絡して携帯電話サービス契約を解約したケースにおいて、海外でその携帯電話の回線が利用されてしまい電話会社から300万円を超える通信料の請求をされた事例がある（http://www.kokusen.go.jp/jirei/data/200602.html）。この事例でも、電話機が国内でのみ利用できるものであったとしても、国際ローミングサービスの利用をしない旨の意思表示を契約の申込時にしていなかったことから、携帯電話会社としては「みなし契約」が成立しているので、契約名義人に支払義務があると主張する。

426　▶第8章 電気通信・放送サービスと民事法

ては「受信設備を設置した者」（放送法64条1項）というように、サービス提供の相手方の属性を考慮せず、抽象的かつ一般的な主体としてしか規定していない点に問題がある。

電気通信サービスは、それこそ国や地方公共団体や日本を代表する巨大企業はもとより、例えば小学生の子どもに携帯電話を持たせる場合に子どもの名義で契約する場合も含まれ、個人法人を問わず、年齢、職業、知識や理解力や判断力など相手方となる者の属性等は大きく異なっているが、電気通信事業法の「利用者」は、サービス提供を受ける相手方の属性の違いや内容等は全く考慮されない抽象的な主体と観念されている。放送法の受信者についても同様の状況にある。

そして、法律それ自体だけでなく、法律に基づく認可・届出にかかる約款として制定されている電気通信サービスの契約約款もそうではない契約約款も、このような意味での「利用者」を契約の相手方として当然の前提としているし、放送サービスの契約約款や放送受信規約においても、消費者契約法や特商法などと異なり、取引の相手方の属性は原則として問題にしていない。

しかし、契約関係の相手方の属性によっては、同じ契約条項でもその内容の合理性やその判断基準は異なるというべきであり、本来であれば電気通信サービスや放送サービスの契約約款も、消費者取引を前提にした特別のルールないし規定を設けるべきである[12]

例えば、電気通信サービスの契約約款における回線契約者の支払義務条項については、消費者に帰責事由（落ち度など）がない場合には、その消費者が契約した回線が無権限で他人に利用された場合の通信料金の支払義務については、責任を負わないこととしたり、あるいは支払義務の範囲を制限する規定を設けるのが筋であろう[13]。

イ 信義則による電気通信サービス契約約款に基づく請求権行使の制限

電気通信サービス契約約款では、上記の**（1）**で解説したとおり、第三者

---

[12] 立法的手当による方が合理的な事項もあるが法改正は簡単ではないので、例えば特商法や消費者契約法の規定するクーリング・オフや不当勧誘による契約の解消、サービス提供が適正になされない場合の料金支払停止の抗弁権、長期の期間拘束契約から離脱できるようにする解約権を保障する条項などを契約約款に盛り込むことなどが考えられる。

[13] この点については、齋藤雅弘「インターネットと消費者」消費者法判例百選（2010年）238頁および同「消費者にとって適正な携帯電話サービス提供のために必要な法制度の方向性」消費者法ニュース77号（2008年）238頁参照。

第2節 電気通信・放送サービスの提供と契約　*427*

の不正利用や無権限利用の場合であっても回線契約の契約名義人に支払義務が認められ、あるいは「みなし契約」が認められるので、当初予想していない高額な利用料金の支払いを余儀なくされる場合がしばしば生じるが、電気通信事業者の契約締結の経緯や態様、電気通信サービスの内容やその提供方法や提供の態様などによっては、提供されたサービスの対価の支払請求権の行使が、民法1条2項の「信義誠実の原則」に反していることを理由に、請求権の行使自体が否定されたり、あるいはその行使が一部に限定されたり（全額ではなく請求額の一部しか認められないなど）する場合もあり得る。これは前掲のダイヤルQ2の最高裁判決が採用する法理である。

　前掲の最判平13・3・27は、ダイヤルQ2サービスは、①従来の日常生活において予定された通話者間の意思伝達手段としての通話とは異なり、通話料の高額化に容易に結び付く危険を内包していた、②青少年に対する誘惑的要素を多分に含んだ番組も相当数に上っていたので、青少年が契約名義人（親）に隠れてひそかに利用し、NTTからの支払請求を受けてダイヤルQ2の利用料金が著しく高額化したことを初めて知らされ、それまでは利用の事実を認識することができないという事態が生じた、③ダイヤルQ2サービスの開始は、日常生活上の意思伝達手段という従来の一般家庭における加入電話契約によって立つ事実関係を変化させたことが認められるとし、この事実関係のもとでは、ダイヤルQ2サービスは日常生活上の意思伝達手段という従来の通話とは異なり、その利用に係る通話料の高額化に容易に結び付く危険を内包していたものであったから、公益的事業者であるNTTは一般家庭に広く普及していた加入電話から一般的に利用可能な形でダイヤルQ2事業を開始するに当たっては、同サービスの内容やその危険性等につき具体的かつ十分な周知を図るとともに、その危険の現実化をできる限り防止するために可能な対策を講じておくべき責務があったと判示した。

　そして、加入電話契約者の通話料の支払義務については、ダイヤルQ2サービスの危険性等の周知およびこれに対する対策の実施がいまだ十分とはいえない状況にあった平成3年当時、加入電話契約者が同サービスの内容およびその危険性等につき具体的な認識を有しない状態の下で、同契約者の未成年の子による同サービスの多数回・長時間に及ぶ無断利用がされたために本件通話料が高額化したものであり、この事態は、NTTが上記の責務を十分

428　▶第8章 電気通信・放送サービスと民事法

に果たさなかったことによって生じたものといえるので、NTTが料金高額化の事実およびその原因を認識してこれに対する措置を講ずることが可能となるまでの間に発生した通話料についてまで、当時の契約約款118条1項の規定を根拠に加入電話契約者にその全部を負担させることは、信義則ないし衡平の観念に照らして是認できないとした。そのうえで、加入電話の使用とその管理を加入電話契約者が決し得る立場にあることなどの事情を考慮し、加入電話契約者が支払うべき限度は通話料の金額の5割が相当とした。

このように、電気通信サービスの提供の前提となる事実関係や事情、経緯あるいは態様によっては、契約約款で認められる請求権の行使が制限されることもあり得るし、前掲の最高裁の判断は、固定電話における付加サービスであるダイヤルQ2サービスの提供についてなされたものであるから、携帯電話のような移動端末を利用した通信や盗難された携帯電話機を不正利用された国際電話のような場合には、さらに別の考慮事情も取り込んで、信義則の適用がなされる可能性がある。

この点からも、無権限利用や不正利用がされた場合に契約約款からすると契約名義人に通話料の支払いが認められるケースでも、その責任が否定されたり、限定（減額）される場合もあろう。

なお、実際にも消費生活センターにおいてあっせんされた事例では、最高裁が挙げたような事情を踏まえて、回線契約の名義人の支払うべき金額の減額に電気通信事業者側が応じるなどの柔軟な対応をとることで、紛争を解決している例もある。

3 未成年者による電気通信サービス契約の取消し

(1) 取消しの可否

小・中学生、高校生の子どもが親の同意なしに携帯電話サービスの契約を締結したり、契約内容を変更したりした場合には、これらの契約の申込みの未成年者取消し（民法5条2項）が可能である[14]。

携帯電話サービスの未成年者取引でしばしば問題となるのは、親の名義を無断で使用して新規の契約する場合と、既に契約している携帯電話サービス

---

*14 現在は携帯電話不正利用防止法が適用されるため、新たに携帯電話サービスの申込みをするには運転免許証などの公的な証明書の提示が必要であり、未成年者が自分の名義で申込みをする場合に電気通信事業者側はその者が未成年者であることは容易に判別できる。そのため、新規契約時には未成年者が親の同意なく契約を締結することは従前より容易ではないと考えられる。

第2節 電気通信・放送サービスの提供と契約　*429*

の契約について、例えば通話料やパケット料のリミット制限やペアレンタルロックを解除する操作（申込み）を親の同意なく行う場合などである。

前者では親の帰責事由の有無や内容によって、親自身の契約上の責任の内容が異なる。この場合、未成年の子どもが利用した通信料金相当額については、子どもには不法行為責任が生じることもあるので、その支払いをめぐって親自身も法律上（監護義務違反が認められれば親自身にも損害賠償責任が認められる）あるいは事実上、紛争の当事者とならざるを得ない。

これに対し、親の承諾なく未成年が勝手に通話料やパケット料のリミット制限等を解除する申込み（操作）をしてしまった場合は、未成年者取消しができることは法律上は当然であるものの[15]、未成年者が受けた通信サービス相当の利得の返還をめぐっては、難しい問題がある。

(2) 提供を受けた電気通信サービス（通話料、パケット料）相当額の返還義務

携帯電話サービスなどの電気通信サービス契約が未成年取消しにより無効となった場合に、未成年者が受けた通話や情報通信（パケット料）相当の利得については、電気通信サービスが形のない役務提供の取引であるので、契約が取り消された場合は、契約に従って給付されたものは手元に残らない。

そのため、給付されたものを返還する訳にはいかないので、通常はその役務の対価相当額が不当利得となり、これを金員で返還することになる。ただし、未成年者取消しの場合は「その行為によって現に利益を受けている限度」で返還すれば足りるので（民法121条ただし書）、消費してしまった役務（通信役務）の利益が現存していないとみることが可能なら返還義務はない。

しかし、この点が争点となった裁判例では、未成年者が実際に携帯電話で通話をしたり、パケット通信をしてしまっている場合には、そうして提供を受けたサービスに対応する料金の支払義務を免れているので、これにより役務提供を受けた限度で利益が現存すると判断されて、結局、パケット料相当額の不当利得返還を命じられた事案がある（前掲注15）の釧路地裁帯広支判平18・7・13および札幌地判平20・8・28）。

これらの訴訟では、著名な民法学者が電気通信事業者側の立場で意見書を書き、裁判所もほぼこの意見書の考え方に従って、パケット通信サービスの

▶ **15** このようなケースで未成年者取消を認めた例として、釧路地裁帯広支判平18・7・13および札幌地判平20・8・28（いずれも判例集未登載：現代消費者法No.3（2009年）34頁以下）がある。

430 ▶第8章 電気通信・放送サービスと民事法

提供契約について未成年者取消しがなされた場合の利得の返還義務について判断したものと考えられる。しかし、このような結論が妥当かどうかは、さらに検討が必要である[16]。

　不当利得に関する通説、判例を前提にしても、また、給付不当利得の場合における民法703条の適用を排除する説や事実的契約関係理論など近時の有力説を前提にしても、上記のようなケースにおいて、通信サービスの提供を受けたことで未成年者が受けた利益の返還義務を否定するのは難しい。

　しかし、この場合返還すべきは受けた利得を「評価」した額であるから、返還すべき利得の評価については別の考え方もあり得る。また、未成年者取消しの対象となった契約で提供された通信サービスの「客観的に適正な対価相当額」をどうみるかによっては、返還すべき金額に大きな差が生じる。

　実際に携帯電話を利用して行われた実験によれば、1ヶ月間パケット通信を使えるだけ使った場合の利用料金の合計額は、2008（平成20）年当時のパケット通信の単価で計算すると、驚くことに1,050万円近くにも上る[17]。これに対し、パケット定額プランの契約を締結している場合には、これだけ大量のパケット通信を行ってもこの当時の料金プランでは月額4〜5千円程度の支払いで済むのが実態である。

　この事実は、①電気通信サービスにおけるパケット料金の単価の設定が極めて不合理（月額の負担額では実に2000倍もの開きがある）であり単価自体が高額過ぎるか、あるいは、②保険数理の考え方（大数の法則）により、パケット定額プランの契約をしながら定額制プランの金額にも満たない利用しかしていない大多数の利用者が負担している定額料金（定額制をとらず、従量制課金の契約であれば定額制の料金よりも低い利用料金で済んでいるにもかかわらず、これを超える定額料金〔いわば払い過ぎ分〕）でヘビーユーザーの利用分を賄っているかのいずれかとしか考えようがない。前者であれば、そもそも未成年者が使用したパケット通信料金（1パケット当たりの単価を乗じて計算される）自体が著しく高額過ぎると評価できる。後者とするとパケット通信料金のなか

---

*16 この点については、猪野亨「携帯電話利用契約めぐる訴訟からみた未成年者保護」現代消費者法No.3（2009年）34頁以下および特商法ハンドブック793〜795頁を参照。
*17 東京都消費生活センターの職員が、2008（平成20）年に実験した結果であり、通常勤務をしながら毎日可能な限りのパケット通信を行った場合に1ヶ月間で利用したパケット量に基づいてパケット通信の対価を算出したものである。

第2節　電気通信・放送サービスの提供と契約　*431*

には実際の通信利用者以外の者の負担分が当然の前提として取り込まれているので、その全額が通信利用者の受けた通信サービスとの関係で対価関係にはないとも評価できる。そうするとこの①、②のいずれであったとしても、携帯電話サービスやパケット通信サービスの料金設定や料金体系はバランスを欠き、合理性に問題がある。

さらに携帯電話各社が行っている顧客獲得のための営業政策や勧誘の実態を踏まえると、むしろ通話やパケット通信の定額制を販促ツールとして顧客の勧誘、獲得をしており、通話料やパケット料金の定額契約がいわば「デファクト・スタンダード」となっていると評価できる。そうであれば、未成年者取消がなされた場合における提供済みパケット通信料金の「客観的に適正な対価相当額」は、少なくとも未成年者が過当な利用をしたとしても定額プランに加入していれば支払うべき金額をもってその相当額と評価すべきであり、この意味において、前掲の各判決のような不当利得額の評価は賛成できない。

4 電気通信サービス・放送サービス契約の締結における説明義務違反等

(1) 電気通信事業者・放送事業者の説明義務

電気通信事業者や媒介等業務受託者には事業法26条に基づき、消費者に対する説明義務が課されているし、放送事業者およびその媒介等業務受託者にも放送法150条に基づき説明義務が法定されている。この説明義務は行政上の義務づけであるので、事業法や放送法上は違反の効果は行政処分（総務大臣による業務改善命令）に限られ、消費者と電気通信事業者間の民事上の法律関係には直接影響を及ぼさないのが原則である。

しかし、事業法や放送法の説明義務違反があった場合に、民事上の効果が全く生じないということはできず、その違反の内容や程度、態様によっては、電気通信サービスの提供契約や放送サービスの提供契約の申込みの意思表示の取消しが認められたり、不法行為上の違法性があるとして損害賠償請求が認められることもある。

例えば、電気通信事業者や放送事業者に説明義務が課されている以上は、説明を義務づけられている事項については、これらの事業者が「知らなかった」という主張は許されないと考えられるので、消費者契約法の不利益事実の不告知において、故意に重要事項を秘匿したことの立証の場面では、説明

432 ▶第8章 電気通信・放送サービスと民事法

義務が課されている事項が同法の重要事項である場合には、それを説明しなかったことをもって事実上故意が推定されると考えることもできよう。

また、説明義務を果たさなかったことにより、消費者が不要な料金の支払いを余儀なくされたり、あるいは説明不足から電気通信サービスの利用において損害を被ったりした場合には、行政上の説明義務ではあっても民法709条の不法行為の違法性の要素として取り込まれ、利用者が被った損害の賠償責任が認められることもある。

なお、携帯電話サービス契約の付随義務として、契約者のパケット通信の累積パケット料金を把握していたこと等を考慮すれば、携帯電話サービス契約上の付随義務として携帯電話会社にはパケット料金が高額化していることついての注意喚起義務があり、その義務に違反して注意喚起しなかったことにより、契約者が高額のパケット通信料金相当の損害を被った場合には、同契約の債務不履行として携帯電話会社に賠償責任があることを認めた判決（京都地判平24・1・12判時2165号106頁）もある。

(2)「適合性の原則」違反

電気通信サービスは、サービスの内容自体が専門的で複雑であるし、その料金体系も同様に非常に複雑であることから、一般の消費者が自分に適合したサービスを選択することが容易ではない取引である。この点は、特に携帯電話などの移動通信サービスで顕著である。

実際にも、携帯電話会社の代理店や取次店や家電量販店において、利用の予定のない付加サービスの契約を勧誘したり、操作が難しく、誤った操作をしたことで一定期間までに解約をしなければその後は継続的に料金が発生してしまうような契約が解約できなかったり、説明が不十分で解約を失念したり、そもそもこのような契約であることすら消費者が認識していないことで、料金の負担を余儀なくされるなどのトラブルもある。

これらは説明義務の問題でもあるが、同時に、消費者（利用者）にとって適合するサービスの提供を勧誘すべきであるし、不適合な内容のサービスの契約を勧誘すべきではないという意味で「適合性の原則」の問題でもある。

事業法および放送法でも、電気通信事業者や放送事業者などの説明義務の履行においては、いずれも「適合性の原則」に従った説明をすべきことが規定されているが（事業法26条1項、同省令22条の2の3第4項、放送法150条、同

省令175条6項)、これらの規定は行政上の義務づけである説明義務の履行における原則であり、民事ルールとしては規定されていない。

しかし、例えば、電気通信サービスの場合にはこのサービスのもつ専門性や複雑性、予期せぬ料金（ときには100万円単位の思わぬ高額）の請求を受けかねないという危険を内包する取引である以上は、少なくとも消費者を相手方として電気通信サービスの提供をする場合には、民事法上も電気通信事業者には「適合性の原則」を遵守すべき法律上の義務があると解するべきではないだろうか。

そして、「適合性の原則」に違反した勧誘により、消費者に不必要な負担を生じさせたり、不当な負担を生じさせた場合などには、民法の不法行為が成立し、消費者が受けた損害の賠償責任が認められることもあり得る[18]。

5　通信の質と電気通信サービス契約の債務不履行

（1）電気通信サービスにおける契約上の給付の性質と債務不履行

消費生活相談では、例えば携帯電話会社の説明では通話可能エリア内なのに、実際には電波が届かずに携帯電話が利用できないという相談や、ADSLの契約で、電話会社の説明ほど通信速度が上がらないのでインターネットの利用上とても不便であるなどの苦情や相談がよく寄せられる。

このように電波が届かないため携帯電話が利用できない場合や、契約時の説明に比べて通信速度が遅いなどは、電気通信事業者の提供する電気通信サービスが契約の本旨に従った履行（給付）がされていないと評価できれば債務不履行といえる。

しかし、電気通信サービスの場合には、通常、例えば「100％いつでもどこでも通信が可能」というように通信の質を保証して契約が締結されている訳ではなく、「ベストエフォート型」の役務提供と捉えられている。

「ベストエフォート」という言葉で表されているように、電気通信サービスの提供契約では、その時の技術的な水準や電気通信設備の状況などからみて概ね最大限の努力をした結果として提供されたサービスであれば、契約の本旨に従った給付から外れることはない性質の契約だと解されている[19]。

---

[18] 金融商品取引においては、金商法の規定する「適合性の原則」違反が著しい場合は民法の不法行為を構成すると判断されている（最判平17・7・14民集59巻6号1323頁）。

[19] 例えば、携帯電話では極めて高い周波数帯の電波が利用されているが、電波は周波数が高くなると直進性も高くなるので、電波の飛ぶ方向にビルなどの障害物が新たにできると、それだけでビルの反対側には電波が届きにくくなる。契約当初はこのような障害物がなくても、その後の都市環境の変化により通信ができない状態となることもある。このような環境変化それ自体について携帯電

434　▶第8章　電気通信・放送サービスと民事法

そのため、例えば携帯電話の場合、エリア内なのに通話ができなくなったことだけを捉えて、直ちに契約上の債務に違反しているから、契約の解除や損害賠償請求ができるかというと必ずしもそうではない。光回線の通信サービスの場合に、通信速度の最高値が100Mbpsとされているにもかかわらず、実際の通信速度が2Mbps程度であったとしても、マンションなどの集合住宅の場合では、多数の居住者が同時に回線を利用すると1つの回線を多数で同時に利用するため通信量が大きくなり、通信速度も著しく低下することもあり、これは技術的にはやむを得ない面もある。自宅や会社に設置したルーターが古く、そもそも回線の最大通信速度よりもルーターの処理速度の方が遅い場合などでも同様の現象が起き得るので、この場合は電気通信事業者の債務不履行とはいえない。

　このように、単に通話ができない、通信速度が遅いという現象が生じても、それが通信技術の一般的な水準からみて、やむを得ない範囲であったり、電気通信サービス事業者の責任範囲外の事情によってそのような現象が起きている場合もあるので、単に通話ができないあるいは速度が遅いという点だけを捉えて、債務不履行と判断することは難しい場面が多い。いずれにしても、そのような現象が起きている理由や原因について、電気通信サービスの利用者が実際に利用しているハード・ソフト面の利用環境や通信の利用状況をきちんと把握したうえで、考える必要がある。

　そして、そのうえで契約締結時の表示や説明の内容と実際に提供される通信サービスの内容や質（通信速度や通話・通信エリアなど）との乖離が非常に大きい場合や、改善の要求を何度も行っているのにもかかわらず、通信ができない状況が改善しないなど電気通信事業者が適正な対応をしない場合には、後述のように債務不履行となる場合があるといえよう。

(2)「ベストエフォート」型の契約の問題点
ア　「ベストエフォート」型サービス
　消費者が利用している携帯電話やスマホ、無線LAN端末などの移動通信

話会社がコントロールすることは不可能であるから、最大限の努力を果たせば契約上の義務も果たしたものと扱うという考え方が取られている。しかし、その場合であっても、通信できない状況をそのまま放置することは契約に違反することもあり得る。新たな基地局を設置するとか、簡易の中継装置を貸与するなどにより、通信ができない状況の改善の努力を怠る場合には、電気通信サービス提供契約のうえでも債務不履行となる。

第2節 電気通信・放送サービスの提供と契約　**435**

サービスに関し、自分の使用している場所に電波が届かない、あるいは通信速度が電話会社が表示しているような速度が出ないなどの苦情や相談が、すべて電気通信事業者の責任範囲に入るとはいえないことは上記(1)のとおりである。

　しかし、移動通信サービスのように無線通信による通信サービスが「ベストエフォート」型のサービスであり、そもそもサービスの性質や本質上、通信エリアや通信速度にばらつきがあって通信が上手くできない場合もあり得るという特質が、本来、電気通信事業者の責任範囲にある事項について、消費者からの苦情・相談への対応を拒絶するための方便として使われているのではないかと思われる場合もある。

　実際にも、消費者から上記のような苦情や相談が寄せられても、電気通信事業者がベストエフォート型サービスであることを盾に、例えば、ベランダに出て試してみて通信が可能であればそれ以上の対応をしてくれないケースや、中継装置を貸与してその装置が設置されている近傍では利用できるようになるものの、移動通信が本来のもつ利便性の享受を十分に受けられないような対応しかしてくれない通信事業者もある。

　しかしながら、契約内容としては通信の質や内容を「保証しない」にもかかわらず、電気通信事業者がサービス提供する通話や通信可能エリアを様々な媒体で広く公表し、広告・宣伝や顧客の勧誘の場面では提供エリアの広さを強調して顧客誘引の手段としていたり、あるいは通信速度についても、実際の利用ではほとんど期待できない理論値や技術的可能達成値を強調して表示し、それを顧客誘引手段として用いていることは、かなり問題がある。

　その意味では、景表法の優良誤認表示に該当しないまでも、このような広告表示は適正や公正さに欠けているといえる。

イ　ベストエフォート型サービスと電気通信サービス提供契約の債務不履行

　そもそもベストエフォート型のサービスとは法律用語ではなく、一般的な意味としては、通信可能エリアや通信速度等について最大値は決められているが、必ずしもその値を達成することは保証しないサービスのことである[20]。

　しかし、携帯電話会社の契約約款では、携帯電話サービスがベストエ

▶ ……………………………………………………………………………………………

[20] 電気通信サービス向上推進協議会「電気通信サービスの広告表示で使用する用語の表記について〔第2版〕」(2012年1月)(http://www.soumu.go.jp/main_content/000154249.pdf)。

436　▶第8章 電気通信・放送サービスと民事法

【 図表29 】　ドコモ Xi 契約約款

(通信の種類等)
第42条　通信には、次の種類があります。
　―略―
　5　Xi サービスに係る通信の条件については、料金表第1表第3（通信料）に定めるところによります。
　(注1)　本条第1項の表の数値は実際の伝送速度の上限を示すものではありません。また、通信の伝送速度は通信の状況等により変動します。
　(注2)　通信のふくそうの状況により、一定期間内においてその契約者回線から行ったデータ通信モードによる通信に係るデータ量に応じてデータ通信モードの通信の伝送速度が低下することがあります。
(契約者回線との間の通信)
第43条　Xi サービスの契約者回線との間の通信は、その契約者回線に接続されている移動無線装置が、営業区域内に在圏する場合に限り、行うことができます。ただし、その営業区域内であっても、屋内、地下駐車場、ビルの陰、トンネル、山間部等電波の伝わりにくいところでは、通信を行うことができない場合があります。

【 図表30 】　au（LTE）通信サービス契約約款

(電波伝播条件による通信場所の制約)
第45条　通信は、その移動無線装置が別記1で定めるサービス区域内に在圏する場合に限り行うことができます。ただし、そのサービス区域内にあっても、屋内、地下、トンネル、ビルの陰、山間部、海上等電波の伝わりにくいところでは、通信を行うことができない場合があります。

【 図表31 】　ソフトバンク 4G 通信サービス契約約款

(営業区域)
第5条　4G 通信サービスの営業区域は、FDD-LTE 方式、TDD-LTE 方式及び AXGP 方式で異なり、当社が別に定めるところによります。ただし、その営業区域内であっても、電波の伝わりにくいところでは、4G 通信サービスを利用することができない場合があります。
(通信の種類等)
第29条　通信には、次の種類があります。

種類	内容
通話モード	パケット交換方式（FDD-LTE 方式に係るものに限ります。）により音声その他の音響の伝送を行うためのもの
パケット通信モード	パケット交換方式により、符号の伝送を行うためのもの

　2　前項に規定する伝送速度は、通信の状況等により変動します。
(契約者回線との間の通信)
第30条　契約者回線との間の通信は、その契約者回線に接続されている移動無線装置が第5条(営業区域)に規定する営業区域内に在圏する場合に限り、行うことができます。
　　ただし、その営業区域内であっても、屋内、地下駐車場、ビルの陰、トンネル又は山間部等電波の伝わりにくいところでは、通信を行うことができない場合があります。

フォート型の役務であることを踏まえて、【図表29〜31】のとおりの条項が置かれており、これらの契約約款の条項が、電気通信事業者との間のサービス

第2節 電気通信・放送サービスの提供と契約　437

提供契約が法律上はベストエフォート型サービスであることの根拠となっている。

　これらの契約約款の条項からすると、電気通信事業者が通信エリアにしろ通信速度にしろ一定の通信の質を保証しているとは解されず、広告表示や勧誘の段階で説明されていた通信エリア内での通信ができなかったり、あるいは通信速度が実現されていないことで直ちに電気通信サービスの提供契約の債務不履行に該当するとはいえない。

　しかしながら、通信エリアや通信速度については、総務省が2015（平成27）年7月に「インターネットのサービス品質計測等の在り方に関する研究会」の報告書[21]に基づき「移動系通信事業者が提供するインターネット接続サービスの実効速度計測手法及び利用者への情報提供手法等に関するガイドライン」を公表し[22]、通信エリア、通信速度および接続率についての計測および表示の基準を策定したことを踏まえると、この基準に従って表示された通信エリアや実効速度と実際に消費者が利用した場合の通信エリアや実効速度との乖離が著しい場合には、ベストエフォート型の契約であることの一事をもって、債務不履行には該当しないとはいえない場合もあると考える。

　実際の利用において、このような基準からみて十分に通信エリアや実効の通信速度の通信が提供されていない場合に、消費者からの改善の依頼がなされているにもかかわらず、対応もせずに放置しているような場合は、消費者の利用環境（端末機器の不具合、規格の不適合など）に原因がある場合は別にして、電気通信サービスの提供契約の債務不履行となる場合もあろう。

　この場合には、消費者が電気通信サービスの提供契約を解除することができ、損害があればその賠償も請求できることもあろう。

6　電気通信サービス等の契約の解約

　電気通信サービスの提供契約は、継続的な契約であるから、相手方に不利な時期でない限り、原則として将来に向かっていつでも自由に解約をすることができる（民法651条、652条、620条）。

　もちろん、電気通信サービスの提供契約において、解約自由を制限し、例えばいわゆる「2年縛り」の契約のように、一定期間経過後でないと解約権

▶ ……………………………………………………………………………………………
*21 http://www.soumu.go.jp/main_content/000371343.pdf
*22 http://www.soumu.go.jp/main_content/000371346.pdf

438　▶第8章 電気通信・放送サービスと民事法

が制限されている場合には、消費者契約法等によりこのような契約条項が無効とされない限り、原則として解約制限条項も有効である。

しかし、このような解約制限がない場合であるにもかかわらず、例えば、電話勧誘販売などで光ファイバーケーブルの回線契約の申込みを承諾したものの、その後、不要と考え解約の申出をしたところ、まだ、ケーブルの接続工事も完了していない段階の解約であっても工事費の負担を求められたという苦情なども少なくない。

契約の申込みを行い、まだ、工事も完了していない間は、電気通信事業者に損害が発生することはそれほど多くなく、民法の原則からすれば、自由に解約が可能であって工事費の負担を求められることも少ないはずである。

この点については、事業者団体（一般社団法人電気通信事業者協会〔TCA〕）では、開通工事の完了までは工事費の負担なく解約が可能とする自主的な共通ルールを定めているので（【図表32】参照）[23]、消費者は光回線サービスの契約を締結しても、いまだ工事が開始されていない間は、原則として負担なく契約を解約できる。

【 図表32 】　勧誘からサービス提供開始まで

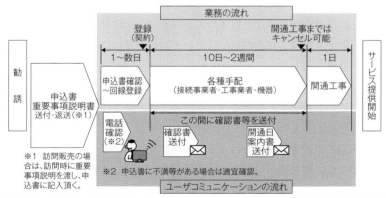

直収・光電話サービスやブロードバンドインターネット接続サービス等、加入者線があるサービスの一般的な流れは上記のとおり。
出典）TCA

---

[23] 前掲注20）の「電気通信サービス向上推進協議会」が制定した「電気通信事業者の営業活動に関する自主基準及びガイドライン〔第2版〕」（2015年1月）（http://www.tspc.jp/files/Guideline_Criteria_for_operating_activities_2.pdf）の第8条においてこのことが規定されている。

第**3**節　電気通信・放送サービス契約と消費者契約法

1　消費者契約法の適用

　契約約款により締結されるとしても、消費者が利用者や受信者となる電気通信サービスの提供契約や放送サービスの提供契約は契約であることに変わりはなく、また、事業者（電気通信事業者・放送事業者）と消費者である利用者・受信者間の契約であるから、消費者契約法の適用があるのは当然である（第7章第1節2（2）エ）。

　また、消費者契約法上はNHKも事業者であるから、消費者との間のNHKの放送受信契約も消費者契約に該当する。

2　不当勧誘がなされた場合の電気通信・放送サービス契約の意思表示の取消し

(1) 消費者契約の締結について勧誘するに際し

　消費者契約法は、事業者または同法5条の受託者等が、①不実告知（消契法4条1項1号）、②断定的判断の提供（同項2号）、③不利益事実の不告知（同条2項）によって消費者を誤認させて契約の意思表示をした場合、または、④不退去（同条3項1号）、⑤退去妨害（同条3項2号）によって困惑させて契約の意思表示をさせた場合、⑥過量販売（同条4項）に該当する場合は、消費者がこれらにより締結した契約の意思表示を取り消すことを認めている。

　しかし、消費者契約法は、以上の①から⑥の全体に共通の要件として、これらの行為が「消費者契約の締結について勧誘するに際し」なされた場合であることを必要としている（消契法4条1項から4項のそれぞれ本文）。

　消費者契約法の規定する「勧誘」は、相手方が自己との間で契約締結すること、あるいは締結する契約の内容や契約条件の決定に影響を及ぼし得る行為を広く意味し、また、勧誘を「するに際し」とは、契約締結に必要な申込みまたは承諾の意思表示がなされるまでの間にということである。

　したがって、電気通信事業者や放送事業者あるいはこれら事業者の媒介等業務受託者（以下、これら事業者をまとめていう場合は「電気通信事業者等」という）が消費者との間で契約締結に向けた何らかの通知、連絡や架電、面談等の社会的な接触関係に入った時点から契約締結に必要な意思表示を消費者がするまでの間に、上記①から⑥の各行為がなされることが要件である。

　消費者契約法4条や同法12条1項・2項の「勧誘」には、いわゆる宣伝や

440　▶第8章 電気通信・放送サービスと民事法

広告は含まれないと解するのが消費者庁の解釈であったが[24]、最判平29・1・24（民集71巻1号1頁〔クロレラチラシ配布差止等請求事件〕）は、事業者等による働き掛けが不特定多数の消費者に向けられたものであったとしても、そのことから直ちにその働き掛けが同法12条1項および2項にいう「勧誘」に当たらないということはできないと判示した。

このような最高裁の判断を踏まえて、消費者契約法の規定する「勧誘」に該当するか否かを判断する場合は、①契約締結に向けた働き掛けの対象者の特定性（不特定多数向けか特定消費者向けか）と、②その働き掛けが消費者の意思決定に及ぼす影響の程度の大きさの相関関係で判断すべきである[25]。

したがって、インターネット上の宣伝・広告（ウェブページ、バナー広告、メール）などは「勧誘」に該当する場合が多いであろうし、特にインタラクティブな誘引手段である行動ターゲティング広告やone to one marketing等の場合はなおさら、そう考えられる。

電気通信事業者や放送事業者についても、インターネット上で表示や広告をすることによって顧客誘引をしているケースが多いので、それらの多くは消費者契約法上も「勧誘」に該当すると解される。

(2) 不当勧誘による意思表示の取消しの要件

ア　不実告知

不実告知による取消しが認められる要件は、次の①から④のとおりである（消契法4条1項1号）。

① 事実と異なることを告げること

この場合の告げる事実は、客観的事実と異なる事実を告げることで足り、告げる内容が事実と異なることについて電気通信事業者等に故意や過失は必要ない。

② 告げる対象は「重要事項」（消契法4条5項）であること

重要事項とは物品、権利、役務その他の消費者契約の目的となる次の事項であり、かつ、消費者が契約締結をするか否かの判断に通常影響を及ぼすものとされている（消契法4条5項）。

---

[24] 消費者契約法逐条解説109頁。
[25] 松本恒雄＝齋藤雅弘＝町村泰貴編『電子商取引法』（勁草書房・2013年）309頁。

㋐　質、用途その他の内容（消契法4条5項1号）

　これは契約の目的となるものに関する事項のことである。「質」と「用途」も明記されているので、契約の目的となるものの品質や効能・効果、使途や使用目的などに関連する事項も含まれると考えられる。

㋑　対価その他の取引条件（同項2号）

　契約条件、契約条項の意味であり、対価の支払期限や支払条件、その他の契約内容を決める条項にかかる事項のことである。

㋒　物品、権利、役務その他当該消費者契約の目的となるものが、当該消費者の生命、身体、財産その他の重要な利益についての損害または危険を回避するために通常必要であると判断される事情（同項3号）。

　契約締結の動機のうち、消費者の生命、身体や財産など重要な利益が損なわれたり、それが損なわれるのを防止するために通常必要と考えられる事項は、上記㋐や㋑に該当しなくても重要事項に含まれる。

　「重要事項」のなかに、㋐から㋒に規定するもの以外の契約締結の動機などの事情が含まれるか否かをめぐっては、限定列挙説と例示列挙説の対立がある。限定列挙説では、消費者契約法4条5項1号から3号に規定のない事項は重要事項に該当しないと解するが、例示列挙説では動機も含めて消費者が契約締結をするか否かの判断に通常影響を及ぼす事項は重要事項に含まれると解する。なお、通説・判例は限定列挙説に立っていると思われる。

③　消費者が告知された内容が事実であると誤認したこと

④　その誤認と意思表示との間に因果関係があること

　以上に該当する不実告知を電気通信事業者等が電気通信サービスや放送サービスの契約の勧誘に際して行い、消費者が誤認して契約の意思表示をした場合は、消費者はこれらの契約の申込みや承諾を取り消すことができる。

　電気通信事業者等には事業法や放送法によって説明義務や書面交付義務が課されているが、説明義務や交付書面に記載すべき事項として法定されている事項（基本説明事項、基本記載事項など）は、その多くが消費者契約法上も「重要事項」に該当すると考えられる。したがって、これらの事項について客観的事実と異なることを告げ、その旨誤認して消費者が契約を締結した場合は、その契約の意思表示の取消しが可能と解される。

イ　不利益事実の不告知

　不利益事実の不告知により意思表示の取消しが認められる要件は、次の①から⑤のとおりである（消契法4条2項）。

① 　消費者に利益となる旨を告げ、かつ、消費者の不利益となる事実（当該告知により当該事実が存在しないと消費者が通常考えるべきものに限る）を故意に告げないこと

　この要件では、利益となる旨の告知には故意は不要だが、不利益事実の不告知には故意が必要とされている。故意とは、その事実を知りながら敢えて告げないことをいうと解される。

② 　利益告知の対象となる事項は重要事項または重要事項に関連する事項であること、および不利益秘匿の対象は重要事項であること

　重要事項は、前記ア②(ア)および(イ)の事項である。不利益事実の不告知では、前記ア②(ウ)の事項（消契法4条5項3号）は重要事項から除外されている（同項本文括弧書き）。

　消費者に誤認を惹起させる要因となる利益告知の対象事実は、重要事項に限定されず重要事項に関連する事項で足りるとされている。

③ 　消費者が不利益事実は存在しないと誤認したこと

④ 　その誤認と意思表示との間に因果関係があること

⑤ 　事業者による不利益事実の告知を消費者が拒んだ場合でないこと

　この⑤の要件があると取消しができなくなるので、これは消極的要件といえる。

　不利益事実の不告知の場合も不実告知と同様に、電気通信サービスや放送サービスの提供契約の勧誘における消費者契約法4条5項の「重要事項」については、事業法や放送法に基づく説明義務の対象および交付義務のある書面に記載すべき事項がこれに該当すると解されるので、説明義務や交付書面の記載事項に関連する事項について利益となる旨を告げ、これらの事項について故意に事実を秘匿した場合は取消しが可能である。

　なお、前掲注11）で紹介したような相談事例では、携帯電話サービスの申込みをした際に国内しか利用できない電話機を購入した場合、そのような携帯電話機でもSIMカードを別の携帯電話機に差し替えることによって、海外でもその契約者の回線から通話等ができてしまうことを販売店側が知りな

がら、消費者に敢えてその説明をせずに、その携帯電話サービスの便利な点や有利な点を述べて申込みをさせた場合には、不利益事実の不告知に該当し、携帯電話機の売買契約だけでなく、携帯電話サービス契約の申込みの意思表示を取り消すことが可能であろう[*26]。

ウ　断定的判断の提供

断定的判断の提供により意思表示の取消しが可能な要件は、次の①から④のとおりである（消契法4条1項2号）。

① **将来における変動が不確実な事項について断定的判断を提供すること**

断定的判断の提供とは、勧誘の時点で客観的な事実として確定していない事項について、決め付ける判断を提供することを意味する。

② **断定的判断の提供の対象である変動が不確実な事項は「価格、受領金額、その他」の事項であり、その消費者契約の目的となるものに関することである必要がある**

ここにいう「その他」の事項が価格や金額等の経済的な事項に限るかあるいは経済的な事項以外も含まれるかについても、限定列挙説（通説・判例）と例示列挙説の見解の相違がある。

③ **消費者が提供された事項について確実であると誤認したこと**

④ **その誤認と意思表示との間に因果関係があること**

断定的判断の提供では、判断提供の対象事項が経済的な事項に限定されるか否かの解釈の争いはあるが、その対象に「重要事項」の点から絞りがかかっている訳ではない。

電気通信サービスの契約の勧誘における断定的判断の提供としては、利用環境によって実際の通信速度は不確実であるにもかかわらず、確実に理論的な最高値の通信速度で通信ができるとの判断を告げることがこれに該当する可能性がある。しかし、この場合この変動する事項が経済的利益に関係するか否かが問題となろう。限定列挙説に立つと単純に通信速度が変動すること

[*26] この場合は、不利益事実は海外で利用できない携帯電話機であってもその携帯電話機のSIMを別の端末に差し替えることによって海外での通話等が可能になることであるから、電話機それ自体についてのみならず、携帯電話サービスの提供に不可分なSIMの機能にかかる不利益事実でもあるので、携帯電話サービス契約の申込み自体も取り消すことが可能と考えられる。その場合、携帯電話サービス契約も当初から無効となるので、盗まれた後に第三者が勝手に利用した通信サービスの利用料金については契約名義人に支払義務が発生することはないし、また、契約名義人が他人の不正利用によって利得を受けることもないので、不当利得の返還義務もないと考えてよい。

は経済的価値と直接結び付かないことになるからである。

しかし、通信速度とそのサービス提供の対価とが結び付いている場合（このスピードが間違いなく出るから料金が高額のプランとなっているなどとの勧誘がされた場合）には、経済的利益にかかる事項について断定的判断の提供がなされたと解することが可能であろう。

エ　不退去

不退去により意思表示の取消しが認められる要件は、次の①から④のとおりである（消契法4条3項1号）。

①　消費者から、その住居または業務を行っている場所から退去すべき旨の意思表示をされたこと

この意思表示は口頭でなくてもよく、身振り手振りで表示したり文字で表記してもよい。勧誘している相手方に退去すべき旨の意思が認識できる手段、方法であればよい。

②　退去すべき意思表示をされたにもかかわらず事業者が退去しないこと

③　消費者が困惑したこと

困惑は、強迫の場合のように意思表示の任意性を奪うような強い心理的抑圧とは異なり、迷惑な感情を抱く程度の心理状態にさせることで足りる。

④　困惑と意思表示との間に因果関係があること

不退去は、消費者のテリトリー（自宅や仕事場、勤務先など）に事業者（の社員等）がやってきて、そこで迷惑な勧誘をする場合を対象としている。したがって、光回線サービスを提供する電気通信事業者や放送サービス事業者の代理店や取次店、その卸売業者が消費者の自宅や勤務先を訪問して、これらのサービスの提供契約を勧誘した際に消費者から「帰って欲しい」などと言われたにもかかわらずそのまま勧誘を続け、契約しないと帰ってもらえそうもないので、困って契約をしたような場合は不退去による契約の意思表示の取消しが認められることになる。

オ　退去妨害

退去妨害がなされた場合に意思表示の取消しが認められる要件は、次の①から④のとおりである（消契法4条3項2号）。

①　消費者から、契約締結の勧誘をしている場所から退去する旨の意思表示をされたこと

第3節 電気通信・放送サービス契約と消費者契約法　*445*

ここにいう「勧誘をしている場所」は建物など周囲が囲まれた場所である
必要はなく、例えば路上で勧誘員に囲まれて勧誘されている場合にはそのよ
うな場所も含まれる[*27]。

　退去する旨の意思表示の方法と内容は、不退去の場合と同旨と解される。

② 　退去する旨の意思表示がなされたにもかかわらず消費者を退去させないこ
　と

③ 　消費者が困惑したこと

　困惑の意義と内容も、不退去の場合と同旨である。

④ 　困惑と意思表示との間に因果関係があること

　退去妨害は、事業者のテリトリー（店舗、営業所、展示販売会場など）に消費
者が身を置いている状況で迷惑な勧誘をされる場合を対象としている。例え
ば、携帯ショップに出向き話を聞いていたが、自分の考えていた条件に合わ
ないので契約するのはやめると告げて帰ろうとしたが、店員が店の入口に立
ち外に出るのを阻まれ、さらに説明を聞いてくださいなどと言って椅子に座
らされ、その後も長時間にわたって勧誘を受けた結果、契約しないと帰れそ
うもない状況となり勧められるまま契約の申込みをしたような場合は、退去
妨害による取消しが認められる。

カ　過量販売

　消費者契約法は、契約の目的となるものの分量、回数または期間が、その
消費者にとっての通常の分量等を著しく超えるもの（過量販売）であること
を事業者が知っていながら勧誘したことにより、消費者が分量等が過量な契
約をした場合は、その意思表示の取消しを認めている（消契法4条4項）。

　過量販売による取消しの要件は、次の①から③のとおりである。

① 　過量な内容の消費者契約であること

　過量かどうかの判断の対象は「物品、権利、役務その他の当該消費者契約
の目的となるもの」であるが、この中には商品、権利および役務という概念
に含まれない無体物や不動産も含まれると解されているので、電気通信サー
ビスや放送サービスも対象となる[*28]。

　過量か否かは「分量、回数又は期間」（以下「分量等」という）の多さや長さ

[*27] 落合誠一『消費者契約法』有斐閣（2001年10月）90頁。
[*28] 第7章の注1）の平成28年改正を踏まえた「消費者契約法逐条解説」の改訂版の53頁参照。

446 ▶第8章 電気通信・放送サービスと民事法

をもって判断される。簡単にいうと、分量や回数が多いか否か、期間が長いか否かで判断されるので、契約によって支払うべき金額が多いか否かは問わない。単価の低いものの場合は、多数の物品の購入によっても合計金額はそれほど多くならないが、購入した個数が多過ぎれば過量に該当するといえる。

他方、分量等のなかには物品、権利、役務その他契約の目的となるものの性質や性能といった事項は含まれていない[*29]。そのため、過量判断の対象事項がこのようなものでよいかどうかは別にして、消費者契約法4条4項を前提にすると、例えば電気通信サービスの提供契約では、通信スピードがその消費者が生活の状況および認識に照らして通常の想定される速度を著しく超えるものであっても、過量販売には該当しないことになろう。しかし、放送サービスにおける視聴できるチャンネル数などは、チャンネルごとに個別に契約対象とすることが可能であり、チャンネル数に応じて料金が変わるような契約であれば「分量」に該当すると解される。また、有料放送の視聴カードのような物では、これを勧誘して多数購入させる場合はカードそれ自体を取引対象とみれば「分量」、カードにより視聴できる放送の数とみれば「回収」に該当すると解される。

また、過量といえるかどうかの判断は、「消費者契約の目的となるものの内容及び取引条件並びに事業者がその締結について勧誘をする際の消費者の生活の状況及びこれについての当該消費者の認識に照らして当該消費者契約の目的となるものの分量等として通常想定される分量等」との対比により判断することになる。そして、通常想定される分量等に比べ、契約した分量等が「著しく超えるもの」であれば、過量となる。通常想定される分量等との乖離の程度は、一般的・平均的な消費者を基準として、社会通念に照らし規範的に判断されると解されている[*30]。

したがって、例えば電気通信サービスや放送サービスの契約と一緒に端末機器としてタブレットPCを販売した場合、タブレットPCは1台の販売であるが、その付属品（タブレットPCに装着できるSDカードなど）を何枚も購入するよう勧誘して購入させた場合には、過量と判断されることがある。

なお、消費者契約法は、事業者が消費者契約の締結を勧誘する際、その消

▶ ┈┈
[*29]「消費者契約法逐条解説」改訂版53頁参照。
[*30]「消費者契約法逐条解説」改訂版55頁参照。

第3節 電気通信・放送サービス契約と消費者契約法　*447*

費者が既に勧誘する消費者契約の目的となるものと同種の契約を締結している場合には、既に消費者が締結している同種契約の目的となるものの分量等と事業者が勧誘する消費者契約の目的となるものの分量等とを合算した分量等について、その消費者にとっての通常の分量等を著しく超えるものであることを知っていた場合にも、その消費者契約の申込みまたは承諾の意思表示を取り消せるものとしている（消契法4条4項後段）。

② 事業者が過量であると知って勧誘したこと

過量販売により取消しができるためには、事業者が上記のとおりの過量であることを知りながら契約を勧誘することが必要である。

なお、この場合の認識の対象は、過量性を基礎づける事実、事情であって、そのような事実や事情を認識したうえで、そのような事実や事情があった場合に過量と評価できるか否かの判断を誤り、過量ではないと考えていたとしても、過量であることを知らないで勧誘したことにはならない[31]。

③ 事業者の勧誘と消費者の意思表示との間に因果関係があること

3つ目の要件は、事業者の①および②に該当する勧誘と消費者の契約締結に必要な申込み、承諾の意思表示との間に因果関係があることである。

（3）不当勧誘による意思表示の取消しの効果

消費者契約法は、同法に基づき契約の意思表示の取消しをした場合の効果については、同法4条6項が、意思表示の取消しは「善意の第三者」には対抗できないとしているが、取消しそのものの効果については民法の原則に従うと規定するだけである（消契法11条）。

したがって、消費者契約法に基づいて意思表示が取り消された場合の効果は、民法121条によって意思表示が初めから無効であったものとみなされ、その結果、契約も初めから無効となる。そして、契約に基づき既に給付がなされている場合には、不当利得の返還の問題として処理されることになる。

この場合、返還すべき利得の範囲や評価の問題については、消費者契約法の平成28年改正（平成28年法律第61号）によって追加された同法6条の2が「給付を受けた当時その意思表示が取り消すことができるものであることを知らなかったときは、当該消費者契約によって現に利益を受けている限度におい

---

*31 「消費者契約法逐条解説」改訂版57頁参照。

て、返還の義務を負う」と規定しているので、消費者が取消原因があることを知らなかった場合には、未成年者の場合と同様に「現に利益を受けている限度」で利得を返還することで足りることになる。

しかし、問題はこの「現に利益を受けている限度」をどう評価し、どこまで返還をすべきと考えるかである。未成年者取消しの場合の利得返還の範囲については、前述のとおり、考え方を示したが、消費者契約法による取消しの場合はさらに検討が必要である。

消費者契約法の立法趣旨が事業者による不当な勧誘によって締結させられた契約の効力を否定することで、消費者の利益の擁護を図ることにある以上、契約の効力を否定したとしてもその原状回復の場面で契約の効力が否定されなかった場合と同様の負担を必要とするのであれば、同法が不当勧誘の場合に意思表示の取消しを認め不当な契約からの解放を認めた趣旨に正面から反してしまう。また、このような結論（不当な契約の効力が否定されなかったと同様の不利益状況をもたらす）を承認することは、消費者は必要のない契約を押し付けられたことにほかならず、このような押し付けは契約締結の押し付けでもあり、消費者の自己決定権を損ない、契約自由の原則を正面から否定するに等しい結果となる[32]。

そうすると、消費者契約法の立法趣旨や民法の基本的な原則である契約自由の原則を損なうような利得の巻き戻しを認めるべきではなく、返還するべき利得の評価においては押し付けられたものとしての価値（消費者にとっては通常価値はないもの）として、返還すべき利得を評価することができると解すべきである。

また、このような利得の評価（主観的価値による評価）は、そもそも消費者が契約締結の意思表示の際に事業者の不当な勧誘行為によって契約目的物の価値判断や契約締結そのものの価値判断を誤認させられた結果、締結した契約によって移転した給付であるから、その巻き戻しの場面（原状回復）においても戻すべき利得の評価を主観的判断に従って評価しても、価値判断を誤らせた事業者との関係で不当とはいえないこともその理由である。

▶ ....

[32] 消費者取消権の行使の場合の不当利得の問題については、条解59頁、431頁、特商法ハンドブック747頁、角田美穂子「特定商取引法上の取消の効果について」横浜国際経済法学14巻3号（2006年）51頁、丸山絵美子「消費者契約における取消権と不当利得法理(1) (2・完)」筑波ロー・ジャーナル創刊号・2号（2007年）参照。

以上を踏まえると、電気通信サービスや放送サービスの提供契約やそれに付随する端末機器等の売買契約が消費者契約法によって取り消された場合には、売買目的物が消費者の手元に残っている場合には、その現物の返還をすべきであろうが、消費者が提供を受けたサービスの対価相当額の利得相当額の返還までは必要ない場合も多いのではないかと考える。

(4) 電気通信・放送サービスの契約約款と消費者契約法の不当条項規制
ア　消費者契約法の規定する不当条項の無効
　消費者契約法は、消費者契約において使用される契約条項については、次の①から④の４つの条項をおいて、契約条項の一部または全部が無効となる場合を規定している。

①　事業者の責任免除条項の無効
　事業者の責任を免除する次の(ア)から(ウ)の条項は、無効とされている。電気通信サービスや放送サービスの契約約款のなかの条項が、これらに該当すると判断される場合はその条項は無効となる。

- (ア)　事業者の債務不履行、事業者の債務の履行に際してされた不法行為により生じた損害の賠償責任を全部免除する条項（消契法８条１項１号・３号）
- (イ)　事業者の故意または重過失による債務不履行、事業者の債務の履行に際してされた故意または重過失による不法行為の損害賠償責任を一部免除する条項（同項２号・４号）
- (ウ)　消費者契約の目的物に隠れた瑕疵（請負契約の場合は仕事の目的物の瑕疵）があるときに、消費者契約において事業者が交換や修補をすることや予めまたは同時に第三者が事業者に代わって損害賠償、交換・修理の責任を負うこととされている場合を除き（消契法８条２項）、その瑕疵により消費者に生じた損害を賠償する事業者の責任の全部を免除する条項（同項５号）＊33

＊33　平成29年の民法改正（平成29年法律第44号）により、瑕疵担保責任も債務不履行責任の１つと整理されたことにより、改正民法の施行後は、消費者契約法８条１項５号は削除されることになっている（民法の一部を改正する法律の施行に伴う関係法律の整備等に関する法律〔平成29年法律第45号〕98条）。また、現行の消費者契約法８条２項もこれに伴い改正され、①当該消費者契約において、引き渡された目的物が種類または品質に関して契約の内容に適合しないときに、当該事業者が履行の追完をする責任または不適合の程度に応じた代金もしくは報酬の減額をする責任を負うこととされている場合、または、②当該消費者と当該事業者の委託を受けた他の事業者との間の契約または

② 消費者の解除権を放棄させる条項

消費者の解除権を放棄させる次の(ｱ)や(ｲ)の条項は無効とされる。電気通信サービスや放送サービスの契約約款中の条項でこれに該当するものは無効である。

(ｱ) 事業者の債務不履行により生じた消費者の解除権を放棄させる条項は無効とされる（消契法8条の2第1号）

(ｲ) 消費者契約が有償契約である場合において、当該消費者契約の目的物に隠れた瑕疵があること（請負契約の場合には、当該消費者契約の仕事の目的物に瑕疵があること）により生じた消費者の解除権を放棄させる条項（同条2号）

③ 消費者契約の解除に伴う違約金、損害賠償額の予定条項

次の(ｱ)や(ｲ)のとおりの消費者契約の解除に伴う違約金、損害賠償額の予定条項は、無効とされている。

(ｱ) 契約の解除に伴う損害賠償額の予定、違約金条項については平均的損害の額を超える部分が無効とされる（消契法9条1号）。

同条にいう「平均的な損害の額」とは、当該消費者契約の当事者たる個々の事業者に生じる損害の額について、契約の類型ごとに合理的な算出根拠に基づき算定された平均値であり、当該業種における業界の水準を指すものではない。また、係争対象となっている当該消費者契約の解除に伴い当該事業者に生ずべき損害ではなく、当該消費者契約と同種の消費者契約の解除に伴い当該事業者に生ずべき平均的な損害である[34]。

携帯電話会社が採用する2年間の期間拘束付き自動更新契約を中途解約した場合に負担すべき違約金等が、消費者契約法9条1号の平均的な損害の額を超えるかどうかをめぐっては、適格消費者団体が提起した差止請求訴訟

▶ ·······

当該事業者と他の事業者との間の当該消費者のためにする契約で、当該消費者契約の締結に先立ってまたはこれと同時に締結されたものにおいて、引き渡された目的物が種類または品質に関して契約の内容に適合しないときに、当該他の事業者が、その目的物が種類または品質に関して契約の内容に適合しないことにより当該消費者に生じた損害を賠償する責任の全部もしくは一部を負い、または履行の追完をする責任を負うこととされている場合は、引き渡された目的物が種類または品質に関して契約の内容に適合しないときに、これによる債務不履行責任の免除に関する同条1項1号および2号は適用されないことになる。

[34] 平均的損害額をめぐっては考え方が分かれているが、学説の整理は、①丸山絵美子「損害賠償額の予定・違約金条項および契約解消時の精算に関する条項」消費者契約における不当条項研究会編『消費者契約における不当条項の横断的分析』（商事法務・2009年）278頁、②条解89頁以下〔後藤巻則執筆〕など参照。

第3節 電気通信・放送サービス契約と消費者契約法　**451**

で争われた。この点は、後述する。

　(イ)　履行遅滞の場合の違約金や遅延損害金を定める条項は、年利14.6％を超える部分は無効とされる（同条2号）。

　電気通信サービスや放送サービスの契約約款中の条項についても、消費者契約法のこの規定が適用されるので、電気通信事業者や放送事業者、端末機器等の販売業者はこれを超える遅延損害金や違約金の請求はできない。

④　信義則に反し、消費者の利益を一方的に害する条項

　消費者契約法10条は、次の(ア)および(イ)に該当する契約条項を無効としている。

　(ア)　消費者の不作為をもって当該消費者が新たな消費者契約の申込みまたはその承諾の意思表示をしたものとみなす条項その他の法令中の公の秩序に関しない規定による場合に比し、消費者の権利を制限し、または義務を加重する条項であって（消契法10条前段）

　(イ)　信義誠実の原則（民法1条2項）に反して消費者の利益を一方的に害するもの（消契法10条後段）

　消費者契約法10条前段の要件のうち「公の秩序に反しない規定」とは任意規定の意味であり、これに該当する規定は必ずしも民法、商法等の法律の明文の規定に限られず、一般的な法理等も含まれる（最判平23・7・15民集65巻5号2269頁）。また、「消費者の不作為をもって当該消費者が新たな消費者契約の申込み又はその承諾の意思表示をしたものとみなす条項」は、契約条項において消費者が一定の行為を行わないことを捉えて、明示または黙示の意思表示をしたものとみなすとしているようなものを意味する。

　同条後段の要件である信義誠実の原則に反して消費者の利益を一方的に害するか否かについては「消費者契約法の趣旨、目的（同法1条参照）に照らし、当該条項の性質、契約が成立するに至った経緯、消費者と事業者との間に存する情報の質及び量並びに交渉力の格差その他諸般の事情を総合考量して判断される」（前掲最判平23・7・15）が、任意規定によって消費者に認められている利益が消費者契約の相手方事業者との間で衡平を失するほど害していると見られる場合には後段要件を充足すると解されている[35]。

▶ ....
＊35　消費者契約法逐条解説227頁。

452　▶第8章 電気通信・放送サービスと民事法

電気通信サービスや放送サービスの契約約款中の条項において、これらの要件に該当すると認められるものがあれば、その条項は無効となるが、消費者契約法10条との関係で問題になるのは、前述したように、放送法64条1項の規定が民事上の契約締結義務を規定したと解されない場合における、NHK放送受信規約の契約締結義務を規定した条項や契約成立を受信装置の設置まで遡及させる条項であろう。また、いわゆる2年縛りの期間拘束付き自動更新契約も消費者契約法9条のみならず、同法10条の該当性も問題となる。

(5) 電気通信サービスの提供における期間拘束付き自動更新契約（いわゆる「2年縛り契約」）

ア　期間拘束付き自動更新契約の常態化

MVNOが提供する格安スマホとよばれている移動通信サービスの契約では、期間拘束付きではないものもあるが、大手キャリア（ドコモ、auおよびソフトバンク）の移動通信サービスではそのほとんどが、また、固定系の光回線サービスなどでも多くの通信サービス提供事業者が、それぞれ基本料金を割り引く代わりに長期の契約期間を定め、その契約期間満了前に通信サービス契約を中途解約した場合には、かなり高額の違約金や解約金の支払いを義務づける条項の契約を消費者と締結している。

また、このような契約では約定契約期間が経過しただけでは契約が終了せず、事業者が契約条項で定めた期間満了前後の一定期間（従前は1ヶ月程度がほとんどであったが現状では概ね2ヶ月程度）内に消費者から解約の申出がない限り、契約の拘束期間および中途解約時の違約金等を含め、当初の契約と同一の条件で契約が自動更新されるものとなっている。

このような契約は「2年縛り契約」ともよばれ、移動通信サービスの契約では「常態化」しているが[36]、特に携帯電話サービスの2年縛りの契約の解約をめぐっては、消費者との紛争が多発していた。

本書の第2章で述べたように、携帯電話各社は顧客獲得とその囲い込みの

▶ ....

*36 総務省の「ICTサービス安心・安全研究会」内の「利用者視点からのサービス検証タスクフォース」の会議において、筆者が携帯電話会社の構成員から説明を受けた内容では、一番多い携帯電話会社で99%近くがいわゆる2年縛りの契約であり、少ない割合の会社でも70%を優に超える割合であった。このような実態からすれば、もはや2年縛りによって割り引かれて契約されている料金が、本来の基本料金となっていると評価できるというべきである。この点は、消費者契約法9条の「平均的損害の額」を超えるか否かの判断にも影響するといえよう。

第3節 電気通信・放送サービス契約と消費者契約法　**453**

ために、巨額の販売奨励金や報奨金等を支払っており、これらの営業や販売上のコスト回収のために、一旦契約した契約者をつなぎとめる必要から期間拘束付きの契約を結ばせ、さらに一旦契約した顧客を囲い込んで離さないために、一定期間しか自由な解約を許さず、負担なく解約告知が可能期間を1ヶ月とか2ヶ月という短い時間にすることで、消費者の解約の自由を制限していることから、消費者との紛争につながっている実態がある。

　さらに、移動通信サービスでは携帯電話機やスマホ、無線ルーター端末等がなければサービスの提供が受けられず、また、これらの端末機器はかなり高額であるが、端末機器を購入してもらわないと消費者に通信サービスの契約をしてもらえないので、通信サービスの契約締結と同時に必要な端末機器の購入代金の負担を軽くするため、自社割賦による分割払いや個別信用購入あっせん（クレジット）の利用、そして割引やキャッシュバック等のインセンティブの供与も常態化している。

　特に電気通信事業者が個別信用購入あっせん業者となってクレジットによる取引が広く行われ、また、これによって通信事業者が付与するインセンティブの1つである割引やキャッシュバック、ポイント付与等をやりやすくしているが、むしろ、このような仕組みを構築することを目的として、電気通信事業者が顧客の獲得のために個別信用購入あっせん業者となってクレジットを組んでいるともいえる。

　このような実態や実情があるために、民法の原則である解約自由を特約で制限する期間拘束付き自動更新契約の問題性がつとに指摘されている。

イ　携帯電話サービス契約における期間拘束付き自動更新条項に関する判例

　いわゆる自動更新付きの2年縛りの契約が消費者契約法の規定する不当条項として無効となるか否かについては、適格消費者団体の提起した一連の訴訟において正面から争われた。

　適格消費者団体は携帯キャリア大手3社をそれぞれ被告として、新規契約における「解約条項」と更新後の「解約条項」のいずれもが、消費者契約法9条1号の平均的な損害の額を超える違約金等を規定した条項であることや、同法10条に規定する不当条項に該当するとして、同法12条3項に基づき、携帯キャリア各社の契約約款上の条項の使用の差止めを求め、次のとおりの訴訟を提起した。

① 京都地判平24・3・28（判時2150号60頁：ドコモ）

② 京都地判平24・7・19（判時2158号95頁：KDDI〔au〕）

③ 京都地判平24・11・20（判時2169号68頁：ソフトバンク）

④ 大阪高判平24・12・7（判時2176号33頁：①の控訴審）

⑤ 大阪高判平25・3・29（判時2219号64頁：②の控訴審）

⑥ 大阪高判平25・7・11（LEX/DB25501529：③の控訴審）

⑦ 最決平26・12・11（LEX/DB25505628：④の上告審〔上告不受理〕・⑤および⑥についても同日付上告不受理決定）

　これら一連の訴訟の結論は、いずれも消費者契約法9条1号の「平均的な損害」の中には営業上の逸失利益（契約の履行により得られる利益の逸失）も含まれるとし、中途解約を制限し、違反があれば違約金や解約金の支払いを義務づける「解約条項」は、携帯電話サービスの対価条項ではなく同条1号の違約金条項であるので、中途解約時の違約金（9,500円＋消費税）が同条1号の平均的な損害の額を超える場合は超えた部分は無効となるが、一部が平均的損害の額を超えるとした②の判決を除き、その他の判決はすべて各携帯電話会社の場合はいずれも平均的損害の額を超えるものではないとして、同条1項の該当性は認めず、差止請求を棄却した*37。

　各電話会社が規定する解約条項に定める違約金の額について、裁判所が平均的損害の額を超えないとした判断は、②の判決のみ契約者1人当たりの月間平均収入（ARPU：Average Revenue Per User）を基礎として、ここから解約により支出を免れた費用を控除し、これに解約時から契約期間満了までの期間を乗ずる方法で行うのが相当としつつ、計算区分を1ヶ月毎として平均的損害の額を判断しているが、他の判決ではこの金額について、その電話会社で一般的に契約が解約される場合の平均的な契約残存期間を乗じて算定した額をもって「平均的な損害の額」と認定し、これと違約金の金額を比較してしていずれの場合も超えていないことを理由に、請求を否定している（【図表

▶ ....

＊37　これらの判例の評釈としては、丸山絵美子「携帯電話利用契約における解約金条項の有効性」名法252号187頁（2013年）、執行秀幸「携帯電話の中途解約条項と消費者契約法9条1号・10条違反」リマークス48号（2014年）47頁、井上健一「［商事判例研究］◇携帯電話サービスの契約解約金と消費者契約法の平均的損害——大阪高判平成24・12・7」ジュリ1467号（2014年）90頁、城内明「携帯電話利用契約における解約金条項の消費者契約法上の有効性」新・判例解説 Watch・速報判例解説 Vol. 14（2014年）87頁参照。

第3節 電気通信・放送サービス契約と消費者契約法　**455**

【図表33】 逸失利益の推移

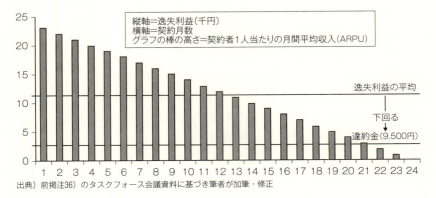

出典）前掲注36）のタスクフォース会議資料に基づき筆者が加筆・修正

33］参照）。

　自動更新後の解約条項についても、更新前の当初の契約における違約金条項と同じ判断により、いずれも消費者契約法 9 条 1 号の「平均的な損害の額」を超える条項ではないとする。

　次に、これらの解約条項の消費者契約法10条の該当性については、同条前段の要件の該当性（任意規定より消費者の権利を制限していること）は肯定するものの、解約権の制限に見合った対価を得ていることや、同法 9 条 1 号の該当性判断において示すような平均的な損害の額との比較からも違約金の金額が不合理ではないことなどを理由にして、同法10条後段の該当性は否定されている。

　この事案をめぐる訴訟は、以上の裁判所の判断からわかるとおり、主として解約条項に定める違約金や解約金の額が消費者契約法 9 条 1 号の「平均的な損害の額」を超えるものか否かが中心的争点として判断された事案である。

　確かに消費者契約法10条の該当性も争点にはなっているが、これらの裁判所の判断の内容からみても、同法 9 条 1 号の判断が先に行われ、その判断で採用された判断枠組みや事情が同法10条の該当性判断でもそのまま援用されており、同法 9 条 1 項の該当性で争われた事実、事情および法的判断以外の点は、あまり問題にされていない[*38]。むしろ、「平均的な損害の額」に引き

[*38] 丸山絵美子名古屋大学教授は「違約金条項の消契法 9 条 1 号の該当性判断に当たっては、額だけでなく、目的合理性や、通常プランが機能しているかも踏まえて判断すべき」とする（前掲注37）

ずられた判断だったというべきである。その意味で、これらの判例で示された判断が、いわゆる2年縛り契約に係る法的な論点のすべてについて裁判所の判断が示されているとはいえない。

これらの裁判例で判断の前提とされた事実関係についても、例えば、営業上の逸失利益の算定については、具体的な事実を積み上げた積算方式ではなく、解約によって負担を免れた費用などは各電話会社における割合的な推計的数字に基づいて認定されているなど、基礎となる事実に合理性があるかどうか疑問となる事情もある。これは、各電話会社が携帯電話事業における収益構造やその実質的データ（通信に必要なコスト、通話当たり、パケット通信当たりの単価設定の根拠となるコスト等）を具体的に開示していないからである。いわば、証拠の偏在を放置しながら電話会社の営業上の逸失利益に基づく平均的損害の額の立証を消費者側に強いる点で、かなり不公平ではないだろうか[39]。

ウ　期間拘束付き自動更新条項の問題点

①　携帯電話会社の主張と問題点

携帯電話会社は、期間拘束付き自動更新条項の合理性について、㋐解約料（違約金）の水準は逸失利益や2年契約で得られる利用者のメリットに比べ大幅に低い、㋑電気通信事業は、設備産業であり顧客数に制限ないので、顧客の解約と他の新規利用者の契約には関係性がない、㋒解約料は、新規・買換時など顧客獲得や維持のためのコストを賄うものであり、他の顧客では補えない点などを挙げる。

しかし、本当にこの説明が合理的か否かは疑問がある。この説明でいわれている消費者のメリットは、違約金の金額と前述のような考え方で算定した電話会社の主張する逸失利益を基礎にした契約上の損害賠償金との対比であり、損害の基礎に合理性や根拠があるか否かは電話会社が開示をしない以上はにわかに受け入れ難い。また、違約金の金額以外の点についての消費者の権利、利益の制限の面では、解約の自由を制限することによるデメリット等を考慮すると2年縛り契約のメリットが高いとは思われない。さらに、そも

▶の「利用者視点からのサービス検証タスクフォース」第4回議事概要（2015年6月29日）6頁（http://www.soumu.go.jp/main_content/000367606.pdf）。

*39 その意味でも、消費者契約法9条1号の「平均的な損害の額」の立証責任は消費者側にあるとする最判平18・11・27判時1958号62頁の判断は賛成できない。

そも顧客獲得や維持のコストは、繰り返し解説しているとおり、かなり歪な競争環境下における過当競争を前提にして、その競争に勝利するための不合理ともいえる巨額なインセンティブ等を賄うものでもあり、そのコストを賄うために違約金による解約制限をするのは公正さに欠けるし、相当ではない。

② 総務省における検討

　期間拘束付き自動更新条項にはこのような問題があることから、平成27年の事業法改正により、期間拘束付き自動更新条項については説明義務の対象とされ、契約書面の記載事項ともなっている。また、更新時における通知義務も課されたことは、既述のとおりである。他方で期間拘束付き自動更新条項に対する民事法上の規制は、この改正法では取り入れられず、対応としては民法や消費者契約法の適用の問題とされた。

　しかし、期間拘束付き自動更新条項については消費者トラブルが少なくない点も踏まえ、総務省でも「ICTサービス安心・安全研究会」のなかに「利用者視点からのサービス検証タスクフォース」を設置して、この問題についての議論・検討を行い、その結果が報告書にしてまとめられている[40]。

　この報告書では、期間拘束付き自動更新条項の問題点について、「契約期間の拘束」「違約金」および「自動更新」ごとに、次のような論点と考え方がまとめられている。

　(ア)　期間拘束

　　ⓐ　期間拘束のないプランがパンフレットに掲載されていなかったり、期間拘束のないプランの説明が販売現場であまりされていない実態もあるなど、期間拘束のないプランについて十分に説明がされておらず、消費者の自由な選択の前提が確保されていない実態となっているとの指摘がされている。

　　ⓑ　期間拘束のないプランの「通常料金」が高額であり、実態がほとんどない期間拘束のないプランの料金を高く設定し、拘束のあるプランの割引率を高くみせかけており、期間拘束なしのプランは形式的なプランに過ぎず、場合によっては景表法違反のおそれもある。

▶ ··

＊40　「ICTサービス安心・安全研究会」内の「利用者視点からのサービス検証タスクフォース」がまとめた報告書「『期間拘束・自動更新付契約』に係る論点とその解決に向けた方向性」(2015年7月16日)（http://www.soumu.go.jp/main_content/000368928.pdf）。

458　▶第8章 電気通信・放送サービスと民事法

ⓒ 期間拘束なしのプランの料金水準が禁止的ではないかと考えられ、期間拘束のない標準プランの料金水準については、実体のある選択肢となるようする必要がある。

ⓓ ⓐからⓒの事情や指摘を総合的に判断すると、利用者のプラン選択は実質的に機能しておらず、中途解約条項の定める違約金の消費者契約法9条1号該当性の点では、これが争われた訴訟において一部の携帯電話会社が主張するように、違約金の算定根拠が期間拘束なしのプランにより割引額を回収することにあると説明するのであれば、期間拘束付きプランと拘束なしのプランとの選択の自由の保障が機能している必要がある。

ⓔ 消費者契約法10条との関係でも、通信サービスは変化が速い分野にもかかわらず長期間の拘束がなされていること、高額な解約金は解約抑止の効果があること、解約金を不要とする解約事由が制限され、やむを得ない事情で解約が必要となった場合でも解約金を支払うリスクがあることが、消費者を一方的に不利益な立場においているとみることができるとの指摘もある。この点も相まって期間拘束付きプランとないプランとの選択が機能しておらず、利用者がこのような不利益な契約を選択させられているとすれば、期間拘束の契約条項は、消費者の利益を一方的に害するものとして消費者契約法10条の観点から問題とする余地があるとの指摘があった。

(イ) 違約金

ⓐ 違約金についても、違約金によって初期コスト等の運用コストの回収を目的としている部分は、当初予定している回収期間である2年を経過した後も違約金として回収する合理的理由が認められない。

ⓑ 違約金を解約による損害として請求する以上、損害の算定根拠として、サービスのコスト構造が説明されるべきであるが、前掲の各高裁判決では、この点について十分な議論がなされていないと考えられる。

ⓒ 電気通信サービスの提供契約の性質が、ほぼ無制限に別の取引相手を獲得できる種類の契約（ホテルの客室や結婚式場の予約と異なり、ある契約の締結が他の契約の締結可能性を閉ざすものではない契約）であり、履行利益から他の契約締結によって免れる損害を減額することはで

第3節 電気通信・放送サービス契約と消費者契約法　*459*

きないと考えるとしても、統計的に解除が予測可能な多数消費者を相手とする契約の解除による損害賠償を信頼利益の賠償（現状回復的な賠償）とする考え方を採用する可能性は残されており、その場合、現状の違約金の額は高過ぎるとの見解もあった。

ⓓ　欧米においても違約金は加入期間に応じて段階的に逓減するケースが多く、拘束期間中の「一律の違約金」は合理的とはいえず、利用者にとっても納得感が得られないので、公平な負担にも配慮し、加入期間に応じて段階的に逓減させることなども検討されることが望ましい。逓減方式の違約金の場合、拘束期間前半は現状より高額となり得るが、期間後半では違約金が低額となり、契約からの離脱が容易になると想定される。

ⓔ　入院や海外赴任など長期にわたり役務の利用が困難となる事情が急遽生じたと認められる場合については、違約金を支払うことなく解約できる運用が望ましい。

㋒　自動更新

ⓐ　技術革新や競争環境の変化が激しい電気通信分野において、利用者は、「契約の時点で」将来の市場の状況を見通したうえで合理的選択をすることは困難であり、自動更新さらに2年、4年と期間が延長され、事実上、契約の拘束期間を4年や6年とするの契約を最初の時点で締結する効果をもつ。その意味で自動更新契約は、利用者のサービス選択の自由を実質的に奪っている側面がある。

ⓑ　EU では24ヶ月を超える契約が禁止されていることも踏まえれば、契約時点において、2年後や3年後の期間拘束契約の更新を約束させることは、利用者の予見可能性確保の観点から問題がある。

以上のとおりのタスクフォースの報告書の考え方を踏まえると、「2年縛り契約」に合理性があるとは解されない。

③　外国法の現状

さらに、総務省の前記のタスクフォースの検討のなかでは、期間拘束契約に関する外国法の現状についても、次のとおり報告されている。

㋐　EU

ユニバーサル指令により、24ヶ月を超える契約の締結が制限されており、

最長でも12ヶ月以内の契約も提示しなければならないとされている[*41]。

(イ)　フランス

フランスでは、上記EU指令を国内法化した2008年の消費法典の改正により、電子通信サービス契約については、最低契約期間の上限が24ヶ月とされており、最低契約期間が12ヶ月以上の契約においては、期間満了前の無理由解除を認め、その場合に請求できる金額の上限を残存期間に支払われるべき利用料金の4分の1に制限している。また、最低の契約期間が12ヶ月以上の契約を提示する場合、12ヶ月を超えない最低契約期間を伴うサービスを「信用を失わせない」方法で提示する義務があるし、契約期間の満了日または残存する契約期間等を消費者に送付する請求書への記載義務が課されている[*42]。

(ウ)　ドイツ

消費者契約款における2年を超える存続期間を規定する条項は無効とされており、1年を超えて契約を拘束する黙示の更新条項も無効とされている（ドイツ民法309条9号）[*43]。

(エ)　アメリカ

長期契約や早期解約に違約金を支払う義務を課す条項を禁止する連邦法の規定はないが、通信事業者が加入期間に応じた違約金の導入を進めたので、法規制の動きはないとされている[*44]。

アメリカでも州法レベルでは、携帯電話役務提供の定期契約に伴う「早期解約金」（early termination fees）条項が、「早期解約金」を規定した契約条項を原則として無効とする同州民事法典1671条によって無効とする同州の控訴裁判所の判決が出されている[*45]。

(オ)　韓国

韓国では、2014年10月に「移動通信端末装置流通構造改善に関する法律」

[*41] 検証タスクフォース・前掲注40）北俊一構成員の説明（同第3回議事概要4頁〔http://www.soumu.go.jp/main_content/000365183.pdf〕）。
[*42] 検証タスクフォース・前掲注40）大澤彩構成員の説明。
[*43] 検証タスクフォース・前掲注40）丸山教授の説明（第4回議事概要4頁〔http://www.soumu.go.jp/main_content/000367606.pdf〕）。
[*44] 検証タスクフォース・前掲注40）北構成員の説明。
[*45] 平野晋「携帯電話役務提供の定期契約に伴う『早期解約金』（ETFs：early termination fees）が無効とされたカリフォルニア州判例——In re Cellphone Termination Fee Cases」総務省情報通信政策レビュー9号（2014年）1頁。

が施行され、期間拘束契約の場合、期間の終了前に通知がされ、特に申込みがない場合は期間拘束のない契約に自動更新されることとなっている。なお、違約金のないプランにおいても、端末補助金が支払われている場合は、一定期間経過前に解約した場合に違約金を請求することが可能とされている[46]。

エ 期間拘束付き自動更新条項の消費者契約法10条該当性

① 消費者契約法10条前段要件

期間拘束付き自動更新条項についての消費者契約法10条前段要件の該当性は、前掲の各裁判例でもこれを認めているとおり、それほど問題なく認められる。

② 同条後段要件

同条後段の該当性については、前掲各裁判例ではいずれも否定されているが、これまで説明してきたとおりの期間拘束付き自動更新条項の問題点（前記のウの②で指摘した事情）に加え、同条項の解約権の制限が必ずしも違約金のみによって強制されているのではなく、各携帯電話会社が、停止条件付きあるいは期限付きの解約の意思表示を予めした場合でも、事実上、この意思表示だけでは条件成就ないし期限到来時に解約の効果が生じていることを承認しない取扱いをしていることも踏まえると[47]、同条項は消費者契約法10条後段の要件との関係でも、信義則に照らし消費者の権利を一方的に制限す

▶ ....

[46] 検証タスクフォース・前掲注40）「韓国の携帯電話契約について」（第4回）配付資料（http://www.soumu.go.jp/main_content/000366072.pdf）

[47] この点は、筆者が前掲注40）のタスクフォースにおいて「停止条件付での解約の意思表示（更新月に解約することの予約）ができないのは不適当」（同タスクフォース第2回議事概要3頁（http://www.soumu.go.jp/main_content/000361385.pdf）、「更新月よりも前に、更新月になったら更新を拒否するとの意思表示がなされた場合は、受け付けることとなるのか。受け付けない場合、約款等に根拠規定はあるのか」（同タスクフォース第2回議事概要2頁）との質問を各携帯電話会社にしたところ、電話会社側の回答は「更新月より相当前のタイミングでお客様から解約予約のご相談があった場合には、（お客様に気変わり等があった場合、却ってお客様にご迷惑をおかけすることになるため）改めて解約の申込みを行って頂きたい旨をお伝えし、その旨をご了解して頂けるよう対応している」（同2頁）、「事前申込みは受け付けていない。その旨は約款に規定していない」「事前申込みを認めた場合、事前申込みを行ってから更新期日までの間に顧客の意思に変更等があることが想定され、更新期日において断りなく解約等を行った場合には、却って顧客に迷惑をかけることになるため、更新月に改めて申込みを行うことを了解してもらうよう対応している。顧客の了解を得て対応しているものであり、民法上の解約権を否定するようなルールを設けているものではない。また、事前申込みの要請に応えることができなかったとしても、継続的に利用されるという通信サービスの特性を踏まえると、実際に利用を終了するタイミングで意思確認を行うことが望ましく、また、違約金なく解約可能な期間を事前周知しており当該期間に解約金なく解約を行うことができるから、消費者の利益を害するものではなく、消費者契約法に違反するものではないと考える」とのことであり（同タスクフォース第3回議事概要1～2頁）、あくまで契約者に解約の意思表示を求めることで対応し、利用者の通知等の解約意思の通知のみでは解約に応じていないことを認めている。

462 ▶第8章 電気通信・放送サービスと民事法

るものと解すべきではないだろうか。

　特に、同法10条の後段要件判断の基準において考慮される要素や事情は専ら条項の内容だけが対象となるのではなく、手続的要素を含む契約締結実務、履行の態様などの条項以外の多様な事項を考慮し得るとするのが判例（最判平24・3・16判時2149号135頁）であるから、携帯電話会社がこの条項についてとっている対応や解約に必要な手続の内容、難易なども含めて判断されることになるので、なおさら同条後段の要件に該当するといえるのではないだろうか。

　さらに、長期間にわたり契約を拘束する条項の特殊性を踏まえ、消費者の認知バイアスなど行動経済学によって指摘されている基礎を考慮に入れてこのような条項が合理的か否かを判断すれば、期間拘束付き自動更新条項は消費者の利益を一方的に制限していると考えられるではないだろうか[48]。

▶ ....

＊48 西内康人『消費者契約の経済分析』（有斐閣・2016年）250～251頁、大澤彩「携帯電話利用契約における解約金条項の有効性に関する一考察――役務提供契約における商品設計のあり方と民法・消費者法」NBL1004号（2013年）17頁、同「消費者契約法における不当条項規制の『独自性』と『領分』を求めて」河上正二編著『消費者契約法改正への論点整理』（信山社・2013年）341頁参照。

第3節　電気通信・放送サービス契約と消費者契約法　　**463**

おわりに

　本書は、平成27年の事業法および放送法の改正により、民事ルールである初期契約解除制度をはじめ、書面交付義務等の消費者保護のための規定が新たに導入されたことをきっかけにして、それまで筆者が20年近くにわたり、主に電気通信サービスにかかる消費者問題にかかわるなかで調べたり、考えてきたことを1つの書籍にまとめたものである。

　電気通信や放送の分野は、消費者が日常生活において誰もが当たり前のように利用しているサービスである反面、そのサービスは技術的にも契約や取引条件の面でも複雑で専門性も高く、消費者が正確に理解し、十分に納得して取引をするには容易ではない分野である。

　特に電気通信サービスでは、メガキャリアとよばれている少数の事業者しか事実上、参入ができない歪な市場での過当な競争を反映して、巨額のインセンティブを使った顧客の獲得競争や囲い込みに代表されるように、販売優先の営業姿勢が顕著であり、説明不足や不実告知、理解できない（していない）消費者に対し「適合性の原則」に反して不要不急のサービスの押し付け販売を行うなど、販売現場では消費者との間で様々なトラブルが生じてきた。

　これらのトラブルを解決するためには、電気通信サービスや放送サービスについての技術的知識や取引の実際はもとより、この分野の取引についての歴史や紛争の経緯を踏まえて、かなり複雑で専門的な知識を習得し、それを活用しなければ消費者相談や紛争解決が困難な場合も少なくない。

　本書は、このような意味で、一般の消費者はもちろん消費生活センター等における消費者相談の応需においても参照してもらえるようにするために、消費者の視点から電気通信サービスと放送サービスの法制度を中心に、その現状と問題点、考え方等を整理してまとめたものである。筆者としては、可能な限り、上記のような趣旨と目的を実現するように努力したつもりであるが、筆者の能力や努力不足のため、解説が不十分であったり不正確な箇所がないとはいえない。もし、そのような箇所があった場合はご寛容を願いたい。

　本書で取り上げた取引のうち、電気通信サービスの取引をめぐる問題では、

平成27年の事業法の改正によって、消費者保護の規定を新たに新設したり、充実させる改正がなされたが、その後も初期契約解除制度について十分にその趣旨、目的が携帯電話会社に理解されず、法律に基づけば初期解除が可能であるにもかかわらず、販売現場では解除権の行使を認めない様な対応をとっていた電話会社もあり、総務省から行政指導を受ける事態となっている[1]。

　このような現状からも分かるが、電気通信サービスや放送サービスの分野においては消費者の権利、利益の保護のための制度それ自体も、また、その活用もまだまだ不十分であり、法改正を含めさらに進んだ取組みが必要である。筆者としては、本書が相談や紛争の解決だけでなく、将来に向けてよりよい消費者利益の増進のための一助になることを期待している。

　他方、消費者利益の増進は事業者にとっても大きなビジネス上の利益を生む契機であり、消費者フレンドリーであることが利益の源泉であると同時に、競争社会において生き残っていくための重要なファクターであると考えられる。このような意味で、本書が事業者にとっても役に立てば幸いである。

　さらに、電気通信サービスや放送サービスに係る法制度を研究する研究者やこれを学ぶ学生にも参考にしていただければ、同じく望外の幸せである。

　本書は、2015（平成27）年の改正事業法と改正放送法の施行に合わせて公刊することをめざしたが、本書をまとめ始めてから既に2年以上が経過してしまっている。電気通信サービスや放送サービスの分野は、技術の進歩も早く、本書をまとめるのにこのように時間がかかってしまったことから、本書の記述が必ずしもアップデートなものとはなっていない部分もあると思うが、この点についてもご寛容をいただければ幸甚である。

　最後になるが、本書の公刊に当たっては、株式会社弘文堂の北川陽子氏に多大なご尽力をいただいた。記して謝意を表したい。

　2017（平成29）年11月

齋藤　雅弘

[1] 朝日新聞デジタルの報道では「携帯電話を契約してから8日以内なら違約金なしで解約できる制度について、NTTドコモなど携帯大手が多くの店舗で客に説明していなかった問題で、ドコモは昨年5月18日から今年7月2日の契約者について、さかのぼって解約に応じると発表した。ドコモは大手3社の中でも特に悪質として、6月末に総務省から行政指導を受けていた」（2017年7月18日）（http://www.asahi.com/articles/ASK7L55KVK7LULFA01V.html）。

事項索引

▶ア

足回り回線 ……………………………… 262, 263
アドホック会合 ……………………………… 108
アプリ ……………………………… 37, 67, 86
アマチュア無線 ……………………………… 379
「あまねく」規程（放送義務）… 152, 297, 349, 371

▶イ

意思表示の取消し ……………………… 121, 403, 411
一部の休廃止 ……………………………… 249, 250
逸失利益 ……………………………… 455
一体型 ……………………………… 186, 262
　　──のインターネット接続サービス
　　……………………………… 262, 263
一般放送 ……………………… 155, 156, 283, 285
一般放送事業者 ……………………………… 288
移動系 ……………………………… 185
移動受信用地上基幹放送 …………… 156, 343, 364
移動受信用地上基幹放送事業者 ……………… 288
移動（電気）通信サービス ………… 144, 261, 424
違約金 ……………………… 201, 272, 314, 345
インセンティブ──▶販売奨励金
インターネット ……………… 27, 144, 148, 152
インターネットサービス ……… 143, 145, 146, 262
インターネットサービスプロバイダー（ISP）
　　……………………… 126, 142, 148, 186

▶ウ

ウェブページへの掲載 …………… 212, 233, 234
運輸通信省 ……………………………… 3

▶エ

営業所等 ……………………………… 396
営業の自由 ……………………………… 354
衛星一般放送 ……………………………… 156, 343
衛星一般放送事業者 ……………………………… 288
衛星移動通信 ……………………………… 149
衛星移動通信サービス ……………………………… 143
衛星基幹放送 ……………………… 155, 286, 343
衛星基幹放送事業者 ……………………………… 288
衛星電話 ……………………………… 149
衛星放送 ……………………………… 154

▶オ

オプション契約 ……………………………… 71
オプションサービス ……79, 112, 114, 116, 194, 202,
　　204, 211, 214, 216, 272, 307, 326, 344
卸売 ……………………………… 80
音響 ……………………………… 136, 138

影像 ……………………………… 136, 138
閲覧情報 ……………………………… 233, 235
遠隔操作 ……………………………… 61, 69

▶カ

カード等 ……………………………… 406
海外ローミングサービス ……………………… 209
解除 ……………………………… 201
解除期間 ……………………………… 267
改正民法 ……………………………… 420
確認措置 ……………… 203, 224, 261, 265, 275
　　──に関する事項 ……………………… 202, 223
　　──の対象となる契約 ……………………… 276
確認措置解除 ……………………… 211, 403, 411
確認措置契約 ……………… 203, 266, 276, 280
確認措置制度 ……………………………… 275
格安スマホ ……………………………… 453
瑕疵担保責任 ……………………………… 84, 450
寡占的競争市場 ……………………………… 86
仮想移動電気通信サービス（MVNO）…… 35, 95,
　　97, 144, 146, 185, 195, 196
課徴金納付命令 ……………………………… 394
割賦販売 ……………………………… 386, 406
割賦販売法 ……………………………… 386
加入電話 ……………… 142, 166, 170, 172
加入電話加入契約 ……………………… 13, 257, 418
加入電話契約者（回線契約者）……………… 20, 22
過量販売 ……………………………… 446
　　──による取消し ……………………… 446
勧誘 ……………………… 182, 259, 440
勧誘継続行為の禁止 ……………………… 180
関連契約 ……………… 224, 278, 279, 280

▶キ

期間拘束付き無線インターネット専用サービス

466　　事項索引

······························185, 262
期間拘束付き自動更新契約（2年縛り契約）
······16, 39, 59, 76, 82, 84, 87, 106, 109, 115, 203,
205, 206, 257, 305, 317, 319, 321, 324, 438, 453, 457
期間拘束のない無線インターネット専用サービス
····························264
基幹放送·······················155, 283, 285
基幹放送局提供事業者·····················294
基幹放送事業者·················286, 287, 288
基幹放送普及計画······················156
基礎的電気通信役務（ユニバーサルサービス）
························90, 125, 166, 256
基礎的電気通信役務支援機関···············167
基礎的電気通信役務提供事業者·············418
技適マーク··························382
基本記載事項·························442
基本説明事項···········194, 204, 205, 206, 211,
217, 305, 310, 317, 325, 442
キャッシュバック·········38, 39, 40, 48, 81, 119,
200, 207, 220, 225, 260, 313
キャッチセールス·····················395
キャリア····························160
休廃止の周知義務···········16, 29, 51, 124, 179,
189, 248, 249, 252, 303
強行規定····························348
競争の時代·······················6, 26, 29
業務改善命令·············236, 250, 254, 255
許可制·························6, 8, 28
緊急通報···························198
禁止行為·················112, 189, 236, 332
金銭等の速やかな返還義務···············274

▶ク

クーリング・オフ·······65, 104, 105, 108, 120, 260,
270, 271, 397, 399, 403, 410, 411
——妨害··························222
苦情処理義務······16, 29, 50, 124, 179, 189, 245, 334
クレジット··························408
クレジット契約·······················410
クレジット通話·······················192

▶ケ

経済上の利益の提供···················225
刑事罰··························236, 255
形成権説···························358
継続勧誘···························241

——の禁止·························239
携帯音声通信役務·····················413
携帯音声通信事業者···················414
携帯電話·················52, 53, 64, 142, 149
——の料金その他の提供条件に関する
タスクフォース·················108
携帯電話サービス·····················185, 261
携帯電話端末・PHS端末サービス·······195, 196
携帯電話不正利用防止法············41, 52, 77,
159, 160, 244, 413
携帯用受信機·······················364
軽微変更···························305
景表法··························385, 387
景品類·······················385, 387, 388
契約者特定記録媒体（音声通話SIM）········414
契約自由の原則··················5, 352, 360
契約書面··························266, 322
——の記載事項·····················217
——の交付·························267
——の内容を十分に読むべき旨···········220
契約書面交付義務·····················322
契約締結義務·························49
契約締結の拒絶の意思を表示した者に対する
継続勧誘の禁止·················333
契約特定情報·······················325, 329
契約によらない有料放送の受信の禁止·······348
契約約款·················168, 256, 418
契約を締結しない旨の意思表示···········240
ケーブルテレビジョン放送（CATV）·······10, 39,
43, 110, 143, 144, 149, 155, 156
検閲の禁止··························172
言論・出版の自由·····················284

▶コ

故意による重要事実の不告知
·····················237, 280, 333, 334
交換設備···························141
広告··························259, 290
広告放送···························291
——の識別のための措置···············290
工事費····························223
公衆電気通信役務······················4
公衆電気通信法························4, 5
公衆電話·················142, 170, 192
第一種——························166
公衆無線LAN··········143, 196, 198, 264

事項索引　*467*

更新契約‥‥‥‥‥193, 203, 204, 206, 211, 214, 230,
　　　　　240, 265, 278, 305, 316, 323, 328, 342
行動経済学‥‥‥‥‥‥‥‥‥‥‥‥‥‥‥463
抗弁の対抗‥‥‥‥‥‥‥‥‥‥‥‥‥‥‥409
国際衛星放送‥‥‥‥‥‥‥‥‥‥‥‥‥‥286
国際ダイヤルＱ２‥‥‥‥‥‥‥‥‥‥20, 425
国際電気通信連合（ITU）‥‥‥‥‥‥‥‥154
国際電信電話株式会社（KDD）‥‥‥‥‥‥4
国際電信電話株式会社法‥‥‥‥‥‥‥‥‥‥3
国際電話‥‥‥‥‥‥‥‥‥‥‥‥‥‥‥‥142
国際放送‥‥‥‥‥‥‥‥‥‥‥‥‥‥‥‥286
国際ローミングサービス‥‥‥‥‥‥‥‥‥426
告示‥‥‥‥‥‥‥‥‥‥‥‥‥‥‥‥185, 273
国内基幹放送‥‥‥‥‥‥‥‥‥‥‥‥‥‥286
国内受信者‥‥‥‥‥‥‥‥‥‥‥‥‥309, 426
国民生活センター（国セン）‥‥‥‥‥19, 55
個人事業主‥‥‥‥‥‥‥‥‥‥‥‥‥‥‥191
個人情報保護法‥‥‥‥‥‥‥‥‥‥‥‥‥242
誇大広告等の禁止‥‥‥‥‥‥‥‥‥‥‥‥399
固定系‥‥‥‥‥‥‥‥‥‥‥‥‥‥‥‥‥185
固定電気通信サービス‥‥‥‥‥‥‥‥‥‥144
固定電話‥‥‥‥‥‥‥‥‥‥149, 186, 196, 423
個別クレジット‥‥‥‥‥‥‥‥‥‥‥‥‥281
個別信用購入あっせん‥‥‥‥‥‥‥‥36, 404
　　──による販売‥‥‥‥‥‥‥‥‥‥278
個別信用購入あっせん関係受領契約‥‥‥‥410
個別信用購入あっせん業者‥‥‥‥‥‥83, 404
個別送信要求‥‥‥‥‥139, 152, 155, 401, 402
コレクトコール‥‥‥‥‥‥‥‥‥‥‥‥‥192
困惑‥‥‥‥‥‥‥‥‥‥‥‥‥‥‥‥‥‥446

▶サ
サービス提供開始の予定時期‥‥‥‥‥‥‥326
災害放送‥‥‥‥‥‥‥‥‥‥‥‥‥‥‥‥312
再勧誘‥‥‥‥‥‥‥‥‥‥‥‥‥‥‥‥‥241
　　──の禁止‥‥‥‥‥‥‥‥‥‥116, 239
財産権の保障‥‥‥‥‥‥‥‥‥‥‥‥‥‥354
再送信‥‥‥‥‥‥‥‥‥‥‥‥‥‥‥‥‥150
再放送‥‥‥‥‥‥‥‥‥‥‥‥‥150, 290, 362
再放送義務‥‥‥‥‥‥‥‥‥‥‥‥‥‥‥296
サイマルサービス‥‥‥‥‥‥‥‥‥‥‥‥402
差止請求権‥‥‥‥‥‥‥‥‥394, 397, 399, 400

▶シ
事業者‥‥‥‥‥‥‥‥‥‥‥‥‥‥‥‥‥297
　　──の責任免除条項‥‥‥‥‥‥‥‥450

事業法ガイドライン──▶電気通信事業法の消費
　　者保護ルールに関するガイドライン
自社割賦‥‥‥‥‥‥‥‥‥‥36, 83, 278, 404
事前交付書面‥‥‥‥‥‥‥‥‥‥‥‥‥‥324
視聴権付 IC カード‥‥‥‥‥‥‥‥‥‥‥304
実質０円‥‥‥‥‥‥‥‥‥‥‥‥‥‥‥‥83
指定電気通信役務‥‥‥‥‥‥‥‥‥169, 256
指定電気通信役務提供事業者‥‥‥‥‥‥‥418
自動契約‥‥‥‥‥‥‥‥‥‥‥‥‥‥‥‥278
自動更新‥‥‥‥‥‥‥‥‥‥‥‥‥‥205, 206
自動締結契約‥‥‥‥‥‥‥‥‥‥‥‥191, 214
市内通話‥‥‥‥‥‥‥‥‥‥‥‥‥‥‥‥166
事務手数料‥‥‥‥‥‥‥‥‥‥‥‥‥‥‥223
受委託放送‥‥‥‥‥‥‥‥‥‥‥‥‥‥‥10
周波数割当計画‥‥‥‥‥‥‥‥‥‥‥‥‥156
重要事項‥‥‥‥‥‥‥‥‥‥‥238, 441, 443
　　──の故意による不告知の禁止‥‥237, 238
　　──の不告知‥‥‥‥‥‥‥202, 396, 398
重要事項説明書（重説）‥‥‥‥‥‥211, 215
修理・交換‥‥‥‥‥‥‥‥‥‥‥‥‥‥‥85
受信規約──▶日本放送協会放送受信規約
受信契約‥‥‥‥‥49, 300, 301, 339, 350, 365
　　──の解約‥‥‥‥‥‥‥‥‥‥‥‥368
　　──の成立時‥‥‥‥‥‥‥‥‥‥‥366
　　──の締結義務‥‥‥‥‥‥‥‥17, 352
受信者の利益保護‥‥‥‥‥‥‥‥‥284, 285
受信障害‥‥‥‥‥‥‥‥‥‥‥‥‥‥‥‥296
受信設備‥‥‥‥‥‥‥‥‥‥‥‥‥‥‥‥361
　　──を設置した者‥‥‥‥‥‥‥‥‥427
受信料‥‥‥‥‥‥‥‥‥‥296, 300, 301, 350
受信料債権の消滅時効‥‥‥355, 356, 358, 369
準委任契約‥‥‥‥‥‥‥‥‥‥‥‥257, 418
障がい者‥‥‥‥‥‥‥‥‥‥‥‥‥‥‥‥210
承諾義務説‥‥‥‥‥‥‥‥‥‥‥‥‥‥‥358
消費者行政課‥‥‥‥‥‥‥‥‥‥‥‥92, 94
消費者契約法‥‥‥‥‥‥‥‥297, 387, 403, 440
消費者支援策研究会──▶電気通信分野における
　　消費者支援策に関する研究会
消費者支援連絡会──▶電気通信消費者支援連絡
　　会
消費者保護ガイドライン‥‥‥‥‥‥‥‥‥100
消費者保護ルールの見直し・充実に関する
　　ワーキンググループ‥‥‥‥‥‥‥‥107
情報通信審議会‥‥‥‥‥‥28, 40, 50, 92, 94, 123
初期契約解除‥‥‥‥‥‥‥‥‥201, 211, 215,
　　　　　221, 230, 261, 315, 403

468　事項索引

――の効果‥‥‥‥‥‥‥‥‥‥‥‥222, 271
――の不実告知による妨害‥‥‥‥‥‥‥346
初期契約解除権‥‥‥‥‥‥‥‥‥7, 179, 301
――の行使‥‥‥‥‥‥‥‥‥‥‥‥‥‥222
初期契約解除制度‥‥‥‥109, 113, 115, 140, 180, 189,
　　　　239, 258, 260, 274, 300, 329, 340
初期契約解除妨害‥‥‥‥‥‥‥‥‥‥‥268
書面‥‥‥‥‥‥‥‥‥‥‥‥‥‥‥‥‥‥211
――により‥‥‥‥‥‥‥‥‥‥‥‥269, 344
――の体裁‥‥‥‥‥‥‥‥‥‥‥‥‥‥226
――の内容を十分に読むべき旨‥‥‥‥‥327
書面交付義務‥‥‥‥‥‥‥112, 179, 180, 189, 212,
　　　　213, 214, 280, 321, 328, 407
書面交付義務違反‥‥‥‥‥‥‥‥236, 256, 332
信義則に反し、消費者の利益を一方的に害する
　条項‥‥‥‥‥‥‥‥‥‥‥‥‥‥‥‥452
信号‥‥‥‥‥‥‥‥‥‥‥‥‥‥‥‥‥‥139
信書便‥‥‥‥‥‥‥‥‥‥‥‥‥‥‥‥‥133
信用購入あっせん‥‥‥‥‥‥‥386, 406, 408

▶ス

推進協議会‥‥‥‥‥‥‥‥‥‥‥‥‥‥130
垂直統合型‥‥‥‥‥‥‥‥‥‥‥‥‥‥‥74
スクランブル放送‥‥‥‥‥‥296, 299, 348, 350
ステルスマーケティング‥‥‥‥‥‥291, 292
スポット広告‥‥‥‥‥‥‥‥‥‥‥‥‥291
スマートフォン（スマホ）‥‥‥37, 58, 64, 67
スマートフォン安心安全強化戦略‥‥‥38, 105
スマートフォン時代における安心・安全な
　利用環境の在り方に関するワーキング
　グループ‥‥‥‥‥‥‥‥‥‥‥‥‥‥104
3Ｇ（第3世代）‥‥‥‥‥‥‥‥‥‥30, 149

▶セ

青少年インターネット環境整備法‥‥‥198, 244
正当な理由‥‥‥‥‥‥‥‥‥‥‥‥‥‥176
成年被後見人‥‥‥‥‥‥‥‥‥‥‥‥‥210
是正措置命令‥‥‥‥‥‥332, 334, 389, 390, 393
接続・共用契約‥‥‥‥‥‥‥‥192, 214, 251
設置‥‥‥‥‥‥‥‥‥‥‥‥‥‥‥‥‥363
セットトップボックス‥‥‥‥‥‥‥313, 314
セット販売━━▶抱き合わせ販売
説明義務‥‥‥‥‥‥‥16, 29, 50, 65, 124, 179,
　　　　180, 181, 188, 265, 280, 303, 432
――の対象‥‥‥‥‥‥‥‥‥‥‥‥‥185
――の対象となる放送役務‥‥‥‥‥‥304

説明書面‥‥‥‥‥‥‥‥‥‥‥‥‥‥‥319
説明
――の意義‥‥‥‥‥‥‥‥‥‥‥206, 318
――の程度‥‥‥‥‥‥‥‥‥‥‥206, 318
――の方法‥‥‥‥‥‥‥‥‥‥‥‥‥206
0AB～J番号‥‥‥‥‥‥‥‥‥‥‥‥‥166
0円携帯‥‥‥‥‥‥‥‥‥‥‥‥‥‥‥‥32
専売店‥‥‥‥‥‥‥‥‥‥‥‥‥‥160, 162
専用チャンネル放送‥‥‥‥‥‥‥‥47, 122

▶ソ

総合デジタル通信サービス（ISDN）‥‥142, 145,
　　　　149, 170, 172, 186, 196, 264
送信‥‥‥‥‥‥‥‥‥‥‥‥‥‥‥‥‥151
属性‥‥‥‥‥‥‥‥‥‥‥‥‥‥‥‥‥210
ソフトバンク‥‥‥‥‥‥‥‥‥‥25, 30, 37
損害賠償‥‥‥‥‥‥‥‥‥‥‥‥‥272, 345
――の予定‥‥‥‥‥‥‥‥‥‥‥‥‥314

▶タ

退去妨害‥‥‥‥‥‥‥‥‥‥‥‥‥‥‥445
対象契約‥‥‥‥‥‥‥‥‥‥‥‥‥181, 323
台数別料金‥‥‥‥‥‥‥‥‥‥‥‥‥‥306
タイム広告‥‥‥‥‥‥‥‥‥‥‥‥‥‥291
ダイヤルＱ2‥‥‥‥‥‥‥19, 20, 420, 423, 428
代理‥‥‥‥‥‥‥‥‥‥‥‥‥‥‥183, 298
代理店‥‥‥‥‥‥‥‥‥‥117, 159, 160, 241
　第一次――‥‥‥‥‥‥‥‥‥‥‥243, 337
　第二次――‥‥‥‥‥‥‥‥‥‥‥243, 337
――に対する指導等の措置‥‥‥‥‥‥180
――の監督‥‥‥‥‥‥‥‥‥‥‥‥‥118
ダイレクトメール‥‥‥‥‥‥‥‥‥‥‥212
抱き合わせ販売（セット販売）
　‥‥‥‥‥‥‥‥‥42, 78, 103, 131, 227
多重放送‥‥‥‥‥‥‥‥‥‥‥‥‥288, 363
他人の需要に応じて‥‥‥‥‥‥‥‥140, 151
他人の通信の媒介‥‥‥‥‥‥‥‥‥‥‥134
他人の無権限利用‥‥‥‥‥‥‥‥‥‥‥420
断定的判断の提供‥‥‥‥‥‥‥‥‥‥‥444
端末系伝送路設備‥‥‥‥‥‥‥‥‥‥‥141

▶チ

地上基幹放送‥‥‥‥‥‥‥‥‥‥‥‥‥156
地上基幹放送事業者‥‥‥‥‥‥‥‥‥‥288
地上波放送‥‥‥‥‥‥‥‥‥‥‥‥‥‥154
地デジ化‥‥‥‥‥‥‥‥‥‥‥‥45, 57, 121

事項索引　　**469**

地デジの再放送 ·················· 47, 122
チャンネル（放送番組）の変更 ·············· 306
中継系伝送路設備 ················· 141
中継電話 ······················· 142
直営店 ······················ 159, 160
直収電話 ······················ 149

▶ツ

追加的記載事項 ··················· 217
2G（第2世代） ·················· 149
ツーショットダイヤル ············· 19, 142
通信 ·············· 134, 139, 152, 155
──の質 ······················· 434
通信・放送の在り方に関する懇談会 ·········· 122
通信院 ························ 3
通信衛星（CS） ·············· 11, 151, 154
通信エリア ···················· 73, 197
通信速度 ······················· 73
通信と放送の総合的な法体系に関する研究会
··························· 123
通信と放送の融合 ·············· 12, 17, 47
通信の秘密 ··················· 173, 177
通信販売 ·········· 52, 53, 54, 78, 106, 135,
158, 159, 386, 399, 400, 403
通信料金 ······················ 223
通知義務 ··················· 205, 206, 317
都度契約 ·········· 192, 214, 265, 278, 304, 323, 341

▶テ

提供エリア ····················· 129
提供義務 ··················· 168, 174, 175
提供条件概要説明 ········· 193, 211, 309, 318, 319
提供条件概要説明義務 ················ 189
定型取引 ······················ 420
定型約款 ······················ 420
逓信院 ························ 3
逓信省 ························ 3
訂正放送等 ····················· 290
適格消費者団体 ··········· 394, 397, 399, 400, 454
適合性の原則 ············· 100, 111, 208, 319, 433
適合表示無線設備 ·················· 381
デタリフ化 ······················ 14
テレコムサービス協会 ············· 126, 128
電気通信 ············· 1, 135, 136, 139, 165
電気通信4団体 ··············· 99, 101, 130
電気通信役務 ·········· 133, 135, 152, 165

──の対価 ····················· 273
──の提供契約 ··················· 256
電気通信役務利用放送 ············· 10, 56, 78,
122, 150, 155, 156
電気通信役務利用放送法 ········ 12, 44, 48, 150, 284
電気通信回線設備 ················ 141, 165
電気通信サービス向上推進協議会 ··· 99, 101, 112,
128
電気通信サービスの広告表示で使用する用語の
表記について ··················· 131
電気通信サービスの広告表示に関する自主基準
及びガイドライン ··············· 99, 103, 112,
129, 130, 131
電気通信サービス利用者ワーキンググループ
··························· 102
電気通信サービス利用者懇談会（利用者懇談会）
········· 36, 93, 99, 101, 102, 104, 130, 131
電気通信サービス利用者の利益の確保・向上に
関する提言 ····················· 103
電気通信事業 ············ 133, 135, 140, 164
第一種── ······················ 5
第二種── ······················ 5
電気通信事業者 ········· 133, 140, 165, 181, 213,
237, 238, 241, 246, 249, 401
第一種── ····················· 125
第二種── ····················· 126
電気通信事業者協会（TCA） ···· 125, 128, 167, 439
電気通信事業者の営業活動に関する自主基準
及びガイドライン ················ 131, 132, 439
電気通信事業者の指導・教育の義務 ·········· 179
電気通信事業紛争処理委員会 ··············90
電気通信事業法の消費者保護ルールに関する
ガイドライン（事業法ガイドライン）······ 182
電気通信省 ······················ 3
電気通信消費者支援連絡会 ······· 29, 92, 104, 128
電気通信消費者相談センター ··············87
電気通信審議会 ·················· 28, 90
電気通信設備 ··················· 133, 139
第一種指定── ·················· 170
第二種指定── ·················· 170
電気通信分野における消費者支援策に関する
研究会 ·················· 88, 90, 91, 92
電気通信利用環境整備室 ··············· 87, 93
電子交付 ······················· 232
電子交付方法 ················ 225, 230, 329
電子商取引及び情報財取引等に関する準則 ·· 208

470　事項索引

電子消費者契約 ……………………… 208
電子データ ……………………………… 231
電磁的方式 ……………… 133, 136, 138, 231, 320
電子的方法の到達 ……………………… 235
電磁波 …………………………………… 137
電子媒体の交付 ………………………… 212
電子メール ………………… 212, 233, 320
電信 ………………………………………… 1
電信法 …………………………………… 3
伝送路設備 ……………………………… 141
電波 ……………………………… 137, 151, 379
電波監理委員会設置法 ………………… 9
電波三法 ………………………………… 9
電波法 ……………… 9, 137, 151, 177, 178, 286, 378
電報 ………………………………… 3, 144
店舗購入 ……………………………… 53, 54
店舗販売 ……………………………… 52, 158
電話 ………………… 2, 3, 145, 196, 264
――による説明 ………………………… 212
電話勧誘販売 ……… 52, 53, 54, 56, 64, 68, 78, 106,
110, 135, 158, 159, 386, 397, 400, 403
電話サービス契約約款 …………… 21, 22

▶ト
動機 ……………………………………… 238
東京都消費生活総合センター（都セン）
…………………………………… 31, 55, 67
東経110度 CS …………………… 154, 306
東経128度 CS …………………… 154, 156, 306
東経124度 CS …………………… 154, 156, 306
登録 ……………… 141, 142, 156, 285, 287
登録・届出制 ……………… 6, 28, 133, 165
登録一般放送事業者 ………………… 288, 295
登録電気通信事業者 …………………… 141
特殊な負担金 ………… 354, 358, 360, 371, 373
特定解除契約 …………………………… 223
特定基幹放送事業者 …………………… 288
特定顧客 ………………………………… 395
特定商取引法 ………………… 65, 105, 106, 135,
140, 209, 222, 226, 385
――の適用除外 ……………………… 400
特定地上基幹放送局 …………………… 157
特定地上基幹放送事業者 ………… 157, 158, 287
特定電気通信役務 ………………… 172, 256
特定電子メール法 ……………………… 89
ドコモ ………………………… 5, 25, 30, 37

届出 ……………………… 141, 142, 156, 285
届出一般放送事業者 …………………… 288
届出制 …………………………… 133, 298
届出電気通信事業者 …………………… 142
取消権 ……………………… 237, 258, 403
取消しルール …………………………… 112
取締法規違反の行為により締結された契約の
効力 ……………………… 332, 334, 360
取立代行 ……………………… 21, 23, 28
取次ぎ ……………………………… 182, 298
取次店 ……………… 159, 160, 241, 243, 337
トリプルプレイ・サービス ……………… 308

▶ナ
ナンバーディスプレイ …………………… 25
ナンバーポータビリティ ………………… 34

▶ニ
二重価格表示 …………………………… 391
日常家事代理 ………………… 356, 366
2年縛り契約――▶期間拘束付き自動更新契約
日本放送協会（NHK）…………… 8, 9, 16, 49, 286,
292, 296, 349, 350, 440
日本放送協会放送受信規約 …… 339, 373, 418, 453
日本放送協会放送受信料免除基準 …………… 369
日本インターネットプロバイダー協会（JAIPA）
………………………………… 126, 128
日本ケーブルテレビ連盟 ………………… 127
日本広告審査機構（JARO）…………… 292
日本電信電話株式会社 ………………… 4
日本電信電話公社（電電公社）………… 3, 4
日本電信電話公社法 …………………… 3
認可約款 ………………………………… 256
認証制度 ………………………………… 381
認知障がいが認められる者 …………… 210
認定 ……………… 156, 275, 276, 285, 286, 287
認定基幹放送事業者 …………………… 292
認定放送持株会社 …………………… 283

▶ノ
ノン・リニアサービス ………………… 402

▶ハ
パーティシペイティング広告 …………… 291
ハードとソフトの一致 ……………… 158, 287
ハードとソフトの分離 ……………… 158, 287

事項索引　　*471*

媒介······························ 151, 181, 182, 298
媒介等業務····································· 244
媒介等業務受託者········ 181, 213, 237, 238, 241,
　　　　　246, 299, 303, 308, 311, 336
　　──に対する指導等の措置······· 189, 242, 336
パケット定額制·············· 69, 72, 77, 209, 431
パケット料金································ 430, 433
破産··· 412
破産債権····································· 412
破産手続····································· 412
破産免責····································· 174
発信主義······························ 222, 272, 344
番組基準····································· 289
番組別料金··································· 306
番組保存義務································· 290
番組名····································· 306
万国電信条約··································· 1
販売構造································· 241, 242
販売条件の表示義務···························· 407
販売奨励金（インセンティブ）···· 6, 26, 32, 33, 38,
　　79, 81, 82, 86, 96, 119, 162, 259, 260, 458

▶ヒ
比較広告····································· 390
光回線（FTTH）················ 39, 54, 64, 67, 69, 78,
　　　　80, 122, 143, 144, 149, 159
　　──の卸売································· 40
光ファイバー······························ 27, 110
必須業務································· 286, 364
ビデオ・オン・デマンド（VOD）···· 47, 122, 135,
　　　　　308, 386, 397, 402
被保佐人····································· 210
被補助人····································· 210
秘密の保護··································· 380
119番通報··································· 198
118番通報··································· 198
110番通報··································· 198
表現の自由··································· 284
表示································· 385, 387, 388
表示義務····································· 399

▶フ
ファイルへの記録がされた時··················· 235
フィルタリングサービス······················· 198
4G（3.9G）（第4世代）····················· 149
符号································ 136, 138, 139

附合契約····································· 418
不公正取引行為指令···························· 291
不実告知······· 237, 280, 332, 334, 346, 396, 398, 441
　　──の禁止···························· 180, 237
不実告知後書面·················· 226, 269, 328, 346
不実証広告規制································ 394
不招請勧誘··································· 239
付随契約······················ 194, 202, 211, 214, 323
　　有償継続役務の提供に関する──··········· 307
付随有償継続役務············ 218, 219, 227, 274, 326
不退去····································· 445
普通契約約款·················· 340, 351, 367, 418
不当勧誘の禁止································ 179
不当条項····································· 450
不当な差別的取扱いの禁止······················ 174
不当利得······························ 351, 370, 430
不備書面法理·························· 268, 343
不法行為··················· 209, 290, 334, 350, 351,
　　　　352, 370, 372, 430, 433, 450
プライスキャップ規制·························· 172
ブラック情報································· 413
プラットフォーム事業·························· 297
プラットフォーム事業者──▶有料放送管理事業
　者
不利益事実の不告知················ 237, 334, 443
プリペイド·················· 144, 187, 262, 264, 304
ブルートゥース································ 149
ブロードバンド·································· 39
分離型································· 35, 145, 186, 262
分離型料金プラン···················· 35, 82, 96, 404
分量、回数又は期間···························· 446

▶ヘ
ペアレンタルロック························· 312, 430
ペイ・パー・ビュー（PPV）··················· 304
平均的な損害···················· 451, 455, 456
併売店····································· 160, 162
ベストエフォート型サービス········· 73, 106, 111,
　　　　113, 129, 197, 434, 435
変更····································· 201
変更契約·········· 193, 203, 204, 206, 211, 214, 230,
　　　　240, 265, 278, 305, 316, 323, 328, 342
返品特約····································· 275

▶ホ
ポイント································· 39, 220

472　　事項索引

包括信用購入あっせん ……………………… 408
報告義務 ………………………………… 245
法人契約 ………… 190, 214, 265, 278, 304, 323, 342
法人その他の団体 …………………………… 343
放送…2, 10, 17, 135, 139, 148, 151, 152, 155, 284, 287
放送衛星（BS）………………………… 11, 151, 154
放送役務 …………………………………152, 402
　説明義務の対象となる―― ………………… 304
放送局 ……………………………… 2, 287, 379
放送事業 ……………………………………… 155
放送事業者 …………………………… 155, 287, 401
放送視聴制御（CAS）……………… 127, 299, 306
放送視聴制御用 IC カード（CAS カード）… 127,
　　　　　　　　　　　　　　　　　　299, 306
放送受信契約書 ………………………………… 366
放送大学 ……………………………………… 283
放送番組審議機関 ……………………………… 290
放送番組センター ……………………………… 283
放送番組の編集 ………………………………… 289
放送法 …………………………………… 10, 11
法定返品権 ……………………………… 399, 403
訪問販売…………… 52, 53, 54, 64, 68, 78, 106,
　　　　　　110, 135, 158, 159, 386, 395, 400, 403
保証…………………………………………… 85
保障契約約款 …………………………………… 170
保証書 …………………………………………… 85
ホットライン ……………………………… 30, 93
本人確認義務 …………………………………… 414
本人確認記録 …………………………………… 414
本人特定事項 …………………………………… 414

▶マ
マニュアル …………………………………… 244
マンスリークリア ……………………………… 408

▶ミ
未成年者 ……………………………………… 210
未成年者取消し ………………………………… 429
みなし契約 …………… 191, 251, 265, 421, 425
民営化の時代 …………………………………… 5
民間放送事業者 ………………………………… 16
民法改正 ……………………………………… 420

▶ム
無線 …………………………… 136, 149, 150, 153
無線・PHS インターネット専用サービス

…………………………………………195, 196
無線インターネット専用サービス ………185, 261
無線局 ……………… 151, 178, 286, 287, 379, 380
無線従事者 ……………… 151, 178, 286, 379, 380
無線設備 ……………………………………… 179
無線端末系伝送路設備 ………………………… 145
無線電信 ……………………………………… 379
無線電信法 ……………………………………… 8
無線電話 ………………………………… 2, 8, 379
無線放送 ………………………………… 153, 286
無線ルーター …………………………………… 41
無料放送 ……………………………………… 153

▶メ
命令違反 ……………………………………… 256
迷惑メール規制 ………………………………… 399
免許 …………………………………… 286, 287
免許制 …………………………………… 179, 379

▶モ
モールス符号 …………………………………… 1
モバイル Wi-Fi ルーター ……………………… 262
モバイル化 …………………………………… 30
モバイルデータ通信 ……… 41, 53, 59, 64, 68, 110
モバイルビジネス活性化プラン ………………… 95
モバイルビジネス研究会 …………………… 34, 95
モバイルルーター ……………………………… 41

▶ユ
有償継続役務 ………………………………… 214
　――の提供に関する付随契約 ……………… 307
有償継続役務提供 ……………………………… 307
郵政省 …………………………………………… 3
有線 ……………………… 136, 149, 150, 153
有線一般放送 …………………………… 157, 343
有線一般放送事業者 …………………………… 288
有線テレビジョン放送法 ……………………… 284
有線電気通信 ………………………………… 136
有線電気通信設備 ……………………… 144, 177
有線電気通信法 ………………………… 3, 177
有線電信 ……………………………………… 1
有線放送 ………………………………… 153, 155
有線ラジオ放送 ………………………… 10, 155, 156
郵便 …………………………………………… 133
郵便制度 ………………………………………… 1
郵便等 …………………………………… 397, 399

事項索引　**473**

有利誤認表示 ･･････････････････････････ 390
有料衛星放送サービス ････････････････ 11
有料基幹放送契約約款 ･･････ 301, 339, 418
　──の公表・掲示義務 ･･･････････ 302
優良誤認表示 ････････････････････････ 389
有料放送 ････････ 153, 283, 296, 300, 304, 349
有料放送役務提供契約 ･･･････････････ 323
有料放送役務の提供義務 ･･･････････ 302
有料放送管理業務 ････････････････････ 297
有料放送管理事業者（プラットフォーム事業者）
　････････････････････ 306, 316, 336, 337
有料放送事業 ････････････････････････ 297
有料放送事業者 ･･････ 296, 303, 308, 310, 322, 337
有料放送事業者等 ････････････････････ 303
有料放送分野の消費者保護ルールに関する
　ガイドライン ･･････････････････････ 304
ユニバーサルサービス──基礎的電気通信役務
ユニバーサルサービス料 ･･･････････････ 167

▶ラ
ラジオ放送 ･･･････････････ 2, 8, 154, 288, 363

▶リ
料金 ････････････････････････････ 199, 296
料金支払の時期、方法 ･･････････････ 326
利用者 ････････････････････････ 184, 427
利用者懇談会──電気通信サービス利用者
　懇談会
利用者視点からのサービス検証タスクフォース
　････････････････････････ 108, 453, 458
利用者視点を踏まえたICTサービスに係る
　諸問題に関する研究会 ･･････ 38, 102, 106, 131
利用場所状況 ････････････････････････ 279

▶レ
レンタル料 ･･････････････････････････ 313
連邦取引委員会（FTC）･･････････････ 291

▶ロ
ローミング契約 ･･････････････････････ 191
ローン提携販売 ･･････････････････ 386, 406

▶ワ
割引 ･･････ 38, 48, 81, 200, 207, 220, 260, 313, 327
ワン切り ････････････････････････････ 178
ワンセグ ････････････････････････ 50, 363

▶A〜Z
ADR ････････････････････ 98, 100, 101, 119
（A）DSL ･･････････････････････ 27, 64, 263
Android ･･････････････････････････････ 37
ARPU（Average Revenue Per User）･････････ 455
au ････････････････････････････････ 25, 30
BS──放送衛星
BS放送 ･･････････････････････････････ 154
BWA ･･････････････････････････････ 143
CAS──放送視聴制御
CASカード──放送視聴制御用ICカード
CATV──ケーブルテレビ放送
CATVアクセス（インターネット）サービス
　･･･････････････ 186, 195, 196, 262, 273
CB無線 ･･････････････････････････････ 381
C-CASカード ････････････････････････ 350
CDMA2000 ･･････････････････････････ 30
CS適正化イニシアティブ ･･･････････ 106
CS──通信衛星
CS放送 ･･････････････････････････ 44, 154
Do Not Call ･･････････････････････････ 242
Do Not Knock ････････････････････････ 242
DSL（ADSL）･･････････････････ 143, 149
DSL（ADSL）アクセス（インターネット）
　サービス ･･････････ 145, 186, 195, 196, 264
FMC（Fixed Mobile Convergence）サービス
　･････････････････････････････････ 143
FOMA ･･････････････････････････････ 30
FTTH──光回線
FTTHアクセス（インターネット）サービス
　･･･････････････ 185, 195, 196, 262, 273
FTTH・CATVの分離型インターネット
　サービスプロバイダー契約 ･･････････ 263
FWA（Fixed Wireless Access）･･････ 39, 143, 149
FWAアクセス（インターネット）サービス
　･･･････････････････････ 187, 196, 264
ICTサービス安心・安全研究会 ･･･ 43, 106, 107,
　　　　　　　120, 236, 258, 453, 458
　──報告書 ････････････････････ 108, 109
IEEE（Institute of Electrical and Electronic）･･･ 148
iPhone ･･････････････････････････････ 37
IPTV ･･････････････････････････････ 402
IP電話 ･･････････････ 28, 66, 122, 129, 142, 149,
　　　　166, 187, 196, 197, 264, 424
ISDN──総合デジタル通信サービス
ISP──インターネットサービスプロバイダー

IT 書面一括法 ······················· 230
JAIPA ── 日本インターネットプロバイダー協
　会
KDD ── 国際電信電話株式会社
KDDI ·································25
LAN（Local Area Network）··············· 149
MNO（Mobile Network Operator）
　················· 35, 97, 146, 185, 261
　──の BWA サービス····················· 187
MVNE（Mobile Virtual Network Enabler）···· 146
MVNO ── 仮想移動電気通信サービス
　──の携帯電話サービス··············· 187, 264
NFC（Near Field Communication）·············· 149
NHK ── 日本放送協会
　──の受信契約·················· 300, 301, 339

NHK 放送受信規約················ 351, 366, 418, 453
NTT コミュニケーションズ ······················ 5
NTT の分割民営化············· 5, 13, 14, 19, 87, 164
PHS ································ 142, 145, 149, 186, 264
PPV ── ペイ・パー・ビュー
SIM フリー端末 ····························97
SIM ロック··············· 33, 35, 70, 75, 83, 96, 97, 119
SIM ロック解除に関するガイドライン········ 119
SoftBank 3 G ······························30
TCA ── 電気通信事業者協会
WAN（Wide Area Network）···················· 149
Wi-Fi····································· 148
Wi-Gig ··································· 148
WiMAX································· 148, 262

事項索引　*475*

判例索引

▶昭和

最判昭36・4・20民集15巻4号774頁 ················· 235
加古川簡判昭62・6・15 NBL 431号49頁 ················· 270
大阪簡判昭63・3・18判時1294号130頁 ················· 270

▶平成元年〜9年

福岡高判平6・8・31判時1530号64頁 ················· 270
広島高裁松江支判平8・4・24消費者法ニュース29巻60頁 ················· 270
最判平8・11・12民集50巻10号2673頁 ················· 272

▶平成10年〜19年

最判平13・3・27民集55巻2号434頁 ················· 23, 417, 418, 423
東京高判平14・6・7判タ1099号88頁 ················· 393
大阪地判平17・3・29消費者法ニュース64巻201頁 ················· 270
最判平17・7・14民集59巻6号1323頁 ················· 209, 434
釧路地裁帯広支判平18・7・13判例集未登載 ················· 430
最判平18・11・27判時1958号62頁 ················· 457

▶平成20年〜29年

札幌地判平20・8・28判例集未登載 ················· 430
東京高判平22・6・29判時2104号40頁 ················· 366
札幌高判平22・11・5判時2101号61頁 ················· 366
最決平23・5・31 LEX/DB 文献番号25471220 ················· 366
横浜地判平23・6・8判時2128号76頁 ················· 355
最判平23・7・15民集65巻5号2269頁 ················· 452
京都地判平24・1・12判時2165号106頁 ················· 209, 433
旭川地判平24・1・31判時2150号92頁 ················· 355
東京高判平24・2・29判時2143号89頁 ················· 355
京都地判平24・3・28判時2150号60頁 ················· 455
京都地判平24・7・19判時2158号95頁 ················· 455
京都地判平24・11・20判時2169号68頁 ················· 455
大阪高判平24・12・7判時2176号33頁 ················· 455
札幌高判平24・12・21判時2178号33頁 ················· 355
横浜地判平25・2・22 LEX/DB 文献番号25505124 ················· 355
大阪高判平25・3・29判時2219号64頁 ················· 455
東京高判平25・6・20 LEX/DB 文献番号25505125 ················· 355
横浜地裁相模原支判平25・6・27判時2200号120頁 ················· 356
大阪高判平25・7・11 LEX/DB 文献番号25501529 ················· 455
東京地判平25・7・17判時2210号56頁 ················· 356
東京地判平25・9・20 LEX/DB 文献番号25501706 ················· 356
横浜地裁川崎支判平25・9・20 LEX/DB 文献番号25501707 ················· 356
東京地判平25・10・10判タ1419号340頁 ················· 356

東京高判平25・10・30判時2203号34頁 ··· 349, 356
横浜地裁相模原支判平25・11・13判例集未登載 ·· 356
横浜地裁川崎支判平25・11・22判例集未登載 ·· 356
東京高判平25・12・18判時2210号50頁 ··· 356
東京地判平26・1・29 LEX/DB 文献番号25517695 ·· 356
東京地判平26・2・7 LEX/DB 文献番号25518201 ··· 356
東京地判平26・2・16 LEX/DB 文献番号25524029 ··· 356
東京地判平26・3・3 LEX/DB 文献番号25518476 ··· 356
最判平26・9・5判時2240号60頁 ··· 356, 369
東京地判平26・10・9 LEX/DB 文献番号25522412 ··· 356
最決平26・12・11 LEX/DB 文献番号25505628 ··· 455
東京地判平27・1・19 LEX/DB 文献番号25524496 ·· 356, 370
東京地判平27・10・29 LEX/DB 文献番号25541338 ··· 356
東京地判平28・3・9 LEX/DB 文献番号25534113 ··· 356
東京地判平28・7・20 TKC ローライブラリー新・判例解説 Watch ◆民法（財産法）No. 124 ······ 363, 357
さいたま地判平28・8・26判時2309号48頁 ·· 50, 357
東京高判平28・9・21判時2330号15頁 ··· 357
奈良地判平28・9・23 LEX/DB 文献番号25543802 ··· 357
東京地判平28・10・27 LEX/DB 文献番号25536965 ··· 357
最判平29・1・24民集71巻1号1頁 ··· 182, 259, 441
東京地判平29・3・29 LEX/DB 文献番号25448740 ··· 357
水戸地判平29・5・25 LEX/DB 文献番号25448703 ··· 357
東京高判平29・5・31 LEX/DB 文献番号25448736 ··· 357

【著者】

齋藤　雅弘（さいとう　まさひろ）

　1954 年生まれ。1980 年一橋大学法学部卒業、1982 年東京弁護士会登録。

　2008 年まで東京都消費対策審議会委員（退任時会長代理）、2011～2014 年消費者庁参与、2012～2015 年経済産業省消費経済審議会臨時委員、2014～2015 年総務省 ICT サービス安心・安全研究会の消費者保護ルールの見直し・充実に関する WG 構成員などを務め、現在は日本弁護士連合会消費者問題対策委員会委員、一橋大学法科大学院、早稲田大学法科大学院・法学部、亜細亜大学法学部の非常勤講師、独立行政法人国民生活センター紛争解決委員会委員、同センター客員講師。

　主な著書に条解消費者三法（共著、弘文堂・2015 年）、特定商取引法ハンドブック〔第 5 版〕（共著、日本評論社・2014 年）、消費者法講義〔第 4 版〕（共編著、日本評論社・2013 年）、電子商取引法（共編、勁草書房・2013 年）、消費者取引と法（共編著、民事法研究会・2011 年）、消費者法の知識と実務（共著、ぎょうせい・2012 年）、Q&A ケータイの法律問題（共著、弘文堂・2007 年）、預金者保護法ハンドブック（共編著、日本評論社・2006 年）などがある。

電気通信・放送サービスと法

2017（平成 29）年 12 月 30 日　初版 1 刷発行

著　者　齋藤　雅弘
発行者　鯉渕　友南
発行所　株式会社　弘文堂　　101-0062　東京都千代田区神田駿河台 1 の 7
　　　　　　　　　　　　　TEL 03(3294)4801　　振替 00120-6-53909
　　　　　　　　　　　　　http://www.koubundou.co.jp

装　幀　青山修作
印　刷　三報社印刷
製　本　井上製本所

Ⓒ 2017　Masahiro Saito. Printed in Japan.

JCOPY ＜(社)出版者著作権管理機構 委託出版物＞

本書の無断複写は著作権法上での例外を除き禁じられています。複写される場合は、そのつど事前に、(社)出版者著作権管理機構（電話 03-3513-6969、FAX 03-3513-6979、e-mail：info@jcopy.or.jp）の許諾を得てください。
また本書を代行業者等の第三者に依頼してスキャンやデジタル化することは、たとえ個人や家族内での利用であっても一切認められておりません。

ISBN978-4-335-35722-0

――――――― 好評発売中 ―――――――

条解消費者三法

後藤巻則・齋藤雅弘・池本誠司＝著

密接に関連する消費者三法および民法を横断的に理解することが
可能な最高水準のコンメンタール。業法の伝統に根ざす専門的な
用語を丁寧に説明し、その条文にかかわる政省令の内容にも言及。
消費者トラブルの解決に必携必備の一冊。実務に、研究に、行政・
立法に資する逐条解説書の決定版。　Ａ５判　1708頁　本体20000円

【本書の特色】
● 消費者契約法、特定商取引に関する法律、割賦販売法の全条文につい
　ての詳細な逐条解説。
● 三法全体を横断的に理解・利用できる充実したクロス・リファランス。
● 業法の伝統に根ざす専門的な用語を丁寧に説明。
● その条文にかかわる政省令の内容にも言及。
● 斯界を代表する３名の著者による徹底した議論を重ねた信頼のおける
　内容。
● 消費者トラブルの解決に携わっている弁護士・司法書士・消費生活相
　談員、消費者トラブルの当事者、研究者、行政・立法関係者に最適。

＊定価（税抜）は、2017年12月現在のものです。

―― 好評発売中 ――

契約法講義［第4版］

後藤巻則=著

契約の成立から終了までの流れに沿って、民法典の体系の中に
分断されている個々の法制度や概念を集約し、わかりやすく解
説。契約に関する基本的な知識の全てを修得でき、具体的事例
にあてはめる応用力も養える。民法改正前後の条文を比較し、
趣旨を正確に伝える改正完全対応版。　Ａ５判　480頁　本体3000円

実務解説
改正債権法

日本弁護士連合会=編

改正の経緯・条文の趣旨・実務への影響がこの１冊でわかる。
民法改正作業と並走してきた日本弁護士連合会・民法（債権関係）
部会バックアップチームの集大成ともいえる待望の逐条解説書。
改正債権法のすべてがわかる決定版。　Ａ５判　568頁　本体4000円

＊定価(税抜)は、2017年12月現在のものです。

法律実務を
正しく理解するために――　　**弘文堂の『法律実務』**

名誉毀損の法律実務【第3版】
弁護士　佃　克彦◎著

■名誉毀損の訴訟実務のすべてが1冊に。
名誉毀損訴訟に精通する弁護士による決定版。重要判例を網羅、各論点に対する学説や実務の原則等も詳説。ネット時代に完全対応の全面改訂版。　5,800円

プライバシー権・肖像権の法律実務【第2版】
弁護士　佃　克彦◎著

■プライバシー権・肖像権の最新実務が充実。
近年、インターネット上でも問題となっているプライバシー権や肖像権侵害に関する法律実務について、判例・学説を中心に丁寧に解説。　4,300円

税務訴訟の法律実務【第2版】
青山学院大学教授
弁護士　木山泰嗣◎著

■税務訴訟実務のすべてが1冊に。
税務訴訟に必要な民事訴訟、行政訴訟の基礎知識から判例・学説、訴訟実務の実際までを詳細に解説。第34回日税研究賞「奨励賞」受賞。　3,700円

雇用と解雇の法律実務
弁護士　岡芹健夫◎著

■正しく雇い、正しく解雇するために。
雇用関係の始まりから終わりまで、その間の人事も含め、雇用する側とされる側との間に起こる様々な法律問題を重要判例を軸に解説。　3,800円

交通事故損害賠償法【第2版】
弁護士　北河隆之◎著

■「交通事故法」のすべてを1冊に。
重要論点・最新判例を網羅、豊富な図表、具体例に加え、債権法改正案にも言及。「交通事故法」の全体像を、実務と理論の両面からとらえた決定版。　5,000円

逐条解説自動車損害賠償保障法【第2版】
弁護士　北河隆之　　裁判官　中西茂　　学者　小賀野晶一
損害保険料率算出機構　八島宏平◎著

■最新かつコンパクトな自賠法の逐条解説書、新版。
自動車事故損害賠償の実務と研究のために、法改正および判例の蓄積をふまえ、関連する最高裁判例を網羅した、必携必備のコンメンタール。　3,700円

＊価格（税抜）は、2017年12月現在のものです。